학교급식 관련
법령과 실무

영양교사가 알아야 할 법령과 실무지식 가이드

학교급식 관련 법령과 실무

조은주 지음

맑은샘

머리말

법을 알면 세상이 보입니다

　사람은 생각하는 만큼 볼 수 있고, 생각하는 만큼 알 수 있습니다. 따라서 어떤 문제가 발생했을 때 어떤 생각과 시각으로 접근하고 풀어 나아가느냐에 따라 그 결과는 크게 달라질 수 있습니다. 우리는 직무를 수행하는 과정에서 '내가 하는 행위가 과연 법령에 맞는 것이냐'는 의문이 들 때가 있습니다. 이는 우리의 모든 직무가 법령에 근거한 법치 행정에서 시작되었기 때문입니다.

　공무원이 법을 모르고 업무를 수행한다면 위법·부당한 행정을 할 수 있습니다. 결과적으로 자신은 물론 제3자에게 큰 피해를 줄 우려가 있다는 걸 명심해야 합니다.

　영양교사는 학생들의 건강과 건전한 식습관 영역을 담당하며 학교급식법령에 따라 주어진 고유의 직무를 비롯한 관련 모든 법령을 완벽하게 이해하고 숙지해야 합니다. 학교급식에서 영양교사는 음식을 하나의 문화로 승화시키고 교육적 가치를 부여하며 학생들의 현재와 미래 건강까지 책임지는 역할을 하고 있습니다. 건강의 중요성은 어떤 말로도 대신할 수 없습니다. 건강을 잃으면 '삶' 자체를 잃어버리는 것과 같기 때문입니다.

또한 국가의 식량 정책과 식생활 개선에도 크게 기여하는 등 오늘의 국가와 미래의 국가를 지탱하는 중추적인 역할을 담당하고 있습니다.

과거 학교급식은 빵과 우유, 옥수수를 공급했던 구호 차원에서 시작하여 농어촌 지역부터 부분적으로 실시되었습니다. 이후 학생들의 올바른 식생활 형성과 국가 식량 정책 등을 고려하여 초등학교를 중심으로 정착했습니다. 핵가족화가 가속화되면서 도시락 지참 등의 문제와 굶는 학생들에게 하루 한 끼 식사라도 제공할 필요성이 있다는 사회적 합의에 따라 초등학교에 이어 중·고등학교까지 확대된 것입니다. 특히 사회적 요구에 따라 무상급식과 친환경급식이 도입되었으며 이제는 기후위기에 대한 방안도 학교급식에서 찾아야 할 때입니다. 학교급식은 학교급식의 질을 향상시키고 학생의 건강한 심신의 발달과 국민식생활 개선에 기여함 목적으로 실시하고 있습니다.(※ '학교급식법'·'학교급식법시행령'(1981년), 학교급식법시행규칙(1983년))

학교급식은 협동심과 질서의식, 봉사정신 등 공동체 의식과 더불어 건강하고 건전한 민주시민을 육성하며 기다림, 질서, 배려, 나눔, 예절을 통한 사회성 함양을 위한 생활 교육의 장이기도 합니다.

현행 학교급식법에는 목적, 국가·지방자치단체의 임무, 학교급식 시설·설비 기준, 영양교사의 배치, 경비부담, 급식에 관한 경비의 지원, 식재료, 영양관리, 위생·안전관리, 식생활지도, 영양상담, 학교급식의 운영방식, 품질 및 안전을 위한 준수사항, 학교급식 운영평가, 출입·검사·수거 등, 권한의 위임, 행정처분 등의 요청, 징계, 벌칙, 양벌규정, 과태료 등이 규정되어 있습니다. 영양교사는 반드시 이 규정들을 기억하고 준수하여 직무를 수행해야 합니다.

이 밖에도 영양교사는 식품위생법령, 초·중등교육법령, 산업안전보건법령 등 관련 법령도 충분히 학습하여 업무에 차질이 없도록 준비해야 할 것입니다.

최근에는 산업안전보건법령 등이 공공행정에 확대 적용되면서 이와 관련된 업무로 인해 큰 어려움을 겪고 있습니다. 시대의 흐름에 따라 영양교사가 수행하기 힘든 업무 등으로 혼란과 어려움에 직면할 수도 있습니다. 그러나 관련 법령을 분석하여 적극적으로 대응한다면 반드시 극복할 수 있습니다. 우리나라는 법치행정을 하고, 의무 부과에 따른 처벌을 위해서는 죄형법정주의와 명확성의 원칙이 있기 때문입니다.

저는 40여 년간 초·중등학교와 지역교육청과 교육부 등에서 근무한 경험, 그리고 공부했던 내용을 정리하여 후배들이 직무를 수행하는 과정에서 도움이 될 수 있도록 관련 법령과 식단을 이해하기 쉽게 정리했습니다.

저는 후배들에게 물고기도, 고기를 잡을 수 있는 그물도 물려줄 수 없습니다. 다만 그물을 만드는 방법을 알려주고 싶은 마음으로 법령과 식단, 영양소식지 등을 정리하였습니다. 법령은 앞으로 개정될 수도 있겠습니다만 늘 가장 정확하고 실용적인 정보를 전하겠습니다.

목차

머리말　4

제1장 관계법령

제1절 개요 · 009
　01. 법의 종류 · 010
　02. 입법절차 · 011

제2절 학교급식법 · 014
　01. 학교급식법 · 014

제3절 식품위생 관련 법규 · 053
　01. 식품위생법 · 054
　02. 식품안전기본법 · 072
　03. 집단급식소 급식안전관리 기준 · 074
　04. 감염병의 예방에 관한 법률(감염병예방법) · 081

제4절 교육 관련 법규 · 085
　01. 초·중등교육법 · 086
　02. 교원의 지위 향상 및 교육활동 보호를 위한 특별법 · 091
　03. 교육기본법 · 101
　04. 국가공무원법 · 103
　05. 학교안전사고 예방 및 보상에 관한 법률 · 105
　06. 학교시설사업 촉진법 · 110
　07. 교육시설 등의 안전 및 유지관리 등에 관한 법률 · 111
　08. 교육시설 안전점검 등에 관한 지침 · 115
　09. 화재의 예방 및 안전관리에 관한 법률 · 119
　10. 공공기관의 소방안전관리에 관한 규정 · 123

제5절 안전·보건 관련 법규 · 127
- 01. 산업안전보건법 · 128
- 02. 중대재해 처벌 등에 관한 법률 · 167

제6절 기타 · 175
- 01. 영양교사가 지켜야 할 2가지 의무 · 176
- 02. 출장과 공가 · 182
- 03. 소극행정과 공무원 행동강령 · 188

제2장 실무

제1절 식단 · 194
- 01. 밥 · 197
- 02. 죽 · 212
- 03. 면 · 217
- 04. 국/찌개/스프/냉국 · 224
- 05. 찜/조림 · 248
- 06. 생채/숙채/김치류/장아찌류 · 261
- 07. 오븐요리 · 281
- 08. 볶음/불고기 · 290
- 09. 전/떡 · 301
- 10. 후식 · 315

제2절 영양소식지 · 325
- 01. 학생 편 · 327
- 02. 학부모 편 · 366

참고문헌 429

부록 430

1장

관계법령

1절

개요

01 법의 종류

1. 헌법
우리나라의 최상위 법규범으로, 국민의 권리와 의무, 정부구조, 경제 질서 및 선거관리 등에 관한 기본적인 사항을 규정한다. 헌법은 우리나라 모든 하위법령의 제·개정 기준의 근거가 된다. 만일 법률이나 대통령령 등이 헌법에 위반될 경우, 헌법재판소는 헌법규정, 헌법전문 및 헌법의 기본이념에 대한 해석을 통하여 당해 법령의 위헌 여부 등을 결정한다.

2. 법(法)
법은 국내 최상위의 법인 헌법을 위반하지 않는 범위 내에서 입법기관인 국회가 제·개정한다. 법의 제·개정 시 국회의원이 제안하면 의원입법이고 정부가 제안하면 정부입법이다. 정부입법이나 의원입법 모두 입법 과정에서 이해관계자의 의견을 듣기 위한 입법예고 절차가 있다. 정부입법의 예고기간은 예고할 때 정하고 있으며 특별한 사정이 없으면 40일(자치법규는 20일) 이상으로 한다(행정절차법 제43조). 의원입법의 예고기간은 개정법률안 10일, 제정법률안 15일 이상이지만 단축될 수도 있다.

3. 시행령
시행령은 상위법에 의해 위임된 내용을 구체적으로 규정하여 대통령이 제정·공포한다. 시행령도 입법 예고를 통해 의견을 수렴하여 제·개정한다.

4. 시행규칙
시행규칙은 상위법과 시행령에서 위임된 내용을 보다 구체적이고 세밀하게 규정한 총리·부령이다.

5. 자치법규
자치법규는 지방자치단체의 업무 범주와 권한, 의무 등을 규정, 통상 상위 법, 법령, 규칙 등에 의해 위임된 것을 보다 세밀하게 지역 실정에 맞도록 규정한 것이다. 자치법규는 통상 조례와 조례규칙, 훈령 및 지침 등으로 되어 있다. 조례의 제정 권한은 지방의회에 있다.

※ 교육자치조례도 시·도의 조례와 같이 시·도의회가 제정한다.

가. 조례

　지방자치단체는 그 사무에 대하여 조례를 제정할 경우 법령의 범위에서 제정해야 하고, 지방자치단체의 장이 규칙을 제정하는 경우엔 법령이나 조례의 범위에서 제정해야 한다(「지방자치법」 제28조 및 제29조, 「행정기본법」 제38조제1항).
조례는 법령의 위임에 따라 제정되는 **위임조례**와 법령의 위임 없이 제정되는 **자치조례**로 구분된다. 위임조례는 상급기관의 위임사무 처리 등을 위한 것이고, 자치조례는 자치단체의 고유사무 처리를 위한 것이다. 또 위임사무에 관한 조례, **주민의 권리를 제한하거나 의무를 부과하는 조례 및 벌칙을 정하는 조례는 법률**의 위임이 있어야 한다.

나. 조례규칙

　조례와 같이 법령 또는 조례의 위임에 따라 제정되는 '**위임규칙**'과 내부 교육 훈련이나 조직과 관련된 '**직권규칙**'으로 구분된다. 법령 또는 조례의 위임이 없더라도 법령을 위반하지 않는 범위에서 그 집행을 위하여 필요한 사항은 규칙으로 제정할 수 있다. 넓은 의미의 자치법규에는 지방자치단체의 장에게 위임하여 정하도록 하는 법규, 보충적인 행정규칙(훈령, 예규 등)과 그 권한의 범위에서 직권으로 정하는 행정규칙도 포함된다.

02 입법절차

가. 국회의 법률 제·개정

　법률의 제·개정 법률안은 **3단계(제출, 의결, 공포)**로 이루어진다. 법률 제·개정안은 국회의원(대표발의)이 동료 의원 9명 이상의(모두 10명) 동의를 얻어 국회의장에게 제출한다. 정부입법도 국회의장에게 제출해야 한다. 국회의장은 발의된 법률안을 소관 상임위원회에 보내 심사하도록 한다.
상임위원회는 법률안(소위원회와 전체위원회)을 심사한 후 법제사법위원회로 보내고, 법제사법위원회는 법률안의 체계 및 자구 심사 등을 한 후 본회의에 보낸다. 본회의에서는 법률안을 상정한 후 질의·토론을 거쳐 표결 처리한다.
국회는 본회의에서 법률안을 재적의원 과반수의 출석과 출석의원 과반수의 찬성으로 의결한 후 정부에 이송한다. 정부는 이송된 법률안에 대하여 이의가 없으면 대통령이 서명하고, 이송받은 날로부터 15일 이내에 공포해야 한다. 법률에 다른 규정이 없으면 법률은 공포된 날로부터 20일이 경과 한 후 효력이 발생한다. 다만 정부는 국회가 이송한 법률안에 대하여 이의가 있으면 이송일로부터 15일 이내에 이의서를 첨부하여 국회에 환부(돌려보내), 재의를 요구할 수 있다(거부권). 재의 요구된 법률안은 국회에서 재적의원 과반수의 출석과 출석의원 2/3 이상의 찬성으로 재의결할 수 있다. 국회는 재의결 된 법률을 대통령을 통해 공포하게 하거나, 대통령이 거부하면 국회의장이 직접 공포할 수 있다. 국회 재의결 과정에서 부결된 법률안은 폐기된다.

입법과정

발의(의원·정부) ▶ 상임위(소위원회) ▶ 법사위(소위원회) ▶ 본회의 ▶ 정부(공포)

나. 법률안 마련 과정
  1) 정부입법 절차
    정부입법은 정부의 법제 업무 운영규정(대통령령)에 따라 입법계획을 수립하여 시행하고 있다. 법제처장이 정부 입법계획 수립 지침을 마련하여 전년도 10월 31일까지 중앙행정기관의 장에게 통보하면 각 중앙행정기관의 장은 입법계획을 수립하여 전년도 11월 30일까지 법제처에 제출한다. 법제처장은 이를 기준으로 정부 입법계획을 수립하여 당해연도 1월 중에 국무회의에 보고한 후 그 내용을 관보에 고시하고 인터넷 등을 이용하여 국민에게 알린다. 정부는 매년 1월 31일까지 당해연도에 제출할 법률안 계획을 국회에 통지한다. 그 계획을 변경한 때에는 분기별로 주요사항을 국회에 통지하여야 한다.(국회법 제5조의3)
    정부는 긴급하게 법률 제·개정이 필요할 경우 당정 협의 또는 개별적으로 의원들과 접촉하여 의원 발의 형태로 법안을 제출하기도 한다.
  2) 의원입법 절차
    의원은 법률 제·개정이 필요하다고 판단하면 우선 법률(초)안을 마련한 뒤 국회 입법조사처의 검토를 받아 안을 확정, 국회의장에게 제출(발의)한다. 다만 법률 제·개정에 따라 국가재정이나 국민 부담 등의 비용이 수반되는 경우엔 비용추계서를 첨부하여야 한다.

국회의장은 의원·정부가 제출한 법률 제·개정안을 **소관 상임위원회**에 보내 심사하도록 한다. 상임위원회는 제·개정 법률안을 일정기간 **입법 예고**를 통해, 이해관계자인 국민, 정부나 관련 단체의 의견을 수렴한다.

상임위의 전문위원은 입법 예고된 법률안에 대한 이해관계자의 의견을 수렴한 후 법률 시행에 따른 효과와 문제점 등을 서술한 검토보고서를 작성하여 법률안과 함께 상임위 전체회의에 제출해야 한다. 상임위는 법률 제·개정안에 대해 전체회의에서 이견이 없으면 곧바로 의결하고, 이견이 있을 땐 산하 법률심사 소위원회에 회부하여 심사를 하도록 한다. 상임위에서는 제정법률안에 대해서 이해관계자의 의견을 듣는 공청회를 실시해야 한다.

3) 입법 청원

입법 청원은 국회 또는 의원이 민원인의 청원을 받아 발의한다. 이는 '정부가 의원들에게 요청하여 제·개정안을 발의하게 하는 '청부입법'과는 다르다. 국회는 또 내부 규칙을 통해 청원(입법과 제도개선 및 각종 사안에 대한 조사)을 받은 후 동의자가 5만명 이상이면 소관 상임위에 관련 청원안을 회부 하여 심사한다.

1장 관계법령

2절 학교급식법

01 학교급식법

1. 목적

학교급식법
제1조(목적) 이 법은 학교급식 등에 관한 사항을 규정함으로써 학교급식의 질을 향상시키고 학생의 건전한 심신의 발달과 국민 식생활 개선에 기여함을 목적으로 한다.

학교급식법 시행령
제1조(목적) 이 영은 「학교급식법」에서 위임된 사항과 그 시행에 관하여 필요한 사항을 규정함을 목적으로 한다.

학교급식법 시행규칙
제1조(목적) 이 규칙은 「학교급식법」 및 동법 시행령에서 위임된 사항과 그 시행에 관하여 필요한 사항을 규정함을 목적으로 한다.

 가. 학교급식의 목적 규정
 나. 학교급식법의 목적은 시행령, 시행규칙을 통해 좀더 구체적으로 명시
 다. 학교급식은 학생의 건전한 심신의 발달과 국민 식생활 개선에 기여함이 목적

2. 정의

학교급식법
제2조(정의) 이 법에서 사용하는 용어의 정의는 다음과 같다. 1. **"학교급식"**이라 함은 제1조의 목적을 달성하기 위하여 제4조의 규정에 따른 학교 또는 학급의 학생을 대상으로 학교의 장이 실시하는 급식을 말한다. 2. **"학교급식공급업자"**라 함은 제15조의 규정에 따라 학교의 장과 계약에 의하여 학교급식에 관한 업무를 위탁받아 행하는 자를 말한다. 3. **"급식에 관한 경비"**라 함은 학교급식을 위한 식품비, 급식운영비 및 급식시설·설비비를 말한다.

 가. 학교급식법에서 사용하는 용어에 대한 정의
 나. 학교급식은 학교 또는 학생을 대상으로 학교의 장이 실시

다. 급식에 관한 경비는 식품비, 급식운영비, 급식시설·설비비

3. 국가·지방자치단체의 임무

> **학교급식법**
>
> **제3조(국가·지방자치단체의 임무)** ①국가와 지방자치단체는 양질의 학교급식이 안전하게 제공될 수 있도록 행정적·재정적으로 지원하여야 하며, 영양교육을 통한 학생의 올바른 식생활 관리능력 배양과 전통 식문화의 계승·발전을 위하여 필요한 시책을 강구 하여야 한다.
> ②특별시·광역시·도·특별자치도의 교육감(이하 "교육감"이라 한다)은 매년 학교급식에 관한 계획을 수립·시행하여야 한다.

가. 국가나 지방자치단체의 임무에 대한 규정
  나. 양질의 학교급식이 안전하게 제공될 수 있도록 행·재정적 지원
  다. 영양교육을 통해 올바른 식생활 관리능력을 배양하고 전통 식문화의 계승 발전을 위한 시책 강구도 국가나 지방자치단체의 임무
  라. 교육감은 매년 학교급식 기본방향 등의 계획을 수립하여 시행
    – 학교급식 기본방향은 교육감이 수립·시행하기 때문에 시·도별 차이 있음
    ※ 학교보건 기본방향은 교육부장관이 수립·시행

4. 학교급식의 대상

> **학교급식법**
>
> **제4조(학교급식 대상)** 학교급식은 대통령령으로 정하는 바에 따라 다음 각호의 어느 하나에 해당하는 학교 또는 학급에 **재학하는 학생을 대상으로 실시한다.**
> 1. 「유아교육법」 제2조 제2호에 따른 유치원. 다만, 대통령령으로 정하는 규모 이하의 유치원은 제외한다.
> 2. 「초·중등교육법」 제2조 제1호부터 제4호까지의 어느 하나에 해당하는 학교
> 3. 「초·중등교육법」 제52조의 규정에 따른 근로청소년을 위한 특별학급 및 산업체부설 중·고등학교

4. 「초·중등교육법」 제60조의3에 따른 대안학교
5. 그 밖에 교육감이 필요하다고 인정하는 학교

초·중등교육법

제2조(학교의 종류) 초·중등교육을 실시하기 위하여 다음 각 호의 학교를 둔다.
1. 초등학교·공민학교
2. 중학교·고등공민학교
3. 고등학교·고등기술학교
4. 특수학교
5. 각종학교

가. 학교급식 대상에 대한 규정
나. 학교급식 대상은 법에서 정한 학교 또는 재학하는 학생
다. 교사는 학교급식 대상은 아니지만 학생의 식생활지도 등 교육 차원에서 급식 가능
라. 현행법상 교사만을 위한 급식은 불가능

5. 학교급식 위원회

학교급식법

제5조(학교급식위원회 등) ①교육감은 학교급식에 관한 다음 각호의 사항을 심의하기 위하여 그 소속하에 학교급식위원회를 둔다.
1. 제3조 제2항의 규정에 따른 학교급식에 관한 계획
2. 제9조의 규정에 따른 급식에 관한 경비 및 식재료 등의 지원
3. 그 밖에 학교급식의 운영 및 지원에 관한 사항으로서 교육감이 필요하다고 인정하는 사항
②제1항의 규정에 따른 학교급식위원회의 구성·운영 등에 관하여 필요한 사항은 대통령령으로 정한다.
③특별시장·광역시장·도지사·특별자치도지사 및 시장·군수·자치구의 구청장은 제8조 제4항의 규정에 따른 학교급식 지원에 관한 중요사항을 심의하기 위하여 그 소속하에 학교급식지원심의위원회를 둘 수 있다.
④특별자치도지사·시장·군수·자치구의 구청장은 우수한 식자재 공급 등 학교급식을 지원하기 위하여 그 소속하에 학교급식지원센터를 설치·운영할 수 있다.
⑤제3항의 규정에 따른 학교급식지원심의위원회의 구성·운영과 제4항의 규정에 따른 학교급식지원센터의 설치·운영에 관하여 필요한 사항은 해당 지방자치단체의조례로 정한다.

> ### 학교급식법시행령
>
> **제5조(학교급식위원회의 구성)** ①법 제5조 제1항에 따른 학교급식위원회(이하 "학교급식위원회"라 한다)는 위원장 1명을 포함하여 15명 이내의 위원으로 구성한다.
> ②학교급식위원회의 위원장(이하 "위원장"이라 한다)은 특별시·광역시·특별자치시·도·특별자치도교육청(이하 "시·도교육청"이라 한다)의 부교육감(부교육감이 2인일 때에는 제1부교육감을 말한다)이 된다.
> ③위원은 시·도교육청 학교급식업무 담당국장, 특별시·광역시·특별자치시·도·특별자치도의 학교급식지원업무 담당국장 및 보건위생업무 담당국장, 학교의 장, 학부모, 학교급식분야 전문가, 「비영리민간단체 지원법」에 따른 비영리민간단체가 추천한 사람이나 그 밖에 교육감이 필요하다고 인정하는 사람 중에서 교육감이 임명 또는 위촉한다.
> ④학교급식위원회에는 간사 1명을 두되, 시·도교육청 공무원 중에서 위원장이 임명한다.
> **제6조(학교급식위원회의 운영)** ①위원장은 학교급식위원회의 사무를 총괄하고, 학교급식위원회를 대표한다.
> ②위원장은 학교급식위원회의 회의를 소집하고, 그 의장이 된다.
> ③학교급식위원회의 회의는 재적위원 과반수의 출석으로 개의하고, 출석위원 과반수의 찬성으로 의결한다.
> ④간사는 위원장의 명을 받아 학교급식위원회의 사무를 처리한다.
> ⑤위촉위원의 임기는 2년으로 하되, 1차에 한하여 연임할 수 있다.
> ⑥그 밖에 학교급식위원회의 운영에 관하여 필요한 사항은 학교급식위원회의 의결을 거쳐 위원장이 정한다.

가. 교육감 소속하에 두는 학교급식위원회와 특별시장·광역시장·도지사·특별자치도지사 및 시장·군수·자치구의 구청장 소속하에 두는 학교급식지원심의위원회 등에 관한 규정

나. 학교급식위원회는 학교급식에 관한 계획 및 급식경비 등 필요한 사항 심의
  - 위원은 시·도교육청 학교급식업무 담당국장, 특별시·광역시·특별자치시·도·특별자치도의 학교급식지원업무 담당국장 및 보건위생업무 담당국장, 학교의 장, 학부모, 학교급식분야 전문가, 「비영리민간단체 지원법」에 따른 비영리민간단체가 추천한 사람, 그 밖에 교육감이 필요하다고 인정하는 사람 중에서 교육감이 임명 또는 위촉

다. 특별자치도지사·시장·군수·자치구의 구청장이 **학교급식지원센터를 설치·운영**할 수 있는 규정

라. 학교급식지원심의위원회의 구성·운영과 학교급식지원센터의 설치·운영은 해당지방자치단체의 조례로 정함

6. 급식 시설·설비

학교급식법

제6조(급식시설·설비) ①학교급식을 실시할 학교는 학교급식을 위하여 필요한 시설과 설비를 갖추어야 한다. 다만, 둘 이상의 학교가 인접하여 있는 경우에는 학교급식을 위한 시설과 설비를 공동으로 할 수 있다.
②제1항의 규정에 따른 시설·설비의 종류와 기준은 대통령령으로 정한다.

학교급식법 시행령

제7조(시설·설비의 종류와 기준) ①법 제6조 제2항에 따라 학교급식시설에서 갖추어야 할 시설·설비의 종류와 기준은 다음 각호와 같다.
1. 조리장: 교실과 떨어지거나 차단되어 학생의 학습에 지장을 주지 않는 시설로 하되, 식품의 운반과 배식이 편리한 곳에 두어야 하며, 능률적이고 안전한 조리기기, 냉장·냉동시설, 세척·소독시설 등을 갖추어야 한다.
2. 식품보관실: 환기·방습이 용이하며, 식품과 식재료를 위생적으로 보관하는데 적합한 위치에 두되, 방충 및 쥐막기 시설을 갖추어야 한다.
3. 급식관리실: 조리장과 인접한 위치에 두되, 컴퓨터 등 사무장비를 갖추어야 한다.
4. 편의시설: 조리장과 인접한 위치에 두되, 조리종사자의 수에 따라 필요한 옷장과 샤워시설 등을 갖추어야 한다.
②제1항에 따른 시설에서 갖추어야 할 시설과 그 부대시설의 세부적인 기준은 교육부령으로 정한다.

학교급식법 시행규칙

제3조(급식시설의 세부기준) ①영 제7조 제2항에 따른 시설과 부대시설의 세부기준은 별표 1과 같다.
②제1항에 따른 기준 중 냉장·냉동시설, 조리 및 급식관련 설비·기계·기구에 대한 용량 등 구체적 기준은 교육감이 정한다

학교급식법 시행규칙 [별표 1] 〈개정 2021. 1. 29.〉
급식시설의 세부기준 (제3조제1항관련)

1. 조리장
   가. 시설·설비
   1) 조리장은 침수될 우려가 없고, 먼지 등의 오염원으로부터 차단될 수 있는 등 주변 환경이 위생적이며 쾌적한 곳에 위치하여야 하고, 조리장의 소음·냄새 등으로 인하여 학생의 학습에 지장을 주지 않도록 해야 한다.
   2) 조리장은 작업과정에서 교차오염이 발생 되지 않도록 **전처리실(前處理室), 조리실 및 식기구세척실 등을 벽과 문으로 구획하여 일반작업구역과 청결작업구역**으로 분리한다. 다만, 이러한 구획이 적절하지 않을 경우에는 교차오염을 방지할 수 있는 다른 조치를 취하여야 한다.
   3) 조리장은 급식설비·기구의 배치와 작업자의 동선(動線) 등을 고려하여 작업과 청결 유지에 필요한 적정한 면적이 확보되어야 한다.
   4) 내부벽은 내구성, 내수성(耐水性)이 있는 표면이 매끈한 재질이어야 한다.
   5) 바닥은 내구성, 내수성이 있는 재질로 하되, 미끄럽지 않아야 한다.
   6) 천장은 내수성 및 내화성(耐火性)이 있고 청소가 용이한 재질로 한다.
   7) 바닥에는 적당한 위치에 상당한 크기의 배수구 및 덮개를 설치하되 청소하기 쉽게 설치한다.
   8) 출입구와 창문에는 해충 및 쥐의 침입을 막을 수 있는 방충망 등 적절한 설비를 갖추어야 한다.
   9) 조리장 출입구에는 신발소독 설비를 갖추어야 한다.
   10) 조리장 내의 증기, 불쾌한 냄새 등을 신속히 배출할 수 있도록 환기시설을 설치하여야 한다.
   11) 조리장의 조명은 220룩스(lx) 이상이 되도록 한다. 다만, 검수구역은 540룩스(lx) 이상이 되도록 한다.
   12) 조리장에는 필요한 위치에 손 씻는 시설을 설치하여야 한다.
   13) 조리장에는 온도 및 습도관리를 위하여 적정 용량의 급배기시설, 냉·난방시설 또는 공기조화시설(空氣調和施設) 등을 갖추도록 한다.
   나. 설비·기구
   1) 밥솥, 국솥, 가스테이블 등의 조리기기는 화재, 폭발 등의 위험성이 없는 제품을 선정하되, 재질의 안전성과 기기의 내구성, 경제성 등을 고려하여 능률적인 기기를 설치하여야 한다.

2) 냉장고(냉장실)와 냉동고는 식재료의 보관, 냉동 식재료의 해동(解凍), 가열조리된 식품의 냉각 등에 충분한 용량과 온도(**냉장고 5℃ 이하, 냉동고 −18℃ 이하**)를 유지하여야 한다.
3) 조리, 배식 등의 작업을 위생적으로 하기 위하여 식품 세척시설, 조리시설, 식기구 세척시설, 식기구 보관장, 덮개가 있는 폐기물 용기 등을 갖추어야 하며, 식품과 접촉하는 부분은 내수성 및 내부식성 재질로 씻기 쉽고 소독·살균이 가능한 것이어야 한다.
4) 식기세척기는 세척, 헹굼 기능이 **자동적**으로 이루어지는 것이어야 한다.
5) 식기구를 소독하기 위하여 전기살균소독기, 자외선소독기 또는 열탕소독시설을 갖추거나 충분히 세척·소독할 수 있는 세정대(洗淨臺)를 설치하여야 한다.
6) 급식기구 및 배식도구 등을 안전하고 위생적으로 세척 할 수 있도록 온수공급 설비를 갖추어야 한다.

2. 식품보관실 등
  가. **식품보관실과 소모품보관실을 별도로 설치**하여야 한다. 다만, 부득이하게 별도로 설치하지 못할 경우에는 공간구획 등으로 구분하여야 한다.
  나. 바닥의 재질은 물청소가 쉽고 미끄럽지 않으며, 배수가 잘되어야 한다.
  다. 환기시설과 충분한 보관 선반 등이 설치되어야 하며, 보관 선반은 청소 및 통풍이 쉬운 구조이어야 한다.

3. 급식관리실, 편의시설
  가. **급식관리실, 휴게실은 외부로부터 조리실을 통하지 않고 출입이 가능하여야 하며, 외부로 통하는 환기시설을 갖추어야 한다.** 다만, 시설 구조상 외부로의 출입문 설치가 어려운 경우에는 출입 시에 조리실 오염이 일어나지 않도록 필요한 조치를 취하여야 한다.
  나. 휴게실은 외출복장으로 인하여 위생복장이 오염되지 않도록 외출복장과 위생복장을 구분하여 보관할 수 있는 옷장을 두어야 한다.
  다. 샤워실을 설치하는 경우 외부로 통하는 환기시설을 설치하여 조리실 오염이 일어나지 않도록 하여야 한다.

4. 식당: 안전하고 위생적인 공간에서 식사를 할 수 있도록 급식인원 수를 고려한 크기의 식당을 갖추어야 한다. 다만, 공간이 부족한 경우 등 식당을 따로 갖추기 곤란한 학교는 교실배식에 필요한 운반기구와 위생적인 배식도구를 갖추어야 한다.

5. 이 기준에서 정하지 않은 사항에 대하여는 식품위생법령의 집단급식소 시설기준에 따른다.

가. 학교급식 시설·설비에 관한 규정이며 공동조리를 할 수 있는 근거법령
나. 학교급식을 위하여 필요한 시설과 설비의 종류(조리장, 식품보관실, **급식관리실과 편의시설**, 식당 등)와 급식시설의 세부기준을 구체적으로 명시

- 조리장은 조리과정에서 교차오염이 발생하지 않도록 벽과 문으로 구획, **전처리실(前處理室), 조리실 및 식기구세척실로 분리**
- 신축, 리모델링을 할 경우 시설과 설비 기준에 맞는지 여부 확인
- 학교급식에서 사용하는 용어는 법령으로 정의되어야 하고, 정의된 용어만을 사용해야 하며 용어를 변경하려면 관련 규정부터 개정되어야 함

다. 학교급식시설·설비 기준에 '**급식실**'이라는 용어에 대한 설명이 없다는 점에서 현업업무종사자 규정에서 언급된 '급식실' 운영 등은 법적 효력이 없음

※ 교사가 교실을 운영하지 않는 것처럼 영양교사도 급식실을 운영하지 않음(학교급식법 제15조에 따라 학교급식은 학교장이 직접 운영)

7. 영양교사의 배치 등

> **학교급식법**
>
> **제7조(영양교사의 배치 등)** ①제6조의 규정에 따라 학교급식을 위한 시설과 설비를 갖춘 학교는 「초·중등교육법」 제21조 제2항의 규정에 따른 영양교사와 「식품위생법」 제53조 제1항에 따른 조리사를 둔다. 다만, 제4조 제1호에 따른 유치원에 두는 영양교사의 배치기준 등에 관하여 필요한 사항은 대통령령으로 정한다.
> ②교육감은 학교급식에 관한 업무를 전담하게 하기 위하여 그 소속하에 학교급식에 관한 전문지식이 있는 직원을 둘 수 있다.
> ③교육감은 제1항 단서의 영양교사의 배치기준 등에 따른 유치원 중 일정 규모 이하 유치원에 대한 급식관리를 지원하기 위하여 특별시·광역시·특별자치시·도 및 특별자치도의 교육청 또는 「지방교육자치에 관한 법률」 제34조 및 「제주특별자치도 설치 및 국제자유도시 조성을 위한 특별법」 제80조에 따른 교육지원청에 영양교사를 둘 수 있다.

> **초·중등교육법**
>
> **제21조(교원의 자격)**
> ②교사는 정교사(1급·2급), 준교사, 전문상담교사(1급·2급), 사서교사(1급·2급), 실기교사, 보건교사(1급·2급) 및 **영양교사(1급·2급)**로 나누되, 별표 2의 자격 기준에 해당하는 사람으로서 대통령령으로 정하는 바에 따라 교육부장관이 검정·수여하는 자격증을 받은 사람이어야 한다.

가. 영양교사 배치에 관한 규정

나. 학교급식을 위한 시설과 설비를 갖춘 학교에는 초·중등교육법과 식품위생법에 따라 영양교사와 조리사를 두어야 함

다. 교육감은 학교급식에 관한 업무를 전담하기 위해 그 소속하에 학교급식에 관한 전문지식이 있는 직원을 둘 수 있음
- 시·도교육청과 지역교육청, 연구기관 등에 영양장학사 등 전문지식이 있는 직원 배치

8. 경비부담 등

학교급식법

제8조(경비부담 등) ①학교급식의 실시에 필요한 급식시설·설비비는 해당 학교의 설립·경영자가 부담하되, 국가 또는 지방자치단체가 지원할 수 있다.
②급식운영비는 해당 학교의 설립·경영자가 부담하는 것을 원칙으로 하되, 대통령령으로 정하는 바에 따라 보호자(친권자, 후견인 그 밖에 법률에 따라 학생을 부양할 의무가 있는 자를 말한다. 이하 같다)가 그 경비의 일부를 부담할 수 있다.
③학교급식을 위한 식품비는 보호자가 부담하는 것을 원칙으로 한다.
④특별시장·광역시장·도지사·특별자치도지사 및 시장·군수·자치구의 구청장은 학교급식에 품질이 우수한 농수산물 사용 등 급식의 질 향상과 급식시설·설비의 확충을 위하여 식품비 및 시설·설비비 등 급식에 관한 경비를 지원할 수 있다.

학교급식법 시행령

제9조(급식운영비 부담) ①법 제8조 제2항에 따른 급식운영비는 다음 각 호와 같다.
1. 급식시설·설비의 유지비
2. **종사자의 인건비**
3. 연료비, 소모품비 등의 경비

②제1항제2호와 제3호에 따른 경비는 학교운영위원회의 심의를 거쳐 그 경비의 일부를 보호자로 하여금 부담하게 할 수 있다.
③학교의 설립·경영자는 제2항에 따른 보호자의 부담이 경감되도록 노력하여야 한다.

가. 학교급식의 경비부담 등에 관한 규정

나. 학교급식에 필요한 급식시설·설비비는 당해 학교의 설립·경영자가 부담하되, 국가 또는 지방자치단체가 지원 가능

다. 학교급식 경비는 수익자 부담 급식비로 사용할 수 없는 항목과 사용할 수 있는 항목으로 구분(국민권익위원회 행동강령 이행실태 점검결과 제도개선 사항)
  – 수익자 부담 급식비로 사용할 수 없는 물품을 구입하여 감사에 지적되는 사례 발생 ⇒ 꼼꼼히 확인한 후 구매
라. **급식운영비**는 급식시설·설비의 유지비(국가부담), 종사자의 인건비와 연료비, 소모품비 등은 국가부담 및 수익자가 일부 부담 가능
  ※ 이 법령에서 말한 수익자 부담 급식비는 무상급식비를 말함(현행)

9. 급식에 관한 경비의 지원

학교급식법

제9조(급식에 관한 경비의 지원) ①국가 또는 지방자치단체는 제8조의 규정에 따라 보호자가 부담할 경비의 전부 또는 일부를 지원할 수 있다.
②제1항의 규정에 따라 보호자가 부담할 경비를 지원하는 경우에는 다음 각 호의 어느 하나에 해당하는 학생을 우선적으로 지원한다.
1. 학생 또는 그 보호자가 「국민기초생활 보장법」 제2조에 따른 수급권자이거나 차상위계층에 속하는 학생, 「한부모가족지원법」 제5조의 규정에 따른 보호대상자인 학생
2. 「도서·벽지 교육진흥법」 제2조의 규정에 따른 도서벽지에 있는 학교와 그에 준하는 지역으로서대통령령으로 정하는 지역의 학교에 재학하는 학생
3. 「농어업인 삶의 질 향상 및 농어촌지역 개발촉진에 관한 특별법」 제3조 제4호에 따른 농어촌학교와 그에 준하는 지역으로서 대통령령으로 정하는 지역의 학교에 재학하는 학생
4. 그 밖에 교육감이 필요하다고 인정하는 학생
③교육감은 「재난 및 안전관리 기본법」 제3조 제1호에 따른 재난이 발생하여 학교급식이 어려운 경우에는 제5조 제1항에 따른 학교급식위원회의 심의를 거쳐대통령령으로 정하는 바에 따라 학생의 가정에 식재료 등을 지원할 수 있다. 이 경우 지원 범위는제8조 제4항 및제9조 제1항에 따라 국가 또는 지방자치단체가 지원한 급식에 관한 경비에 한정한다.

학교급식법 시행령

제10조(급식비 지원기준 등) ①법 제9조 제1항에 따라 보호자가 부담할 경비를 지원하는 경우 그 지원액 및 지원대상은 학교급식위원회의 심의를 거쳐 교육감이 정한다.
②법 제9조 제2항 제2호와제3호에서 "대통령령이 정하는 지역의 학교"라 함은 각각 다음 각 호의 학교를 말한다.

1. 법 제9조 제2항 제2호: 「도서·벽지 교육진흥법」 제2조에 따른 도서벽지에 준하는 지역에 소재하는 학교로서 7할 이상에 해당하는 학생의 학부모가 도서벽지의 학부모와 유사한 생활여건에 처하여 있다고 교육감이 인정하는 학교
2. 법 제9조 제2항 제3호: 「농어업인 삶의 질 향상 및 농어촌지역 개발촉진에 관한 특별법」 제3조 제1호에 따른 농어촌에 준하는 지역에 소재하는 학교로서 7할 이상에 해당하는 학생의 학부모가 농어촌의 학부모와 유사한 생활여건에 처하여 있다고 교육감이 인정하는 학교
③교육감은법 제9조 제3항전단에 따라 학생의 가정에 식재료 등을 지원할 때에는 다음 각 호의 방법으로 한다.
1. 다음 각 목의 센터 또는 업체로 하여금 법 제10조에 따른 품질관리기준에 적합한 식재료를 가정으로 배송하게 하는 방법
가. 법 제5조 제4항에 따른 학교급식지원센터
나. 학교급식에 필요한 식재료나 제조·가공한 식품을 공급하는 업체
2. 보호자에게 식재료를 구매하거나 교환할 수 있는 상품권 또는 교환권을 지급하는 방법
3. 그 밖에 교육감이 학교급식위원회의 심의를 거쳐 정하는 방법

재난 및 안전관리 기본법

제3조(정의) 이 법에서 사용하는 용어의 뜻은 다음과 같다.
1. "재난"이란 국민의 생명·신체·재산과 국가에 피해를 주거나 줄 수 있는 것으로서 다음 각 목의 것을 말한다.
가. 자연재난: 태풍, 홍수, 호우(豪雨), 강풍, 풍랑, 해일(海溢), 대설, 한파, 낙뢰, 가뭄, 폭염, 지진, 황사(黃砂), 조류(藻類) 대발생, 조수(潮水), 화산활동, 「우주개발 진흥법」에 따른 자연우주물체의 추락·충돌, 그 밖에 이에 준하는 자연현상으로 인하여 발생하는 재해
나. 사회재난: 화재·붕괴·폭발·교통사고(항공사고 및 해상사고를 포함한다)·화생방사고·환경오염사고·다중운집인파사고 등으로 인하여 발생하는 대통령령으로 정하는 규모 이상의 피해와 국가핵심기반의 마비, 「감염병의 예방 및 관리에 관한 법률」에 따른 감염병 또는 「가축전염병예방법」에 따른 가축전염병의 확산, 「미세먼지 저감 및 관리에 관한 특별법」에 따른 미세먼지, 「우주개발 진흥법」에 따른 인공 우주물체의 추락·충돌 등으로 인한 피해

가. 급식에 관한 경비 및 급식비 지원기준에 관한 규정
나. 급식경비는 무상으로 지원되는 관계로 해당사항 없음
다. 재난이 발생하면 교육감이 학교급식위원회의 심의를 거쳐 학생의 가정에 식재료 등을 지원할 수 있는 규정 명시

라. 교육감이 학생의 가정에 식재료를 지원할 때
  - 품질관리기준에 적합한 식재료를 배송하게 하는 방법
  - 보호자에게 식재료를 구매하거나 교환할 수 있는 상품권 또는 교환권 지급 방법
  - 그 밖에 교육감이 학교급식위원회의 심의를 거쳐 정하는 방법
마. 재난은 국가에 피해를 주거나 줄 수 있는 것으로서 자연재난과 사회재난으로 구분

10. 학교급식 식재료

학교급식법

제10조(식재료) ①학교급식에는 품질이 우수하고 안전한 식재료를 사용하여야 한다.
②식재료의 품질관리기준 그 밖에 식재료에 관하여 필요한 사항은 교육부령으로 정한다.

학교급식법 시행규칙

제4조(학교급식 식재료의 품질관리기준 등) ①「학교급식법」(이하 "법"이라 한다)제10조 제2항에 따른 식재료의 품질관리기준은 별표 2와 같다.
②학교급식의 질 제고 및 안전성 확보를 위하여 품질을 우선적으로 고려하여야 하는 경우 식재료의 구매에 관한 계약은 「국가를 당사자로 하는 계약에 관한 법률 시행령」 제43조 또는 「지방자치단체를 당사자로 하는 계약에 관한 법률 시행령」 제43조에 따른 협상에 의한 계약체결방법을 활용할 수 있다.

학교급식 식재료의 품질관리기준 (제4조제1항관련)

1. 농산물
  가. 「농수산물의 원산지 표시에 관한 법률」 제5조 및 「대외무역법」 제33조에 따라 **원산지가 표시된 농산물을 사용**한다. 다만, 원산지 표시 대상 식재료가 아닌 농산물은 그러하지 아니하다.
  나. 다음의 농산물에 해당하는 것 중 하나를 사용한다.
    1) 「친환경농어업 육성 및 유기식품 등의 관리·지원에 관한 법률」 제19조 및 제34조에 따라 인증받은 **유기식품 등 및 무농약농산물**
    2) 「농수산물 품질관리법」 제5조에 따른 표준규격품 중 농산물표준규격이 **"상" 등급 이**

상인 농산물. 다만, 표준규격이 정해져 있지 아니한 농산물은 **상품가치가 "상" 이상에 해당하는 것을 사용**한다.
   3) 「농수산물 품질관리법」 제6조에 따른 우수관리인증농산물
   4) 「농수산물 품질관리법」 제24조에 따른 이력추적관리농산물
   5) 「농수산물 품질관리법」 제32조에 따라 지리적표시의 등록을 받은 농산물
  다. 쌀은 수확연도부터 1년 이내의 것을 사용한다.
  라. 부득이하게 전처리(前處理)농산물(수확 후 세척, 선별, 박피 및 절단 등의 가공을 통하여 즉시 조리에 이용할 수 있는 형태로 처리된 식재료)을 사용할 경우에는 나목과 다목에 해당되는 품목으로 다음 사항이 표시된 것으로 한다.
   1) 제품명(내용물의 명칭 또는 품목)
   2) 업소명(생산자 또는 생산자단체명)
   3) 제조연월일(전처리작업일 및 포장일)
   4) 전처리 전 식재료의 품질(원산지, 품질등급, 생산연도)
   5) 내용량
   6) 보관 및 취급방법
  마. 수입농산물은 「대외무역법」, 「식품위생법」 등 관계 법령에 적합하고, 나목부터 라목까지의 규정에 상당하는 품질을 갖춘 것을 사용한다.
2. 축산물
  가. 공통 기준은 다음과 같다. 다만, 「축산물위생관리법」 제2조제6호에 따른 식용란(食用卵)은 공통 기준을 적용하지 아니한다.
   1) 「축산물위생관리법」 제9조제2항에 따라 위해요소중점관리기준을 적용하는 도축장에서 처리된 식육을 사용한다.
   2) 「축산물위생관리법」 제9조제3항에 따라 위해요소중점관리기준 적용 작업장으로 지정받은 축산물가공장 또는 식육포장처리장에서 처리된 축산물(수입축산물을 국내에서 가공 또는 포장처리하는 경우에도 동일하게 적용)을 사용한다.
  나. 개별기준은 다음과 같다. 다만, 닭고기, 계란 및 오리고기의 경우에는 등급제도 전면 시행 전까지는 권장사항으로 한다.
   1) 쇠고기: 「축산법」 제35조에 따른 등급판정의 결과 3등급 이상인 한우 및 육우 사용
   2) 돼지고기: 「축산법」 제35조에 따른 등급판정의 결과 2등급 이상 사용
   3) 닭고기: 「축산법」 제35조에 따른 등급판정의 결과 1등급 이상 사용
   4) 계란: 「축산법」 제35조에 따른 등급판정의 결과 2등급 이상 사용
   5) 오리고기: 「축산법」 제35조에 따른 등급판정의 결과 1등급 이상 사용
   6) 수입축산물: 「대외무역법」, 「식품위생법」, 「축산물위생관리법」 등 관련법령에 적합하며, 1)부터 5)까지에 상당하는 품질을 갖춘 것을 사용

3. 수산물
    가. 「농수산물의 원산지 표시에 관한 법률」 제5조 및 「대외무역법」 제33조에 따른 **원산지가 표시된 수산물을 사용**한다.
    나. 「농수산물 품질관리법」 제14조에 따른 품질인증품, 같은 법 제32조에 따라 지리적표시의 등록을 받은 수산물 또는 상품가치가 "상" 이상에 해당하는 것을 사용한다.
    다. 전처리수산물
     1) 전처리수산물(세척, 선별, 절단 등의 가공을 통해 즉시 조리에 이용할 수 있는 형태로 처리된 식재료를 말한다. 이하 같다)을 사용할 경우 나목에 해당되는 품목으로서 다음 시설 또는 영업소에서 가공 처리(수입수산물을 국내에서 가공 처리하는 경우에도 동일하게 적용한다)된 것으로 한다.
        가) 「농수산물 품질관리법」 제74조에 따라 위해요소중점관리기준을 이행하는 시설로서 해양수산부장관에게 등록한 생산·가공시설
        나) 「식품위생법」 제48조제1항에 따른 식품안전관리인증기준을 적용하는 업소로서 「식품위생법 시행규칙」 제62조제1항제2호에 따른 냉동수산식품 중 어류·연체류 식품 제조·가공업소
     2) 전처리수산물을 사용할 경우 다음 사항이 표시된 것으로 한다.
        가) 제품명(내용물의 명칭 또는 품목)
        나) 업소명(생산자 또는 생산자단체명)
        다) 제조연월일(전처리작업일 및 포장일)
        라) 전처리 전 식재료의 품질(원산지, 품질등급, 생산연도)
        마) 내용량
        바) 보관 및 취급방법
    라. 수입수산물은 「대외무역법」, 「식품위생법」 등 관련법령에 적합하고 나목 및 다목에 상당하는 품질을 갖춘 것을 사용한다.
4. 가공식품 및 기타
    가. 다음에 해당하는 것 중 하나를 사용한다.
     1) 「식품산업진흥법」 제22조에 따라 품질인증을 받은 전통식품
     2) 「산업표준화법」 제15조에 따라 산업표준 적합 인증을 받은 농축수산물 가공품
     3) 「농수산물 품질관리법」 제32조에 따라 지리적표시의 등록을 받은 식품
     4) 「농수산물 품질관리법」 제14조에 따른 품질인증품
     5) 「식품위생법」 제48조제1항에 따른 식품안전관리인증기준을 적용하는 업소에서 생산된 가공식품
     6) 「식품위생법」 제37조에 따라 영업 등록된 식품제조·가공업소에서 생산된 가공식품
     7) 「축산물위생관리법」 제9조에 따라 위해요소중점관리기준을 적용하는 업소에서 가공

또는 처리된 축산물가공품
8) 「축산물위생관리법」 제6조제1항에 따른 표시기준에 따라 제조업소, 유통기한 등이 표시된 축산물 가공품

나. 김치 완제품은 「식품위생법」 제48조제1항에 따른 식품안전관리인증기준을 적용하는 업소에서 생산된 제품을 사용한다.

다. 수입 가공식품은 「대외무역법」, 「식품위생법」 등 관련법령에 적합하고 가목에 상당하는 품질을 갖춘 것을 사용한다.

라. 위에서 명시되지 아니한 식품 및 식품첨가물은 식품위생법령에 적합한 것을 사용한다.

5. 예외

가. 수해, 가뭄, 천재지변 등으로 식품수급이 원활하지 않은 경우에는 품질관리기준을 적용하지 않을 수 있다.

나. 이 표에서 정하지 않는 식재료, 도서(島嶼)·벽지(僻地) 및 소규모학교 또는 지역 여건상 학교급식 식재료의 품질관리기준 적용이 곤란하다고 인정되는 경우에는, 교육감이 학교급식위원회의 심의를 거쳐 별도의 품질관리기준을 정하여 시행할 수 있다.

가. 학교급식 식재료 및 품질관리 기준에 관한 규정

나. 학교급식에서는 품질이 우수하고 안전한 식재료를 사용하기 위해 농산물, 축산물, 수산물, 가공식품 등에 대한 **학교급식 식재료의 품질관리기준 명시**

다. 영양교사는 학교급식 식재료를 구매할 때 품질관리기준에 적합한 품목 선택

라. 전처리(前處理)농산물(수확 후 세척, 선별, 박피 및 절단 등의 가공을 통하여 즉시 조리에 이용할 수 있는 형태로 처리된 식재료)이나 수산물 선택 시

  - 확인할 표시사항
  • 제품명(내용물의 명칭 또는 품목)
  • 업소명(생산자 또는 생산자단체명)
  • 제조연월일(전처리작업일 및 포장일)
  • 전처리 전 식재료의 품질(원산지, 품질등급, 생산연도)
  • 내용량
  • 보관 및 취급방법

마. 식품 수급이 원활하지 않은 경우(수해, 가뭄, 천재지변 등) 품질관리기준을 적용하지 않을 수 있는 예외 규정 마련

바. 도서(島嶼)·벽지(僻地) 및 소규모학교 또는 지역 여건상 학교급식 식재료의

품질관리기준 적용이 곤란하다고 인정되면, 교육감은 학교급식위원회의 심의를 거쳐 별도의 품질관리기준 마련

11. 영양관리

학교급식법

제11조(영양관리) ①학교급식은 학생의 발육과 건강에 필요한 영양을 충족하고 올바른 식생활습관 형성에 도움을 줄 수 있도록 다양한 식품으로 구성되어야 한다.
②학교급식의 영양관리기준은 교육부령으로 정하고, 식품구성기준은 필요한 경우 교육감이 정한다.

학교급식법 시행규칙

제5조(학교급식의 영양관리기준 등) ①법 제11조 제2항에 따른 학교급식의 영양관리기준은 별표 3과 같다.
②제1항의 기준에 따라 식단작성시 고려하여야 할 사항은 다음 각 호와 같다.
1. 전통 식문화(食文化)의 계승·발전을 고려할 것
2. 곡류 및 전분류, 채소류 및 과일류, 어육류 및 콩류, 우유 및 유제품 등 다양한 종류의 식품을 사용할 것
3. 염분·유지류·단순당류 또는 식품첨가물 등을 과다하게 사용하지 않을 것
4. 가급적 자연식품과 계절식품을 사용할 것
5. 다양한 조리방법을 활용할 것

학교급식법 시행규칙 [별표 3] 〈개정 2021. 1. 29.〉
학교급식의 영양관리기준 (제5조제1항관련)

1. 학교급식의 영양관리기준은 한끼의 기준량을 제시한 것으로 학생 집단의 성장 및 건강상태, 활동정도, 지역적 상황 등을 고려하여 탄력적으로 적용할 수 있다.
2. 영양관리기준은 계절별로 연속 5일씩 1인당 평균영양공급량을 평가하되, 준수범위는 다음과 같다.
   가. 에너지는 학교급식의 영양관리기준 에너지의 ±10%로 하되, 탄수화물 : 단백질 : 지방의 에너지 비율이 각각 55~65% : 7~20% : 15~30%가 되도록 한다.
   나. 단백질은 학교급식 영양관리기준의 단백질량 이상으로 공급하되, 총공급에너지 중 단백질 에너지가 차지하는 비율이 20%를 넘지 않도록 한다.

> 다. 비타민A, 티아민, 리보플라빈, 비타민C, 칼슘, 철은 학교급식 영양관리기준의 권장섭취량 이상으로 공급하는 것을 원칙으로 하되, 최소한 평균필요량 이상이어야 한다.

가. 학교급식의 영양관리기준에 관한 규정
나. 식단은 영양관리기준량에 맞도록 작성(연속 5일씩 1인당 평균영양공급량)
 - 영양공급량은 학교급식 영양관리기준(학교급식법 시행규칙 제5조 제1항)에 따라 산출하되, 급식학생수를 고려하여 영양기준에 미달되거나 지나치게 초과되지 않도록 작성
다. 학교급식 영양관리기준 준수 여부는 **운영평가 항목**
라. 학교급식법 시행규칙에 따라 식단 작성 시 고려할 사항
 - 전통 식문화(食文化)의 계승·발전을 고려할 것
 - 곡류 및 전분류, 채소류 및 과일류, 어육류 및 콩류, 우유 및 유제품 등 다양한 종류의 식품을 사용할 것
 - 염분·유지류·단순당류 또는 식품첨가물 등을 과다하게 사용하지 않을 것
 - 가급적 자연식품과 계절식품을 사용할 것

12. 위생·안전관리

학교급식법

제12조(위생·안전관리) ①학교급식은 식단작성, 식재료 구매·검수·보관·세척·조리, 운반, 배식, 급식기구 세척 및 소독 등 모든 과정에서 위해한 물질이 식품에 혼입되거나 식품이 오염되지 아니하도록 위생과 안전관리를 철저히 하여야 한다.
②학교급식의 위생·안전관리기준은 교육부령으로 정한다

학교급식법 시행규칙

제6조(학교급식의 위생·안전관리기준 등) ①법 제12조 제2항에 따른 학교급식의 위생·안전관리기준은 별표 4와 같다.
②교육부장관은 제1항에 따른 기준의 준수 및 향상을 위한 지침을 정할 수 있다

학교급식법 시행규칙 [별표 4] 〈개정 2021. 1. 29〉
학교급식의 위생·안전관리기준 (제6조제1항관련)

1. 시설관리
   가. 급식시설·설비, 기구 등에 대한 청소 및 소독계획을 수립·시행하여 항상 청결하게 관리하여야 한다.
   나. 냉장·냉동고의 온도, 식기세척기의 최종 헹굼수 온도 또는 식기소독보관고의 온도를 기록·관리하여야 한다.
   다. 급식용수로 수돗물이 아닌 지하수를 사용하는 경우 소독 또는 살균하여 사용하여야 한다.
2. 개인위생
   가. 식품취급 및 조리작업자는 6개월에 1회 건강진단을 실시하고, 그 기록을 2년간 보관하여야 한다. 다만, 폐결핵검사는 연1회 실시할 수 있다.
   나. 손을 잘 씻어 손에 의한 오염이 일어나지 않도록 하여야 한다. 다만, 손 소독은 필요 시 실시할 수 있다.
3. 식재료 관리
   가. 잠재적으로 위험한 식품 여부를 고려하여 식단을 계획하고, 공정관리를 철저히 하여야 한다.
   나. 식재료 검수시 「학교급식 식재료의 품질관리기준」에 적합한 품질 및 신선도와 수량, 위생상태 등을 확인하여 기록하여야 한다.
4. 작업위생
   가. 칼과 도마, 고무장갑 등 조리기구 및 용기는 원료나 조리과정에서 교차오염을 방지하기 위하여 용도별로 구분하여 사용하고 수시로 세척·소독하여야 한다.
   나. 식품 취급 등의 작업은 바닥으로부터 60㎝ 이상의 높이에서 실시하여 식품의 오염이 방지되어야 한다.
   다. 조리가 완료된 식품과 세척·소독된 배식기구·용기등은 교차오염의 우려가 있는 기구·용기 또는 원재료 등과 접촉에 의해 오염되지 않도록 관리하여야 한다.
   라. 해동은 냉장해동(10℃ 이하), 전자레인지 해동 또는 흐르는 물(21℃ 이하)에서 실시하여야 한다.
   마. 해동된 식품은 즉시 사용하여야 한다.
   바. 날로 먹는 채소류, 과일류는 충분히 세척·소독하여야 한다.
   사. 가열조리 식품은 중심부가 75℃(패류는 85℃) 이상에서 1분 이상으로 가열되고 있는지 온도계로 확인하고, 그 온도를 기록·유지하여야 한다.
   아. 조리가 완료된 식품은 온도와 시간관리를 통하여 미생물 증식이나 독소 생성을 억제

하여야 한다.
5. 배식 및 검식
   가. 조리된 음식은 안전한 급식을 위하여 운반 및 배식기구 등을 청결히 관리하여야 하며, 배식 중에 운반 및 배식기구 등으로 인하여 오염이 일어나지 않도록 조치하여야 한다.
   나. 급식실 외의 장소로 운반하여 배식하는 경우 배식용 운반기구 및 운송차량 등을 청결히 관리하여 배식 시까지 식품이 오염되지 않도록 하여야 한다.
   다. 조리된 식품에 대하여 배식하기 직전에 음식의 맛, 온도, 조화(영양적인 균형, 재료의 균형), 이물(異物), 불쾌한 냄새, 조리상태 등을 확인하기 위한 검식을 실시하여야 한다.
   라. 급식시설에서 조리한 식품은 온도관리를 하지 아니하는 경우에는 조리 후 2시간 이내에 배식을 마쳐야 한다.
   마. 조리된 식품은 매회 1인분 분량을 섭씨 영하 **18도 이하**에서 **144시간** 이상 보관해야 한다.
6. 세척 및 소독 등
   가. 식기구는 세척·소독 후 배식 전까지 위생적으로 보관·관리하여야 한다.
   나. 「감염병의 예방 및 관리에 관한 법률 시행령」 제24조에 따라 **급식시설에 대하여 소독을 실시하고 소독필증을 비치**하여야 한다.
7. 안전관리
   가. 관계규정에 따른 정기안전검사{가스·소방·전기안전, 보일러·압력용기·덤웨이터(dumbwaiter)검사 등}를 실시하여야 한다.
   나. **조리기계·기구의** 안전사고 예방을 위하여 **안전작동방법을 게시하고** 교육을 실시하며, **관리책임자**를 지정, 그 표시를 부착하고 철저히 관리하여야 한다.
   다. 조리장 바닥은 안전사고 방지를 위하여 미끄럽지 않게 관리하여야 한다.
8. 기타: 이 기준에서 정하지 않은 사항에 대해서는 식품위생법령의 위생·안전관련 기준에 따른다.

가. 학교급식의 위생·안전관리기준에 관한 규정
나. 학교급식은 식단작성, 식재료 구매·검수·보관·세척·조리, 운반, 배식, 급식기구 세척 및 소독 등 모든 과정에서 위해한 물질이 식품에 혼입되거나 식품에 오염되지 않도록 위생과 안전관리 기준 명시
다. 학교급식 위생·안전관리 기준은 시설관리, 개인위생, 식재료관리, 작업위생, 배식 및 검식, 세척·소독, 안전관리 등으로 구분하여 해야 할 일을 명확하게 명시

- 개인위생에는 식품취급자의 건강진단 규정(6개월에 1회, 기록은 2년간 보관, 폐결핵 검사는 연1회)
- '식품 취급'에 대한 「학교급식 위생관리 지침서」 72쪽 설명

> 3) 식품취급 및 조리
> 전처리실이 조리실과 분리되어 있거나 전처리 작업대가 확실히 분리되는 경우, 정해진 장소에서 구분된 도구를 사용하여 작업을 행하여 생(生)식재료로부터 조리된 음식으로의 미생물 오염을 차단하고, 식재료 속의 식중독균의 영양세포를 사멸시킬 수 있는 온도로 가열조리를 행하는 것이다.
> 전처리 공간이 분리되지 않은 급식소는 식재료의 전처리 작업을 모두 수행한 후 조리실의 작업대를 세척 소독한 후 시차를 두고 구분된 도구를 사용하여 조리작업을 행하여 생식재료로부터 조리된 음식으로의 미생물 오염을 차단하고, 식재료 속의 식중독균의 영양세포를 사멸시킬 수 있도록 **식품 중심온도가 75℃(패류 85℃) 1분 이상 가열되게 가열조리를 행**해야 한다.
> **식재료의 전처리 시에는 칼, 도마, 고무장갑, 조리기구 등을 구분 사용**하여 교차오염을 방지해야 하고, 칼, 도마는 어류·육류·채소류로 구분 사용해야 한다.
> 재배, 수확, 유통 시 오염되어 있는 채소·과일 표면의 이물질들과 미생물 감소시키기 위해 **적절한 방법으로 세척, 소독, 헹굼을 실시**해야 한다.
> ※ 자세한 내용은 CCP2 관리방안에 따른다.

- 식품위생법과 「학교급식 위생·안전관리기준」에서의 '식품취급자'는 6개월에 1회 건강진단 실시
- 배식 및 검식, 보존식에 대한 규정 명시
  • 영양교사 직무 중 검식은 조리된 음식을 배식하기 직전에 맛, 온도, 조화(영양적인 균형, 재료의 균형), 이물(異物), 불쾌한 냄새, 조리상태 등을 확인하는 과정
- 감염병 예방 및 관리에 관한 법률에 따라 학교와 집단급식소는 의무소독시설로 소독을 실시한 후 소독 필증 비치
- 학교가 실시하는 소독에 집단급식소 소독 포함(실시주기 확인)

라. 정기안전검사(가스·소방·전기안전, 보일러·압력용기·덤웨이터(dumbwaiter)검사 등)는 영양교사가 할 수 없는 영역

13. 식생활지도 등

> **학교급식법**
>
> **제13조(식생활 지도 등)** 학교의 장은 올바른 식생활습관의 형성, 식량생산 및 소비에 관한 이해 증진 및 전통 식문화의 계승·발전을 위하여 학생에게 **식생활 관련 교육 및 지도를 하며**, 보호자에게는 관련 정보를 제공한다

가. 식생활 관련 교육 및 지도를 할 수 있는 규정
나. 영양교사는 법령에 따라 식생활 관련 정보를 학생들에게 교육과 지도를 통해 실시하고 이에 따른 정보를 보호자에게 제공하도록 명시
다. 향후 식생활교육 및 지도에 대한 구체적인 방법 및 절차 등이 시행령, 시행규칙에 명시되어야 할 것임(현재는 선언적 의미)
라. 식생활지도는 운영평가 항목으로 식생활지도계획을 수립하여 이행하고 있는지 여부 점검
마. 식생활교육 및 지도 등에 대한 구체적인 규정 없이 운영평가에서 점검하는 것보다 대통령령이나 교육부령으로 규정을 만들고 이행 여부를 판단하는 것이 우선되어야 할 것임

14. 영양상담

> **학교급식법**
>
> **제14조(영양상담)** 학교의 장은 식생활에서 기인하는 영양불균형을 시정하고 질병을 사전에 예방하기 위하여 저체중 및 성장부진, 빈혈, 과체중 및 비만학생 등을 대상으로 영양상담과 필요한 지도를 실시한다.

가. 영양교사가 영양상담이 필요한 학생에게 상담을 실시할 수 있는 근거 규정
나. 영양상담은 시행령이나 시행규칙에서 구체적인 상담방법, 절차 등이 명시되지 않아 개별 상담일 경우 상담할 시간을 확보하는 것조차 어려운 상황
 - 현장에서의 개별 상담은 학생·학부모 등과 전화로 가능한 시간을 확보하여 실시하고 있는 실정
다. 개별 영양상담의 경우 대상자를 지속적으로 관리해야만 목표에 도달 가능

라. 영양상담은 학부모와 긴밀한 관계 유지가 중요(가정과 연계)

마. 영양상담은 운영평가 항목으로 매월 2회 이상 실시하고 있는지 여부와 계획수립, 상담대상자관리, 영양상담 창구운영 등을 점검

바. 영양상담도 대통령령이나 교육부령으로 상담을 할 수 있는 여건을 만들어 주고 평가하는 것이 우선되어야 함

15. 학교급식의 운영방식

학교급식법

제15조(학교급식의 운영방식) ①학교의 장은 학교급식을 직접 관리·운영하되, 「유아교육법」 제19조의3에 따른 유치원운영위원회 및 「초·중등교육법」 제31조에 따른 학교운영위원회의 심의·자문을 거쳐 일정한 요건을 갖춘 자에게 학교급식에 관한 업무를 위탁하여 이를 행하게 할 수 있다. 다만, 식재료의 선정 및 구매·검수에 관한 업무는 학교급식 여건상 불가피한 경우를 제외하고는 위탁하지 아니한다.
②제1항의 규정에 따라 의무교육기관에서 업무위탁을 하고자 하는 경우에는 미리 관할청의 승인을 얻어야 한다.
③제1항의 규정에 따른 학교급식에 관한 업무위탁의 범위, 학교급식공급업자가 갖추어야 할 요건 그 밖에 업무위탁에 관하여 필요한 사항은 대통령령으로 정한다.

학교급식법 시행령

제11조(업무위탁의 범위 등) ①법 제15조 제1항에서 "학교급식 여건상 불가피한 경우"라 함은 다음 각 호의 경우를 말한다.
1. 공간적 또는 재정적 사유 등으로 학교급식시설을 갖추지 못한 경우
2. 학교의 이전 또는 통·폐합 등의 사유로 장기간 학교의 장이 직접 관리·운영함이 곤란한 경우
3. 그 밖에 학교급식의 위탁이 불가피한 경우로서 교육감이 학교급식위원회의 심의를 거쳐 정하는 경우
②법 제15조 제3항에 따른 학교급식공급업자가 갖추어야 할 요건은 다음 각 호와 같다.
1. 법 제12조 제1항에 따른 학교급식 과정 중 조리, 운반, 배식 등 일부업무를 위탁하는 경우 : 「식품위생법 시행령」 제21조 제8호 마목에 따른 위탁급식영업의 신고를 할 것
2. 법 제12조 제1항에 따른 학교급식 과정 전부를 위탁하는 경우
가. 학교 밖에서 제조·가공한 식품을 운반하여 급식하는 경우: 「식품위생법 시행령」 제21조 제1호에 따른 식품제조·가공업의 신고를 할 것

> 나. 학교급식시설을 운영위탁하는 경우: 「식품위생법 시행령」 제21조 제8호 마목에 따른 위탁급식영업의 신고를 할 것
> ③학교의 장은법 제15조 제1항에 따라 학교급식에 관한 업무를 위탁하고자 하는 경우 「식품위생법」 제88조에 따른 집단급식소 신고에 필요한 면허소지자를 둔 학교급식공급업자에게 위탁하여야 한다.
> **제12조(업무위탁 등의 계약방법)** 법 제15조에 따른 학교급식업무의 위탁에 관한 계약은 국가를 당사자로 하는 계약에 관한 법령 또는 지방자치단체를 당사자로 하는 계약에 관한 법령의 관계 규정을 적용 또는 준용한다

가. 학교급식 운영방식과 업무위탁의 범위에 관한 규정

나. 학교급식은 학교의 장이 직접 운영하는 것이 원칙

다. "학교급식 여건상 공간적·재정적 사유로 학교급식시설을 갖추지 못하거나(리모델링, 신축 등) 학교의 이전 또는 통·폐합 등의 사유로 학교의 장이 직접 운영·관리하기가 곤란할 경우 위탁 가능

라. 학교는 업무위탁 시 학교급식공급업자가 갖추어야 할 요건 등이 규정에 맞는지 여부를 판단하여 결정

16. 품질 및 안전을 위한 준수사항

> **학교급식법**
>
> **제16조(품질 및 안전을 위한 준수사항)** ①학교의 장과 그 학교의 학교급식 관련 업무를 담당하는 관계 교직원(이하 "학교급식관계교직원"이라 한다) 및 학교급식공급업자는 학교급식의 품질 및 안전을 위하여 다음 각 호의 어느 하나에 해당하는 식재료를 사용하여서는 아니된다.
> 1. 「농수산물의 원산지 표시 등에 관한 법률」 제5조 제1항에 따른 원산지 표시를 거짓으로 적은 식재료
> 2. 「농수산물 품질관리법」 제56조에 따른 유전자변형농수산물의 표시를 거짓으로 적은 식재료
> 3. 「축산법」 제40조의 규정에 따른 축산물의 등급을 거짓으로 기재한 식재료
> 4. 「농수산물 품질관리법」 제5조 제2항에 따른 표준규격품의 표시, 같은 법 제14조 제3항에 따른 품질인증의 표시 및 같은 법 제34조 제3항에 따른 지리적표시를 거짓으로 적은 식재료
> ②학교의 장과 그 소속 학교급식관계교직원 및 학교급식공급업자는 다음 사항을 지켜야 한다.

1. 제10조 제2항의 규정에 따른 식재료의 품질관리기준, 제11조 제2항의 규정에 따른 영양관리기준 및 제12조 제2항의 규정에 따른 위생·안전관리기준
2. 그 밖에 학교급식의 품질 및 안전을 위하여 필요한 사항으로서 교육부령으로 정하는 사항
③학교의 장과 그 소속 학교급식관계교직원 및 학교급식공급업자는 학교급식에 알레르기를 유발할 수 있는 식재료가 사용되는 경우에는 이 사실을 급식 전에 급식 대상 학생에게 알리고, 급식 시에 표시하여야 한다.
④알레르기를 유발할 수 있는 식재료의 종류 등 제3항에 따른 공지 및 표시와 관련하여 필요한 사항은 교육부령으로 정한다.

학교급식법 시행령

제7조(품질 및 안전을 위한 준수사항) ①법 제16조 제2항 제2호에서 "그 밖에 학교급식의 품질 및 안전을 위하여 필요한 사항"이라 함은 다음 각 호의 사항을 말한다.
1. 매 학기별 보호자부담 급식비 중 식품비 사용비율의 공개
2. 학교급식관련 서류의 비치 및 보관(보존연한은 3년)
가. 급식인원, 식단, 영양 공급량 등이 기재된 학교급식일지
나. 식재료 검수일지 및 거래명세표
②법 제16조 제3항에 따라 학교의 장과 그 소속 학교급식관계교직원 및 학교급식공급업자는 학교급식에 「식품 등의 표시·광고에 관한 법률 시행규칙」 제5조 제1항 및 별표 2에 따라 알레르기 유발물질 표시 대상이 되는 식품을 사용하는 경우 다음 각 호의 방법으로 알리고 표시해야 한다. 다만, 해당 식품으로부터 추출 등의 방법으로 얻은 성분을 함유하고 있는 식품에 대해서는 다음 각 호의 방법에 따를 수 있다.
1. 공지방법: 알레르기를 유발할 수 있는 식재료가 표시된 월간 식단표를 가정통신문으로 안내하고 학교 인터넷 홈페이지에 게재할 것
2. 표시방법: 알레르기를 유발할 수 있는 식재료가 표시된 주간 식단표를 식당 및 교실에 게시할 것

 가. 품질 및 안전을 위한 준수사항 규정
 나. 학교의 장과 소속 학교급식관계교직원이 해야 할 업무 명시
 다. 학교급식을 담당하는 교직원(영양교사, 식품위생직 영양사, 기간제 영양교사, 교육공무직 영양사 등)이 다양하게 배치되어 있어 학교급식관계교직원으로 명시
 라. 학교장, 학교급식관계교직원, 학교급식공급업자가 품질 및 안전을 위해 준수해야 할 규정

- 원산지·유전자변형농수산물·축산물 등급·지리적 표시 등을 거짓으로 기재하지 않도록 규정
- 학교급식관계교직원은 식재료의 품질관리기준, 영양관리기준 및 위생·안전관리기준 준수

마. 학교급식에서 알레르기를 유발할 수 있는 식재료를 사용할 경우 이 사실을 사전에 학생에게 가정통신문이나 홈페이지를 통해 알리고, 알레르기가 표시된 월간식단표, 주간식단표는 교실, 식생활교육관(식당)에 게시
  - **알레르기 유발식품의 공지 및 표시이행은 가정통신문이나 학교홈페이지에 공지 ⇒ 공지여부는 운영평가 항목**

바. 급식관련 서류 3년 동안 비치 및 보관(급식일지, 검수일지, 거래명세표 등)

사. **식재료의 품질관리 기준 준수 여부는 운영평가 항목**

17. 생산품의 직접사용 등

학교급식법

제17조(생산품의 직접사용 등) 학교에서 작물재배·동물사육 그 밖에 각종 생산활동으로 얻은 생산품이나 그 생산품의 매각대금은 다른 법률의 규정에도 불구하고 학교급식을 위하여 직접 사용할 수 있다.

가. 생산품의 직접 사용에 관한 규정

나. 학교급식에서 얻는 생산품이나 매각대금은 다른 법률의 규정에도 불구하고 학교급식을 위하여 사용 가능
  - ※ 생산활동(生産活動). 인간이 생활하는 데 필요한 각종 물건을 만들어 내거나 길러내기 위하여 몸을 움직이는 행동 또는 그렇게 하려고 애를 쓰는 행위. 자식이나 가축의 새끼를 낳게 하기 위한 활동. (생물)동물이나 식물이 생명현상을 유지하면서 번식하기 위하여 활발하게 움직이는 행동이나 작용.(경제) 기업체가 이윤을 남기기 위하여 자세히 기획, 계획하여 여러 가지 상품 따위를 만들어 내는 움직임.

18. 학교급식 운영평가

학교급식법

제18조(학교급식 운영평가) ①교육부장관 또는 교육감은 학교급식 운영의 내실화와 질적 향상을 위하여 학교급식의 운영에 관한 평가를 실시할 수 있다.
②제1항의 규정에 따른 평가의 방법·기준 그 밖에 학교급식 운영평가에 관하여 필요한 사항은 대통령령으로 정한다.

학교급식법 시행령

제13조(학교급식 운영평가 방법 및 기준) ①법 제18조 제1항에 따른 학교급식 운영평가를 효율적으로 실시하기 위하여 교육부장관 또는 교육감은 평가위원회를 구성·운영할 수 있다.
②법 제18조 제2항에 따른 학교급식 운영평가기준은 다음 각 호와 같다.
1. 학교급식 위생·영양·경영 등 급식운영관리
2. 학생 식생활지도 및 영양상담
3. 학교급식에 대한 수요자의 만족도
4. 급식예산의 편성 및 운용
5. 그 밖에 평가기준으로 필요하다고 인정하는 사항

가. 학교급식 운영평가와 기준에 관한 근거 규정
나. 교육부장관, 교육감이 학교급식 운영평가를 효율적으로 실시하기 위해 평가위원회를 구성·운영할 수 있는 근거 규정
다. 운영평가(학교급식 위생·영양·경영 등 급식운영관리, 학생 식생활지도 및 영양상담, 학교급식에 대한 수요자의 만족도, 급식예산의 편성 및 운용, 소위원회 실시현황 등)는 1년에 1회 실시

19. 출입·검사·수거 등

학교급식법

제19조(출입·검사·수거 등) ①교육부장관 또는 교육감은 필요하다고 인정하는 때에는 식품위생 또는 학교급식 관계공무원으로 하여금 학교급식 관련 시설에 출입하여 식품·시설·서류 또는 작업상황 등을 검사 또는 열람을 하게 할 수 있으며, 검사에 필요한 최소량의 식품을 무상으로 수거하게 할 수 있다.

②제1항의 규정에 따라 출입·검사·열람 또는 수거를 하고자 하는 공무원은 그 권한을 표시하는 증표를 지니고, 이를 관계인에게 내보여야 한다.
③제1항의 규정에 따른 검사 등의 결과 제16조 제2항 제1호·제2호 또는 같은 조 제3항의 규정을 위반한 때에는 교육부장관 또는 교육감은 해당 학교의 장 또는 학교급식공급업자에게 시정을 명할 수 있다.

학교급식법 시행령

제14조(출입·검사·수거 등 대상시설) 법 제19조 제1항에 따른 학교급식관련 시설은 다음 각 호와 같다.
1. 학교 안에 설치된 학교급식시설
2. 학교급식에 식재료 또는 제조·가공한 식품을 공급하는 업체의 제조·가공시설

제15조(관계공무원의 교육) 교육감은 법 제19조에 따른 공무원의 검사기술 및 자질 향상을 위하여 교육을 실시할 수 있다.

학교급식법 시행규칙

제8조(출입·검사 등) ①영 제14조 제1호의 시설에 대한 출입·검사 등은 다음 각 호와 같이 실시하되, 교육부장관 또는 교육감이 필요하다고 인정하는 경우에는 연간 실시 횟수를 조정할 수 있다.
1. 제4조 제1항에 따른 식재료 품질관리기준, 제5조 제1항에 따른 영양관리기준 및 제7조에 따른 준수사항 이행여부의 확인·지도: 연 1회 이상 실시하되, 제2호의 확인·지도시 함께 실시할 수 있음
2. 제6조 제1항에 따른 위생·안전관리기준 이행여부의 확인·지도: 연 2회 이상
②영 제14조 제2호의 시설에 대한 출입·검사 등을 효율적으로 시행하기 위하여 필요하다고 인정하는 경우 교육부장관, 교육감 또는 교육장은 식품의약품안전처장, 특별시장·광역시장·특별자치시장·도지사·특별자치도지사 또는 시장·군수·구청장(자치구의 구청장을 말한다)에게 행정응원을 요청할 수 있다.
③제1항 및 제2항에 따른 출입·검사를 실시한 관계공무원은 해당 학교급식관련 시설에 비치된 별지 제3호서식의 출입·검사 등 기록부에 그 결과를 기록하여야 한다.
④법 제19조 제2항에 따른 공무원의 권한을 표시하는 증표는 별지 제4호서식과 같다. ②영 제14조제2호의 시설에 대한 출입·검사 등을 효율적으로 시행하기 위하여 필요하다고 인정하는 경우 교육부장관, 교육감 또는 교육장은 식품의약품안전처장, 특별시장·광역시장·특별자치시장·도지사·특별자치도지사 또는 시장·군수·구청장(자치구의 구청장을 말한다)에게 행정응원을 요청할 수 있다.

제9조(수거 및 검사의뢰 등) ①법 제19조 제1항에 따라 다음 각호의 검사를 실시할 수 있다.
1. 미생물 검사
2. 식재료의 원산지, 품질 및 안전성 검사
②제1항에 따라 검체를 수거한 관계공무원은 검체를 수거한 장소에서 봉함(封函)하고 관계공무원 및 피수거자의 날인이나 서명으로 봉인(封印)한 후 지체없이 특별시·광역시·도·특별자치도의 보건환경연구원, 시·군·구의 보건소 등 관계검사기관에 검사를 의뢰하거나 자체적으로 검사를 실시한다. 다만, 제1항제2호의 검사에 대하여는 국립농산물품질관리원, 농림축산검역본부, 국립수산물품질관리원 등 관계행정기관에 수거 및 검사를 의뢰할 수 있다.
③제2항에 따라 검체를 수거한 때에는별지 제5호서식의 수거증을 교부하여야 하며, 검사를 의뢰한 때에는별지 제6호서식의 수거검사처리대장에 그 내용을 기록하고 이를 비치하여야 한다.

[별지 제3호서식] 〈개정 2021. 6. 30.〉

출 입 · 검 사 등 기 록 부

번호	일시	점검 목적	주요 지도·지시 내용	점검자				참관 또는 확인자		
				소속	직위 (직급)	성명	서명 (날인)	직위 (직급)	성명	서명 (날인)

가. 교육부장관, 교육감이 필요하다고 안정할 때 식품위생 또는 학교급식 관계 공무원이 학교급식 관련 시설에 출입할 수 있는 규정

나. 학교급식 관계공무원은 식품·시설·서류, 작업 상황 등을 검사 또는 열람하고 미생물 검사, 식재료의 원산지, 품질 및 안전성 검사에 필요한 **최소량의 식품을 무상으로 수거할 수 있도록 명시**

다. 출입·검사·열람 또는 수거를 하고자 하는 공무원은 그 권한을 표시하는 증표를 지니고, 이를 관계인에게 보여 주는 것이 원칙

라. 교육부장관과 교육감은 법령 위반 시 해당 학교장 등에게 시정명령을 할 수 있음

마. 학교급식 운영평가는 연 1회 이상 실시

바. 위생·안전관리기준 이행여부의 확인·지도: 연 2회 이상 실시

사. 출입·검사를 실시한 관계공무원은 해당 학교급식관련 시설에 비치된 별지 제3호서식의 출입·검사 등 기록부에 그 내용을 기록

20. 권한의 위임

학교급식법

제20조(권한의 위임) 이 법에 의한 교육부장관 또는 교육감의 권한은 그 일부를 대통령령으로 정하는 바에 따라 교육감 또는 교육장에게 위임할 수 있다.

학교급식법 시행령

제17조(권한의 위임) 교육감은 법 제20조에 따라 법 제19조에 따른 출입·검사·수거 등, 법 제21조에 따른 행정처분 등의 요청 및 법 제25조에 따른 과태료 부과·징수 권한을 조례로 정하는 바에 따라 교육장에게 위임할 수 있다.

    가. 권한의 위임에 관한 규정
    나. 교육부 장관은 **교육감에게**, 교육감은 **교육장에게 권한의 일부를 위임**할 수는 있는 근거 규정
    다. 권한을 위임받은 교육장은 출입·검사·수거 및 과태료 부과·징수 가능
    라. 위임 규정은 각 시·도의 조례로 정함

21. 행정처분 등의 요청

학교급식법

제21조(행정처분 등의 요청) ①교육부장관 또는 교육감은 「식품위생법」·「농수산물 품질관리법」·「축산법」·「축산물위생관리법」의 규정에 따라 허가 및 신고·지정 또는 인증을 받은 자가 제19조의 규정에 따른 검사 등의 결과 각 해당 법령을 위반한 경우에는 관계행정기관의 장에게 행정처분 등의 필요한 조치를 할 것을 요청할 수 있다.
②제1항의 규정에 따라 요청을 받은 관계행정기관의 장은 특별한 사유가 없으면 그 요청을 따라야 하며, 그 조치결과를 교육부장관 또는 해당 교육감에게 알려야 한다.

    가. 행정처분 등의 요청에 관한 규정
    나. 법령에 따라 허가 및 신고·지정 또는 인증을 받은 자가 제19조(출입·검사·수거 등)의 해당 법령을 위반한 경우 관계행정기관의 장에게 행정처분 등의 필요한 조치 요청

22. 징계

학교급식법

제22조(징계) 학교급식의 적정한 운영과 안전성 확보를 위하여 징계의결 요구권자는 관할 학교의 장 또는 그 소속 교직원 중 다음 각 호의 어느 하나에 해당하는 자에 대하여 해당 징계사건을 관할하는 징계위원회에 그 징계를 요구하여야 한다.
1. 고의 또는 과실로 식중독 등 위생·안전상의 사고를 발생하게 한 자
2. 학교급식 관련 계약상의 계약해지 사유가 발생하였음에도 불구하고 정당한 사유 없이 계약해지를 하지 아니한 자
3. 제19조 제3항의 규정에 따라 교육부장관 또는 교육감으로부터 시정명령을 받았음에도 불구하고 정당한 사유 없이 이를 이행하지 아니한 자
4. 학교급식과 관련하여 비리가 적발된 자

    가. 징계에 관한 규정
    나. 학교급식의 운영과 안전성 등의 확보를 위해 법령을 위반한 경우 징계위원회에 징계를 요구할 수 있는 근거 규정

23. 벌칙

학교급식법

제23조(벌칙) ①제16조 제1항 제1호 또는 제2호의 규정을 위반한 학교급식공급업자는 7년 이하의 징역 또는 1억원 이하의 벌금에 처한다.
②제16조 제1항 제3호의 규정을 위반한 학교급식공급업자는 5년 이하의 징역 또는 5천만원 이하의 벌금에 처한다.
③다음 각 호의 어느 하나에 해당하는 자는 3년 이하의 징역 또는 3천만원 이하의 벌금에 처한다.
1. 제16조 제1항 제4호의 규정을 위반한 학교급식공급업자
2. 제19조 제1항의 규정에 따른 출입·검사·열람 또는 수거를 정당한 사유 없이 거부하거나 방해 또는 기피한 자

    가. 학교급식공급업자가 받는 벌칙 규정
    나. 품질 및 안전에 대한 준수사항(원산지 표시, 유전자변형농수산물의 표시, 축산물의 등급, 표준규격품의 표시, 품질인증의 표시, 지리적표시 등)을 거짓으로 적어 식재료를 공급한 경우에 해당되는 벌칙 규정

다. 학교급식공급업자는 교육청 등에서 방문, 출입·검사·열람 또는 수거할 경우 정당한 사유 없이 거부하거나 방해 또는 기피 해도 벌칙

24. 양벌규정

학교급식법

제24조(양벌규정) 법인의 대표자나 법인 또는 개인의 대리인, 사용인, 그 밖의 종업원이 그 법인 또는 개인의 업무에 관하여 제23조의 위반행위를 하면 그 행위자를 벌하는 외에 그 법인 또는 개인에게도 해당 조문의 벌금형을 과(科)한다. 다만, 법인 또는 개인이 그 위반행위를 방지하기 위하여 해당 업무에 관하여 상당한 주의와 감독을 게을리하지 아니한 경우에는 그러하지 아니하다.

가. 양벌규정에 관한 규정
나. 당사자는 물론 법인의 대표자 법인 등도 처벌받는 것이 양벌규정
다. 벌칙의 위반행위를 하면 행위자를 벌하는 외에 법인 또는 개인도 처벌

25. 과태료

학교급식법

제25조(과태료) ①제16조 제2항 제1호의 규정을 위반하여 제19조 제3항의 규정에 따른 시정명령을 받았음에도 불구하고 정당한 사유 없이 이를 이행하지 아니한 학교급식공급업자에게는 500만원 이하의 과태료를 부과한다.
②제16조 제2항 제2호 또는 같은조 제3항의 규정을 위반하여 제19조 제3항의 규정에 따른 시정명령을 받았음에도 불구하고 정당한 사유 없이 이를 이행하지 아니한 학교급식공급업자에게는 300만원 이하의 과태료를 부과한다.
③제1항 및 제2항의 규정에 따른 과태료는 대통령령으로 정하는 바에 따라 교육부장관 또는 교육감이 부과·징수한다.
③제1항 및 제2항의 규정에 따른 과태료는 대통령령이 정하는 바에 따라 교육부장관 또는 교육감이 부과·징수한다.

학교급식법 시행령

제18조(과태료의 부과기준) 법 제25조 제1항 및 제2항에 따른 과태료의 부과기준은 별표와 같다.

학교급식법 시행령 [별표] 〈개정 2023. 4. 25.〉
과태료의 부과기준 (제18조 관련)

1. 일반기준

   가. 위반행위의 횟수에 따른 과태료의 기준은 최근 3년간 같은 위반행위로 과태료를 부과받은 경우에 적용한다. 이 경우 위반행위에 대하여 과태료 부과처분을 한 날과 다시 같은 위반행위를 적발한 날을 각각 기준으로 하여 위반 횟수를 계산한다.

   나. 부과권자는 다음의 어느 하나에 해당하는 경우에는 제2호에 따른 과태료 금액의 2분의 1의 범위에서 그 금액을 감경할 수 있다. 다만, 과태료를 체납하고 있는 위반행위자의 경우에는 그러하지 아니하다.

   1) 위반행위자가 「질서위반행위규제법 시행령」 제2조의2 제1항 각 호의 어느 하나에 해당하는 경우
   2) 위반행위자가 위법행위로 인한 결과를 시정하거나 해소한 경우
   3) 위반행위가 사소한 부주의나 오류 등 과실로 인한 것으로 인정되는 경우
   4) 위반행위의 결과가 경미한 경우
   5) 그 밖에 위반행위의 정도, 위반행위의 동기와 그 결과 등을 고려하여 감경할 필요가 있다고 인정되는 경우

   다. 부과권자는 고의 또는 중과실이 없는 위반행위자가 「소상공인기본법」 제2조에 따른 소상공인에 해당하고, 과태료를 체납하고 있지 않은 경우에는 다음의 사항을 고려하여 제2호의 개별기준에 따른 과태료의 100분의 70 범위에서 그 금액을 줄여 부과할 수 있다. 다만, 나목에 따른 감경과 중복하여 적용하지 않는다.

   1) 위반행위자의 현실적인 부담능력
   2) 경제위기 등으로 위반행위자가 속한 시장·산업 여건이 현저하게 변동되거나 지속적으로 악화된 상태인지 여부

개별기준

위반행위	근거 법조문	과태료 금액(만원)		
		1회 위반	2회 위반	3회 이상 위반
가. 학교급식공급업자가 법 제16조 제2항 제1호를 위반하여 법 제19조 제3항에 따른 시정명령을 받았음에도 불구하고 정당한 사유 없이 이를 이행하지 않은 경우	법 제25조 제1항	100	300	500

위반행위	근거 법조문	과태료 금액(만원)		
		1회 위반	2회 위반	3회 이상 위반
나. 학교급식공급업자가 법 제16조 제2항 제2호를 위반하여 법 제19조 제3항에 따른 시정명령을 받았음에도 불구하고 정당한 사유 없이 이를 이행하지 않은 경우	법 제25조 제2항	100	200	300
다. 학교급식공급업자가 법 제16조 제3항을 위반하여 법 제19조 제3항에 따른 시정명령을 받았음에도 불구하고 정당한 사유 없이 이를 이행하지 않은 경우	법 제25조 제2항	100	200	300

가. 과태료 부과 등에 관한 규정

나. 학교급식공급업자가 식재료의 품질관리기준, 영양관리기준 및 위생·안전 관리기준 등을 준수하지 않은 경우 해당

다. 학교급식과 관련된 과태료는 식품위생법 시행령에 명시

26. 학교급식의 운영원칙

학교급식법 시행령

제2조(학교급식의 운영원칙) ①학교급식은 **수업일의 점심시간** [「학교급식법」(이하 "법"이라 한다)제4조 제2호에 따른 근로청소년을 위한 특별학급 및 산업체부설학교에 있어서는 저녁시간]에법 제11조 제2항에 따른 영양관리기준에 맞는 주식과 부식 등을 제공하는 것을 원칙으로 한다.

②학교급식에 관한 다음 각 호의 사항은 「유아교육법」 제19조의3에 따른 유치원운영위원회 또는 「초·중등교육법」 제31조에 따른 학교운영위원회(이하 "학교운영위원회"라 한다)의 심의를 거쳐 학교의 장이 결정해야 한다.

1. 학교급식 운영방식, 급식대상, 급식횟수, 급식시간 및 구체적 영양기준 등에 관한 사항
2. 학교급식 운영계획 및 예산·결산에 관한 사항
3. 식재료의 원산지, 품질등급, 그 밖의 구체적인 품질기준 및 완제품 사용 승인에 관한 사항
4. 식재료 등의 조달방법 및 업체선정 기준에 관한 사항
5. 보호자(친권자, 후견인이나 그 밖에 학생을 부양할 법률상 의무가 있는 자를 말한다. 이하 같다)가 부담하는 경비 및 급식비의 결정에 관한 사항
6. 급식비 지원대상자 선정 등에 관한 사항

> 7. 급식활동에 관한 보호자의 참여와 지원에 관한 사항
> 8. 학교우유급식 실시에 관한 사항
> 9. 그 밖에 학교의 장이 학교급식 운영에 관하여 중요하다고 인정하는 사항

초·중등교육법

제31조(학교운영위원회의 설치) ①학교운영의 자율성을 높이고 지역의 실정과 특성에 맞는 다양하고도 창의적인 교육을 할 수 있도록 초등학교·중학교·고등학교·특수학교 및 각종학교에 학교운영위원회를 구성·운영하여야 한다.
②국립·공립 학교에 두는 학교운영위원회는 그 학교의 교원 대표, 학부모 대표 및 지역사회 인사로 구성한다.
③학교운영위원회의 위원 수는 5명 이상 15명 이하의 범위에서 학교의 규모 등을 고려하여 대통령령으로 정한다.
제32조(기능) ①학교에 두는 학교운영위원회는 다음 각 호의 사항을 심의한다. 다만, 사립학교에 두는 학교운영위원회의 경우 제7호 및 제8호의 사항은 제외하고, 제1호의 사항에 대하여는 자문한다.
10. 학교급식

  가. 학교급식의 운영원칙에 관한 규정
  나. 학교급식은 수업일의 점심시간에 영양관리기준에 맞는 주식과 부식을 제공함이 원칙
  다. 다음 학년도 학교급식의 운영·관리를 위해 매년 2월경 학교운영위원회에서 심의 사항을 심의한 후 학교장이 결정
  라. 학교급식의 운영관리는 운영평가 항목

27. 학교급식의 개시보고

학교급식법 시행령

제3조(학교급식의 개시보고 등) ①법 제4조에 따라 학교급식을 실시하려는 학교의 장은 법 제6조에 따른 급식시설·설비를 갖추고 교육부령이 정하는 바에 따라 교육부장관 또는 교육감에게 학교급식의 개시보고를 하여야 한다. 다만, 교내에 급식시설을 갖추지 못하여 외부에서 제조·가공한 식품을 운반하여 급식을 실시하는 경우 등에는 급식시설·설비를 갖추지 않고 학교급식의 개시보고를 할 수 있다.

②제1항에 따른 학교급식의 개시보고 후 급식운영방식의 변경, 급식시설 대수선 또는 증·개축, 급식시설의 운영중단 또는 폐지 등 중요한 사항이 변경된 경우에는 그 내용을 교육부장관 또는 교육감에게 보고하여야 한다.

학교급식법 시행규칙

제2조(학교급식의 개시보고 등) ①「학교급식법 시행령」(이하 "영"이라 한다)제3조 제1항에 따른 학교급식의 개시보고는 급식 개시 전 10일까지 별지 제1호서식의 학교급식 개시 보고서에 따라 하여야 한다.
②영 제3조 제2항에 따른 변경보고는 변경 후 20일 이내에 그 내용을 보고하여야 한다.
③학교의 장은 매학년도말 현재의 급식현황을 2월 28일까지 별지 제2호 서식의 급식실시 현황에 따라 교육부장관 또는 교육감에게 보고하고, 교육감은 이를 3월 20일까지 교육부장관에게 보고하여야 한다.
④교육부장관 또는 교육감은 제1항 내지 제3항의 보고를 받은 사항에 대하여「초·중등교육법」제30조의4에 따른 교육정보시스템에 입력하여 관리하여야 한다.

　가. 학교급식 개시보고에 관한 규정
　나. 학교급식의 개시보고는 '업무포털 – 나이스 – 학교급식개시 / 변경보고서작'에 변경된 사항 등록
　다. 학교장은 매 학년도 말 학교급식 실시현황을 교육감 등에게 보고

28. 학교급식 운영계획의 수립 등

학교급식법 시행령

제4조(학교급식 운영계획의 수립 등) ①학교의 장은 학교급식의 관리·운영을 위하여 매 학년도 시작 전까지 학교운영위원회의 심의를 거쳐 학교급식 운영계획을 수립하여야 한다.
②제1항에 따른 학교급식 운영계획에는 급식계획, 영양·위생·식재료·작업·예산관리 및 식생활지도 등 학교급식 운영관리에 필요한 사항이 포함되어야 한다.
③학교의 장은 운영계획의 이행상황을 연 1회 이상 학교운영위원회에 보고하여야 한다.

　가. 학교급식 운영계획 수립에 대한 심의 및 이행상황 보고 관련 규정
　나. 학교급식 운영관리에 필요한(급식계획, 영양·위생·식재료·작업·예산관리 및 식생

활지도 등) 사항을 학교운영위원회에서 심의 후 학교급식 운영계획 수립
다. 학교장은 운영계획의 이행상황을 연 1회 이상 학교운영위원회에 보고
라. **학교급식 운영계획 수립 및 이행상황 보고는 운영평가 항목**

29. 영양교사의 직무

학교급식법 시행령

제8조(영양교사의 직무)법 제7조 제1항에 따른 영양교사는 학교의 장을 보좌하여 다음 각 호의 직무를 수행한다.
1. 식단작성, 식재료의 선정 및 검수
2. 위생·안전·작업관리 및 검식
3. 식생활 지도, 정보 제공 및 영양상담
4. 조리실 종사자의 지도·감독
5. 그 밖에 학교급식에 관한 사항

초·중등교육법

제20조(교직원의 임무)
④교사는 법령에서 정하는 바에 따라 학생을 교육한다.
⑤행정직원 등 직원은 법령에서 정하는 바에 따라 학교의 행정사무와 그 밖의 사무를 담당한다.

가. 영양교사의 직무에 관한 규정
나. 학교급식법시행령은 영양교사는 학교장을 보좌하여 각호의 직무를 수행하도록 명시(영양교사의 직무는 학교급식법과 식품위생법이 근거법령)
   – 영양교사가 학교장을 보좌하여 수행하는 직무는 법 제8조의 5가지 항목
   – 따라서 법령 제정 이후에 제·개정된 산안법을 비롯한 다른 법령의 직무는 해당되지 않음
   – 영양교사의 직무 범위는 학교급식법과 식품위생법
     • 식단작성(학교급식법 제11조 영양관리 및 식품위생법 집단급식소에서의 식단이란), 식재료(학교급식법 제10조 식재료)의 선정 및 검수(학교급식법 제15조 학교급식의 운영 방식)

- 위생·안전·작업관리 및 검식에서 **위생·안전(학교급식법 제12조 위생·안전관리)과 작업관리(위생관리 지침서 31쪽) 및 검식(식품위생법 제52조)**
- ※ **집단급식소 급식안전관리 기준에 "급식안전관리"란** 집단급식소에서 식재료의 검수·조리 및 배식·시설관리 등 급식안전관리를 위한 **위생관리 활동으로 명시**
- 식생활지도, 정보 제공(학교급식법 제13조 식생활지도) 및 영양상담(학교급식법 제14조 영양상담)
- 조리실 종사자의 지도·감독(지도는 식품위생법 제52조 영양지도 등)

> **교육부의 학교급식 위생관리 지침서 31쪽**
> 학교급식소에서의 작업은 구매한 물품을 검수하는 일에서 시작하여 전처리, 소독, 조리, 배식, 세정, 정리정돈에 이르기까지 다양한 작업이 수작업으로 이루어진다. 이 과정에서 발생할 수 있는 교차오염이 식중독 발생의 주요 원인이 되므로 작업과정의 위생관리가 더욱 체계적으로 철저하게 유지되어야 한다. 식품 취급 및 조리, 조리완료 및 배식의 내용은 제2장 CCP2와 CCP3에서 설명한다. (조리는 식품위생법에 따라 조리사의 고유영역)

다. 초·중등교육법에서 교사의 직무는 '교사는 법령에서 정하는 바에 따라 학생을 교육한다'로 규정 ⇒ 영양교사도 법령에 따라 직무를 수행함이 타당

30. 급식연구학교 등의 지정·운영

> **학교급식법 시행령**
>
> **제16조(급식연구학교 등의 지정·운영)** 교육감은 학교급식의 교육효과 증진과 발전을 위하여 학교급식 연구학교 또는 시범학교를 지정·운영할 수 있다

가. 급식연구학교 등의 지정·운영에 관한 규정
나. 이 근거법령에 따라 학교급식의 교육효과 증진과 발전을 위해 학교급식 연구학교 또는 시범학교를 지정·운영

31. 규제의 재검토

학교급식법 시행규칙
제11조(규제의 재검토) 교육부장관은 제3조 및 별표 1에 따른 급식시설의 세부기준에 대하여 2015년 1월 1일을 기준으로 2년마다(매 2년이 되는 해의 기준일과 같은 날 전까지를 말한다) 그 타당성을 검토하여 개선 등의 조치를 하여야 한다.

가. 규제의 재검토에 관한 규정

나. 급식시설의 세부기준(조리장/시설·설비, 설비·기구), 식품보관실, 급식관리실, 편의시설 등의 타당성을 2년마다 검토하여 개선조치

1장 관계법령

3절 식품위생 관련 법규

01 식품위생법

1. 목적

식품위생법
제1조(목적) 이 법은 식품으로 인하여 생기는 위생상의 위해(危害)를 방지하고 식품영양의 질적 향상을 도모하며 식품에 관한 올바른 정보를 제공함으로써 국민 건강의 보호·증진에 이바지함을 목적으로 한다.

가. 식품위생법의 목적에 관한 규정
나. 식품으로 인하여 생기는 위생상의 위해(危害)를 방지하고 식품영양의 질적 향상 도모
다. 식품에 관한 올바른 정보를 제공함으로써 **국민 건강의 보호·증진**에 이바지함이 목적

2. 정의

식품위생법
제2조(정의) 이 법에서 사용하는 용어의 뜻은 다음과 같다. 1. **"식품"이란 모든 음식물**(의약으로 섭취하는 것은 제외한다)을 말한다. 2. "식품첨가물"이란 식품을 제조·가공·조리 또는 보존하는 과정에서 감미(甘味), 착색(着色), 표백(漂白) 또는 산화방지 등을 목적으로 식품에 사용되는 물질을 말한다. 이 경우 기구(器具)·용기·포장을 살균·소독하는 데에 사용되어 간접적으로 식품으로 옮아갈 수 있는 물질을 포함한다. 3. "화학적 합성품"이란 화학적 수단으로 원소(元素) 또는 화합물에 분해 반응 외의 화학 반응을 일으켜서 얻은 물질을 말한다. 4. "기구"란 다음 각 목의 어느 하나에 해당하는 것으로서 식품 또는 식품첨가물에 직접 닿는 기계·기구나 그 밖의 물건(농업과 수산업에서 식품을 채취하는 데에 쓰는 기계·기구나 그 밖의 물건 및 「위생용품 관리법」 제2조제1호에 따른 위생용품은 제외한다)을 말한다. 가. 음식을 먹을 때 사용하거나 담는 것 나. 식품 또는 식품첨가물을 채취·제조·가공·조리·저장·소분[(小分): 완제품을 나누어 유통을 목적으로 재포장하는 것을 말한다. 이하 같다]·운반·진열할 때 사용하는 것 5. "용기·포장"이란 식품 또는 식품첨가물을 넣거나 싸는 것으로서 식품 또는 식품첨가물을 주고받을 때 함께 건네는 물품을 말한다.

> 5의2. "**공유주방**"이란 식품의 제조·가공·조리·저장·소분·운반에 필요한 시설 또는 기계·기구 등을 여러 영업자가 함께 사용하거나, 동일한 영업자가 여러 종류의 영업에 사용할 수 있는 시설 또는 기계·기구 등이 갖춰진 장소를 말한다.
> 6. "**위해**"란 식품, 식품첨가물, 기구 또는 용기·포장에 존재하는 위험요소로서 인체의 건강을 해치거나 해칠 우려가 있는 것을 말한다.
> 9. "영업"이란 식품 또는 식품첨가물을 채취·제조·가공·조리·저장·소분·운반 또는 판매하거나 기구 또는 용기·포장을 제조·운반·판매하는 업(농업과 수산업에 속하는 식품 채취업은 제외한다. 이하 이 호에서 "식품제조업등"이라 한다)을 말한다. 이 경우 공유주방을 운영하는 업과 공유주방에서 식품제조업 등을 영위하는 업을 포함한다.
> 10. "영업자"란 제37조 제1항에 따라 영업허가를 받은 자나 같은 조 제4항에 따라 영업신고를 한 자 또는 같은 조 제5항에 따라 영업등록을 한 자를 말한다.
> 11. "식품위생"이란 식품, 식품첨가물, 기구 또는 용기·포장을 대상으로 하는 음식에 관한 위생을 말한다.
> 12. "**집단급식소**"란 영리를 목적으로 하지 아니하면서 특정 다수인에게 계속하여 음식물을 공급하는 다음 각 목의 어느 하나에 해당하는 곳의 급식시설로서 대통령령으로 정하는 시설을 말한다.
> 가. **기숙사**
> 나. **학교, 유치원, 어린이집**
> 다. 병원
> 라. 「사회복지사업법」 제2조제4호의 사회복지시설
> 마. 산업체
> 바. 국가, 지방자치단체 및 「공공기관의 운영에 관한 법률」 제4조제1항에 따른 공공기관
> 사. 그 밖의 후생기관 등
> 13. "식품이력추적관리"란 식품을 제조·가공단계부터 판매단계까지 각 단계별로 정보를 기록·관리하여 그 식품의 안전성 등에 문제가 발생할 경우 그 식품을 추적하여 원인을 규명하고 필요한 조치를 할 수 있도록 관리하는 것을 말한다.
> 14. "**식중독**"이란 식품 섭취로 인하여 인체에 유해한 미생물 또는 유독물질에 의하여 **발생하였거나 발생**한 것으로 판단되는 감염성 질환 또는 독소형 질환을 말한다.
> 15. "**집단급식소에서의 식단**"이란 급식대상 집단의 영양섭취기준에 따라 음식명, 식재료, 영양성분, 조리방법, 조리인력 등을 고려하여 작성한 급식계획서를 말한다.

　가. 식품위생법에서 사용하는 용어에 대한 정의
　나. "**식품**"은 모든 음식물(의약으로 섭취하는 것은 제외한다)로 규정
　다. "**공유주방**"은 식품의 제조·가공·조리·저장·소분·운반에 필요한 시설과 기

계·기구 등을 여러 영업자가 함께 사용, 동일한 영업자가 여러 종류의 영업에 사용할 수 있는 시설 또는 기계 등이 갖춰진 장소

라. **"위해"** 란 식품, 식품첨가물, 기구 또는 용기·포장에 존재하는 위험요소로서 인체의 건강을 해치거나 해칠 우려가 있는 것

마. **"식품위생"** 은 식품, 식품첨가물, 기구 또는 용기·포장을 대상으로 하는 음식에 관한 위생

바. **"집단급식소"** 는 영리를 목적으로 하지 아니하면서 특정 다수인에게 계속하여 음식물을 공급하는 시설로 학교급식이 해당

사. **"식품이력추적관리"** 는 식품을 제조·가공·판매단계까지 각 단계별로 정보를 기록·관리하고 그 식품의 안전성 등에 문제가 발생하면 그 식품을 추적하여 원인을 규명하도록 필요한 조치를 취하는 것

아. **"식중독"** 은 식품 섭취로 인체에 유해한 미생물 또는 유독물질에 의해 발생 또는 발생한 것으로 판단되는 감염성 질환이나 독소형 질환

자. **"집단급식소에서의 식단"** 은 급식대상 집단의 영양섭취기준에 따라 음식명, 식재료, 영양성분, 조리방법, 조리인력 등을 고려, 작성한 급식계획서

3. 식품 등의 취급

식품위생법
제3조(식품 등의 취급) ①누구든지 판매(판매 외의 불특정 다수인에 대한 제공을 포함한다. 이하 같다)를 목적으로 식품 또는 식품첨가물을 채취·제조·가공·사용·조리·저장·소분·운반 또는 진열을 할 때에는 깨끗하고 위생적으로 하여야 한다. ②영업에 사용하는 기구 및 용기·포장은 깨끗하고 위생적으로 다루어야 한다. ③제1항 및 제2항에 따른 식품, 식품첨가물, 기구 또는 용기·포장(이하 "식품등"이라 한다)의 위생적인 취급에 관한 기준은 총리령으로 정한다

식품위생법 시행규칙
제2조(식품 등의 위생적인 취급에 관한 기준) 「식품위생법」(이하 "법"이라 한다) 제3조 제3항에 따른 식품, 식품첨가물, 기구 또는 용기·포장(이하 "식품등"이라 한다)의 위생적인 취급에 관한 기준은 별표 1과 같다

식품위생법 시행규칙[별표 1] 〈개정 2022.7.28〉
식품 등의 위생적인 취급에 관한 기준 (제2조 관련)

1. 식품 또는 식품첨가물을 제조·가공·사용·조리·저장·소분·운반 또는 진열할 때에는 이물이 혼입되거나 병원성 미생물 등으로 오염되지 않도록 위생적으로 취급해야 한다.
2. 식품 등을 취급하는 원료보관실·제조가공실·조리실·포장실 등의 내부는 항상 청결하게 관리하여야 한다.
3. 식품 등의 원료 및 제품 중 부패·변질이 되기 쉬운 것은 냉동·냉장시설에 보관·관리하여야 한다.
4. 식품 등의 보관·운반·진열 시에는 식품 등의 기준 및 규격이 정하고 있는 보존 및 유통기준에 적합하도록 관리하여야 하고, 이 경우 냉동·냉장시설 및 운반시설은 항상 정상적으로 작동시켜야 한다.
5. **식품 등의 제조·가공·조리 또는 포장에 직접 종사하는 사람은 위생모 및 마스크를 착용하는 등 개인위생관리를 철저히 하여야 한다.**
6. 제조·가공(수입품을 포함한다)하여 최소판매 단위로 포장(위생상 위해가 발생할 우려가 없도록 포장되고, 제품의 용기·포장에 「식품 등의 표시·광고에 관한 법률」 제4조 제1항에 적합한 표시가 되어 있는 것을 말한다)된 식품 또는 식품첨가물을 허가를 받지 아니하거나 신고를 하지 아니하고 판매의 목적으로 포장을 뜯어 분할하여 판매하여서는 아니 된다. 다만, 컵라면, 일회용 다류, 그 밖의 음식류에 뜨거운 물을 부어주거나, 호빵 등을 따뜻하게 데워 판매하기 위하여 분할하는 경우는 제외한다.
7. 식품 등의 제조·가공·조리에 직접 사용되는 기계·기구 및 음식기는 사용 후에 세척·살균하는 등 항상 청결하게 유지·관리하여야 하며, **어류·육류·채소류를 취급하는 칼·도마는 각각 구분하여 사용**하여야 한다.
8. 소비기한이 경과된 식품 등을 판매하거나 판매의 목적으로 진열·보관하여서는 아니 된다.

   가. 식품 등의 취급에 관한 규정
   나. 식품 또는 식품첨가물을 채취·제조·가공·사용·조리·저장·소분·운반과 진열을 하는 자로 위생모 및 마스크 등을 착용하도록 명시
   다. 학교급식을 운영하면서 알아야 할 조항 등을 명시
   라. 소비기한이 경과된 식품 등을 판매하거나 진열, 보관하지 않도록 명시

4. 출입·검사·수거 등

식품위생법

제22조(출입·검사·수거 등) ①식품의약품안전처장(대통령령으로 정하는 그 소속 기관의 장을 포함한다. 이하 이 조에서 같다), 시·도지사 또는 시장·군수·구청장은 식품등의 위해방지·위생관리와 영업질서의 유지를 위하여 필요하면 다음 각 호의 구분에 따른 조치를 할 수 있다.
1. 영업자나 그 밖의 관계인에게 필요한 서류나 그 밖의 자료의 제출 요구
2. 관계 공무원으로 하여금 다음 각 목에 해당하는 출입·검사·수거 등의 조치
  가. 영업소(사무소, 창고, 제조소, 저장소, 판매소, 그 밖에 이와 유사한 장소를 포함한다)에 출입하여 판매를 목적으로 하거나 영업에 사용하는 식품등 또는 영업시설 등에 대하여 하는 검사
  나. 가목에 따른 검사에 필요한 최소량의 식품 등의 무상 수거
  다. 영업에 관계되는 장부 또는 서류의 열람
②식품의약품안전처장은 시·도지사 또는 시장·군수·구청장이 제1항에 따른 출입·검사·수거 등의 업무를 수행하면서 식품 등으로 인하여 발생하는 위생 관련 위해방지 업무를 효율적으로 하기 위하여 필요한 경우에는 관계 행정기관의 장, 다른 시·도지사 또는 시장·군수·구청장에게 행정응원(行政應援)을 하도록 요청할 수 있다. 이 경우 행정응원을 요청받은 관계 행정기관의 장, 시·도지사 또는 시장·군수·구청장은 특별한 사유가 없으면 이에 따라야 한다.
③제1항 및 제2항의 경우에 출입·검사·수거 또는 열람하려는 공무원은 그 권한을 표시하는 증표 및 조사기간, 조사범위, 조사담당자, 관계 법령 등 대통령령으로 정하는 사항이 기재된 서류를 지니고 이를 관계인에게 내보여야 한다.
④제2항에 따른 행정응원의 절차, 비용 부담 방법, 그 밖에 필요한 사항은 대통령령으로 정한다.

식품위생법 시행규칙

제19조(출입·검사·수거 등) ①법 제22조에 따른 출입·검사·수거 등은 국민의 보건위생을 위하여 필요하다고 판단되는 경우에는 수시로 실시한다.
②제1항에도 불구하고 제89조에 따라 행정처분을 받은 업소에 대한 출입·검사·수거 등은 그 처분일부터 6개월 이내에 1회 이상 실시하여야 한다. 다만, 행정처분을 받은 영업자가 그 처분의 이행 결과를 보고하는 경우에는 그러하지 아니하다.
제20조(수거량 및 검사 의뢰 등) ①법 제22조 제1항 제2호 나목에 따라 무상으로 수거할 수 있는 식품 등의 대상과 그 수거량은 별표 8과 같다.

②관계 공무원이 제1항에 따라 식품 등을 수거한 경우에는 별지 제16호서식의 수거증(전자문서를 포함한다)을 발급하여야 한다.

③제1항에 따라 식품 등을 수거한 관계 공무원은 그 수거한 식품 등을 그 수거 장소에서 봉함하고 관계 공무원 및 피수거자의 인장 등으로 봉인하여야 한다.

④식품의약품안전처장, 시·도지사 또는 시장·군수·구청장은 제1항에 따라 수거한 식품 등에 대해서는 지체없이 「식품·의약품분야 시험·검사 등에 관한 법률」 제6조 제3항 제1호에 따라 식품의약품안전처장이 지정한 식품전문 시험·검사기관 또는 같은 조 제4항 단서에 따라 총리령으로 정하는 시험·검사기관에 검사를 의뢰하여야 한다.

⑤식품의약품안전처장, 시·도지사 또는 시장·군수·구청장은법 제22조 제1항에 따라 관계 공무원으로 하여금 출입·검사·수거를 하게 한 경우에는 별지 제17호서식의 수거검사 처리대장(전자문서를 포함한다)에 그 내용을 기록하고 이를 갖춰 두어야 한다.

⑥법 제22조 제3항에 따른 출입·검사·수거 또는 열람하려는 공무원의 권한을 표시하는 증표는 별지 제18호 서식과 같다.

식품위생법 시행규칙 [별표 8] 〈개정 2017. 1. 4.〉
식품 등의 무상수거 대상 및 수거량 (제20조 제1항 관련)

1. 무상수거대상 식품 등: 제19조 제1항에 따라 검사에 필요한 식품 등을 수거할 경우
2. 수거대상 및 수거량 가. 식품(식품접객업소 등의 음식물 포함)

식품의 종류	수거량
가공식품	600g(㎖)(다만, 캡슐류 는 200g)
유탕처리식품	추가1kg
곡류·두류 및 기타 자연산물	1~3kg
채소류	1~3kg
과실류	3~5kg
수산물	0.3~4kg
나. 식품첨가물	
시험항목별	수 거 량
식품등의 기준 및 규격의 적부에 관한시험	고체: 200g 액체: 500g(㎖) 기체: 1kg
비소·중금속 함유량시험	50g(㎖)
다. 기구 또는 용기·포장	
시험항목별	수 거 량
재질·용출시험	기구 또는 용기·포장에 대한 식품 등의 기준 및 규격검사에 필요한 양

가. 출입·검사·수거 등에 관한 규정

나. 식품의약안전처장, 시·도지사 또는 시장·군수·구청장은 식품 등의 위해방지·위생관리와 영업질서의 유지를 위하여 조치사항 명시

다. 관계 공무원이 검사에 필요한 최소량의 식품 등을 무상 수거할 수 있는 근거 규정

라. 급식에 관계되는 장부 또는 서류 열람 가능

마. 출입·검사·수거 또는 열람하려는 공무원은 그 권한이 표시된 증표, 조사기간 등이 기재된 서류를 관계인에게 내보이는 것이 원칙

5. 위생관리책임자 등

식품위생법

제41조의2(위생관리책임자) ① 제36조 제1항에 따라 공유주방 운영업을 하려는 자는 대통령령으로 정하는 자격기준을 갖춘 위생관리책임자(이하 "위생관리책임자"라 한다)를 두어야 한다. 다만, 공유주방 운영업을 하려는 자가 위생관리책임자의 자격기준을 갖추고 해당 직무를 수행하는 경우에는 그러하지 아니하다.
② 위생관리책임자는 공유주방에서 상시적으로 다음 각 호의 직무를 수행한다.
1. 공유주방의 **위생적 관리 및 유지**
2. 공유주방 사용에 관한 **기록 및 유지**
3. **식중독 등 식품사고의 원인 조사 및 피해 예방 조치에 관한 지원**
4. 공유주방 이용자에 대한 **위생관리 지도 및 교육**
③ 공유주방을 운영 또는 **이용하는 자는 위생관리책임자의 업무를 방해하여서는 아니 되며, 그로부터 업무 수행에 필요한 요청을 받았을 때에는 정당한 사유가 없으면 요청에 따라야 한다.**
④ 제1항에 따라 공유주방 운영업을 하는 자가 위생관리책임자를 선임하거나 해임할 때에는 총리령으로 정하는 바에 따라 식품의약품안전처장에게 신고하여야 한다.
⑤ 식품의약품안전처장은 제4항에 따른 신고를 받은 날부터 3일 이내에 신고수리 여부를 신고인에게 통지하여야 한다.
⑥ 식품의약품안전처장이 제5항에서 정한 기간 내에 신고수리 여부나 민원 처리 관련 법령에 따른 처리기간의 연장을 신고인에게 통지하지 아니하면 그 기간(민원 처리 관련 법령에 따라 처리기간이 연장 또는 재연장된 경우에는 해당 처리기간을 말한다)이 끝난 날의 다음 날에 신고를 수리한 것으로 본다.

⑦ 위생관리책임자는 제2항에 따른 직무 수행내역 등을 총리령으로 정하는 바에 따라 기록·보관하여야 한다.
⑧ 위생관리책임자는 매년 식품위생에 관한 교육을 받아야 한다.
⑨ 제8항에 따른 교육의 내용, 시간, 교육 실시 기관 등에 관하여 필요한 사항은 총리령으로 정한다.

식품위생법

제41조(식품위생교육) ① 대통령령으로 정하는 영업자 및 유흥종사자를 둘 수 있는 식품접객업 영업자의 종업원은 매년 식품위생에 관한 교육(이하 "식품위생교육"이라 한다)을 받아야 한다.
② 제36조제1항 각 호에 따른 영업을 하려는 자는 미리 식품위생교육을 받아야 한다. 다만, 부득이한 사유로 미리 식품위생교육을 받을 수 없는 경우에는 영업을 시작한 뒤에 식품의약품안전처장이 정하는 바에 따라 식품위생교육을 받을 수 있다.
③ 제1항 및 제2항에 따라 교육을 받아야 하는 자가 영업에 직접 종사하지 아니하거나 두 곳 이상의 장소에서 영업을 하는 경우에는 종업원 중에서 **식품위생에 관한 책임자를 지정**하여 영업자 대신 교육을 받게 할 수 있다. 다만, 집단급식소에 종사하는 **조리사 및 영양사**(「**국민영양관리법**」 **제15조**에 따라 영양사 면허를 받은 사람을 말한다. 이하 같다)가 식품위생에 관한 책임자로 지정되어 제56조제1항 단서에 따라 교육을 받은 경우에는 제1항 및 제2항에 따른 해당 연도의 식품위생교육을 받은 것으로 본다.

식품위생법 시행규칙

제55조의2(위생관리책임자의 기록·보관) 위생관리책임자는 법 제41조의2 제7항에 따라 **직무수행 일자·내용·결과를 기록하여 6개월간 보관**해야 한다
제55조의3(위생관리책임자의 교육훈련) ①법 제41조의2 제8항에 따라 위생관리책임자가 받아야 하는 교육은 새로 선임되고 받는 신규교육(이하 이 조에서 "신규교육"이라 한다)과 신규교육 후 매년 받는 보수교육(이하 이 조에서 "보수교육"이라 한다)으로 구분한다.
②신규교육과 보수교육의 교육시간은 각각 3시간으로 한다.
③신규교육과 보수교육의 교육주기는 다음 각 호와 같다.
1. 신규교육: 정당한 사유가 없는 한 신규로 선임된 날부터 3개월 이내. 다만, 선임된 날 이전 1년 이내에 신규 또는 보수교육을 받은 경우에는 신규교육을 받은 것으로 본다.
2. 보수교육: 제1호 본문에 따라 신규교육을 받은 연도 또는 제1호 단서에 따라 신규교육을 받은 것으로 보는 연도의 다음 연도부터 **매년 1회**

가. 위생관리 책임자에 관한 규정
나. 영양사 자격을 갖춘 자는 위생관리책임자에 해당
다. 공유주방을 운영 또는 이용하는 자는 **위생관리책임자를 두어야 하고 업무를 방해해서는 아니 되며**, 업무 수행에 필요한 요청을 받을 경우 정당한 사유가 없으면 요청에 따라야 함
라. 위생관리책임자는 공유주방의 위생적 관리 및 유지, 공유주방 사용에 관한 기록 및 유지, 식중독 등 식품사고의 원인 조사 및 피해 예방 조치에 관한 지원, 공유주방 이용자에 대한 위생관리 지도 및 교육직무수행 일자·내용·결과를 기록하여 6개월간 보관

6. 조리사

식품위생법

제51조(조리사) ①집단급식소 운영자와 대통령령으로 정하는 식품접객업자는 조리사(調理士)를 두어야 한다. 다만, 다음 각호의 어느 하나에 해당하는 경우에는 조리사를 두지 아니하여도 된다.
1. 집단급식소 운영자 또는 식품접객영업자 자신이 조리사로서 **직접 음식물을 조리하는** 경우
2. 1회 급식인원 100명 미만의 산업체인 경우
3. 제52조 제1항에 따른 영양사가 조리사의 면허를 받은 경우. 다만, 총리령으로 정하는 규모 이하의 집단급식소에 한정한다.
②집단급식소에 근무하는 조리사는 다음 각 호의 직무를 수행한다.
1. 집단급식소에서의 식단에 따른 조리업무[식재료의 전(前)처리에서부터 조리, 배식 등의 전 과정을 말한다]
2. 구매식품의 검수 지원
3. 급식설비 및 기구의 위생·안전 실무
4. 그 밖에 조리실무에 관한 사항

제80조(면허취소 등) ①식품의약품안전처장 또는 특별자치시장·특별자치도지사·시장·군수·구청장은 조리사가 다음 각 호의 어느 하나에 해당하면 그 면허를 취소하거나 6개월 이내의 기간을 정하여 업무정지를 명할 수 있다. 다만, 조리사가 제1호 또는 제5호에 해당할 경우 면허를 취소하여야 한다.
1. 제54조 각 호의 어느 하나에 해당하게 된 경우
2. 제56조에 따른 교육을 받지 아니한 경우
3. 식중독이나 그 밖에 위생과 관련한 중대한 사고 발생에 직무상의 책임이 있는 경우

> 4. 면허를 타인에게 대여하여 사용하게 한 경우
> 5. 업무정지기간 중에 조리사의 업무를 하는 경우
> ②제1항에 따른 행정처분의 세부기준은 그 위반행위의 유형과 위반 정도 등을 고려하여 총리령으로 정한다

가. 조리사에 관한 규정
나. 집단급식소에 조리사를 두어야 하는 곳과 두지 않아도 되는 곳 명시
- 조리사를 두지 않아도 되는 곳은 집단급식소 운영자 또는 식품접객영업자 자신이 조리사로 직접 조리를 하거나 1회 급식 인원이 100명 미만인 산업체
- 집단급식소 조리사는 ①식단에 따른 조리업무[식재료의 전(前)처리에서부터 조리, 배식 등의 전 과정을 말한다] ②구매식품의 검수 지원 ③급식설비 및 기구의 위생·안전 실무 ④그 밖에 조리실무에 관한 사항 등의 직무 수행

다. 조리사에게 조리에 관한 고유 직무 영역이 명시된 규정
라. 조리사가 교육을 받지 않거나, 식중독 또는 그 밖에 위생과 관련한 중대한 사고 발생에 직무상의 책임이 있거나, 면허를 타인에게 대여 하거나, 업무정지 기간 중 조리사의 업무를 할 경우 면허 취소

7. 영양사

> **식품위생법**
>
> **제52조(영양사)** ①집단급식소 운영자는 영양사(營養士)를 두어야 한다. 다만, 다음 각호의 어느 하나에 해당하는 경우에는 영양사를 두지 아니하여도 된다.
> 1. 집단급식소 운영자 자신이 영양사로서 직접 영양 지도를 하는 경우
> 2. 1회 급식인원 100명 미만의 산업체인 경우
> 3. 제51조 제1항에 따른 조리사가 영양사의 면허를 받은 경우 다만, 총리령으로 정하는 규모 이하의 집단급식소에 한정한다.
> ②집단급식소에 근무하는 영양사는 다음 각 호의 직무를 수행한다.
> 1. 집단급식소에서의 식단 작성, 검식(檢食) 및 배식관리
> 2. 구매식품의 검수(檢受) 및 관리
> **3. 급식시설의 위생적 관리**
> 4. 집단급식소의 운영일지 작성
> 5. 종업원에 대한 영양 지도 및 식품위생교육

> **식품위생법 시행규칙**
>
> **제79조의2(조리사·영양사를 별도로 두지 아니할 수 있는 집단급식소의 규모)** 법 제51조 제1항 제3호 및 법 제52조 제1항 제3호의 "총리령으로 정하는 규모 이하의 집단급식소"는 "1회 300명 이하에게 식사를 제공하는 집단급식소"를 말한다.

가. 집단급식소에 근무하는 영양사의 직무 규정
나. 집단급식소에 영양사를 두어야 하는 곳과 두지 않아도 되는 곳 명시
   - 운영자 자신이 영양사로 직접 **영양 지도**를 하거나 1회 급식 인원이 100명 미만인 산업체인 경우는 영양사를 채용하지 않아도 됨
다. 집단급식소의 조리사·영양사 겸직 규정은 학교급식법 제7조(영양교사의 배치 등)를 적용받는 초·중·고등학교 급식에서는 제외
라. 집단급식소에서의 영양사는 ①집단급식소에서의 식단 작성, 검식(檢食) 및 배식관리 ②구매식품의 검수(檢受) 및 관리 ③**급식시설의 위생적 관리** ④집단급식소의 운영일지 작성 ⑤종업원에 대한 영양 지도 및 식품위생교육 등의 직무 수행
마. 영양사는 법령에 따라 조리장과 급식 시설·기구의 위생적 관리는 하지만 조리 과정에 관여할 수는 없음

8. 교육

> **식품위생법**
>
> **제56조(교육)** ①식품의약품안전처장은 식품위생 수준 및 자질의 향상을 위하여 필요한 경우 조리사와 영양사에게 교육(조리사의 경우 보수교육을 포함한다. 이하 이 조에서 같다)을 받을 것을 명할 수 있다. 다만, 집단급식소에 종사하는 조리사와 영양사는 1년마다 교육을 받아야 한다
> ②제1항에 따른 교육의 대상자·실시기관·내용 및 방법 등에 관하여 필요한 사항은 총리령으로 정한다.
> ③식품의약품안전처장은 제1항에 따른 교육 등 업무의 일부를 대통령령으로 정하는 바에 따라 관계 전문기관이나 단체에 위탁할 수 있다.

식품위생법 시행령

제38조(교육의 위탁) ①식품의약품안전처장은 법 제56조 제3항에 따라 조리사 및 영양사에 대한 교육업무를 위탁하려는 경우에는 조리사 및 영양사에 대한 교육을 목적으로 설립된 전문기관 또는 단체에 위탁하여야 한다.
②제1항에 따라 교육업무를 위탁받은 전문기관 또는 단체는 조리사 및 영양사에 대한 교육을 실시하고, 교육이수자 및 교육시간 등 교육실시 결과를 식품의약품안전처장에게 보고하여야 한다.

식품위생법 시행규칙

제83조(조리사 및 영양사의 교육) ①식품의약품안전처장은 법 제56조 제2항에 따라 식품으로 인하여 「감염병의 예방 및 관리에 관한 법률」 제2조에 따른 감염병이 유행하거나 집단식중독의 발생 및 확산 등으로 국민건강을 해칠 우려가 있다고 인정되는 경우 또는 시·도지사가 국제적 행사나 대규모 특별행사 등으로 식품위생 수준의 향상이 필요하여 식품위생에 관한 교육의 실시를 요청하는 경우에는 다음 각 호의 어느 하나에 해당하는 조리사 및 영양사에게 식품의약품안전처장이 정하는 시간에 해당하는 교육을 받을 것을 명할 수 있다. 이 경우 교육실시기관은 제84조제1항에 따라 식품의약품안전처장이 지정한 기관으로 한다.
1. 법 제51조 제1항에 따라 조리사를 두어야 하는 식품접객업소 또는 집단급식소에 종사하는 조리사
2. 법 제52조 제1항에 따라 영양사를 두어야 하는 집단급식소에 종사하는 영양사
②법 제51조 제1항 제3호에 따른 조리사 면허를 받은 영양사나 법 제52조 제1항 제3호에 따른 영양사 면허를 받은 조리사가 제1항에 따른 교육을 이수한 경우에는 해당 조리사 교육과 영양사 교육을 모두 받은 것으로 본다.
③제1항에 따라 교육을 받아야 하는 조리사 및 영양사가 식품의약품안전처장이 정하는 질병 치료 등 부득이한 사유로 교육에 참석하기가 어려운 경우에는 교육교재를 배부하여 이를 익히고 활용하도록 함으로써 교육을 갈음할 수 있다.
제84조(조리사 및 영양사의 교육기관 등) ①법 제56조 제1항 단서에 따른 집단급식소에 종사하는 조리사 및 영양사에 대한 교육은 식품의약품안전처장이 식품위생 관련 교육을 목적으로 하는 전문기관 또는 단체 중에서 지정한 기관이 실시한다.
②제1항에 따른 교육기관은 다음 각 호의 내용에 대한 교육을 실시한다.
1.식품위생법령 및 시책
2. 집단급식 위생관리
3. 식중독 예방 및 관리를 위한 대책

> 4. 조리사 및 영양사의 자질향상에 관한 사항
> 5. 그 밖에 식품위생을 위하여 필요한 사항
> ③교육시간은 6시간으로 한다.
> ④제1항부터 제3항까지에서 규정한 사항 외에 교육방법 및 내용 등에 관하여 필요한 사항은 식품의약품안전처장이 정하여 고시한다.

가. 교육에 관한 규정
나. 조리사, 영양사는 매년 식품위생 수준 및 자질 향상을 위하여 6시간의 교육을 받도록 명시
다. 식품의약품안전처장은 교육 등의 업무를 법령에 따라 대한영양사협회에 위탁
 - 대한영양사협회가 매년 영양교사, 영양사에게 위생교육을 실시할 수 있는 근거 규정
라. 식품의약품안전처장은 감염병이 유행하고 집단식중독 발생 및 확산 등으로 국민건강을 해칠 우려와 국제적 행사 등 식품위생 교육이 필요할 경우 조리사, 영양사에게 교육을 받도록 명할 수 있는 규정
마. 집단급식소 조리사, 영양사의 교육내용은 ①식품위생법령 및 시책 ②집단급식 위생관리 ③식중독 예방 및 관리를 위한 대책 ④영양사의 자질향상에 관한 사항 ⑤그 밖에 식품위생을 위하여 필요한 사항 등으로 명시

9. 식중독에 관한 조사 보고

> **식품위생법**
>
> **제86조(식중독에 관한 조사 보고 등)** ①다음 각 호의 어느 하나에 해당하는 자는 지체 없이 관할 특별자치시장·시장(「제주특별자치도 설치 및 국제자유도시 조성을 위한 특별법」에 따른 행정시장을 포함한다. 이하 이 조에서 같다)·군수·구청장에게 보고하여야 한다. 이 경우 의사나 한의사는 대통령령으로 정하는 바에 따라 식중독 환자나 식중독이 의심되는 자의 혈액 또는 배설물을 보관하는 데에 필요한 조치를 하여야 한다.
> 1. 식중독 환자나 식중독이 의심되는 자를 진단하였거나 그 사체를 검안(檢案)한 의사 또는 한의사
> 2. 집단급식소에서 제공한 식품 등으로 인하여 식중독 환자나 식중독으로 의심되는 증세를 보이는 자를 발견한 집단급식소의 설치·운영자

②특별자치시장·시장·군수·구청장은 제1항에 따른 보고를 받은 때에는 지체 없이 그 사실을 식품의약품안전처장 및 시·도지사(특별자치시장은 제외한다)에게 통보하고, 대통령령으로 정하는 바에 따라 원인을 조사하여 그 결과를 제출하여야 한다.
③식품의약품안전처장은 제2항에 따른 통보의 내용이 국민 건강상 중대하다고 인정하는 경우에는 해당 시·도지사 또는 시장·군수·구청장과 합동으로 원인을 조사할 수 있다.
④식품의약품안전처장은 식중독 발생의 원인을 규명하기 위하여 식중독 의심환자가 발생한 원인시설 등에 대한 조사절차와 시험·검사 등에 필요한 사항을 정할 수 있다.
제87조(식중독대책협의기구 설치) ①식품의약품안전처장은 식중독 발생의 효율적인 예방 및 확산방지를 위하여 교육부, 농림축산식품부, 보건복지부, 환경부, 해양수산부, 식품의약품안전처, 질병관리청, 시·도 등 유관기관으로 구성된 식중독대책협의기구를 설치·운영하여야 한다.
②제1항에 따른 식중독대책협의기구의 구성과 세부적인 운영사항 등은 대통령령으로 정한다.

〈제86조 대통령령은 식품위생법시행령 제59조 식중독 원인조사 등에 관한 사항〉
〈제87조 대통령령은 식품위생법시행령 제60조 식중독 대책 협의기구의 구성, 운영 등에 관한 사항〉

가. 식중독에 관한 조사 보고 규정
나. 식중독이 발생하면 지체없이 그 사실을 식품의약품안전처장 및 시장·군수·구청장에게 보고
다. 식품의약품안전처장은 국민 건강상 중대하다고 인정되면 해당 시·도지사 또는 시장·군수·구청장과 합동으로 원인 조사
라. 식품의약품안전처장은 식중독 발생 원인을 규명하기 위해 식중독 의심환자가 발생한 원인시설 등의 조사절차와 시험·검사 등 필요한 사항을 정할 수 있는 규정

10. 집단급식소

식품위생법

제88조(집단급식소) ①집단급식소를 설치·운영하려는 자는 총리령으로 정하는 바에 따라 특별자치시장·특별자치도지사·시장·군수·구청장에게 신고하여야 한다. 신고한 사항 중 총리령으로 정하는 사항을 변경하려는 경우에도 또한 같다.

②**집단급식소를 설치·운영하는 자**는 집단급식소 시설의 유지·관리 등 급식을 위생적으로 관리하기 위하여 다음 각호의 사항을 지켜야 한다.
1. 식중독 환자가 발생하지 아니하도록 위생관리를 철저히 할 것
2. 조리·제공한 식품의 매회 1인분 분량을 총리령으로 정하는 바에 따라 144시간 이상 보관할 것
3. **영양사를 두고 있는 경우 그 업무를 방해하지 아니할 것**
4. 영양사를 두고 있는 경우 영양사가 **집단급식소의 위생관리를 위하여 요청하는 사항에 대하여는 정당한 사유가 없으면 따를 것**
5. 「축산물 위생관리법」 제12조에 따라 검사를 받지 아니한 축산물 또는 실험 등의 용도로 사용한 동물을 음식물의 조리에 사용하지 말 것
6. 「야생생물 보호 및 관리에 관한 법률」을 위반하여 포획·채취한 야생생물을 음식물의 조리에 사용하지 말 것
7. 소비기한이 경과한 원재료 또는 완제품을 조리할 목적으로 보관하거나 이를 음식물의 조리에 사용하지 말 것
8. 수돗물이 아닌 지하수 등을 먹는 물 또는 식품의 조리·세척 등에 사용하는 경우에는 「먹는물관리법」 제43조에 따른 먹는 물 수질검사기관에서 총리령으로 정하는 바에 따라 검사를 받아 마시기에 적합하다고 인정된 물을 사용할 것. 다만, 둘 이상의 업소가 같은 건물에서 같은 수원(水源)을 사용하는 경우에는 하나의 업소에 대한 시험결과로 나머지 업소에 대한 검사를 갈음할 수 있다.
9. 제15조 제2항에 따라 위해평가가 완료되기 전까지 일시적으로 금지된 식품 등을 사용·조리하지 말 것
10. 식중독 발생 시 보관 또는 사용 중인 식품은 역학조사가 완료될 때까지 폐기하거나 소독 등으로 현장을 훼손하여서는 아니 되고 원상태로 보존하여야 하며, 식중독 원인규명을 위한 행위를 방해하지 말 것
11. 그 밖에 식품 등의 위생적 관리를 위하여 필요하다고 총리령으로 정하는 사항을 지킬 것
③집단급식소에 관하여는 제3조부터 제6조까지, 제7조 제4항, 제8조, 제9조 제4항, 제9조의3, 제22조, 제37조 제7항·제9항, 제39조, 제40조, 제41조, 제48조, 제71조, 제72조 및 제74조를 준용한다.
④특별자치시장·특별자치도지사·시장·군수·구청장은 제1항에 따른 신고 또는 변경신고를 받은 날부터 3일 이내에 신고수리 여부를 신고인에게 통지하여야 한다.
⑤특별자치시장·특별자치도지사·시장·군수·구청장이 제4항에서 정한 기간 내에 신고수리 여부 또는 민원 처리 관련 법령에 따른 처리기간의 연장을 신고인에게 통지하지 아니하면 그 기간(민원 처리 관련 법령에 따라 처리기간이 연장 또는 재연장된 경우에는 해당 처리기간을 말한다)이 끝난 날의 다음 날에 신고를 수리한 것으로 본다.

> ⑥제1항에 따라 신고한 자가 집단급식소 운영을 종료하려는 경우에는 특별자치시장·특별자치도지사·시장·군수·구청장에게 신고하여야 한다.
> ⑦집단급식소의 시설기준과 그 밖의 운영에 관한 사항은 총리령으로 정한다.

가. 집단급식소에 관한 규정

나. 집단급식소를 설치·운영자가 지켜야 할 사항 명시
- 식중독 환자가 발생하지 아니하도록 위생관리를 철저히 할 것
- 조리·제공한 1인 분량의 식품을 144시간 이상 보관할 것
- **영양사를 두고 있는 경우 그 업무를 방해하지 아니할 것**
- 집단급식소의 **위생관리를 위해 영양사의 요청 사항을 정당한 사유가 없으면 따를 것**
- 검사를 받지 않은 축산물, 실험 등의 용도로 사용한 동물을 음식물의 조리에 사용하지 말 것
- 법률을 위반, 포획·채취한 야생생물을 음식물의 조리에 사용하지 말 것
- 소비기한이 경과한 원재료 등을 보관하거나 조리에 사용하지 말 것
- 일시적으로 금지된 식품 등을 사용·조리하지 말 것
- 식중독 발생 시 보관 또는 사용 중인 식품은 역학조사가 완료될 때까지 폐기하거나 소독 등으로 현장을 훼손하지 않고 원상태로 보존하여 식중독 원인규명을 위한 행위를 방해하지 말 것
- 식품 등의 위생적 관리를 위하여 필요하다고 정한 사항은 지킬 것

11. 양벌규정

식품위생법

제100조(양벌규정) 법인의 대표자나 법인 또는 개인의 대리인, 사용인, 그 밖의 종업원이 그 법인 또는 개인의 업무에 관하여 제93조 제3항 또는 제94조부터 제97조까지의 어느 하나에 해당하는 위반행위를 하면 그 행위자를 벌하는 외에 그 법인 또는 개인에게도 해당 조문의 벌금형을 과(科)하고, 제93조 제1항의 위반행위를 하면 그 법인 또는 개인에 대하여도 1억5천만원 이하의 벌금에 처하며, 제93조 제2항의 위반행위를 하면 그 법인 또는 개인에 대하여도 5천만원 이하의 벌금에 처한다. 다만, 법인 또는 개인이 그 위반행위를 방지하기 위하여 해당 업무에 관하여 상당한 주의와 감독을 게을리하지 아니한 경우에는 그러하지 아니하다.

가. 양벌규정에 관한 규정
나. 법인의 대표자나 법인 또는 개인의 대리인, 사용인, 그 밖의 종업원이 그 법인 또는 개인의 업무에 관하여 **제13장 벌칙 중** 어느 하나에 해당하는 위반행위를 하면 그 행위자를 벌하는 외에 그 법인 또는 개인에게도 벌금형을 과(科)할 수 있는 규정
다. 소해면상뇌증(狂牛病), 탄저병, 가금 인플루엔자 등의 질병에 걸린 동물을 판매할 목적으로 식품 또는 식품첨가물을 제조·가공·수입, 조리한 자는 3년 이상의 징역과 법인 또는 개인도 1억5천만원 이하의 벌금에 처함
라. 마황(麻黃), 부자(附子), 천오(川烏), 초오(草烏), 백부자(白附子), 섬수(蟾수), 백선피(白鮮皮), 사리풀 등에 해당하는 원료 또는 성분 등을 사용, 판매할 목적으로 식품 또는 식품첨가물을 제조·가공·수입, 조리한 자는 1년 이상의 징역과 법인과 개인도 5천만원 이하의 벌금에 처함

12. 과태료의 부과기준

식품위생법

제101조(과태료) ① 다음 각 호의 어느 하나에 해당하는 자에게는 1천만원 이하의 과태료를 부과한다.
1. 제46조의2제2항에 따른 현장조사를 거부하거나 방해한 자
2. 제86조제1항을 위반한 자
3. 제88조제1항 전단을 위반하여 신고하지 아니하거나 허위의 신고를 한 자
4. 제88조제2항을 위반한 자. 다만, 총리령으로 정하는 경미한 사항을 위반한 자는 제외한다.
② 다음 각 호의 어느 하나에 해당하는 자에게는 500만원 이하의 과태료를 부과한다.
1. 제3조를 위반한 자
1의3. 제19조의4제2항을 위반하여 검사기한 내에 검사를 받지 아니하거나 자료 등을 제출하지 아니한 영업자
3. 제37조제6항을 위반하여 보고를 하지 아니하거나 허위의 보고를 한 자
5의2. 제46조제1항을 위반하여 소비자로부터 이물 발견신고를 받고 보고하지 아니한 자
6. 제48조제9항(제88조에서 준용하는 경우를 포함한다)을 위반한 자
8. 제74조제1항(제88조에서 준용하는 경우를 포함한다)에 따른 명령에 위반한 자
③ 다음 각 호의 어느 하나에 해당하는 자에게는 300만원 이하의 과태료를 부과한다.
1. 제40조제1항 및 제3항(제88조에서 준용하는 경우를 포함한다)을 위반한 자

> 1의2. 제41조의2제3항을 위반하여 위생관리책임자의 업무를 방해한 자
> 1의3. 제41조의2제4항에 따른 위생관리책임자 선임·해임 신고를 하지 아니한 자
> 1의4. 제41조의2제7항을 위반하여 직무 수행내역 등을 기록·보관하지 아니하거나 거짓으로 기록·보관한 자
> 1의5. 제41조의2제8항에 따른 교육을 받지 아니한 자
> 2의2. 제44조의2제1항을 위반하여 책임보험에 가입하지 아니한 자
> 4. 제49조제3항을 위반하여 식품이력추적관리 등록사항이 변경된 경우 변경사유가 발생한 날부터 1개월 이내에 신고하지 아니한 자
> 5. 제49조의3제4항을 위반하여 식품이력추적관리정보를 목적 외에 사용한 자
> 6. 제88조제2항에 따라 집단급식소를 설치·운영하는 자가 지켜야 할 사항 중 총리령으로 정하는 경미한 사항을 지키지 아니한 자
> ④다음 각 호의 어느 하나에 해당하는 자에게는 100만원 이하의 과태료를 부과한다.
> 1. 제41조제1항 및 제5항(제88조에서 준용하는 경우를 포함한다)을 위반한 자
> 2. 제42조제2항을 위반하여 보고를 하지 아니하거나 허위의 보고를 한 자
> 3. 제44조제1항에 따라 영업자가 지켜야 할 사항 중 총리령으로 정하는 경미한 사항을 지키지 아니한 자
> 4. 제56조 제1항을 위반하여 교육을 받지 아니한 자
> ⑤제1항부터 제4항까지의 규정에 따른 과태료는 대통령령으로 정하는 바에 따라 식품의약품안전처장, 시·도지사 또는 시장·군수·구청장이 부과·징수한다.

가. 과태료의 부과기준에 관한 규정

나. 과태료는 일반기준과 개별기준으로 부과

다. 학교급식을 담당하는 영양교사는 개별기준에 따른 위반행위, 근거법령, 과태료 등을 알고 관련 사무를 처리해야 함

02 식품안전기본법

1. 목적

식품안전기본법

제1조(목적) 이 법은 식품의 안전에 관한 국민의 권리·의무와 국가 및 지방자치단체의 책임을 명확히 하고, 식품안전정책의 수립·조정 등에 관한 기본적인 사항을 규정함으로써 국민이 건강하고 안전하게 식생활(食生活)을 영위하게 함을 목적으로 한다

  가. 식품안전기본법에 대한 목적 규정
  나. 식품안전기본법은 식품의 안전에 관한 국민의 권리·의무와 국가 및 지방자치단체의 책임을 명확히 하고, 식품안전정책의 수립·조정 등을 규정, 국민이 건강하고 안전하게 식생활(食生活)을 영위하게 함이 목적

2. 정의

식품안전기본법

제2조(정의) 이 법에서 사용하는 용어의 뜻은 다음과 같다.
1. "식품"이란 모든 음식물을 말한다. 다만, 의약으로서 섭취하는 것을 제외한다.
2~4 생략
5. **"식품안전법령등"이란** 「**식품위생법**」, 「건강기능식품에 관한 법률」, 「어린이 식생활안전관리 특별법」, 「감염병의 예방 및 관리에 관한 법률」, 「국민건강증진법」, 「식품산업진흥법」, 「수산식품산업의 육성 및 지원에 관한 법률」, 「농수산물 품질관리법」, 「축산물 위생관리법」, 「가축전염병 예방법」, 「축산법」, 「사료관리법」, 「농약관리법」, 「약사법」, 「비료관리법」, 「인삼산업법」, 「양곡관리법」, 「친환경농어업 육성 및 유기식품 등의 관리·지원에 관한 법률」, 「보건범죄 단속에 관한 특별조치법」, 「**학교급식법**」, 「**학교보건법**」, 「수도법」, 「먹는물관리법」, 「소금산업 진흥법」, 「주세법」, 「주류 면허 등에 관한 법률」, 「대외무역법」, 「산업표준화법」, 「유전자변형생물체의 국가간 이동 등에 관한 법률」, 「식품·의약품분야 시험·검사 등에 관한 법률」, 「가축 및 축산물 이력관리에 관한 법률」, 「수입식품안전관리 특별법」, 그 밖에 식품등의 안전과 관련되는 법률과 위 법률의 위임사항 또는 그 시행에 관한 사항을 규정하는 명령·조례 또는 규칙 중 식품등의 안전과 관련된 규정을 말한다.
6. "위해성평가"란 식품 등에 존재하는 위해요소가 인체의 건강을 해하거나 해할 우려가

> 있는지 여부와 그 정도를 과학적으로 평가하는 것을 말한다.
> 7. "추적조사"란 식품 등의 생산·판매 등의 과정에 관한 정보를 추적하여 조사하는 것을 말한다.

　가. 이 법에서 사용되는 용어의 정의
　나. **"식품안전법령등"**이란 「식품위생법」, 「학교급식법」, 「학교보건법」…… 그 밖에 식품 등의 안전과 관련되는 법률과 위 법률의 위임사항 또는 그 시행에 관한 사항을 규정하는 명령·조례와 규칙 중 식품 등의 안전과 관련된 규정을 말함

3. 다른 법률과의 관계

> **식품안전기본법**
>
> **제3조(다른 법률과의 관계)** ①식품 등의 안전에 관하여 제2조 제5호에 따른 법률에 특별한 규정이 있는 경우를 제외하고는 이 법으로 정하는 바에 따른다.
> ②식품안전법령등을 제정 또는 개정하는 경우 이 법의 취지에 부합하도록 하여야 한다.

　가. 다른 법률과의 관계에 관한 규정
　나. 식품 관련 모든 법령에서 특별히 안전에 관한 구체적인 규정이 없다면 이 법이 우선
　다. 식품위생법 및 학교급식법령 등에서 규정한 안전은 이 법령의 규정을 따라 식품안전에 해당

03 집단급식소 급식안전관리 기준

[시행 2023. 5. 22.]
[식품의약품안전처고시 제2023-32호, 2023. 5. 22., 일부개정]
식품의약품안전처(식중독예방과), 043-719-2105

1. 목적

집단급식소 급식안전관리 기준

제1조(목적) 이 고시는 「식품위생법」 제44조 제1항 및 제88조 제2항과 같은 법 시행규칙 제57조 별표 17 제8호, 제95조 제2항 및 제3항 별표 24에 관한 세부사항을 정함을 목적으로 한다.

가. 집단급식소 급식안전관리 기준의 목적에 대한 고시
나. 이 고시는 영업자 등의 준수사항과 식품접객업소의 준수사항, 집단급식소의 설치·운영자의 준수사항에 관한 세부사항을 정함이 목적

2. 정의

집단급식소 급식안전관리 기준

제2조(정의) 이 고시에서 사용하는 용어의 정의는 다음과 같다.
1. **"집단급식소"**란 「식품위생법」(이하 "법"이라 한다) 제2조 제12호 및 같은 법 시행령(이하 "시행령"이라 한다) 제2조에서 정하고 있는 영리를 목적으로 하지 아니하면서 특정 다수인에게 계속하여 음식물을 공급하는 급식시설로서 1회 50명 이상에게 식사를 제공하는 급식소를 말한다.
2. **"급식안전관리"**란 집단급식소에서 식재료의 검수·조리 및 배식·시설관리 등 급식안전관리를 위한 **위생관리 활동**을 말한다.
3. **"보존식"**이란 법 제88조 제2항 제2호 및 같은 법 시행규칙(이하 "시행규칙"이라 한다) 제95조 제1항 및 제2항에 따라 집단급식소에서 조리·제공한 식품 중 매회 1인분 분량을 보관한 식품을 말한다.

가. 고시에서 사용하는 용어의 정의
나. "집단급식소"란 영리를 목적으로 하지 않으면서 특정 다수인에게 계속하여 음식물을 공급하는 급식시설로 1회 50명 이상에게 식사를 제공하는 급식소

다. **"급식안전관리"란** 집단급식소에서 식재료의 검수·조리 및 배식·시설관리 등 급식안전관리를 위한 **위생관리 활동**

라. **"보존식"**이란 집단급식소에서 조리·제공한 1인 분량을 보관한 식품

3. 적용대상

집단급식소 급식안전관리 기준
제3조(적용대상) 이 고시는 법 제88조 제1항에 따라 신고한 집단급식소를 설치·운영하는 자(시행령 제21조 제8호 마목에 따라 위탁계약한 경우에는 위탁급식영업자를 말한다. 이하 같다)를 대상으로 적용한다.

가. 적용대상에 대한 고시
나. 집단급식소를 설치·운영하는 자와 위탁급식영업을 하는 자가 대상

4. 위생관리 사항

집단급식소 급식안전관리 기준
제4조(위생관리 사항) 집단급식소를 설치·운영하는 자가 급식안전관리를 위하여 매일 점검하고 기록해야 하는 위생관리 사항은 별표 1과 같다.

위생관리 사항(별표 1)
위생관리 사항 (제4조 관련)

1. 개인위생관리
  가. **식품취급자(조리종사자 포함) 등은 위생복, 위생모, 마스크, 앞치마를 착용하고, 악세사리 등 장신구 착용**을 하지 않아야 한다.
  나. 건강진단을 받지 아니한 자나 「식품위생법 시행규칙」 제50조에서 규정하는 질병이 있는 자는 식품취급 및 조리를 하여서는 아니된다.

2. 검수 및 보관관리
  가. 조리에 사용되는 식품 등(이하 "식재료")은 검수를 통해 배송온도, 포장상태, 품질상태 등을 확인하여 적합한 것을 식재료로 사용하여야 한다.
  나. "식재료" 선도가 양호한 것을 사용하여야 하며, 부패·변질되었거나 유독·유해물질 등

에 오염된 것을 사용하여서는 아니 된다.
다. 소비기한이 경과된 식재료를 조리할 목적으로 보관하거나 이를 음식물의 조리에 사용하여서는 아니된다.
라. 식재료는 세척제, 소독제, 화학물질 등과 함께 보관하여서는 아니 된다.
마. 식재료는 법 제7조 제1항에 따른 기준 및 규격에서 정하고 있는 「식품 등의 기준 및 규격」 제2. 4. 보존 및 유통기준과 같은 고시 제6. 3. 원료 기준에 적합하도록 관리하여야 하며, 이 경우 냉동·냉장시설 및 운반시설은 항상 정상적으로 작동시켜야 한다.

3. 조리관리

가. 야채·과일을 세척할 경우에는 「위생용품 관리법」에 따른 세척제를 사용하고, 살균 시 식품첨가물로 허용된 살균제를 사용하여야 하며, 세척제와 살균제는 충분히 헹구어야 한다. 다만, 야채 또는 과일 이외의 식품에는 살균제 또는 세척제를 사용하여서는 아니 된다.
나. 육류, 어류 등 동물성 원료를 가열 조리하는 경우는 식품의 중심부까지 충분히 익혀야 한다.
다. 해동은 위생적인 방법으로 실시하여야 하며, 한 번 해동한 식품은 다시 냉동하여서는 아니 된다.
라. 칼·도마(어류·육류·채소류)는 용도별 구분 사용하여야 한다.

4. 배식 및 보존식 관리

가. 배식용 보관용기는 세척·소독·건조된 것을 사용하며, 조리한 식품은 위생적인 용기 등에 넣어 조리하지 않은 식품과 교차오염 되지 않도록 관리하여야 한다.
나. 배식대에서 배식하고 남은 음식물에 대해서는 다시 사용·조리 또는 보관(폐기용이라는 표시를 명확하게 하여 보관하는 경우는 제외한다) 해서는 안된다.
다. 조리·제공한 식품(법 제2조 제12호에 따른 병원의 경우 일반식만 해당한다)을 보관할 때에는 매회1인분 분량을 −18℃이하로 144시간 이상 보관하여야 한다. 이 경우 완제품 형태로 제공한 가공식품은 소비기한 내에서 해당 식품의 제조업자가 정한 보관방법에 따라 보관 할 수 있다.

5. 시설관리

가. 자외선 또는 전기살균소독기, 열탕세척소독시설, 환기시설 등은 항상 정상적으로 작동되어야 한다.
나. 조리장 바닥은 배수구가 있는 경우에는 덮개를 설치하여야 하며, 청결하게 관리하여야 한다.

가. 위생관리 사항에 대한 고시
나. 위생관리 사항은 개인위생관리, 검수 및 보관관리, 조리관리, 배식 및 보존식 관리, 시설관리 등으로 명시
다. 고시 기준에는 **식품취급자(조리종사자 포함) 등은 위생복, 위생모, 마스크, 앞치마를 착용하고, 악세사리 등 장신구 착용**을 하지 않아야 한다고 규정, 이 고시에 따르면 영양교사는 식품취급자에 해당되지 않음

5. 위생점검 등

집단급식소 급식안전관리 기준

제5조(위생점검 등) ①집단급식소를 설치·운영하는 자는 급식안전관리를 위해 제4조에 따른 위생관리 사항에 대한 준수여부를 매일 점검하여, 별표 2의 위생관리 점검표를 기록하여야 한다. 다만, 위생관리 점검표의 점검 사항을 포함하여 자체적으로 기록하는 경우에는 그 기록으로 갈음할 수 있다.

②집단급식소 설치·운영하는 자가 식재료를 납품받아 검수하는 경우에는 별표 3에 따른 검수일지를 기록하여야 한다. 다만, 검수일지의 내용을 포함하여 자체적으로 기록하는 경우에는 그 기록으로 갈음할 수 있다.

③제1항 및 제2항에 따라 점검한 결과 부적합 사항이 확인되는 경우에는 지체없이 개선조치를 하고 그 결과를 기록하여야 한다.

④집단급식소를 설치·운영하는 자는 별표 2 및 별표 3에도 불구하고 급식안전관리 향상을 위해 위생관리 사항을 추가하여 점검·기록할 수 있다.

⑤제1항부터 4항에 따른 기록의 형태는 수기 또는 전산입력 등 급식소가 자율적으로 정하여 사용할 수 있다.

[별표 2]

위생관리 점검표(제5조 관련)

점검자:　　　　　(인)

구분		점검 사항	점검결과							조치 사항
			월 월/일	화 월/일	수 월/일	목 월/일	금 월/일	토 월/일	일 월/일	
1. 개인 위생 관리	복장 관리	• 위생복, 위생모, 마스크, 앞치마 착용, 장신구 미착용 여부								
	건강 상태	• 식품취급자(조리종사자 포함) 건강상태								
2. 식재료 검수 및 보관 관리	검수 일지	• 식재료 검수일지 작성, 보관 여부								
	소비 기한	• 식재료의 소비기한 경과 확인								
	구분 보관	• 식품, 비식품(세척제, 소독제등)을 구분 보관 여부								
	냉장·냉동고 관리	• 냉장고·냉동고 적정온도 여부								
3. 조리 관리	세척 및 소독	• 가열하지 않고 생으로 제공하는 야채·과일을 소독할 경우에는 식품첨가물로 허용된 살균제 사용 및 충분한 헹굼 여부								
	조리시 주의 사항	• 육류, 어류 등 동물성 원료(돈가스, 만두, 떡갈비 등 분쇄육 등)를 가열 조리하는 경우에는 식품의 중심부까지 충분히 익힘 여부								
		• 해동은 위생적인 방법으로 실시하고, 해동식품 재냉동 금지 확인								
	구분 사용	• 칼·도마(어류·육류·채소류) 용도별 구분 사용 여부								
4. 배식 및 보존식 관리	배식	• 배식용 보관용기는 세척·소독·건조된 것을 사용하며 조리된 음식은 뚜껑 등을 덮어 교차 오염되지 않도록 관리								
	배식 후 관리	• 배식대에서 배식하고 남은 음식물을 다시 사용·조리 또는 보관 여부								
	보존식	• 보존식 보관 및 관리기준(-18℃ 이하, 144시간 이상) 준수 여부								
5. 시설 관리	시설	• 자외선 또는 전기살균소독기, 열탕세척 소독시설, 환기시설 정상 작동 확인								
		• 배수구 청결관리 여부(조리장 바닥에 배수구 있는 경우)								

※ 기록 방법: 적합○, 미흡△, 부적합×, 해당사항 없을 경우 - 표기, 부적합 시 조치 사항 기록

[별표 3]

식재료 검수일지(제5조 관련)

검수자:　　　　　(인)

검수일자(월/일)	식재료명	단위단위	수량수량	소비기한(또는 제조일)	납품업체명(또는 제조업소명)	검수 사항			조치사항
						배송온도(℃)	포장상태	품질상태	

〈검수일지 작성 방법〉
- 식재료 검수일지 작성 대상: 육류, 어류, 냉동식품, 가공식품(다만, 완제품 그대로 급식 시 제공하여 보존식에 포함되는 것은 제외)
- 주요 검수 사항: 배송온도, 포장상태, 품질상태
- 배송온도(유통 또는 검수온도) 기록
  - 운반차량 적재고 내부온도를 측정하여 기록하거나 제품온도를 측정하여 기록, 다만 운반차량 온도 기록지로 유통온도 확인 시 기록지 부착 등으로 배송온도 기록 생략 가능
- 포장상태 기록: 적합○, 미흡△, 부적합× 표기, 부적합 식재료는 반품 또는 폐기하고 조치사항 기록
- 품질상태 기록: 신선도(부패·변질, 색깔, 냄새 등), 이물질 혼입, 식품표시사항 등을 확인하고 양호○, 미흡△, 부적합× 로 표기, 부적합 식재료는 반품 또는 폐기하고 조치사항 기록
- 조치사항: 반품 또는 폐기 등 조치한 내용을 기록
  ※ 급식소별 자체 식재료 검수일지, 납품서 등에 배송온도, 포장상태, 품질상태, 조치사항 등 상기 검수일지 내용을 포함하여 기록·관리하는 경우에는 검수일지 작성 생략 가능
  ※ 제6조 제2항에 따라 제공하는 가공식품의 경우에는 제조업소명을 포함

　가. 위생점검 등에 대한 고시
　나. 집단급식소 설치·운영자는 **급식안전관리를 위해** 위생관리 점검표를 기록
　　※ 다만, 위생관리 점검표의 점검 사항을 포함, 자체적으로 기록하는 경우에는 그 기록으로 갈음할 수 있음
　다. 집단급식소 설치·운영자는 검수일지 기록
　　※ 다만, 검수일지의 내용을 포함하여 자체적으로 기록하는 경우에는 그 기록으로 갈음할 수 있음
　라. 제1항 및 제2항에 따라 점검한 결과 부적합 사항이 확인되는 경우에는 지체 없이 개선조치를 하고 그 결과를 기록해야 함
　마. 식재료 검수시, 검수일지 작성방법을 확인한 후 기록

6. 보존식의 보관 등

집단급식소 급식안전관리 기준

제6조(보존식의 보관 등) ①시행규칙 제95조 제2항에 따라 집단급식소에서 보존식으로 보관하지 않아도 되는 식품은 「식품위생법 시행령」 제21조 제1호의 식품제조·가공업, 「축산물 위생관리법 시행령」 제21조 제3호의 축산물가공업 또는「건강기능식품에 관한 법률 시행령」 제2조 제1호의 건강기능식품제조업에서 제조·가공되어 완제품 그대로 급식에 제공하는 것으로 다음 각호와 같다.
1. 빵류, 떡류, 기타 코코아가공품, 식육가공품, 알가공품류, 유가공품류, 조미건어포, 생식류, 즉섭섭취·편의식품류를 제외한 실온제품
2. 빙과류 중 빙과
②제1항에 따른 보존식 제외 식품의 경우에도 제5조 제2항에 따른 검수일지를 작성하여야 한다.

  가. 보존식 보관에 대한 고시
  나. 집단급식소에서 보존식으로 보관하지 않아도 되는 식품을 식품제조·가공업, 축산물가공업 또는 건강기능식품제조업에서 제조·가공되어 완제품 그대로 급식에 제공하는 식품을 고시로 명시
      - 빵류, 떡류, 기타 코코아가공품, 식육가공품, 알가공품류, 유가공품류, 조미건어포, 생식류, 즉섭섭취·편의식품류를 제외한 실온제품
      - 빙과류 중 빙과
  다. 보존식 제외 식품도 식재료를 납품 받아 검수하는 경우에는 검수일지 작성

7. 기록의 보관

집단급식소 급식안전관리 기준

제7조(기록의 보관) 집단급식소를 설치·운영하는 자는 이 고시에 따라 작성되는 위생관리 점검표와 식재료 검수일지는 3개월간 보관하여야 한다.

  가. 기록의 보관에 관한 고시
  나. 집단급식소의 설치·운영자는 위생관리 점검표와 식재료 검수일지를 3개월간 보관하도록 명시

04 감염병의 예방에 관한 법률(감염병예방법)

1. 목적

감염병의 예방에 관한 법률
제1조(목적) 이 법은 국민 건강에 위해(危害)가 되는 감염병의 발생과 유행을 방지하고, 그 예방 및 관리를 위하여 필요한 사항을 규정함으로써 국민 건강의 증진 및 유지에 이바지함을 목적으로 한다.

 가. 감염병 예방법의 목적에 관한 규정
 나. 감염병의 발생과 유행을 방지하고 국민 건강의 증진 및 유지에 이바지함이 목적

2. 국민의 권리와 의무

감염병의 예방에 관한 법률
제6조(국민의 권리와 의무) ①국민은 감염병으로 격리 및 치료 등을 받은 경우 이로 인한 피해를 보상받을 수 있다. ②국민은 감염병 발생 상황, 감염병 예방 및 관리 등에 관한 정보와 대응방법을 알 권리가 있고, 국가와 지방자치단체는 신속하게 정보를 공개하여야 한다. ③국민은 의료기관에서 이 법에 따른 감염병에 대한 진단 및 치료를 받을 권리가 있고, 국가와 지방자치단체는 이에 소요되는 비용을 부담하여야 한다. ④국민은 치료 및 격리조치 등 국가와 지방자치단체의 감염병 예방 및 관리를 위한 활동에 적극 협조하여야 한다.

 가. 국민의 권리와 의무에 관한 규정
 나. 국민이 감염병으로 격리, 치료 등을 받을 경우 피해 보상을 받을 수 있는 규정
 다. 국민은 감염병 발생 상황, 감염병 예방 및 관리 등에 관한 정보와 대응방법을 알 권리가 있고, 국가와 지방자치단체는 신속하게 정보를 공개해야 할 의무 규정
 라. 국민은 의료기관에서 감염병에 대한 진단과 치료를 받을 권리가 있고, 국가와 지방자치단체는 이에 소요되는 비용을 부담해야 하는 규정
 마. 국민은 치료 및 격리조치 등 국가와 지방자치단체의 감염병 예방과 관리를 위한 활동에 적극 협조

3. 소독 의무, 방역기동반의 운영 및 소독의 기준 등

감염병의 예방에 관한 법률

제51조(소독 의무) ①특별자치시장·특별자치도지사 또는 시장·군수·구청장은 감염병을 예방하기 위하여 청소나 소독을 실시하거나 쥐, 위생해충 등의 구제조치(이하 "소독"이라 한다)를 하여야 한다. 이 경우 소독은 사람의 건강과 자연에 유해한 영향을 최소화하여 안전하게 실시하여야 한다.
②제1항에 따른 소독의 기준과 방법은 **보건복지부령**으로 정한다.
③공동주택, 숙박업소 등 여러 사람이 거주하거나 이용하는 시설 중 대통령령으로 정하는 **시설을 관리·운영하는 자**는 보건복지부령으로 정하는 바에 따라 감염병 예방에 필요한 소독을 하여야 한다.
④제3항에 따라 소독을 하여야 하는 시설의 관리·운영자는 제52조 제1항에 따라 소독업의 신고를 한 자에게 소독하게 하여야 한다. 다만, 「공동주택관리법」 제2조 제1항 제15호에 따른 주택관리업자가 제52조 제1항에 따른 소독장비를 갖추었을 때에는 그가 관리하는 공동주택은 직접 소독할 수 있다.

감염병의 예방에 관한 법률 시행령

제24조(소독을 해야 하는 시설) 법 제51조 제3항에 따라 감염병 예방에 필요한 소독을 해야 하는 시설은 다음 각 호와 같다.
1~5 생략
6. 「**식품위생법**」 제2조 제12호에 따른 집단급식소(한 번에 100명 이상에게 계속적으로 식사를 공급하는 경우만 해당한다)
6의2. 「식품위생법 시행령」 제21조 제8호마목에 따른 위탁급식영업을 하는 식품접객업소 중 연면적 300제곱미터 이상의 업소
7~8 생략
9. 「**초·중등교육법**」 제2조 및 「**고등교육법**」 제2조에 따른 학교
10. 「학원의 설립·운영 및 과외교습에 관한 법률」에 따른 연면적 1천제곱미터 이상의 학원
11. 연면적 2천제곱미터 이상의 사무실용 건축물 및 복합용도의 건축물
12. 「영유아보육법」에 따른 어린이집 및 「유아교육법」에 따른 유치원(50명 이상을 수용하는 어린이집 및 유치원만 해당한다)
13. 생략

감염병의 예방에 관한 법률 시행규칙

제36조(방역기동반의 운영 및 소독의 기준 등) ①법 제51조 제1항에 따라 특별자치시장·특별자치도지사 또는 시장·군수·구청장은 청소나 소독을 실시하거나 쥐, 위생해충 등의 구제조치(이하 "소독"이라 한다)를 실시하기 위하여 관할 보건소마다 방역기동반을 편성·운영할 수 있다.
②법 제51조 제1항 및 제4항 단서에 따른 소독의 기준은 별표 5와 같다.
③법 제51조 제1항 및 제4항 단서에 따른 소독의 방법은 별표 6과 같다.
④법 제51조 제3항에 따라 소독을 하여야 하는 시설을 관리·운영하는 자는 별표 7의 소독 횟수 기준에 따라 소독을 하여야 한다.

■ 감염병의 예방 및 관리에 관한 법률 시행규칙 [별표 7] 〈개정 2021. 5. 24.〉

소독횟수 기준 (제36조제4항 관련)

소독을 해야 하는 시설의 종류	소독 횟수	
	4월부터 9월까지	10월부터 3월까지
6. 「식품위생법」 제2조 제12호에 따른 집단급식소(한 번에 100명 이상에게 계속적으로 식사를 공급하는 경우만 해당한다) 6의2. 「식품위생법 시행령」 제21조 제8호 마목에 따른 위탁급식영업을 하는 식품접객업소 중 연면적 300제곱미터 이상의 업소	1회 이상/2개월	1회 이상/3개월

가. 소독의 의무와 소독을 해야 할 시설, 방역기동반의 운영 및 소독기준에 관한 규정
나. 감염병예방법에 따라 학교와 집단급식소는 소독을 해야 할 시설(학교 소독시 집단급식소 포함/집단급식소만 별도로 할 필요 없음)
다. 소독횟수는 4월~9월은 2개월에 1회 이상, 10월~3월은 3개월에 1회 이상

4. 소독의 실시 및 과태료

감염병의 예방에 관한 법률

제54조(소독의 실시 등) ①소독업자는 보건복지부령으로 정하는 기준과 방법에 따라 소독하여야 한다.
②소독업자가 소독하였을 때에는 보건복지부령으로 정하는 바에 따라 그 소독에 관한 사

항을 기록·보존하여야 한다.

제83조(과태료)
③다음 각 호의 어느 하나에 해당하는 자에게는 100만원 이하의 과태료를 부과한다.
3. 제51조 제3항에 따른 소독을 하지 아니한 자
5. 제54조 제2항에 따른 소독에 관한 사항을 기록·보존하지 아니하거나 거짓으로 기록한 자

감염병의 예방에 관한 법률시행규칙

제40조(소독의 기준 및 소독에 관한 사항의 기록 등) ①법 제54조 제1항에 따른 소독의 기준과 방법은 각각 별표 5 및 별표 6과 같다.
②법 제54조 제1항에 따라 소독을 실시한 소독업자는 별지 제28호서식의 소독증명서를 소독을 실시한 시설의 관리·운영자에게 발급하여야 한다.
③소독업자는 법 제54조 제2항에 따라 별지 제29호서식의 소독실시대장에 소독에 관한 사항을 기록하고, 이를 2년간 보존하여야 한다.

■ 감염병의 예방 및 관리에 관한 법률 시행령 [별표 3] 〈개정 2022. 2. 9.〉

과태료의 부과기준 (제33조 관련)

2. 개별기준

위반행위	근거 법조문	과태료(단위: 만원)		
		1차 위반	2차 위반	3차 이상 위반
카. 법 제51조 제3항에 따른 소독을 하지 않은 경우	법 제83조 제3항 제3호		50	100
파. 법 제54조 제2항에 따른 소독에 관한 사항을 기록·보존하지 않거나 거짓으로 기록한 경우	법 제83조 제3항 제5호		15	30

가. 소독의 실시와 과태료에 대한 규정
나. 소독업자는 소독을 실시하고 소독에 관한 사항을 기록·보존하지 않거나
다. 제51조 제3항(**시설을 관리·운영하는 자**)에 따른 소독을 하지 아니한 자이거나
라. 제54조 제2항(**소독업자**)**는** 소독에 관한 사항을 기록·보존하지 않았거나 거짓으로 기록한 경우 과태료 부과 대상

1장 관계법령

4절 교육 관련 법규

01 초·중등교육법

1. 목적

초·중등교육법

제1조(목적) 이 법은 「교육기본법」 제9조에 따라 초·중등교육에 관한 사항을 정함을 목적으로 한다.

교육기본법

제9조(학교교육) ①유아교육·초등교육·중등교육 및 고등교육을 하기 위하여 학교를 둔다.
②학교는 공공성을 가지며, 학생의 교육 외에 학술 및 문화적 전통의 유지·발전과 주민의 평생교육을 위하여 노력하여야 한다.
③학교교육은 학생의 창의력 계발 및 인성(人性) 함양을 포함한 전인적(全人的) 교육을 중시하여 이루어져야 한다.
④학교의 종류와 학교의 설립·경영 등 학교교육에 관한 기본적인 사항은 따로 법률로 정한다.

  가. 초·중등교육법의 목적에 관한 규정
  나. 교육기본법을 근거로 초·중등교육에 관한 사항 명시

2. 교직원의 임무

초·중등교육법

제19조(교직원의 구분) ①학교에는 다음 각 호의 교원을 둔다.
1. 초등학교·중학교·고등학교·고등공민학교·고등기술학교 및 특수학교에는 교장·교감·수석교사 및 교사를 둔다. 다만, 학생 수가 100명 이하인 학교나 학급 수가 5학급 이하인 학교 중 대통령령으로 정하는 규모 이하의 학교에는 교감을 두지 아니할 수 있다.
2. 각종학교에는 제1호에 준하여 필요한 교원을 둔다.
②학교에는 **교원** 외에 학교운영에 필요한 **행정직원 등 직원**을 둔다.
③학교에는 원활한 학교운영을 위하여 교사 중 **교무(校務)를 분담하는** 보직교사를 둘 수 있다.
④학교에 두는 **교원**과 직원(이하 **"교직원"**이라 한다)의 정원에 필요한 사항은 대통령령으로

> 정하고, 학교급별 구체적인 배치기준은 제6조에 따른 지도·감독기관(이하 "관할청"이라 한다)이 정하며, 교육부장관은 교원의 정원에 관한 사항을 매년 국회에 보고하여야 한다.

　가. 교직원의 구분에 관한 규정
　나. 학교에 두는 교원과 직원(이하 '교직원')
　　　– 교장, 교감, 수석교사, 교사 등의 교원
　　　– 행정직원 등 직원
　　　– 교무를 분담하는 보직교사
　다. 학교에 두는 교직원의 정원은 대통령령으로 정하고, 학교급별 구체적인 배치기준은 관할청이 정하며, 교육부장관은 교원의 정원에 관한 사항을 매년 국회에 보고하도록 명시

3. 교직원의 임무

초·중등교육법

제20조(교직원의 임무) ①교장은 교무를 총괄하고, 민원처리를 책임지며, 소속 교직원을 지도·감독하고, 학생을 교육한다.
②교감은 교장을 보좌하여 교무를 관리하고 학생을 교육하며, 교장이 부득이한 사유로 직무를 수행할 수 없을 때에는 교장의 직무를 대행한다. 다만, 교감이 없는 학교에서는 교장이 미리 지명한 교사(수석교사를 포함한다)가 교장의 직무를 대행한다.
③수석교사는 교사의 교수·연구 활동을 지원하며, 학생을 교육한다.
④교사는 법령에서 정하는 바에 따라 학생을 교육한다.
⑤행정직원 등 직원은 법령에서 정하는 바에 따라 학교의 행정사무와 그 밖의 사무를 담당한다.

　가. 교직원의 임무에 관한 규정
　나. 교장은 교무를 총괄, 민원처리를 책임지고, 소속 교직원을 지도·감독하며, 학생을 교육
　다. 교감은 학교장을 보좌하여 교무를 관리하고 학생을 교육
　라. 수석교사는 교사의 교수·연구 활동을 지원하며, 학생을 교육
　마. 교사는 법령이 정하는 바에 따라 학생을 교육(영양교사도 포함)
　바. 행정직원 등은 법령에서 정한 바에 따라 학교의 행정사무 등을 담당

4. 교원의 자격

초·중등교육법

제21조(교원의 자격) ①교장과 교감은 별표 1의 자격 기준에 해당하는 사람으로서 대통령령으로 정하는 바에 따라 교육부장관이 검정(檢定)·수여하는 자격증을 받은 사람이어야 한다.
②교사는 정교사(1급·2급), 준교사, 전문상담교사(1급·2급), 사서교사(1급·2급), 실기교사, 보건교사(1급·2급) 및 영양교사(1급·2급)로 나누되, 별표 2의 자격 기준에 해당하는 사람으로서 대통령령으로 정하는 바에 따라 교육부장관이 검정·수여하는 자격증을 받은 사람이어야 한다.
③수석교사는 제2항의 자격증을 소지한 사람으로서 15년 이상의 교육경력(「교육공무원법」 제2조 제1항 제2호 및 제3호에 따른 교육전문직원으로 근무한 경력을 포함한다)을 가지고 교수·연구에 우수한 자질과 능력을 가진 사람 중에서 대통령령으로 정하는 바에 따라 교육부장관이 정하는 연수 이수 결과를 바탕으로 검정·수여하는 자격증을 받은 사람이어야 한다.

■ 초·중등교육법 [별표 2] 〈개정 2019. 12. 3.〉

교사 자격 기준 (제21조 제2항 관련)

자격 학교별	영양교사 (1급)	영양교사 (2급)
중등학교 초등학교 특수학교	영양교사(2급) 자격증을 가진 사람으로서 3년 이상의 영양교사의 경력을 가지고 자격연수를 받은 사람	1. 대학·산업대학의 식품학 또는 영양학 관련 학과를 졸업한 사람으로서 재학 중 일정한 교직학점을 취득하고 영양사 면허증을 가진 사람 2. 영양사 면허증을 가지고 교육대학원 또는 교육부장관이 지정하는 대학원의 교육과에서 영양교육과정을 마치고 석사학위를 받은 사람

비고
1. 이 표 중 초등학교는 이와 같은 수준 정도의 각종 학교를, 중등학교는 중학교·고등학교·고등공민학교·고등기술학교 또는 이들과 같은 수준의 각종학교를 포함한다.
2. 교장·교감·교육장·장학관·장학사·교육연구관·교육연구사 및 「유아교육법」에 따른 원장·원감의 경력연수(年數)는 교육경력연수(年數)로 볼 수 있다.
3. 이 표 중 전문대학에는 종전의 초급대학·전문학교 및 실업고등전문학교가 포함된다.
4. 실기교사란 중 실업계 실기교사는 국가기술자격종목이 있는 과목은 그 종목의 기능사 2급 이상 자격을 가지고 있어야 한다. 다만, 제5호에 해당되는 사람은 이를 적용하지 아니한다.

가. 교원의 자격에 관한 규정

나. 교사 자격 기준에 따라 '영양교사(1급·2급)도 교육부장관이 검정·수여하는 자격증 대상자

다. 법제21조 제2항의 대통령령은 교원자격검정령

5. 교원의 자격 취소

초·중등교육법

제21조의5(자격취소 등) ①교육부장관은 제21조에 따라 자격증을 받은 사람이 다음 각호의 어느 하나에 해당하는 경우에는 그 자격을 취소하여야 한다.
1. 거짓이나 그 밖의 부정한 방법으로 자격증을 받은 경우
2. 제21조의4를 위반하여 자격증을 다른 사람에게 빌려준 경우
②제1항에 따라 자격이 취소된 후 2년이 지나지 아니한 사람은 제21조에 따른 검정을 받을 수 없다.

가. 교원 자격 취소에 관한 규정

나. 교원의 자격증을 부당한 방법으로 받거나 남한테 빌려줄 경우 자격 취소

6. 학교운영위원회 설치 및 학교급식소위원회

초·중등교육법

제31조(학교운영위원회의 설치) ①학교운영의 자율성을 높이고 지역의 실정과 특성에 맞는 다양하고도 창의적인 교육을 할 수 있도록 초등학교·중학교·고등학교·특수학교 및 각종 학교에 학교운영위원회를 구성·운영하여야 한다.
②국립·공립학교에 두는 학교운영위원회는 그 학교의 교원 대표, 학부모 대표 및 지역사회 인사로 구성한다.
③학교운영위원회의 위원 수는 5명 이상 15명 이하의 범위에서 학교의 규모 등을 고려하여 대통령령으로 정한다.
제32조(기능) ①학교에 두는 학교운영위원회는 다음 각 호의 사항을 심의한다. 다만, 사립학교에 두는 학교운영위원회의 경우 제7호 및 제8호의 사항은 제외하고, 제1호의 사항에 대하여는 자문한다.
1. ~ 10. 학교급식
제34조(학교운영위원회의 구성·운영) ①제31조에 따른 학교운영위원회 중 국립학교에 두는 학교운영위원회의 구성과 운영에 필요한 사항은 대통령령으로 정하고, 공립학교에 두

는 학교운영위원회의 구성과 운영에 필요한 사항은 대통령령으로 정하는 범위에서 시·도의 조례로 정한다.
②사립학교에 두는 학교운영위원회의 위원 구성에 관한 사항은 대통령령으로 정하고, 그 밖에 운영에 필요한 사항은 해당 학교법인의 정관으로 정한다.

초·중등교육법 시행령

제60조의2(소위원회) ①학교급식에 관한 사항을 효율적으로 심의하기 위하여 국·공립학교에 두는 운영위원회에 학교급식소위원회를 두며, 그 밖에 필요한 경우 예·결산소위원회 등 분야별 소위원회를 둘 수 있다.
②제1항에 따른 소위원회의 구성 및 운영에 필요한 사항은 국립학교의 경우에는 학칙으로, 공립학교의 경우에는 시·도의 조례로 정한다.

서울특별시립학교 운영위원회 구성 및 운영 등에 관한 조례

제21조(소위원회의 설치 등) ①운영위원회는 제11조 제1항 및 법 제32조의 안건을 효율적으로 심사하기 위하여 분야별 소위원회를 둘 수 있다.
다만, 학교급식소위원회와 예·결산소위원회는 반드시 두어야 한다.
②안건심사의 전문성을 높이기 위하여 소위원회에 학부모, 외부 전문가 등을 참여하게 할 수 있다.

가. 학교운영위원회의 설치 및 기능에 관한 규정
나. 학교급식에 관한 사항은 학교운영위원회의 심의를 거쳐 학교장이 결정
다. 급식소위원회는 초중등교육법 시행령에 따라 두어야 하는 규정이며 구성 및 운영에 필요한 사항은 시·도의 **조례로 정해져 있음**
  - 시·도 조례는 시·도별로 각기 다름
라. 교육부는 교직원의 업무를 간소화하기 위해 학교운영위원회와 급식소위원회를 통합 운영하도록 안내했지만 대부분의 시·도는 통합 운영하지 못하고 있는 실정(교육부 및 시·도 교육청은 조례 규정 때문에 통합 운영할 수 없다고 답변)

02 교원의 지위 향상 및 교육활동 보호를 위한 특별법

1. 목적

> **교원의 지위 향상 및 교육활동 보호를 위한 특별법**
>
> **제1조(목적)** 이 법은 교원에 대한 예우와 처우를 개선하고 신분보장과 교육활동에 대한 보호를 강화함으로써 교원의 지위를 향상시키고 교육 발전을 도모하는 것을 목적으로 한다.

  가. 교원에 대한 예우와 처우 개선에 관한 규정
  나. 교원의 신분보장과 지위 향상 및 교육 발전을 도모함이 목적

2. 교원에 대한 예우

> **교원의 지위 향상 및 교육활동 보호를 위한 특별법**
>
> **제2조(교원에 대한 예우)** ①국가, 지방자치단체, 그 밖의 공공단체는 교원이 사회적으로 존경받고 높은 긍지와 사명감을 가지고 교육 활동을 할 수 있는 여건을 조성하도록 노력하여야 한다.
> ②국가, 지방자치단체, 그 밖의 공공단체는 교원이 학생에 대한 교육과 지도를 할 때 그 권위를 존중받을 수 있도록 특별히 배려하여야 한다.
> ③국가, 지방자치단체, 그 밖의 공공단체는 그가 주관하는 행사 등에서 교원을 우대하여야 한다.

  가. 교원에 대한 예우 규정
  나. 국가 등은 교원이 교육 활동을 할 수 있는 여건과 학생에게 교육 등을 할 때 그 권위를 존중받을 수 있도록 하는 규정
  다. 국가 등이 주관하는 행사에서 교원이 우대받을 수 있도록 명시

3. 교원의 불체포특권

> **교원의 지위 향상 및 교육활동 보호를 위한 특별법**
>
> **제4조(교원의 불체포특권)** 교원은 현행범인인 경우 외에는 소속 학교의 장의 동의 없이 학원 안에서 체포되지 아니한다.

가. 교원의 불체포 특권에 관한 규정
나. 교원은 현행법인 경우를 제외하고는 소속 학교장의 동의 없이 학원 안에서 체포할 수 없는 근거 규정
다. 영양교사도 이 법령의 적용대상

4. 학교 안전사고로부터 보호

교원의 지위 향상 및 교육활동 보호를 위한 특별법

제5조(학교 안전사고로부터의 보호) ①각급학교 교육시설의 설치·관리 및 교육활동 중에 발생하는 사고로부터 교원과 학생을 보호함으로써 교원이 그 직무를 안정되게 수행할 수 있도록 하기 위하여 학교안전공제회를 설립·운영한다.

학교안전사고 예방 및 보상에 관한 법률(약칭: 학교안전법)

제18조(공제회의 사업) ①공제회는 다음 각호의 사업을 수행한다.
1. 공제가입자에 대한 공제료의 부과 및 징수
2. 제34조의 규정에 따른 공제급여의 지급 및 이에 관련된 업무
2의2. 「학교폭력예방 및 대책에 관한 법률」 제16조 제6항에 따른 학교폭력 피해학생의 치료비 등의 지급, 구상권 행사 및 이에 관련된 업무
3. 학교안전사고의 예방과 관련된 사업
4. **학교안전사고 예방 및 학교안전공제 사업에 대한 교육·홍보**
5. 제58조의 규정에 따른 학교안전공제보상심사위원회의 운영
6. 학교안전공제에 관하여 교육감이 위탁하는 사업
7. 학교안전사고와 관련된 공제가입자 또는 교직원 등의 지원에 관한 사업
8. 그 밖에 학교안전사고 예방 사업 및 학교안전공제 사업을 수행하기 위하여 필요한 사업
②공제회는 학교안전사고 예방 등 그 목적을 달성하기 위하여 대통령령으로 정하는 범위에서 수익사업을 할 수 있다.

가. 학교 안전사고로부터의 보호받을 수 있는 규정
나. 교육활동 중에 발생하는 사고로부터 교원을 보호하고 직무를 안정되게 수행하기 위한 방안으로 학교안전공제회를 설립·운영
다. 공제급여의 종류는 요양급여, 장해급여, 간병급여, 유족급여, 장례비 등

5. 교원의 신분보장 등

> **교원의 지위 향상 및 교육활동 보호를 위한 특별법**
>
> **제6조(교원의 신분보장 등)** ①교원은 형(刑)의 선고, 징계처분 또는 법률로 정하는 사유에 의하지 아니하고는 그 의사에 반하여 휴직·강임(降任) 또는 면직을 당하지 아니한다.
> ②교원은 해당 학교의 운영과 관련하여 발생한 부패행위나 이에 준하는 행위 및 비리 사실 등을 관계 행정기관 또는 수사기관 등에 신고하거나 고발하는 행위로 인하여 정당한 사유 없이 징계조치 등 어떠한 신분상의 불이익이나 근무조건상의 차별을 받지 아니한다.
> ③교원이 「아동학대범죄의 처벌 등에 관한 특례법」 제2조 제4호에 따른 아동학대범죄로 신고된 경우 임용권자는 정당한 사유 없이 직위해제 처분을 하여서는 아니 된다.

가. 교원의 신분보장 등에 관한 규정
나. 교원은 형(刑)의 선고, 징계처분 등 법률로 정한 사유 외에는 그 의사에 반한 휴직·강임(降任), 면직 불가
다. 교원은 학교의 부패행위, 비리 사실 등을 행정기관과 수사기관 등에 신고 또는 고발해도 신분상의 불이익이나 근무조건상의 차별을 받지 않도록 규정

6. 소청심사청구

> **교원의 지위 향상 및 교육활동 보호를 위한 특별법**
>
> **제9조(소청심사의 청구 등)** ①교원이 징계처분과 그 밖에 그 의사에 반하는 불리한 처분에 대하여 불복할 때에는 그 처분이 있었던 것을 안 날부터 30일 이내에 심사위원회에 소청심사를 청구할 수 있다. 이 경우에 심사청구인은 변호사를 대리인으로 선임(選任)할 수 있다.
> ②본인의 의사에 반하여 파면·해임·면직처분을 하였을 때에는 그 처분에 대한 심사위원회의 최종 결정이 있을 때까지 후임자를 보충 발령하지 못한다. 다만, 제1항의 기간 내에 소청심사청구를 하지 아니한 경우에는 그 기간이 지난 후에 후임자를 보충 발령할 수 있다.

가. 소청심사의 청구 등에 관한 규정
나. 교원이 징계나 그 의사에 반하는 불리한 처분이 있을 때 심사위원회에 소청심사의 청구를 할 수 있음(안 날로부터 30일 이내)
다. 본인의 의사에 반한 파면·해임·면직처분의 경우도 심사위원회의 최종 결정이 있을 때까지 후임자를 보충 발령할 수 없는 규정

7. 교원의 지위 향상을 위한 교섭·협의

교원의 지위 향상 및 교육활동 보호를 위한 특별법

제11조(교원의 지위 향상을 위한 교섭·협의) ①「교육기본법」제15조 제1항에 따른 교원단체는 교원의 전문성 신장과 지위 향상을 위하여 특별시·광역시·특별자치시·도 및 특별자치도(이하 "시·도"라 한다) 교육감이나 교육부장관과 교섭·협의한다.
②시·도 교육감(이하 "교육감"이라 한다)이나 교육부장관은 제1항에 따른 교섭·협의에 성실히 응하여야 하며, 합의된 사항을 시행하기 위하여 노력하여야 한다.

교육기본법

제15조(교원단체) ①교원은 상호 협동하여 교육의 진흥과 문화의 창달에 노력하며, 교원의 경제적·사회적 지위를 향상시키기 위하여 각 지방자치단체와 중앙에 교원단체를 조직할 수 있다.
②제1항에 따른 교원단체의 조직에 필요한 사항은 대통령령으로 정한다.

가. 교원단체가 교원의 전문성 신장과 지위 향상을 위하여 교육감 또는 교육부장관과 교섭·협의할 수 있는 규정
나. 교육감이나 교육부장관은 교섭·협의에 성실히 응하며 합의된 사항을 시행하기 위하여 노력해야 함
다. 교원단체는 교원의 교육 진흥과 문화 창달에 노력하고, 교원의 경제적·사회적 지위 향상을 위해 조직
라. 영양교사도 이 법령에 따라 교원단체에서 활동

8. 교섭·협의 사항

교원의 지위 향상 및 교육활동 보호를 위한 특별법

제12조(교섭·협의 사항) 제11조 제1항에 따른 교섭·협의는 교원의 처우 개선, 근무조건 및 복지후생과 전문성 신장에 관한 사항을 그 대상으로 한다. 다만, 교육과정과 교육기관 및 교육행정기관의 관리·운영에 관한 사항은 교섭·협의의 대상이 될 수 없다.

가. 교원단체의 교섭·협의에 관한 규정
나. 교섭·협의 사항은 교원의 처우개선, 근무조건 및 복지후생과 전문성 신장 등

다. 교섭·협의 대상이 될 수 없는 사항은 **교육과정과 교육기관 및 교육행정기관의 관리·운영**

9. 비밀누설 금지 등

교원의 지위 향상 및 교육활동 보호를 위한 특별법

제30조(비밀누설 금지 등) ①이 법에 따라 교육활동 침해행위 관련 업무, 시·도교권보호위원회 및 지역교권보호위원회 관련 업무를 수행하거나 수행하였던 사람은 그 직무상 알게 된 비밀, 교육활동 침해행위를 한 사람 및 피해교원과 관련된 자료를 누설하여서는 아니 된다.
②제1항에 따른 비밀의 구체적인 범위는 대통령령으로 정한다.
③시·도교권보호위원회 및 지역교권보호위원회의 회의는 공개하지 아니한다. 다만, 피해교원, 침해학생 또는 그 보호자가 회의록의 열람·복사 등 회의록 공개를 신청한 때에는 학생과 그 가족의 성명, 주민등록번호 및 주소, 위원의 성명 등 개인정보에 관한 사항을 제외하고 공개하여야 한다.

교원의 지위 향상 및 교육활동 보호를 위한 특별법 시행령

제24조(비밀의 범위)법 제30조 제2항에 따른 비밀의 범위는 다음 각호와 같다.
1. 침해학생과 그 가족, 피해교원과 그 가족의 성명·주민등록번호 및 주소 등 개인정보에 관한 사항
2. 다음 각 목의 사항에 대한 심의·의결과 관련된 개인별 발언 내용
가. 법 제18조 제1항 제2호에 따른 시·도교권보호위원회의 분쟁 조정
나. 법 제18조 제2항 제2호부터 제4호까지에 따른 지역교권보호위원회의 조치 및 분쟁 조정
3. 그 밖에 외부로 누설될 경우 분쟁당사자 간에 논란을 일으킬 우려가 있음이 명백한 사항

가. 비밀누설 금지 등에 관한 규정
나. 교육활동 등의 업무를 수행하는 과정에서 직무상 알게 된 비밀 등의 누설 금지 규정
다. 비밀의 범위는
- 침해학생과 가족, 피해교원과 가족의 성명·주민등록번호 및 주소 등 개인정보에 관한 사항
- 시·도교권보호위원회의 분쟁 조정과 지역교권보호위원회의 조치 및 분쟁

조정에서 심의 의결된 개인별 발언
  - 분쟁당사자 간에 논란을 일으킬 우려가 있는 경우
 라. 시·도교권보호위원회 및 지역교권보호위원회의 회의는 공개하지 않는 것이 원칙
  - 다만, 피해 교원, 침해 학생 또는 그 보호자가 회의록 공개를 신청하면 학생과 가족의 성명, 주민등록번호 및 주소, 위원의 성명 등 개인정보에 관한 사항은 제외하고 공개

10. 교육활동 침해행위

교원의 지위 향상 및 교육활동 보호를 위한 특별법

제19조(교육활동 침해행위) 이 법에서 "교육활동 침해행위"란 고등학교 이하 각급학교에 소속된 학생 또는 그 보호자(친권자, 후견인 및 그 밖에 법률에 따라 학생을 부양할 의무가 있는 자를 말한다. 이하 같다) 등이 교육활동 중인 교원에 대하여 다음 각 호의 어느 하나에 해당하는 행위를 하는 것을 말한다.

1. 다음 각 목의 어느 하나에 해당하는 범죄 행위

가. 「형법」 제2편 제8장(공무방해에 관한 죄), 제11장(무고의 죄), 제25장(상해와 폭행의 죄), 제30장(협박의 죄), 제33장(명예에 관한 죄), 제314조(업무방해) 또는 제42장(손괴의 죄)에 해당하는 범죄 행위

나. 「성폭력범죄의 처벌 등에 관한 특례법」 제2조 제1항에 따른 성폭력범죄 행위

다. 「정보통신망 이용촉진 및 정보보호 등에 관한 법률」 제44조의7 제1항에 따른 불법정보 유통 행위

라. 그 밖에 다른 법률에서 형사처벌 대상으로 규정한 범죄 행위로서 교원의 교육활동을 침해하는 행위

2. 교원의 교육활동을 부당하게 간섭하거나 제한하는 행위로서 다음 각 목의 어느 하나에 해당하는 행위

가. 목적이 정당하지 아니한 민원을 반복적으로 제기하는 행위

나. 교원의 법적 의무가 아닌 일을 지속적으로 강요하는 행위

다. 그 밖에 교육부장관이 정하여 고시하는 행위

제20조(피해교원에 대한 보호조치 등) ①고등학교 이하 각급학교의 지도·감독기관(국립의 고등학교 이하 각급학교의 경우에는 교육부장관, 공립·사립의 고등학교 이하 각급학교의 경우에는 교육감을 말한다. 이하 "관할청"이라 한다)과 그 학교의 장은 교육활동 침해행위 사실을 알게 된 경우 즉시 교육활동 침해행위로 피해를 입은 교원(이하 "피해교원"이라 한다)의 치유와 교권 회복에 필요한 다음 각 호의 조치(이하 "보호조치"라 한다)를 하여야 한다.

1. 심리상담 및 조언
2. 치료 및 치료를 위한 요양
3. 그 밖에 치유와 교권 회복에 필요한 조치

②관할청과 고등학교 이하 각급학교의 장은 교육활동 침해행위 사실을 알게 된 경우 교원의 반대의사 등 특별한 사유가 없으면 즉시 가해자와 피해교원을 분리(이하 "분리조치"라 한다)하여야 한다. 이 경우 분리조치된 가해자가 학생인 경우에는 별도의 교육방법을 마련·운영하여야 한다.

③고등학교 이하 각급학교의 장은 제1항 또는 제2항에 따른 조치를 한 경우 지체 없이 관할청에 교육활동 침해행위의 내용과 조치 결과를 보고하여야 하며, 교육감은 대통령령으로 정하는 중대한 사항의 경우에 이를 교육부장관에게 즉시 보고하여야 한다.

④제3항에 따라 보고받은 관할청은 교육활동 침해행위가 관계 법률의 형사처벌규정에 해당한다고 판단하면 관할 수사기관에 고발할 수 있다.

⑤피해교원의 보호조치에 필요한 비용은 교육활동 침해행위를 한 학생의 보호자 등이 부담하여야 한다. 다만, 피해교원의 신속한 치료를 위하여 피해교원 또는 고등학교 이하 각급학교의 장이 원하는 경우에는 관할청이 부담하고 이에 대한 구상권을 행사할 수 있다.

⑥제2항에 따른 특별한 사유 및 분리조치의 방법·기간·장소, 제5항에 따른 보호조치 비용부담 및 구상권의 범위·절차 등에 필요한 사항은 대통령령으로 정한다.

교원의 지위 향상 및 교육활동 보호를 위한 특별법 시행령

제17조(교육활동 침해행위에 대한 조치) ①법 제20조 제2항 전단에서 "교원의 반대의사 등 특별한 사유"란 다음 각 호의 어느 하나에 해당하는 경우를 말한다.
1. 교원의 반대의사가 있는 경우
2. 법 제20조제1항에 따른 피해교원의 치유와 교권 회복에 필요한 조치(이하 "보호조치"라 한다)로 이미 가해자와 피해교원이 분리된 경우

②관할청과 고등학교 이하 각급학교의 장은 법 제20조제2항에 따른 가해자와 피해교원의 분리(이하 "분리조치"라 한다)를 다음 각 호에 따라 실시한다.
1. 교육활동 침해행위 사실을 알게 된 즉시 분리조치에 관한 피해교원의 의사를 확인할 것
2. 교육활동 침해행위의 심각성·지속성·고의성 등을 종합적으로 고려하여 분리조치의 기간을 정할 것
3. 분리조치에 필요한 별도의 공간을 학교 내에 마련하도록 노력할 것

제19조(피해교원 보호조치에 대한 비용부담 등) ①법 제20조 제5항에 따른 보호조치에 필요한 비용의 부담 범위는 다음 각호와 같다.
1. 관할청이 정하는 전문심리상담기관에서 심리상담 및 조언을 받는 데 드는 비용

> 2. 「국민건강보험법」 제42조 제1항에 따른 요양기관에서 치료 및 치료를 위한 요양을 받거나 의약품을 공급받는 데 드는 비용
> ②법 제20조 제5항 단서에 따른 구상권의 범위는 제1항 각호의 비용으로서 관할청이 부담하는 모든 비용으로 한다. 다만, 다음 각 호의 어느 하나에 해당하는 경우에는 구상권의 전부 또는 일부를 행사하지 않을 수 있다.
> 1. 법 제20조 제5항 본문에 따른 교육활동 침해행위를 한 학생의 보호자(친권자, 후견인 및 그 밖의 법률에 따라 학생을 부양할 의무가 있는 자를 말한다. 이하 같다) 등(이하 이 조에서 "보호자등"이라 한다)이 다음 각 목의 어느 하나에 해당하는 경우
> 가. 「국민기초생활 보장법」 제2조 제2호에 따른 수급자
> 나. 「장애인복지법」 제32조 제1항에 따라 등록된 장애인
> 2. 그 밖에 구상금액이 소액인 경우 등 구상권을 행사하는 것이 적합하지 않다고 관할청이 인정하여 고시하는 경우
> ③관할청은 법 제20조제5항 단서에 따라 구상권을 행사하려는 경우에는 구상금액의 산출근거 등을 분명히 밝혀 이를 납부할 것을 서면으로 보호자등에게 통지해야 한다.
> ④제1항부터 제3항까지에서 규정한 사항 외에 보호조치 비용부담 및 구상권 행사에 필요한 사항은 관할청이 정하여 고시한다.

가. 교육 활동 침해행위 및 피해 교원에 대한 보호조치 규정
나. "교육 활동 침해행위"란 학생이나 보호자 등이 교육 활동 중인 교원에 대하여 다음 각 호의 어느 하나에 해당하는 행위를 할 때
- 공무방해에 관한 죄, 무고의 죄, 상해와 폭행의 죄, 협박의 죄, 명예에 관한 죄, 업무방해 또는 손괴의 죄에 해당하는 범죄 행위
- 성폭력범죄 행위
- 불법정보 유통 행위
- 다른 법률에서 형사처벌 대상으로 규정한 범죄 행위로서 교원의 교육활동을 침해하는 행위

다. 교원의 교육활동을 부당하게 간섭하거나 제한하는 행위
- 목적이 정당하지 아니한 민원을 반복적으로 제기하는 행위
- **교원의 법적 의무가 아닌 일을 지속적으로 강요하는 행위 등**

라. 교육부장관, 교육감, 학교의 장은 교육활동 침해행위 사실을 알게 된 즉시 피해 교원의 치유와 교권 회복에 필요한 보호조치를 해야 함

    - 심리상담 및 조언
    - 치료 및 치료를 위한 요양
    - 그 밖에 치유와 교권 회복에 필요한 조치
    - 학교의 장은 교육활동 침해행위 사실을 알게 되면 즉시 가해자와 피해교원을 분리조치 하고 분리조치된 가해자가 학생인 경우 별도의 교육방법을 마련·운영해야 함
  마. 관할청은 교육활동 침해행위가 관계 법률의 형사처벌규정에 해당된다고 판단하면 관할 수사기관에 고발할 수 있음
  바. 피해교원의 보호조치에 필요한 비용은 교육활동 침해행위를 한 학생의 보호자 등이 부담
    - 다만, 피해교원의 신속한 치료를 위하여 피해교원 또는 학교의 장이 원하는 경우 관할청이 부담하고 이에 대한 구상권을 행사할 수 있음

11. 교원보호 공제사업

교원의 지위 향상 및 교육활동 보호를 위한 특별법

제22조(교원보호공제사업) ①교육감은 교육활동과 관련된 각종 분쟁이나 소송 등으로부터 교원을 보호하기 위하여 공제사업(**이하 "교원보호공제사업"이라 한다**)을 운영·관리할 수 있다.
②교원보호공제사업의 범위에는 다음 각 호의 사항이 포함된다.
1. 교원의 교육활동으로 발생한 손해배상금의 지원 및 구상권 행사 지원(교원의 고의 또는 중과실이 있는 경우는 제외한다)
2. 교육활동 침해행위로 발생한 상해·상담·심리치료 비용 지원 및 교원이 위협을 받는 경우 보호 서비스 지원
3. 교원의 정당한 교육활동과 관련하여 발생한 법률적 분쟁에 대한 민사상 또는 형사상 소송비용의 지원
③교육감은 「학교안전사고 예방 및 보상에 관한 법률」 제15조에 따른 학교안전공제회 등에 교원보호공제사업의 운영을 위탁하여 수행할 수 있다. 이 경우 교육감은 소속 교원의 의견을 충분히 수렴하여야 한다.
④그 밖에 교원보호공제사업의 관리 및 운영에 필요한 사항은 대통령령으로 정한다.

  가. 교원보호에 관한 공제사업 규정

나. 교육감은 교육활동과 관련된 각종 분쟁이나 소송 등으로부터 교원을 보호하기 위하여 공제사업을 운영·관리
- 교원의 교육활동으로 발생한 손해배상금 지원 및 구상권 행사 지원(교원의 고의 또는 중과실이 있는 경우는 제외)
- 교육활동 침해행위로 발생한 상해·상담·심리치료 비용 지원 및 교원이 위협을 받는 경우 보호 서비스 지원
- 교원의 정당한 교육활동과 관련, 발생한 법률적 분쟁에 대한 민사상 또는 형사상 소송비용 지원

03 교육기본법

1. 목적

교육기본법

제1조(목적) 이 법은 교육에 관한 국민의 권리·의무 및 국가·지방자치단체의 책임을 정하고 교육제도와 그 운영에 관한 기본적 사항을 규정함을 목적으로 한다

가. 교육기본법의 목적에 관한 규정
나. 교육기본법은 교육에 관한 국민의 권리·의무와 국가·지방자치단체의 책임을 정하고 교육제도와 운영에 관한 기본적 사항을 규정함이 목적

2. 교원

교육기본법

제14조(교원) ①학교교육에서 교원(敎員)의 전문성은 존중되며, 교원의 경제적·사회적 지위는 우대되고 그 신분은 보장된다.
②교원은 교육자로서 갖추어야 할 품성과 자질을 향상시키기 위하여 노력하여야 한다.
③교원은 교육자로서 지녀야 할 윤리의식을 확립하고, 이를 바탕으로 학생에게 학습윤리를 지도하고 지식을 습득하게 하며, 학생 개개인의 적성을 계발할 수 있도록 노력하여야 한다.
④교원은 특정한 정당이나 정파를 지지하거나 반대하기 위하여 학생을 지도하거나 선동하여서는 아니 된다.
⑤교원은 법률로 정하는 바에 따라 다른 공직에 취임할 수 있다.
⑥교원의 임용·복무·보수 및 연금 등에 관하여 필요한 사항은 따로 법률로 정한다.

가. 교원에 관한 규정
나. 교원(敎員)의 전문성 존중, 경제적·사회적 지위 우대 등 신분보장
다. 교원은 교육자로서의 윤리의식 확립과, 학생에게 학습윤리를 지도하고 습득하게 하여, 학생 개개인의 적성을 계발할 수 있도록 노력
라. 교원은 특정한 정당이나 정파를 지지하거나 반대하기 위하여 학생을 지도하거나 선동 불가

3. 안전사고 예방

> **교육기본법**
>
> **제17조의6(안전사고 예방)** 국가와 지방자치단체는 학생 및 교직원의 안전을 보장하고 사고를 예방할 수 있도록 필요한 시책을 수립·실시하여야 한다.

가. 안전사고 예방에 관한 규정

나. 국가와 지방자치단체는 학생 및 교직원의 안전을 보장하고 사고를 사전에 예방할 수 있는 필요한 시책을 수립하고 실시하도록 명시

4. 기후변화 환경교육

> **교육기본법**
>
> **제22조의2(기후변화환경교육)** 국가와 지방자치단체는 모든 국민이 기후변화 등에 대응하기 위하여 생태전환교육을 받을 수 있도록 필요한 시책을 수립·실시하여야 한다

가. 기후변화 환경교육에 관한 규정

나. 국가와 지방자치단체는 모든 국민이 기후변화 등에 대응하도록 생태전환교육 시책을 수립하고 실시하도록 명시

04 국가공무원법

1. 목적

> **국가공무원법**
>
> **제1조(목적)** 이 법은 각급 기관에서 근무하는 모든 국가공무원에게 적용할 인사행정의 근본 기준을 확립하여 그 공정을 기함과 아울러 국가공무원에게 국민 전체의 봉사자로서 행정의 민주적이며 능률적인 운영을 기하게 하는 것을 목적으로 한다.

   가. 국가공무원의 목적에 관한 규정
   나. 국가공무원은 인사행정의 근본 기준을 확립하여 공정을 기해야 함
   다. 국가공무원은 국민 전체의 봉사자로서 민주적 행정, 능률적인 운영을 기하게 하는 것이 목적

2. 국가직 공무원의 구분

> **국가공무원법**
>
> **제2조(공무원의 구분)** ①국가공무원(이하 "공무원"이라 한다)은 경력직공무원과 특수경력직공무원으로 구분한다.
> ②**"경력직공무원"**이란 실적과 자격에 따라 임용되고 그 신분이 보장되며 평생 동안(근무기간을 정하여 임용하는 공무원의 경우에는 그 기간 동안을 말한다) 공무원으로 근무할 것이 예정되는 공무원을 말하며, 그 종류는 다음 각 호와 같다.
>
> 1. 일반직공무원: 이하생략
> 2. **특정직공무원**: 법관, 검사, 외무공무원, 경찰공무원, 소방공무원, **교육공무원**, ...이하생략

   가. 국가공무원의 구분에 관한 규정
   나. 영양교사는 국가공무원으로 경력직공무원 중 특정직공무원에 해당

3. 정의

국가공무원법

제5조(정의) 이 법에서 사용하는 용어의 뜻은 다음과 같다.
1. "직위(職位)"란 1명의 공무원에게 부여할 수 있는 직무와 책임을 말한다.
2. "직급(職級)"이란 직무의 종류·곤란성과 책임도가 상당히 유사한 직위의 군을 말한다.
3. "정급(定級)"이란 직위를 직급 또는 직무등급에 배정하는 것을 말한다.
4. "강임(降任)"이란 같은 직렬 내에서 하위 직급에 임명하거나 하위 직급이 없어 다른 직렬의 하위 직급으로 임명하거나 고위공무원단에 속하는 일반직공무원(제4조제2항에 따라 같은 조 제1항의 계급 구분을 적용하지 아니하는 공무원은 제외한다)을 고위공무원단 직위가 아닌 하위 직위에 임명하는 것을 말한다.
5. "전직(轉職)"이란 직렬을 달리하는 임명을 말한다.
6. "전보(轉補)"란 같은 직급 내에서의 보직 변경 또는 고위공무원단 직위 간의 보직 변경(제4조제2항에 따라 같은 조 제1항의 계급 구분을 적용하지 아니하는 공무원은 고위공무원단 직위와 대통령령으로 정하는 직위 간의 보직 변경을 포함한다)을 말한다.
7. "직군(職群)"이란 직무의 성질이 유사한 직렬의 군을 말한다.
8. "직렬(職列)"이란 직무의 종류가 유사하고 그 책임과 곤란성의 정도가 서로 다른 직급의 군을 말한다.
9. "직류(職類)"란 같은 직렬 내에서 담당 분야가 같은 직무의 군을 말한다.
10. "직무등급"이란 직무의 곤란성과 책임도가 상당히 유사한 직위의 군을 말한다.

가. 이 법에서 사용하는 용어에 대한 정의
나. 직위, 직급, 정급, 강임, 전직, 전보, 직군, 직렬, 직류, 직무등급 등 국가공무원법에서 사용하는 용어

05 학교안전사고 예방 및 보상에 관한 법률

1. 목적

학교안전사고 예방 및 보상에 관한 법률
제1조(목적) 이 법은 학교안전사고를 예방하고, 학생·교직원 및 교육활동참여자가 학교안전사고로 인하여 입은 피해를 신속·적정하게 보상하기 위한 학교안전사고보상공제 사업의 실시에 관하여 필요한 사항을 규정함을 목적으로 한다.

    가. 학교안전사고 예방 및 보상에 관한 규정
    나. 학교안전사고 예방과 안전사고 시 피해를 신속·적정하게 보상하기 위해 필요한 사항을 규정함이 목적

2. 정의

학교안전사고 예방 및 보상에 관한 법률
제2조(정의) 이 법에서 사용하는 용어의 정의는 다음과 같다. 1. "학교"라 함은 다음 각 목의 어느 하나에 해당하는 기관 또는 시설을 말한다. 가. 「유아교육법」..... 유치원(이하 "유치원"이라 한다) 나. 「초·중등교육법」...... 학교(이하 "초·중등학교"라 한다) 다. 「평생교육법」...... 고등학교 졸업 이하의 학력이 인정되는 평생교육시설(이하 "평생교육시설"이라 한다) 라. 「재외국민의 교육지원 등에 관한 법률」 제2조 제3호에 따른 한국학교 2. "학생"이라 함은 학교에 입학하여 수학하고 있는 사람을 말한다. 3. "교직원"이라 함은 고용형태 및 명칭을 불문하고 학교에서 학생의 교육 또는 학교의 행정을 담당하거나 보조하는 교원 및 직원 등을 말한다. 4. "교육활동"이라 함은 다음 각 목의 어느 하나에 해당하는 활동을 말한다. 가. 학교의 교육과정 또는 학교의 장(이하 "학교장"이라 한다)이 정하는 교육계획 및 교육방침에 따라 학교의 안팎에서 학교장의 관리·감독하에 행하여지는 수업·특별활동·재량활동·과외활동·수련활동·수학여행 등 현장체험 활동 또는 체육대회 등의 활동 나. 등·하교 및 학교장이 인정하는 각종 행사 또는 대회 등에 참가하여 행하는 활동 다. 그 밖에 대통령령으로 정하는 시간 중의 활동으로서 가목 및 나목과 관련된 활동 5. "교육활동참여자"란 학생 또는 교직원이 아닌 사람으로서 다음 각 목의 어느 하나에 해

당하는 사람을 말한다.
가. 학교장의 승인 또는 학교장의 요청에 따라 교직원의 교육활동을 보조하거나 학생 또는 교직원과 함께 교육활동을 하는 사람
나. 「비영리민간단체 지원법」 제4조 제1항에 따라 등록된 비영리민간단체에서 학생의 등교·하교 시 교통지도활동 참여에 관하여 미리 서면으로 학교장에게 통지하여 학교장의 승인을 받거나 학교장의 요청에 따라 그 단체의 회원으로서 교통지도활동에 참여하는 사람
6. "학교안전사고"라 함은 교육활동 중에 발생한 사고로서 학생·교직원 또는 교육활동 참여자의 생명 또는 신체에 피해를 주는 모든 사고 및 학교급식 등 학교장의 관리·감독에 속하는 업무가 직접 원인이 되어 학생·교직원 또는 교육활동 참여자에게 발생하는 질병으로서 대통령령으로 정하는 것을 말한다.

학교안전사고 예방 및 보상에 관한 법률 시행령

제2조(교육활동과 관련된 시간) 「학교안전사고 예방 및 보상에 관한 법률」(이하 "법"이라 한다)제2조 제4호 다목에서 "대통령령이 정하는 시간"이란 다음 각 호의 어느 하나에 해당하는 시간을 말한다.
1. 통상적인 경로 및 방법에 의한 등·하교 시간
2. 휴식시간 및 교육활동 전후의 통상적인 학교체류 시간
3. 학교의 장(이하 "학교장"이라 한다)의 지시에 의하여 학교에 있는 시간
4. 학교장이 인정하는 직업체험, 직장견학 및 현장실습 등의 시간
5. 기숙사에서 생활하는 시간
6. 학교 외의 장소에서 교육활동이 실시될 경우 집합 및 해산 장소와 집 또는 기숙사 간의 합리적 경로와 방법에 의한 왕복 시간

제3조(학교장의 관리·감독하의 질병) 법 제2조 제6호에서 "대통령령이 정하는 것"이란 다음 각 호의 어느 하나에 해당하는 질병을 말한다.
1. 학교급식이나 가스 등에 의한 중독
2. 일사병(日射病)
3. 이물질의 섭취 등에 의한 질병
4. 이물질과의 접촉에 의한 피부염
5. 외부 충격 및 부상이 직접적인 원인이 되어 발생한 질병

  가. 이 법에서 사용하는 용어에 대한 규정
  나. 학교, 학생, 교직원, 교육활동, 교육활동참여자, 학교안전사고 등에 대한 용어의 정의

다. 교육활동에 급식활동(학생들이 식사하는 시간 등)은 구체적으로 명시되지 않았음
　　※ '학교안전사고'의 정의를 고려한다면 급식활동도 교육활동으로 보는 것이 타당
라. 학교장의 관리·감독 하의 질병에는 학교급식과 관련된 부분 명시

3. 학교안전교육 실시

학교안전사고 예방 및 보상에 관한 법률

제8조(학교안전교육의 실시) ①학교장은 학교안전사고를 예방하기 위하여 교육부령으로 정하는 바에 따라 학생·교직원 및 교육활동참여자에게 학교안전사고 예방 등에 관한 다음 각 호의 교육(이하 "안전교육"이라 한다)을 실시하고 그 결과를 학기별로 교육감에게 보고하여야 한다.
1. 「아동복지법」 제31조에 따른 교통안전교육, 감염병 및 약물의 오남용 예방 등 보건위생관리교육 및 재난대비 안전교육
2. 「학교폭력 예방 및 대책에 관한 법률」 제15조에 따른 학교폭력 예방교육
3. 「성폭력방지 및 피해자보호 등에 관한 법률」 제5조에 따른 성폭력 예방에 필요한 교육
4. 「성매매방지 및 피해자보호 등에 관한 법률」 제5조에 따른 성매매 예방교육
5. 「초·중등교육법」 제23조에 따른 교육과정이 체험중심 교육활동으로 운영되는 경우 이에 관한 안전사고 예방교육
6. 그 밖에 안전사고 관련 법률에 따른 안전교육
③교육부장관 및 교육감은 다음 각 호의 사항이 포함된 안전교육에 필요한 교재와 프로그램을 개발·보급하고, 학교장의 요청이 있는 경우 교육부령으로 정하는 안전교육을 담당할 강사를 알선하는 등 안전교육에 필요한 지원을 하여야 한다.
1. 안전사고 예방 및 대책에 관한 사항
2. 재난대비 훈련 및 안전에 관한 사항
3. 그 밖에 교육부장관이 필요하다고 인정하는 사항
④학교장은 필요에 따라 안전교육을 이론교육과 실습교육으로 병행하여 실시하되, 안전교육을 효율적으로 실시하기 위하여 교원 또는 교육활동참여자로 하여금 담당하게 하거나 교육부령으로 정하는 바에 따라 전문교육기관·단체 또는 전문가에 위탁하여 실시할 수 있다.

학교안전사고 예방 및 보상에 관한 법률 시행규칙

제2조(학교안전교육의 실시) ①학교의 장(이하 "학교장"이라 한다)은 「학교안전사고 예방 및 보상에 관한 법률」(이하 "법"이라 한다) 제8조 제1항에 따라 학생·교직원 및 교육활동참여자를 대상으로 다음 각 호의 교육을 하여야 한다. 이 경우 교육횟수·교육시간·강사 및 교육실적에 대한 보고방법 등은 교육부장관이 따로 정하여 고시한다.
1. 일상생활에서 발생할 수 있는 안전사고 예방을 위한 생활안전교육
2. 교통수단 등으로 발생할 수 있는 안전사고 예방을 위한 교통안전교육
3. 폭력예방 및 신변보호를 위한 안전교육
4. 약물 및 사이버 중독 예방을 위한 안전교육
5. 화재·재난 등의 예방 및 대비를 위한 재난안전교육
6. 일터에서 발생할 수 있는 안전사고 예방을 위한 직업안전교육
7. 응급처치에 관한 교육
8. 그 밖에 안전사고 예방을 위하여 필요한 교육
③교육부장관 및 교육감은 학교장이 제1항에 따른 학교안전교육을 효율적으로 실시하게 하기 위하여 관련 분야의 전문가로부터 의견을 수렴하여 교육자료의 개발, 체험시설의 확충 및 관련 시설의 이용정보의 제공 등을 해야 한다.
④법 제8조 제3항에서 "교육부령으로 정하는 안전교육"이란 제1항에 따른 안전교육을 말한다.
⑤학교장이 법 제8조 제4항에 따라 안전교육을 위탁할 수 있는 전문교육기관·단체 또는 전문가는 다음 각 호와 같다.

학교안전교육 실시 기준 등에 관한 고시

제4조(교직원 등 안전교육) ①법 제2조제3호에 따른 교직원은 안전교육을 3년마다 15시간 이상을 이수하여야 한다.
②3년 미만의 계약을 체결하여 종사하는 자는 매 학기 2시간 이상을 이수하여야 한다.
③법 제2조 제5호에 따른 교육활동참여자는 매 학년도 1회 이상의 안전교육을 이수하여야 하며, 학교의 장은 교육활동참여자의 안전교육을 위한 계획을 수립·실시하여야 한다.
④제1항에서 제3항까지에도 불구하고 학교안전관련 국가자격이 신설되어 국가자격을 취득·유지할 경우에는 안전교육을 이수한 것으로 본다

   가. 학교안전교육 실시에 관한 규정
   나. 교직원은 안전교육을 3년마다 15시간 이상 이수
   다. 3년 미만 계약자는 매 학기 2시간 이상 이수

라. 교육에 들어가야 할 교육시간, 교육내용 등도 자세하게 명시
마. 교육활동 참여자는 매 학년도 1회 이상의 안전교육을 이수하고, 학교의 장은 교육활동참여자의 안전교육을 위한 계획을 수립하고 실시하도록 규정
바. 학교안전관련 국가 자격이 신설되어 국가 자격을 취득·유지할 경우 안전교육을 이수한 것으로 갈음할 수 있는 규정
사. 영양교사도 법령에 따라 3년마다 15시간 이상의 안전교육 이수

06 학교시설사업 촉진법

1. 목적

> **학교시설사업 촉진법**
>
> **제1조(목적)** 이 법은 초등학교·중학교·고등학교 및 특수학교의 시설의 설치·이전 및 확장을 위한 사업 시행에 필요한 절차를 간소화하고, 건축허가 등에 관한 특례를 규정하여 학교시설사업을 쉽게 함으로써 학교환경 개선과 학교교육 발전에 이바지함을 목적으로 한다.

　가. 학교시설사업 촉진법의 목적에 관한 규정
　나. 학교 시설의 설치·이전 및 확장을 위한 사업에 필요한 절차를 간소화하고, 건축허가 등에 관한 특례를 규정, 학교시설사업을 쉽게 함으로써 학교환경 개선과 학교 교육 발전에 이바지함이 목적

2. 정의

> **학교시설사업 촉진법**
>
> **제2조(정의)** 이 법에서 사용하는 용어의 뜻은 다음과 같다.
> 1. "학교시설"이란 다음 각 목의 어느 하나에 해당하는 시설을 말한다.
> 가. 교사대지(校舍垈地)·체육장 및 실습지
> **나. 교사·체육관·기숙사 및 급식시설**
> 다. 그 밖에 학습 지원을 주된 목적으로 하는 시설로서 대통령령으로 정하는 시설
> 2. "학교시설사업"이란 학교시설을 설치·이전하거나 확장하는 사업을 말한다.

　가. 학교시설사업촉진법에서 사용하는 학교시설에 대한 용어 정의
　나. 학교시설 범주안에 급식시설 포함
　　　- 급식시설을 학교시설이 아닌 별도의 시설로 보는 것은 부당

07 교육시설 등의 안전 및 유지관리 등에 관한 법률

1. 목적

교육시설 등의 안전 및 유지관리 등에 관한 법률

제1조(목적) 이 법은 교육시설에 관한 국가와 지방자치단체의 책무와 교육시설의 종합적인 관리 및 진흥을 위하여 필요한 사항을 정함으로써 안전하고 쾌적한 교육환경 조성 및 교육의 질 향상에 이바지함을 목적으로 한다.

가. 교육시설 등의 안전 및 유지관리 등에 관한 규정
나. 교육시설에 필요한 사항을 정하여 안전하고 쾌적한 교육환경 조성 및 교육의 질 향상에 이바지함이 목적

2. 정의

교육시설 등의 안전 및 유지관리 등에 관한 법률

제2조(정의) 이 법에서 사용하는 용어의 뜻은 다음과 같다.
1. **"교육시설"**이란 다음 각 목의 어느 하나에 해당하는 학교 등의 시설 및 설비를 말한다.
가. 「유아교육법」 제2조제2호에 따른 유치원
나. 「초·중등교육법」 제2조에 따른 학교
다. 「고등교육법」 제2조에 따른 학교
라. 「평생교육법」 제31조제2항 및 제4항에 따른 학력·학위가 인정되는 평생교육시설
마. 다른 법률에 따라 설치된 각급 학교(국방·치안 등의 사유로 정보공시가 어렵다고 대통령령으로 정하는 학교는 제외한다)
바. 그 밖에 대통령령으로 정하는 교육관련 시설
2. **"교육시설이용자"**란 교육시설을 이용하는 학생, 교직원 및 그 밖에 교육시설을 이용하는 사람을 말한다.
3. **"교육시설의 장"**이란 교육시설에 대하여 관계 법령 또는 자치법규에 따라 **관리책임자**로 규정된 사람이나 소유자를 말한다.
4. **"감독기관"**이란 교육시설을 지도·감독하는 중앙행정기관, 지방자치단체 또는 시·도교육청으로서 대통령령으로 정하는 기관을 말한다.
5. **"교육시설안전사고"**란 「재난 및 안전관리 기본법」 제3조제1호의 재난이나 그 밖의 원인으로 교육시설이 훼손된 사고 또는 교육시설의 훼손·결함 등으로 인하여 인적·물적 피해가

발생한 사고를 말한다.
6. "**안전관리**"란 교육시설안전사고로부터 사람의 생명·신체 및 재산을 보호하고 교육시설의 안전을 확보하기 위하여 하는 모든 활동을 말한다.
7. "**유지관리**"란 교육시설의 기능을 보전하고 원활한 교육활동을 위하여 시설물을 일상적으로 점검·정비하고 손상된 부분을 원상복구하며 시간의 경과에 따라 요구되는 시설물의 개량·보수·보강을 하는 모든 활동을 말한다.
8. "**안전점검**"이란 경험과 기술을 갖춘 자가 육안이나 점검 기구 등으로 검사하여 교육시설에 내재(內在)되어 있는 위험요인을 조사하는 행위를 말한다.
9. "**정밀안전진단**"이란 교육시설의 물리적·기능적 결함을 발견하고 그에 대한 신속하고 적절한 조치를 하기 위하여 구조적 안전성과 결함의 원인 등을 조사·측정·평가하여 보수·보강 등의 방법을 제시하는 행위를 말한다.
10. "**사전기획**"이란 교육시설의 설계 전에 지역사회 연계 가능성, 발주방식 검토, 교육과정 운영 및 교수·학습 방법에 따른 공간구성, 사용자 참여를 통한 디자인 계획, 안전 및 에너지 효율화 등에 관한 사전전략 수립 등을 하는 것을 말한다.
11. "**임시교실**"이란 교실, 도서실 등 교수·학습활동에 활용하기 위하여 대통령령으로 정하는 건축기법에 따라 현장에서 조립하여 설치하는 임시시설을 말한다.

가. 이 법에서 사용하는 용어 정의

나. "**교육시설**"이란 유치원, 초·중등교육법·고등교육법에 따른 학교, 평생교육법에 따른 평생교육시설 등의 시설 및 설비를 말함

다. "**교육시설이용자**"란 교육시설을 이용하는 학생, 교직원과 교육시설을 이용하는 사람

라. "**교육시설의 장**"이란 교육시설에 대하여 관계 법령 또는 자치법규에 따라 관리책임자로 규정된 사람이나 소유자

마. "**감독기관**"이란 교육시설을 지도·감독하는 중앙행정기관, 지방자치단체 또는 시·도교육청으로서 대통령령으로 정하는 기관

바. "**교육시설안전사고**"란 재난이나 그 밖의 원인으로 교육시설이 훼손되거나 교육시설의 훼손·결함 등으로 인하여 인적·물적 피해가 발생한 사고

사. "**안전관리**"란 교육시설 안전사고로부터 사람의 생명·신체 및 재산을 보호하

고 교육시설의 안전을 확보하기 위한 모든 활동
아. **"유지관리"**란 교육시설의 기능을 보전하고 원활한 교육활동을 위하여 시설물을 점검하는 등의 모든 활동
자. **"안전점검"**이란 **경험과 기술을 갖춘 자가 육안이나 점검 기구** 등으로 검사하여 교육시설에 내재(內在)되어 있는 위험요인을 조사하는 행위
차. **"정밀안전진단"**이란 교육시설의 물리적·기능적 결함을 발견하고 그에 대한 신속하고 적절한 조치를 하기 위하여 제시하는 행위

3. 실행계획의 수립

교육시설 등의 안전 및 유지관리 등에 관한 법률
제6조(실행계획의 수립 등) 교육시설의 장은 매년 시행계획에 따라 소관 교육시설의 안전 및 유지관리 등에 관한 실행계획(이하 "실행계획"이라 한다)을 수립·시행하여야 하고, 감독기관의 장은 그 실행 여부를 확인·점검할 수 있다

가. 실행계획의 수립 등에 관한 규정
나. 교육시설의 장은 매년 실행계획을 수립·시행하고, 감독기관의 장은 실행 여부를 확인·점검

4. 교육시설의 안전·유지관리기준 등

교육시설 등의 안전 및 유지관리 등에 관한 법률
제10조(교육시설의 안전·유지관리기준 등) ①교육부장관은 정책위원회의 심의를 거쳐 다음 각 호에 해당하는 교육시설의 안전 및 유지관리 등에 필요한 기준(이하 "안전·유지관리기준"이라 한다)을 마련하고, 이를 감독기관의 장 및 교육시설의 장에게 통보하여야 한다. 1. 교육시설의 내진 설계 및 내진 보강 등 구조 안전에 관한 기준 2. 교육시설의 화재 안전에 관한 기준 3. 교육시설의 설계·시공 및 유지관리에 필요한 기준 4. 교육시설의 감염예방, 환경 및 재료 등의 안전성 확보에 필요한 기준 5. 그 밖에 교육시설의 안전 및 유지관리에 관하여 대통령령으로 정하는 사항 **②교육시설의 장은 안전·유지관리기준을 준수하여야 하고, 교육시설이용자가 안전·유지관리기준을 준수하도록 하여야 한다.**

③교육시설의 장은 안전·유지관리기준의 준수 여부를 자체적으로 점검하고, 점검 결과를 감독기관의 장에게 보고하여야 한다.
④교육시설이용자는 교육시설의 장이 안전·유지관리기준에 따라 수행하는 교육시설의 안전·유지관리 활동에 적극 협조하여야 한다.
⑤그 밖에 제1항에 따른 안전·유지관리기준의 내용, 제3항에 따른 점검, 보고의 방법 및 절차 등에 필요한 사항은 대통령령으로 정한다.

가. 교육시설의 안전·유지관리기준 등에 관한 규정
나. 교육부장관은 교육시설의 안전 및 유지관리 등에 필요한 기준을 마련하고, 이를 감독기관의 장 및 교육시설의 장에게 통보
다. 교육시설의 장은 안전·유지관리기준을 준수하고 준수 여부를 점검, 결과를 감독기관의 장에게 보고하며
라. 교육시설이용자는 안전·유지관리기준에 따라야 하고 이에 적극 협조해야 함

08 교육시설 안전점검 등에 관한 지침

[시행 2023. 8. 7.] [교육부고시 제2023-22호, 2023. 8. 7. 일부개정]

1. 목적

교육시설 안전점검 등에 관한 지침
제1조(목적) 이 지침은 「교육시설 등의 안전 및 유지관리 등에 관한 법률」 제9조, 제12조부터 제17조, 같은 법 시행령 제11조, 제15조부터 제19조, 같은 법 시행규칙 제3조에 따라 안전점검 및 정밀안전진단의 실시방법, 절차, 결과보고 및 평가 등 그 밖에 필요한 사항을 규정함을 목적으로 한다.

가. 교육시설 안전점검 등에 관한 지침
나. 「교육시설 등의 안전 및 유지관리 등에 관한 법률」에 따라 안전점검 및 정밀안전진단의 실시방법, 절차, 결과보고 및 평가 등 그 밖에 필요한 사항을 규정함이 목적

2. 정의

교육시설 안전점검 등에 관한 지침
제2조(정의) 이 지침에서 사용하는 용어의 뜻은 다음과 같다. 1. **"시설물"**이란 교육시설 내에 건설공사를 통하여 만들어진 건축물과 옹벽 등 구조물과 그 부대시설을 말한다 2. **"구조안전 위험시설물"**이란 교육시설의 장이 「교육시설 등의 안전 및 유지관리 등에 관한 법률」(이하 "법"이라 한다) 제13조에 따른 안전점검 및 법 제14조에 따라 정밀안전진단 실시결과 별표 2에 따른 안전등급이 D, E등급으로 지속적으로 관리할 필요가 있다고 인정하는 시설물을 말한다. 3. **"안전등급"**이란 안전점검 실시결과 및 정밀안전진단 종합평가 결과에 따른 시설물의 안전상태를 나타내는 등급을 말한다. 4. **"재해취약시설"**이란 감독기관의 장 또는 교육시설의 장이 재해취약시기에 따라 재난이 발생할 위험이 높거나 재난예방을 위하여 지속적으로 관리할 필요가 있다고 인정하는 시설로서 붕괴위험시설 등을 말한다.

가. 교육시설 안전점검 등에 관한 지침의 용어 정의
나. 시설물, 구조안전 위험시설물, 안전등급, 재해취약시설 등에 대한 용어의 뜻 명시

3. 적용범위

> **교육시설 안전점검 등에 관한 지침**
>
> **제3조(적용범위)** 이 지침은 법 제2조 제1호에 따른 교육시설 및 「교육시설 등의 안전 및 유지관리 등에 관한 법률 시행령」(이하 "영"이라 한다) 제2조에서 정한 교육시설에 적용한다.

> **교육시설 등의 안전 및 유지관리 등에 관한 법률 시행령 (약칭: 교육시설법 시행령)**
>
> **제2조(교육시설 범위)** ①「교육시설 등의 안전 및 유지관리 등에 관한 법률」(이하 "법"이라 한다) 제2조 제1호 마목에서 "대통령령으로 정하는 학교"란 「교육관련기관의 정보공개에 관한 특례법 시행령」 제2조에 따른 학교를 말한다.
> ②법 제2조 제1호 바목에서 "대통령령으로 정하는 교육관련 시설"이란 「지방교육자치에 관한 법률」 제32조에 따른 교육기관의 시설을 말한다.

가. 교육시설 안전점검 등에 관한 지침의 적용 범위 규정
나. 교육시설의 범위는 교육시설 등의 안전 및 유지관리 등에 관한 법률과 시행령에 따른 학교와 교육기관의 시설을 말함

4. 안전점검의 실시자

> **교육시설 안전점검 등에 관한 지침**
>
> **제5조(안전점검의 실시자)** 안전점검을 실시할 수 있는 자는 다음 각호와 같다.
> 1. 감독기관의 장 또는 감독기관의 장이 소속된 기관의 직원
> 2. 교육시설의 장 또는 교육시설의 장이 소속된 기관의 직원
> 3. 교육시설의 장과 계약된 위탁 업체에 소속된 직원 또는 별표 1에 따른 직무분야 초급기술자 이상의 자격을 갖추고 별도 교육과정을 이수한 민간전문가

가. 교육시설 안전점검 등의 실시자에 대한 규정

나. 안전점검의 실시자는
- 감독기관의 장 또는 감독기관의 장이 소속된 기관의 직원
- 교육시설의 장 또는 교육시설의 장이 소속된 기관의 직원
- 교육시설의 장과 계약된 위탁 업체에 소속된 직원
- 별표 1에 따른 직무분야 초급기술자 이상의 자격을 갖추고 별도 교육과정을 이수한 민간전문가

[별표1]

기술 인력의 기술자격 인정기준(제5조 관련)

직무분야	전문분야
1) 기계	1) 공조냉동 및 설비 2) 승강기 3) 일반기계
2) 전기·전자	1) 건축전기설비
3) 토목	1) 토질·지질 2) 토목품질관리
4) 건축	1) 건축구조 2) 건축시공 3) 건축품질관리 4) 건축계획·설계
5) 안전관리	1) 건설안전 2) 소방 3) 가스

비고

1. 위 표의 직무분야 및 전문분야는 「건설기술 진흥법 시행령」 별표 1의 직무분야 및 전문분야에 따른다.

09 화재의 예방 및 안전관리에 관한 법률

1. 목적

화재의 예방 및 안전관리에 관한 법률

제1조(목적) 이 법은 화재의 예방과 안전관리에 필요한 사항을 규정함으로써 화재로부터 **국민의 생명·신체 및 재산을 보호하고 공공의 안전과 복리 증진**에 이바지함을 목적으로 한다.
제2조(정의) ① 이 법에서 사용하는 용어의 뜻은 다음과 같다.
1. **"예방"**이란 화재의 위험으로부터 사람의 생명·신체 및 재산을 보호하기 위하여 화재발생을 사전에 제거하거나 방지하기 위한 모든 활동을 말한다.
2. **"안전관리"**란 화재로 인한 피해를 최소화하기 위한 예방, 대비, 대응 등의 활동을 말한다.
3. **"화재안전조사"**란 소방청장, 소방본부장 또는 소방서장(이하 "소방관서장"이라 한다)이 소방대상물, 관계지역 또는 관계인에 대하여 소방시설등(「소방시설 설치 및 관리에 관한 법률」제2조 제1항 제2호에 따른 소방시설등을 말한다. 이하 같다)이 소방 관계 법령에 적합하게 설치·관리되고 있는지, 소방대상물에 화재의 발생 위험이 있는지 등을 확인하기 위하여 실시하는 현장조사·문서열람·보고요구 등을 하는 활동을 말한다.
4. **"화재예방강화지구"**란 특별시장·광역시장·특별자치시장·도지사 또는 특별자치도지사(이하 "시·도지사"라 한다)가 화재발생 우려가 크거나 화재가 발생할 경우 피해가 클 것으로 예상되는 지역에 대하여 화재의 예방 및 안전관리를 강화하기 위해 지정·관리하는 지역을 말한다.
5. **"화재예방안전진단"**이란 화재가 발생할 경우 사회·경제적으로 피해 규모가 클 것으로 예상되는 소방대상물에 대하여 화재위험요인을 조사하고 그 위험성을 평가하여 개선대책을 수립하는 것을 말한다.
② 이 법에서 사용하는 용어의 뜻은 제1항에서 규정하는 것을 제외하고는 「소방기본법」, 「소방시설 설치 및 관리에 관한 법률」, 「소방시설공사업법」, 「위험물안전관리법」 및 「건축법」에서 정하는 바에 따른다.

가. 화제의 예방 및 안전관리에 대한 목적과 법에서 사용하는 용어 정의
나. 화재로부터 국민의 생명·신체 및 재산을 보호하고 공공의 안전과 복리 증진에 이바지함이 목적
다. "예방", "안전관리", "화재안전조사", "화재예방강화지구", "화재예방안전진단" 등에 대한 용어의 뜻 명시

2. 화재의 예방조치

화재의 예방 및 안전관리에 관한 법률

제17조(화재의 예방조치 등) ①누구든지 화재예방강화지구 및 이에 준하는 대통령령으로 정하는 장소에서는 다음 각 호의 어느 하나에 해당하는 행위를 하여서는 아니 된다. 다만, 행정안전부령으로 정하는 바에 따라 안전조치를 한 경우에는 그러하지 아니한다.
1. 모닥불, 흡연 등 화기의 취급
2. 풍등 등 소형열기구 날리기
3. 용접·용단 등 불꽃을 발생시키는 행위
4. 그 밖에 대통령령으로 정하는 화재 발생 위험이 있는 행위

②소방관서장은 화재 발생 위험이 크거나 소화 활동에 지장을 줄 수 있다고 인정되는 행위나 물건에 대하여 행위 당사자나 그 물건의 소유자, 관리자 또는 점유자에게 다음 각호의 명령을 할 수 있다. 다만, 제2호 및 제3호에 해당하는 물건의 소유자, 관리자 또는 점유자를 알 수 없는 경우 소속 공무원으로 하여금 그 물건을 옮기거나 보관하는 등 필요한 조치를 하게 할 수 있다.
1. 제1항 각호의 어느 하나에 해당하는 행위의 금지 또는 제한
2. 목재, 플라스틱 등 가연성이 큰 물건의 제거, 이격, 적재 금지 등
3. 소방차량의 통행이나 소화 활동에 지장을 줄 수 있는 물건의 이동

③제2항 단서에 따라 옮긴 물건 등에 대한 보관기간 및 보관기간 경과 후 처리 등에 필요한 사항은 대통령령으로 정한다.
④보일러, 난로, 건조설비, 가스·전기시설, 그 밖에 화재 발생 우려가 있는 대통령령으로 정하는 설비 또는 기구 등의 위치·구조 및 관리와 화재 예방을 위하여 불을 사용할 때 지켜야 하는 사항은 대통령령으로 정한다.
⑤화재가 발생하는 경우 불길이 빠르게 번지는 고무류·플라스틱류·석탄 및 목탄 등 대통령령으로 정하는 특수가연물(特殊可燃物)의 저장 및 취급 기준은 대통령령으로 정한다

화재의 예방 및 안전관리에 관한 법률 시행령

제18조(불을 사용하는 설비의 관리기준 등) ①법 제17조 제4항에서 "대통령령으로 정하는 설비 또는 기구 등"이란 다음 각호의 설비 또는 기구를 말한다.
1. 보일러
2. 난로
3. 건조설비
4. 가스·전기시설
5. 불꽃을 사용하는 용접·용단 기구

6. 노(爐)·화덕설비
7. 음식조리를 위하여 설치하는 설비

②제1항 각 호에 따른 설비 또는 기구의 위치·구조 및 관리와 화재 예방을 위하여 불을 사용할 때 지켜야 하는 사항은 별표 1과 같다.

③제1항 및 제2항에서 규정한 사항 외에 화재 발생 우려가 있는 설비 또는 기구의 종류, 해당 설비 또는 기구의 위치·구조 및 관리와 화재 예방을 위하여 불을 사용할 때 지켜야 하는 사항은 시·도의 조례로 정한다.

■ 화재의 예방 및 안전관리에 관한 법률 시행령 [별표 1]

보일러 등의 설비 또는 기구 등의 위치·구조 및 관리와 화재예방을 위하여 불을 사용할 때 지켜야 하는 사항 (제18조제2항 관련)

1. 보일러
  가. 가연성 벽·바닥 또는 천장과 접촉하는 증기기관 또는 연통의 부분은 규조토 등 난연성 또는 불연성 단열재로 덮어씌워야 한다.
  나. 경유·등유 등 액체연료를 사용할 때에는 다음 사항을 지켜야 한다.
   1) 연료탱크는 보일러 본체로부터 수평거리 1미터 이상의 간격을 두어 설치할 것
   2) 연료탱크에는 화재 등 긴급상황이 발생하는 경우 연료를 차단할 수 있는 개폐밸브를 연료탱크로부터 0.5미터 이내에 설치할 것
   3) 연료탱크 또는 보일러 등에 연료를 공급하는 배관에는 여과장치를 설치할 것
   4) 사용이 허용된 연료 외의 것을 사용하지 않을 것
   5) 연료탱크가 넘어지지 않도록 받침대를 설치하고, 연료탱크 및 연료탱크 받침대는 「건축법 시행령」 제2조제10호에 따른 불연재료(이하 "불연재료"라 한다)로 할 것
  다. 기체연료를 사용할 때에는 다음 사항을 지켜야 한다.
   1) 보일러를 설치하는 장소에는 환기구를 설치하는 등 가연성 가스가 머무르지 않도록 할 것
   2) 연료를 공급하는 배관은 금속관으로 할 것
   3) 화재 등 긴급 시 연료를 차단할 수 있는 개폐밸브를 연료용기 등으로부터 0.5미터 이내에 설치할 것
   4) 보일러가 설치된 장소에는 가스누설경보기를 설치할 것
  라. 화목(火木) 등 고체연료를 사용할 때에는 다음 사항을 지켜야 한다.
   1) 고체연료는 보일러 본체와 수평거리 2미터 이상 간격을 두어 보관하거나 불연재료로

된 별도의 구획된 공간에 보관할 것
　2) 연통은 천장으로부터 0.6미터 떨어지고, 연통의 배출구는 건물 밖으로 0.6미터 이상 나오도록 설치할 것
　3) 연통의 배출구는 보일러 본체보다 2미터 이상 높게 설치할 것
　4) 연통이 관통하는 벽면, 지붕 등은 불연재료로 처리할 것
　5) 연통재질은 불연재료로 사용하고 연결부에 청소구를 설치할 것
마. 보일러 본체와 벽·천장 사이의 거리는 0.6미터 이상이어야 한다.
바. 보일러를 실내에 설치하는 경우에는 콘크리트바닥 또는 금속 외의 불연재료로 된 바닥 위에 설치해야 한다.
2. 난로
　가~다 생략
3. 건조설비
　가~다. 생략
4. 가스·전기시설
　가. 가스시설의 경우 「고압가스 안전관리법」, 「도시가스사업법」 및 「액화석유가스의 안전관리 및 사업법」에서 정하는 바에 따른다.
　나. 전기시설의 경우 「전기사업법」 및 「전기안전관리법」에서 정하는 바에 따른다.
5~6. 생략
7. 음식조리를 위하여 설치하는 설비
「식품위생법 시행령」 제21조 제8호에 따른 식품접객업 중 일반음식점 주방에서 조리를 위하여 불을 사용하는 설비를 설치하는 경우에는 다음 각 목의 사항을 지켜야 한다.
　가. 주방설비에 부속된 배출덕트(공기 배출통로)는 0.5밀리미터 이상의 아연도금강판 또는 이와 같거나 그 이상의 내식성 불연재료로 설치할 것
　나. 주방시설에는 동물 또는 식물의 기름을 제거할 수 있는 필터 등을 설치할 것
　다. 열을 발생하는 조리기구는 반자 또는 선반으로부터 0.6미터 이상 떨어지게 할 것
　라. 열을 발생하는 조리기구로부터 0.15미터 이내의 거리에 있는 가연성 주요구조부는 단열성이 있는 불연재료로 덮어씌울 것

비고
1. "보일러"란 사업장 또는 영업장 등에서 사용하는 것을 말하며, 주택에서 사용하는 가정용 보일러는 제외한다.
4. 보일러, 난로, 건조설비, 불꽃을 사용하는 용접·용단기구 및 노·화덕설비가 설치된 장소에는 소화기 1개 이상을 갖추어 두어야 한다.

가. 화재의 예방 조치에 관한 규정
나. 화재예방강화지구 등의 장소에서 하지 않아야 할 해당 행위 명시
다. 소방차량의 통행이나 소화 활동에 지장을 줄 수 있는 물건의 이동 등 필요한 조치를 취해야 하는 규정
라. 보일러, 난로, 건조설비, 가스·전기시설, 그 밖에 화재 발생 우려가 있는 설비 또는 기구 등의 위치·구조 및 관리와 화재 예방을 위하여 불을 사용할 때 지켜야 하는 사항 명시
마. 화재 발생 시 불길이 빠르게 번지는 고무류·플라스틱류·석탄 및 목탄 등 대통령령으로 정하는 특수가연물(特殊可燃物)의 저장 및 취급 기준 명시
바. "대통령령으로 정하는 설비 또는 기구는 ①보일러 ②난로 ③건조설비 ④가스·전기시설 ⑤불꽃을 사용하는 용접·용단 기구 ⑥노(爐)·화덕설비 ⑦음식조리를 위하여 설치하는 설비 등
사. 화재 예방을 위하여 불을 사용할 때 지켜야 하는 사항 명시
아. 화재 발생 우려가 있는 설비 또는 기구의 종류, 해당 설비 또는 기구의 위치·구조 및 관리와 화재 예방을 위하여 불을 사용할 때 지켜야 하는 사항은 시·도의 조례로 정하도록 명시

10 공공기관의 소방안전관리에 관한 규정

1. 목적

공공기관의 소방안전관리에 관한 규정

제1조(목적) 이 영은 「화재의 예방 및 안전관리에 관한 법률」 제39조에 따라 공공기관의 건축물·인공구조물 및 물품 등을 화재로부터 보호하기 위하여 소방안전관리에 필요한 사항을 규정함을 목적으로 한다.

화재의 예방 및 안전관리에 관한 법률

제39조(공공기관의 소방안전관리) ①국가, 지방자치단체, 국공립학교 등 대통령령으로 정하는 공공기관의 장은 소관 기관의 근무자 등의 생명·신체와 건축물·인공구조물 및 물품 등을 화재로부터 보호하기 위하여 화재예방, 자위소방대의 조직 및 편성, 소방시설 등의 자체점검과 소방훈련 등의 소방안전관리를 하여야 한다.
②제1항에 따른 공공기관에 대한 다음 각호의 사항에 관하여는 제24조부터 제38조까지의 규정에도 불구하고 대통령령으로 정하는 바에 따른다.
1. 소방안전관리자의 자격·책임 및 선임 등
2. 소방안전관리의 업무대행
3. 자위소방대의 구성·운영 및 교육
4. 근무자 등에 대한 소방훈련 및 교육
5. 그 밖에 소방안전관리에 필요한 사항

　가. 공공기관의 소방안전관리에 관한 규정
　나. 공공기관의 건축물·인공구조물 및 물품 등을 화재로부터 보호하기 위하여 소방안전관리에 필요한 사항을 규정함이 목적

2. 적용 범위

공공기관의 소방안전관리에 관한 규정

제2조(적용 범위) 이 영은 다음 각 호의 어느 하나에 해당하는 공공기관에 적용한다.
1. 국가 및 지방자치단체　　　2. 국공립학교　　　3~4 생략

가. 적용범위에 대한 규정
나. 공공기관의 소방안전관리에 관한 규정의 적용범위에 국·공립학교 해당

3. 기관장 및 소방안전관리자의 책무

공공기관의 소방안전관리에 관한 규정

제4조(기관장의 책임) 제2조에 따른 공공기관의 장(이하 "기관장"이라 한다)은 다음 각호의 사항에 대한 감독책임을 진다.
1. 소방시설, 피난시설 및 방화시설의 설치·유지 및 관리에 관한 사항
2. 소방계획의 수립·시행에 관한 사항
3. 소방 관련 훈련 및 교육에 관한 사항
4. 그 밖의 소방안전관리 업무에 관한 사항

제5조(소방안전관리자의 선임) ①기관장은 소방안전관리 업무를 원활하게 수행하기 위하여 **감독직에 있는 사람**으로서 다음 각호의 구분에 따른 **자격을 갖춘 사람을 소방안전관리자로 선임**하여야 한다. 다만, 「소방시설 설치 및 관리에 관한 법률 시행령」제11조에 따라 소화기 또는 비상경보설비만을 설치하는 공공기관의 경우에는 소방안전관리자를 선임하지 아니할 수 있다.
1. 「화재의 예방 및 안전관리에 관한 법률 시행령」별표 4 제1호 가목의 특급 소방안전관리대상물에 해당하는 공공기관: 같은 호 나목 각호의 어느 하나에 해당하는 사람
2. 제1호에 해당하지 않는 공공기관: 다음 각 목의 어느 하나에 해당하는 사람
가. 「화재의 예방 및 안전관리에 관한 법률 시행령」별표 4 제1호 나목, 같은 표 제2호 나목 및 같은 표 제3호 나목1)·3)·4)의 어느 하나에 해당하는 사람
나. 「화재의 예방 및 안전관리에 관한 법률」(이하 "법"이라 한다) 제34조 제1항제1호에 따른 소방안전관리자 등에 대한 **강습 교육(특급 소방안전관리대상물의 소방안전관리 업무 또는 공공기관의 소방안전관리 업무를 위한 강습 교육으로 한정하며, 이하 "강습교육"이라 한다)을 받은 사람**
②기관장은 제1항 각호에 해당하는 사람이 없는 경우에는 **강습 교육을 받을 사람을 미리 지정하고 그 지정된 사람을 소방안전관리자로 선임**할 수 있다.
제7조(소방안전관리자의 책무) 제5조에 따라 선임된 소방안전관리자는 법 제24조 제5항 각호의 소방안전관리 업무를 성실히 수행하여야 한다.

화재의 예방 및 안전관리에 관한 법률

제24조(특정소방대상물의 소방안전관리) ⑤특정소방대상물(소방안전관리대상물은 제외한다)의 관계인과 소방안전관리대상물의 **소방안전관리자**는 다음 각 호의 업무를 수행한다. 다만, 제1호·제2호·제5호 및 제7호의 업무는 소방안전관리대상물의 경우에만 해당한다.
1. 제36조에 따른 피난계획에 관한 사항과 대통령령으로 정하는 사항이 포함된 소방계획서의 작성 및 시행
2. 자위소방대(自衛消防隊) 및 초기대응체계의 구성, 운영 및 교육
3. 「소방시설 설치 및 관리에 관한 법률」 제16조에 따른 피난시설, 방화구획 및 방화시설의 관리
4. 소방시설이나 그 밖의 소방 관련 시설의 관리
5. 제37조에 따른 소방훈련 및 교육
6. 화기(火氣) 취급의 감독
7. 행정안전부령으로 정하는 바에 따른 소방안전관리에 관한 업무수행에 관한 기록·유지(제3호·제4호 및 제6호의 업무를 말한다)
8. 화재발생 시 초기대응
9. 그 밖에 소방안전관리에 필요한 업무

가. 기관장의 책임에 대한 규정
나. 기관장은 학교장으로 ①소방시설, 피난시설 및 방화시설의 설치·유지 및 관리 ②소방계획의 수립·시행 ③소방 관련 훈련 및 교육 ④그 밖의 소방안전관리 업무에 관한 사항에 대하여 감독책임
다. 학교장이 감독직에 있는 자격을 갖춘 사람을 소방안전관리자로 선임할 수 있는 규정
   ※ 소방안전관리자는 대부분 학교행정실장
라. 소방안전관리자가 수행할 업무 규정
마. **경남 ○○초등학교 방화셔터 끼임사고에 대한 대법원 판결**(예)

학교장	행정실장	시설관리 주무관	비 고
-	벌금 1,000만원	금고 1년 집행유예 3년	시설주무관의 수신기 조작 실수

4. 화기 단속 및 소방훈련과 교육

공공기관의 소방안전관리에 관한 규정
제9조(화기 단속 등) 실(室)이 벽·칸막이 등으로 나누어진 경우 그 사용책임자는 해당 실 안의 화기 단속 및 화재 예방을 위한 조치를 하여야 한다. **제14조(소방훈련과 교육)** ①기관장은 해당 공공기관의 모든 인원에 대하여 연 2회 이상 소방훈련과 교육을 실시하되, 그중 1회 이상은 소방관서와 합동으로 소방훈련을 실시하여야 한다. 다만, 상시 근무하는 인원이 10명 이하이거나 제5조 제1항 각호 외의 부분 단서에 따라 소방안전관리자를 선임하지 아니할 수 있는 공공기관의 경우에는 소방관서와 합동으로 하는 소방훈련을 실시하지 아니할 수 있다. ②기관장은 제1항에 따라 소방훈련과 교육을 실시할 때에는 소화·화재통보·피난 등의 요령에 관한 사항을 포함하여 실시하여야 한다. ③기관장은 제1항에 따라 실시한 소방훈련과 교육에 대한 기록을 2년간 보관하여야 한다.

가. 화기단속 및 소방훈련과 교육에 관한 규정

나. 실이 벽과 칸막이로 나누어진 경우 사용책임자가 해당 실 안의 화기 단속 및 화재예방을 위한 조치를 취하도록 명시

다. 기관장은 기관의 모든 인원에게 연 2회 이상 소방훈련과 교육을 실시하고 1회 이상은 소방관서와 합동으로 소방훈련을 실시해야 하는 규정
- 상시 근무하는 인원이 10명 이하이거나 소방안전관리자를 선임하지 않는 공공기관의 경우 소방관서와 합동으로 하는 소방훈련을 실시하지 않을 수 있음

라. 기관장은 소방훈련과 교육에 대한 기록을 2년간 보관

1장 관계법령

5절 안전·보건 관련 법규

01 산업안전보건법

1. 목적

> **산업안전보건법**
>
> **제1조(목적)** 이 법은 산업안전 및 보건에 관한 기준을 확립하고 그 책임의 소재를 명확하게 하여 산업재해를 예방하고 쾌적한 작업환경을 조성함으로써 노무를 제공하는 사람의 안전 및 보건을 유지·증진함을 목적으로 한다.

    가. 산업안전보건법의 목적에 관한 규정
    나. 산업안전 및 보건에 관한 기준 확립
    다. 책임의 소재를 명확하게 하여 산업재해 예방
    라. 쾌적한 작업환경 조성
    마. 노무를 제공하는 사람의 안전 및 보건을 유지·증진함이 목적

2. 정의

> **산업안전보건법**
>
> **제2조(정의)** 이 법에서 사용하는 용어의 뜻은 다음과 같다.
> 1. **"산업재해"** 란 노무를 제공하는 사람이 업무에 관계되는 건설물·설비·원재료·가스·증기·분진 등에 의하거나 작업 또는 그 밖의 업무로 인하여 사망 또는 부상하거나 질병에 걸리는 것을 말한다.
> 2. **"중대재해"** 란 산업재해 중 사망 등 재해 정도가 심하거나 다수의 재해자가 발생한 경우로서 고용노동부령으로 정하는 재해를 말한다.
> 3. **"근로자"** 란 「근로기준법」 제2조 제1항 제1호에 따른 근로자를 말한다.
> 4. **"사업주"** 란 근로자를 사용하여 사업을 하는 자를 말한다.
> 5. **"근로자대표"** 란 근로자의 과반수로 조직된 노동조합이 있는 경우에는 그 노동조합을, 근로자의 과반수로 조직된 노동조합이 없는 경우에는 근로자의 과반수를 대표하는 자를 말한다.
> 6. **"도급"** 이란 명칭에 관계없이 물건의 제조·건설·수리 또는 서비스의 제공, 그 밖의 업무를 타인에게 맡기는 계약을 말한다.
> 7. **"도급인"** 이란 물건의 제조·건설·수리 또는 서비스의 제공, 그 밖의 업무를 도급하는 사

업주를 말한다. 다만, 건설공사발주자는 제외한다.
8. **"수급인"**이란 도급인으로부터 물건의 제조·건설·수리 또는 서비스의 제공, 그 밖의 업무를 도급받은 사업주를 말한다.
9. **"관계수급인"**이란 도급이 여러 단계에 걸쳐 체결된 경우에 각 단계별로 도급받은 사업주 전부를 말한다.
13. **"작업환경측정"**이란 작업환경 실태를 파악하기 위하여 해당 근로자 또는 작업장에 대하여 사업주가 유해인자에 대한 측정계획을 수립한 후 시료(試料)를 채취하고 분석·평가하는 것을 말한다.

산업안전보건법 시행규칙

제3조(중대재해의 범위) 법제2조 제2호에서 "고용노동부령으로 정하는 재해"란 다음 각호의 어느 하나에 해당하는 재해를 말한다.
1. 사망자가 1명 이상 발생한 재해
2. 3개월 이상의 요양이 필요한 부상자가 동시에 2명 이상 발생한 재해
3. 부상자 또는 직업성 질병자가 동시에 10명 이상 발생한 재해

근로기준법

제2조(정의) ①이 법에서 사용하는 용어의 뜻은 다음과 같다.
1. **"근로자"란 직업의 종류와 관계없이 임금을 목적으로 사업이나 사업장에 근로를 제공하는 사람을 말한다.**
2. "사용자"란 사업주 또는 사업 경영 담당자, 그 밖에 근로자에 관한 사항에 대하여 사업주를 위하여 행위하는 자를 말한다.
3. "근로"란 정신노동과 육체노동을 말한다.
4. "근로계약"이란 근로자가 사용자에게 근로를 제공하고 사용자는 이에 대하여 임금을 지급하는 것을 목적으로 체결된 계약을 말한다.

 가. 산업안전보건법에서 사용하는 용어 정의
   - 산업재해, 중대재해, 근로자, **근로자대표, 사업주, 도급인, 수급인, 작업환경측정** 등에 대한 용어 설명
 나. 근로기준법에서 사용하는 용어 정의 규정
   - 근로자, 사용자, 근로, 근로계약에 대한 용어 설명
 다. 산업안전보건법 시행규칙에 따른 **중대재해 범위**(법2조 제2호)

- 사망자가 1명 이상 발생한 재해
- 3개월 이상의 요양이 필요한 부상자가 동시에 2명 이상 발생한 재해
- 부상자 또는 직업성 질병자가 동시에 10명 이상 발생한 재해

라. 도급에 대한 용어의 뜻과 고용노동부 운영 매뉴얼 및 운영지침

> (고용노동부, 도급사업 안전·보건관리 운영 매뉴얼 '21.12월), (고용노동부, 도급시 산업재해예방 운영지침 '20.3월)
> - 일반적으로 도급은 민법 제664조에서 규정한 것과 같이 "당사자 일방이 어느 일을 완성할 것을 약정하고 상대방이 그 일의 결과에 대하여 보수를 지급할 것을 약정함으로써 그 효력이 생기는 계약"을 의미함
> - 산업안전보건법에서는 관계수급인 근로자의 폭넓은 보호를 위해 도급의 정의를 일의 완성 또는 대가의 지급 여부와 관계없이 **도급인의 '업무를 타인에게 맡기는 계약'으로 확대**
> - 따라서 도급인의 업무에 해당한다면 사업목적과 ①직접적 관련성이 있는 경우 뿐만 아니라 ②직접적으로 관련이 없는 경우*(부수적이거나 보조적인 업무)에도 도급에 포함
>   * 직접적으로 관련이 없는 경우(**도급에 포함**): 기계장치, 전기·전산설비 등 생산설비에 대한 정기적·일상적인 정비·유지·보수 등
>   예) 경비·조경·청소 등 용역서비스, 구내식당 등 복리후생시설 운영 등

3. 적용 범위

산업안전보건법
제3조(적용 범위) 이 법은 모든 사업에 적용한다. 다만, 유해·위험의 정도, 사업의 종류, 사업장의 상시근로자 수(건설공사의 경우에는 건설공사 금액을 말한다. 이하 같다) 등을 고려하여 대통령령으로 정하는 종류의 사업 또는 사업장에는 이 법의 전부 또는 일부를 적용하지 아니할 수 있다.

산업안전보건법 시행령
제2조(적용범위 등) ①「산업안전보건법」(이하 "법"이라 한다)제3조단서에 따라 법의 전부 또는 일부를 적용하지 않는 사업 또는 사업장의 범위 및 해당 사업 또는 사업장에 적용되지 않는 법 규정은 별표 1과 같다. ②이 영에서 사업의 분류는「통계법」에 따라 통계청장이 고시한 한국표준산업분류에 따른다.

■ 산업안전보건법 시행령 [별표 1] 〈개정 2024. 6. 25.〉
법의 일부를 적용하지 않는 사업 또는 사업장 및 적용 제외 법 규정 (제2조제1항 관련)

대상 사업 또는 사업장	적용 제외 법 규정
4. 다음 각 목의 어느 하나에 해당하는 사업 나. 교육 서비스업 중 초등·중등·고등 교육기관, 특수학교·외국인학교 및 대안학교(**청소, 시설관리, 조리 등 현업업무에 종사하는 사람**으로서 고용노동부장관이 정하여 고시하는 사람은 제외한다)	제2장 제1절, 제2절 및 제3장(다른 규정에 따라 준용되는 경우는 제외한다)

공공행정 등에서 현업업무에 종사하는 사람의 기준 고용노동부고시 제2020-62호

제3조(초등·중등·고등교육기관, 특수학교·외국인학교 및 대안학교의 현업업무 종사자) 교육 서비스업 중 초등·중등·고등교육기관, 특수학교·외국인학교 및 대안학교에서의 현업업무 종사자는 **수업과 행정에 관한 업무 및 이를 보조하는 업무와는 업무형태가 현저히 다르거나 유해·위험의 정도가 다른 업무**로서 별표 2의 업무를 수행하는 사람으로 한다.
1. 학교 시설물 및 설비·장비등의 유지관리 업무
2. 학교 경비 및 학생 통학 보조 업무
3. 조리 실무 및 **급식실운영 등 조리시설 관련 업무**

가. 공공행정 등에서의 현업업무종사자와 적용 범위에 대한 규정
나. 이 법은 모든 사업에 적용, 다만, 유해·위험의 정도, 사업의 종류, 사업장의 상시근로자 수 등에 따라 법의 전부 또는 일부를 적용하지 아니할 수 있음
다. 산업안전보건법시행령 별표 1은 **교육 서비스업 중 현업업무에 종사하는 사람**을 **청소, 시설관리, 조리** 등으로 규정(사각지대에 있는 근로자 중심)
라. 현업업무종사자인 경우 산업안전보건법 제2장 제1절, 제2절 및 제3장 규정 준수
마. 고용노동부 고시의 현업기준은 **현업업무에 종사하는 사람이 기준**으로 급식실 운영 등은 해석 불가(급식실은 학교급식법에 없는 장소적 개념)
바. 학교급식법·식품위생법령에 따른 영양교사의 직무 중 '급식실 운영 등 조리시설 관련 업무'는 없음
사. 급식설비 및 기구의 위생·안전 실무는 식품위생법에 따라 조리사의 고유업무임

4. 사업주와 근로자의 의무

산업안전보건법

제5조(사업주 등의 의무) ①사업주(제77조에 따른 특수형태근로종사자로부터 노무를 제공받는 자와 제78조에 따른 물건의 수거·배달 등을 중개하는 자를 포함한다. 이하 이 조 및 제6조에서 같다)는 다음 각호의 사항을 이행함으로써 근로자(제77조에 따른 특수형태근로종사자와 제78조에 따른 물건의 수거·배달 등을 하는 사람을 포함한다. 이하 이 조 및 제6조에서 같다)의 안전 및 건강을 유지·증진 시키고 국가의 산업재해 예방정책을 따라야 한다.
1. 이 법과 이 법에 따른 명령으로 정하는 산업재해 예방을 위한 기준
2. 근로자의 신체적 피로와 정신적 스트레스 등을 줄일 수 있는 쾌적한 작업환경의 조성 및 근로조건 개선
3. 해당 사업장의 안전 및 보건에 관한 정보를 근로자에게 제공

제6조(근로자의 의무) 근로자는 이 법과 이 법에 따른 명령으로 정하는 산업재해 예방을 위한 기준을 지켜야 하며, 사업주 또는 「근로기준법」 제101조에 따른 근로감독관, 공단 등 관계인이 실시하는 산업재해 예방에 관한 조치에 따라야 한다.

근로기준법

제101조(감독 기관) ①근로조건의 기준을 확보하기 위하여 고용노동부와 그 소속기관에 **근로감독관**을 둔다.
②근로감독관의 자격, 임면(任免), 직무 배치에 관한 사항은 대통령령으로 정한다.
근로감독관규정(대통령령)
[시행 2010. 10. 27.] [대통령령 제22465호, 2010. 10. 27., 전부개정]
제102조(근로감독관의 권한) ①근로감독관은 사업장, 기숙사, 그 밖의 부속 건물을 현장조사하고 장부와 서류의 제출을 요구할 수 있으며 사용자와 근로자에 대하여 심문(尋問)할 수 있다.
②의사인 근로감독관이나 근로감독관의 위촉을 받은 의사는 취업을 금지하여야 할 질병에 걸릴 의심이 있는 근로자에 대하여 검진할 수 있다.
③제1항 및 제2항의 경우에 근로감독관이나 그 위촉을 받은 의사는 그 신분증명서와 고용노동부장관의 현장조사 또는 검진지령서(檢診指令書)를 제시하여야 한다.
④제3항의 현장조사 또는 검진지령서에는 그 일시, 장소 및 범위를 분명하게 적어야 한다.
⑤근로감독관은 이 법이나 그 밖의 노동 관계 법령 위반의 죄에 관하여 「**사법경찰관리의 직무를 행할 자와 그 직무범위에 관한 법률**」에서 정하는 바에 따라 사법경찰관의 직무를 수행한다.
제103조(근로감독관의 의무) 근로감독관은 직무상 알게 된 비밀을 엄수하여야 한다. 근로

> 감독관을 그만 둔 경우에도 또한 같다.
> **제104조(감독 기관에 대한 신고)** ①사업 또는 사업장에서 이 법 또는 이 법에 따른 대통령령을 위반한 사실이 있으면 근로자는 그 사실을 **고용노동부장관이나 근로감독관에게** 통보할 수 있다.
> ②사용자는 제1항의 통보를 이유로 근로자에게 해고나 그 밖에 불리한 처우를 하지 못한다.

　가. 사업주와 근로자의 의무에 관한 규정
　나. 사업주는 사업주의 의무사항을 이행하여 근로자의 안전 및 건강을 유지·증진시킴
　　　- **근로자의 신체적 피로와 정신적 스트레스** 등을 줄일 수 있는 쾌적한 작업환경의 조성 및 근로조건 개선
　　　- 해당 사업장의 안전 및 보건에 관한 정보를 근로자에게 제공
　다. 근로자는 산업재해 예방을 위한 기준 준수
　라. 사업주, 근로감독관, 공단 등은 관계인이 실시하는 산업재해 예방에 관한 조치를 따라야 함
　마. 근로조건 및 산업안전보건법 관련 상급자 또는 상급기관의 위법·부당한 업무 지시 등에 대해서는 **근로감독관에게 진정서 내지는 고소장을 제출**할 수 있음

5. 안전보건관리책임자(부교육감)

> **산업안전보건법**
>
> **제2장 제1절 안전보건관리 체제**
> **제15조(안전보건관리책임자)** ①사업주는 사업장을 실질적으로 총괄하여 관리하는 사람에게 해당 사업장의 다음 각 호의 업무를 총괄하여 관리하도록 하여야 한다.
> 1. **사업장의 산업재해 예방계획의 수립에 관한 사항**
> 2. 제25조 및 제26조에 따른 안전보건관리규정의 작성 및 변경에 관한 사항
> 3. 제29조에 따른 **안전보건교육에** 관한 사항
> 4. **작업환경측정 등 작업환경의 점검 및 개선**에 관한 사항
> 5. 제129조부터 제132조까지에 따른 **근로자의 건강진단 등 건강관리**에 관한 사항
> 6. **산업재해의 원인 조사 및 재발 방지대책 수립에 관한 사항**
> 7. **산업재해에 관한 통계의 기록 및 유지**에 관한 사항

8. **안전장치 및 보호구 구입 시 적격품 여부 확인**에 관한 사항
9. 그 밖에 근로자의 **유해·위험** 방지조치에 관한 사항으로서 **고용노동부령**으로 정하는 사항
②"**안전보건관리책임자**"는 안전관리자와 보건관리자를 지휘·감독한다.

산업안전보건법 시행규칙

제9조(안전보건관리책임자의 업무) 법 제15조 제1항 제9호에서 "고용노동부령으로 정하는 사항"이란 법 제36조에 따른 **위험성평가**의 실시에 관한 사항과 안전보건규칙에서 정하는 근로자의 위험 또는 건강장해의 방지에 관한 사항을 말한다.

　가. 안전보건관리책임자의 업무 규정
　나. 안전보건관리책임자는 사업장을 실질적으로 총괄하여 관리하는 사람
　　　※ 안전보건관리책임자는 대부분 시·도교육청의 부교육감
　다. 안전관리자와 보건관리자를 지휘 감독

6. 관리감독자(학교장)

산업안전보건법

제2장 제1절 안전보건관리 체제
제16조(관리감독자) ①사업주는 사업장의 생산과 관련되는 업무와 그 소속 직원을 **직접 지휘·감독**하는 직위에 있는 사람(이하 "관리감독자"라 한다)에게 산업 안전 및 보건에 관한 업무로서 대통령령으로 정하는 업무를 수행하도록 하여야 한다.

산업안전보건법 시행령

제15조(관리감독자의 업무 등) ①법 제16조 제1항에서 "대통령령으로 정하는 업무"란 다음 각호의 업무를 말한다.
1. 사업장 내 법 제16조 제1항에 따른 관리감독자(이하 "관리감독자"라 한다)가 지휘·감독하는 작업(이하 이 조에서 "해당작업"이라 한다)과 관련된 **기계·기구 또는 설비의 안전·보건 점검 및 이상 유무의 확인**
2. 근로자의 **작업복·보호구 및 방호장치의 점검과 그 착용·사용에 관한 교육·지도**
3. 해당작업에서 발생한 **산업재해에 관한 보고 및 이에 대한 응급조치**
4. 해당작업의 **작업장 정리·정돈 및 통로 확보에 대한 확인·감독**
5. 사업장의 다음 각 목의 **어느 하나에 해당하는 사람의 지도·조언에 대한 협조**
　가. ─안전관리자─　나. ─보건관리자─　(이하 생략)

6. 법 제36조에 따라 실시되는 **위험성평가**에 관한 다음 **각 목의 업무**
   가. 유해·위험요인의 파악에 대한 참여
   나. 개선조치의 시행에 대한 참여
7. 그 밖에 해당 작업의 안전 및 보건에 관한 사항으로서 **고용노동부령**으로 정하는 사항
②관리감독자에 대한 지원에 관하여는 제14조 제2항을 준용한다. 이 경우 "안전보건관리책임자"는 "관리감독자"로, "법 제15조 제1항"은 "제1항"으로 본다.

산업안전보건기준에 관한 규칙 (약칭: 안전보건규칙)

제35조(관리감독자의 유해·위험 방지 업무 등) ①사업주는 법 제16조 제1항에 따른 관리감독자(건설업의 경우 직장·조장 및 반장의 지위에서 그 작업을 직접 지휘·감독하는 관리감독자를 말하며, 이하 "관리감독자"라 한다)로 하여금 **별표 2**(관리감독자의 유해·위험 방지 업무 등의 세부사항)에서 정하는 바에 따라 유해·위험을 방지하기 위한 업무를 수행하도록 하여야 한다.
②**사업주는 별표 3(작업시작전 점검사항)**에서 정하는 바에 따라 작업을 시작하기 전에 관리감독자로 하여금 필요한 사항을 점검하도록 하여야 한다.
③사업주는 제2항에 따른 점검 결과 이상이 발견되면 즉시 수리하거나 그 밖에 필요한 조치를 하여야 한다.

가. 관리감독자의 업무에 관한 규정
나. 관리감독자의 업무

조직	역할과 책임(권한)
기계·기구 또는 설비의 안전·보건 점검 및 이상 유무의 확인	• 작업시작 전에 안전보건 사항 점검 • 작동시작 전에 이상 유무의 확인 • 재료의 결함 유무, 기구 및 공구의 기능 점검 • 설비 및 부속설비의 사용 시 작전 점검
근로자의 작업복, 보호구 및 방호장치의 점검과 착용·사용에 관한 교육·지도	• 작업내용에 따라 적절한 보호구의 지급.착용 지도 • 위생모 또는 작업복의 올바른 착용 지도 • 칼 사용 시 위생장갑 착용 금지 • 유해·위험 기계의 안전장치 기능 확인
산업재해에 관한 보고 및 응급조치	• 재해자 발생 시 응급조치 및 병원으로 즉시 이송 • 산업재해에 대한 보고
작업장의 정리정돈 및 안전통로 확보 등의 확인·감독	• 작업장 바닥을 안전하고 청결한 상태로 유지 • 근로자가 안전하게 통행할 수 있도록 통로의 설치 관리 • 옥내통로는 걸려 넘어지거나 미끄러질 위험이 없도록 관리

- 위험성 평가 시 관리감독자의 역할

조 직	역할과 책임(권한)
관리감독자	- 유해·위험요인의 파악에 대한 참여 - 개선조치 시행에 참여

다. 산업안전보건법상 관리감독자의 업무를 위탁할 수 있는 근거 규정은 없지만 고용노동부 질의회신을 통해 위탁 근거 마련

> **고용노동부 산업예방정책과-4061, 2019. 8. 23.**
> **사업주의 안전·보건조치를 이행**함에 있어 관리감독자가 할 수 있는 통상적인 업무범위를 벗어난 별도의 업무 또는 **전문적인 업무에 대해서는** 전문 인력을 고용하거나 **전문기관에 위탁**할 수 있을 것임

> **고용노동부 산업예방정책과-2362, 2020. 5. 26.**
> **사업주**는 안전관리전문기관 등의 **외부기관을 활용**하여 **관리감독자가 해당 업무를 효과적으로 수행할 수 있도록 지원**할 수 있을 것임

7. 안전관리자, 보건관리자, 안전보건관리담당자(교육청)

산업안전보건법

제2장 제1절 안전보건관리 체제

제17조(안전관리자) ①사업주는 사업장에 제15조제1항 각 호의 사항 중 안전에 관한 기술적인 사항에 관하여 사업주 또는 안전보건관리책임자를 보좌하고 관리감독자에게 지도·조언하는 업무를 수행하는 사람(이하 "안전관리자"라 한다)을 두어야 한다.

산업안전보건법시행령

제16조(안전관리자의 선임 등) ①법 제17조제1항에 따라 안전관리자를 두어야 하는 사업의 종류와 사업장의 상시근로자 수, 안전관리자의 수 및 선임방법은 별표 3과 같다.

②법 제17조제3항에서 "대통령령으로 정하는 사업의 종류 및 사업장의 상시근로자 수에 해당하는 사업장"이란 제1항에 따른 사업 중 상시근로자 **300명 이상을 사용하는 사업장**[건설업의 경우에는 공사금액이 120억원(「건설산업기본법 시행령」 별표 1의 종합공사를 시공하는 업종의 건설업종란 제1호에 따른 토목공사업의 경우에는 150억원) 이상인 사업장]을 말한다.

③이하 생략

제18조(보건관리자) ①사업주는 사업장에 제15조제1항 각 호의 사항 중 보건에 관한 기술적인 사항에 관하여 사업주 또는 안전보건관리책임자를 보좌하고 관리감독자에게 지도·조언

하는 업무를 수행하는 사람(이하 "보건관리자"라 한다)을 두어야 한다.

산업안전보건법시행령

제20조(보건관리자의 선임 등) ①법 제18조제1항에 따라 보건관리자를 두어야 하는 사업의 종류와 사업장의 상시근로자 수, 보건관리자의 수 및 선임방법은 별표 5와 같다.

②법 제18조제3항에서 "대통령령으로 정하는 사업의 종류 및 사업장의 상시근로자 수에 해당하는 사업장"이란 상시근로자 300명 이상을 사용하는 사업장을 말한다.

③생략

제19조(안전보건관리담당자) ①사업주는 사업장에 안전 및 보건에 관하여 **사업주를 보좌하고** 관리감독자에게 지도·조언하는 업무를 수행하는 사람(이하 "안전보건관리담당자"라 한다)을 두어야 한다. 다만, 안전관리자 또는 보건관리자가 있거나 이를 두어야 하는 경우에는 그러하지 아니하다.

산업안전보건법 시행령

제24조(안전보건관리담당자의 선임 등) ①다음 각 호의 어느 하나에 해당하는 사업의 사업주는 법 제19조제1항에 따라 상시근로자 20명 이상 50명 미만인 사업장에 안전보건관리담당자를 1명 이상 선임해야 한다.

제20조(안전관리자 등의 지도·조언) 사업주, 안전보건관리책임자 및 관리감독자는 다음 각 호의 어느 하나에 해당하는 자가 제15조 제1항(안전보건관리책임자) 각호의 사항 중 안전 또는 보건에 관한 기술적인 사항에 관하여 지도·조언하는 경우에는 이에 상응하는 적절한 조치를 하여야 한다.
1. 안전관리자
2. 보건관리자
3. 안전보건관리담당자
4. 안전관리전문기관 또는 보건관리전문기관(해당 업무를 위탁받은 경우에 한정한다)

가. 산업안전보건법상 안전관리자, 보건관리자, 안전보건관리 담당자에 대한 규정

나. 법령의 규정에 따라 근상시근로자 300명 이상인 사업장은 안전관리자와 보건관리자 채용

다. 법령의 규정에 따라 안전보건관리담당자는 상시근로자가 20명 이상 50명 미만인 사업장에 1명 이상 선임

라. 안전관리자와 보건관리자는 안전과 보건에 관한 기술적인 사항에 관하여 사업주와 안전보건관리책임자를 보좌하고 관리감독자에 지도·조언

8. 산업안전보건의, 명예산업안전감독관(교육청)

> **산업안전보건법**
>
> **제2장 제1절 안전보건관리 체제**
>
> **제22조(산업보건의)** ①사업주는 근로자의 건강관리나 그 밖에 보건관리자의 업무를 지도하기 위하여 사업장에 산업보건의를 두어야 한다. 다만, 「**의료법**」 제2조에 따른 의사를 보건관리자로 둔 경우에는 그러하지 아니하다.
>
> **제23조(명예산업안전감독관)** ①고용노동부장관은 산업재해 예방활동에 대한 참여와 지원을 촉진하기 위하여 근로자, 근로자단체, 사업주단체 및 산업재해 예방 관련 전문단체에 소속된 사람 중에서 명예산업안전감독관을 위촉할 수 있다.

가. 산업보건의와 명예산업안전감독관에 관한 규정
나. 사업주가 근로자의 건강관리 등을 위해 산업보건의를 둘 수 있는 규정
  - 사업장에 산업보건의는 두어야 하지만 의료법 제2조에 따른 보건관리자를 둔 경우는 별도로 두지 않아도 됨
  ※ 의료법 제2조(의료인) ①이 법에서 "의료인"이란 보건복지부장관의 면허를 받은 의사·치과의사·한의사·조산사 및 간호사를 말함.
다. 산업보건의는 근로자의 건강과 안전을 종합적으로 관리하고 예방하는 역할
라. 산업재해 예방활동을 위해 명예산업안전감독관을 위촉할 수 근거 규정
  - 명예산업안전감독관은 근로자, 근로자단체, 사업주단체 및 산업재해 예방 관련 전문단체에 소속된 사람 중에서 고용노동부장관이 위촉

9. 산업안전보건위원회(교육청에 두는 위원회)

> **산업안전보건법**
>
> **제2장 제1절 안전보건관리 체제**
>
> **제24조(산업안전보건위원회)** ①사업주는 사업장의 안전 및 보건에 관한 중요 사항을 심의·의결하기 위하여 사업장에 근로자위원과 사용자위원이 같은 수로 구성되는 산업안전보건위원회를 구성·운영하여야 한다.
> ②사업주는 다음 각호의 사항에 대해서는 제1항에 따른 산업안전보건위원회(이하 "산업안전보건위원회"라 한다)의 심의·의결을 거쳐야 한다.
> 1. 제15조 제1항 제1호부터 제5호까지 및 제7호에 관한 사항

2. 제15조 제1항 제6호에 따른 사항 중 **중대재해**에 관한 사항
3. 유해하거나 위험한 기계·기구·설비를 도입한 경우 안전 및 보건 관련 조치에 관한 사항
4. 그 밖에 해당 사업장 근로자의 안전 및 보건을 유지·증진시키기 위하여 필요한 사항
③산업안전보건위원회는 대통령령으로 정하는 바에 따라 회의를 개최하고 그 결과를 회의록으로 작성하여 보존하여야 한다.
④**사업주와 근로자는** 제2항에 따라 산업안전보건위원회가 심의·의결한 사항을 성실하게 이행하여야 한다.
⑤산업안전보건위원회는 이 법, 이 법에 따른 **명령, 단체협약, 취업규칙 및 제25조에 따른 안전보건관리규정에 반하는 내용으로 심의·의결해서는 아니 된다.**
⑥사업주는 산업안전보건위원회의 위원에게 직무 수행과 관련한 사유로 불리한 처우를 해서는 아니 된다.
⑦산업안전보건위원회를 구성하여야 할 사업의 종류 및 사업장의 상시근로자 수, 산업안전보건위원회의 구성·운영 및 의결되지 아니한 경우의 처리방법, 그 밖에 필요한 사항은 대통령령으로 정한다.

산업안전보건법 시행령

제34조(산업안전보건위원회 구성 대상) 법 제24조 제1항에 따라 산업안전보건위원회를 구성해야 할 사업의 종류 및 사업장의 상시근로자 수는 별표 9와 같다.
제35조(산업안전보건위원회의 구성) ①산업안전보건위원회의 근로자위원은 다음 각호의 사람으로 구성한다.
1. 근로자대표
2. 명예산업안전감독관이 위촉되어 있는 사업장의 경우 근로자대표가 지명하는 1명 이상의 명예산업안전감독관
3. 근로자대표가 지명하는 9명(근로자인 제2호의 위원이 있는 경우에는 9명에서 그 위원의 수를 제외한 수를 말한다) 이내의 해당 사업장의 근로자
제38조(의결되지 않은 사항 등의 처리) ①산업안전보건위원회는 다음 각호의 어느 하나에 해당하는 경우에는 근로자위원과 사용자위원의 합의에 따라 산업안전보건위원회에 중재기구를 두어 해결하거나 **제3자에 의한 중재를** 받아야 한다.
1. 법 제24조제2항 각 호에 따른 사항에 대하여 산업안전보건위원회에서 의결하지 못한 경우
2. 산업안전보건위원회에서 의결된 사항의 해석 또는 이행방법 등에 관하여 의견이 일치하지 않는 경우
②제1항에 따른 중재 결정이 있는 경우에는 산업안전보건위원회의 의결을 거친 것으로 보며, 사업주와 근로자는 그 결정에 따라야 한다.

> **제39조(회의 결과 등의 공지)** 산업안전보건위원회의 위원장은 산업안전보건위원회에서 심의·의결된 내용 등 회의 결과와 중재 결정된 내용 등을 사내방송이나 사내보(社內報), 게시 또는 자체 정례조회, 그 밖의 적절한 방법으로 근로자에게 신속히 알려야 한다.

가. 산업안전보건위원위에 관한 규정
나. 산업안전보건위원회는 근로자위원과 사용자위원이 같은 수로 구성·운영
다. 산업안전보건위원회에서는 사업장의 안전보건에 관한 중요사항을 심의 의결하는 기구
  - 심의·의결 할 업무는/안전보건관리책임자업무/**중대재해**에 관한 사항/유해하거나 위험한 기계·기구·설비를 도입한 경우 안전 및 보건 관련 조치사항/ 해당 사업장 근로자의 안전 및 보건을 유지·증진 시키기 위하여 필요한 사항
라. **사업주와 근로자는** 산업안전보건위원회가 심의·의결한 사항을 성실하게 이행해야 함
마. 산업안전보건위원회는 **명령, 단체협약, 취업규칙 및 안전보건관리규정에 반하는 내용으로 심의·의결해서는 아니됨**
바. 사업주는 산업안전보건위원회의 위원에게 직무 수행과 관련한 사유로 불리한 처우를 해서는 아니됨
사. **산업안전보건위원회는** 근로자대표, 명예산업안전감독관이 위촉된 사업장은 근로자대표가 지명하는 1명 이상의 명예산업안전감독관, 근로자대표가 지명하는 9명 이내의 해당 사업장의 근로자 등으로 구성
아. 회의 결과 등은 공지하여 근로자에게 신속하게 알려야 함

10. 산업안전보건법 제2장 제2절 안전보건관리규정

> **산업안전보건법**
>
> **제2장 제2절 안전관리규정**
> **제25조(안전보건관리규정의 작성)** ①**사업주는 사업장의 안전 및 보건을 유지**하기 위하여 다음 각호의 사항이 포함된 **안전보건관리규정**을 작성하여야 한다.
> 1. 안전 및 보건에 관한 **관리조직(체제)**과 그 직무에 관한 사항

2. **안전보건교육**에 관한 사항
3. **작업장의 안전 및 보건 관리**에 관한 사항
4. **사고 조사 및 대책 수립**에 관한 사항
5. 그 밖에 안전 및 보건에 관한 사항

②제1항에 따른 안전보건관리규정(이하 "안전보건관리규정"이라 한다)은 **단체협약 또는 취업규칙**에 반할 수 없다. 이 경우 안전보건관리규정 중 **단체협약 또는 취업규칙**에 반하는 부분에 관하여는 그 **단체협약 또는 취업규칙**으로 정한 기준에 따른다.

③안전보건관리규정을 작성하여야 할 사업의 종류, 사업장의 상시근로자 수 및 안전보건관리규정에 포함되어야 할 세부적인 내용, 그 밖에 필요한 사항은 **고용노동부령**으로 정한다.

제27조(안전보건관리규정의 준수) 사업주와 근로자는 안전보건관리규정을 지켜야 한다.

제28조(다른 법률의 준용) 안전보건관리규정에 관하여 이 법에서 규정한 것을 제외하고는 그 성질에 반하지 아니하는 범위에서 「근로기준법」 중 취업규칙에 관한 규정을 준용한다.

산업안전보건법 시행규칙

제25조(안전보건관리규정의 작성) ①법 제25조 제3항에 따라 안전보건관리규정을 작성해야 할 사업의 종류 및 상시근로자 수는 별표 2와 같다.

②제1항에 따른 사업의 사업주는 안전보건관리규정을 작성해야 할 사유가 발생한 날부터 30일 이내에 **별표 3의 내용**을 포함한 안전보건관리규정을 작성해야 한다. 이를 변경할 사유가 발생한 경우에도 또한 같다.

③사업주가 제2항에 따라 안전보건관리규정을 작성할 때에는 소방·가스·전기·교통 분야 등의 다른 법령에서 정하는 안전관리에 관한 규정과 통합하여 작성할 수 있다.

■ 산업안전보건법 시행규칙 [별표 3]
안전보건관리규정의 세부 내용 (제25조제2항 관련)

1. 총칙
  가. 안전보건관리규정 작성의 목적 및 적용 범위에 관한 사항
  나. 사업주 및 근로자의 재해 예방 책임 및 의무 등에 관한 사항
  다. 하도급 사업장에 대한 안전·보건관리에 관한 사항
2. 안전·보건 관리조직과 그 직무
  가. 안전·보건 관리조직의 구성방법, 소속, 업무 분장 등에 관한 사항
  나. 안전보건관리책임자(안전보건총괄책임자), 안전관리자, 보건관리자, 관리감독자의 직무 및 선임에 관한 사항
  다. 산업안전보건위원회의 설치·운영에 관한 사항

라. 명예산업안전감독관의 직무 및 활동에 관한 사항
　　마. 작업지휘자 배치 등에 관한 사항
3. 안전·보건교육
　　가. 근로자 및 관리감독자의 안전·보건교육에 관한 사항
　　나. 교육계획의 수립 및 기록 등에 관한 사항
4. 작업장 안전관리
　　가. 안전·보건관리에 관한 계획의 수립 및 시행에 관한 사항
　　나. 기계·기구 및 설비의 방호조치에 관한 사항
　　다. 유해·위험기계등에 대한 자율검사프로그램에 의한 검사 또는 안전검사에 관한 사항
　　라. 근로자의 안전수칙 준수에 관한 사항
　　마. 위험물질의 보관 및 출입 제한에 관한 사항
　　바. 중대재해 및 중대산업사고 발생, 급박한 산업재해 발생의 위험이 있는 경우 작업중지
　　　에 관한 사항
　　사. 안전표지·안전수칙의 종류 및 게시에 관한 사항과 그 밖에 안전관리에 관한 사항
5. 작업장 보건관리
　　가. 근로자 건강진단, 작업환경측정의 실시 및 조치절차 등에 관한 사항
　　나. 유해물질의 취급에 관한 사항
　　다. 보호구의 지급 등에 관한 사항
　　라. 질병자의 근로 금지 및 취업 제한 등에 관한 사항
　　마. 보건표지·보건수칙의 종류 및 게시에 관한 사항과 그 밖에 보건관리에 관한 사항
6. 사고 조사 및 대책 수립
　　가. 산업재해 및 중대산업사고의 발생 시 처리 절차 및 긴급조치에 관한 사항
　　나. 산업재해 및 중대산업사고의 발생원인에 대한 조사 및 분석, 대책 수립에 관한 사항
　　다. 산업재해 및 중대산업사고 발생의 기록·관리 등에 관한 사항
7. 위험성평가에 관한 사항
　　가. 위험성평가의 실시 시기 및 방법, 절차에 관한 사항
　　나. 위험성 감소대책 수립 및 시행에 관한 사항
8. 보칙
　　가. 무재해운동 참여, 안전·보건 관련 제안 및 **포상·징계** 등 산업재해 예방을 위하여 필
　　　요하다고 판단하는 사항
　　나. 안전·보건 관련 문서의 보존에 관한 사항
　　다. 그 밖의 사항
　　　사업장의 규모·업종 등에 적합하게 작성하며, 필요한 사항을 추가하거나 그 사업장에
　　　관련되지 않는 사항은 제외할 수 있다.

가. 안전보건관리규정의 작성에 관한 규정
나. **사업주는 사업장의 안전 및 보건을 유지**하기 위하여 ①안전 및 보건에 관한 **관리조직(체제)**과 그 직무에 관한 사항 ②**안전보건교육**에 관한 사항 ③**작업장의 안전 및 보건 관리**에 관한 사항 ④**사고 조사 및 대책 수립**에 관한 사항 등을 포함하여 작성하도록 명시
다. 안전보건관리규정은 **단체협약 또는 취업규칙에** 반할 수 없으며 만일 반하는 부분은 그 **단체협약 또는 취업규칙**으로 정한 기준에 따르도록 명시
라. **사업주와 근로자는 안전보건관리규정을 준수**하도록 명시
마. 사업주가 안전보건관리규정을 작성할 때는 **소방·가스·전기·교통 분야** 등의 **다른 법령에서 정하는 안전관리에 관한 규정과 통합하여 작성**하도록 명시
바. 안전보건관리규정의 세부 내용은 산업안전보건법 시행규칙 별표3에 명시

11. 근로자에 대한 안전보건교육

산업안전보건법

제3장 안전보건교육

제29조(근로자에 대한 안전보건교육) ①사업주는 소속 근로자에게 **고용노동부령**으로 정하는 바에 따라 정기적으로 **안전보건교육**을 하여야 한다.
②사업주는 **근로자를 채용할 때와 작업내용을 변경할** 때에는 그 근로자에게 고용노동부령으로 정하는 바에 따라 해당 작업에 필요한 안전보건교육을 하여야 한다. 다만, 제31조 제1항에 따른 안전보건교육을 이수한 건설 일용근로자를 채용하는 경우에는 그러하지 아니하다.
③사업주는 근로자를 유해하거나 위험한 작업에 채용하거나 그 작업으로 작업내용을 변경할 때에는 제2항에 따른 안전보건교육 외에 고용노동부령으로 정하는 바에 따라 유해하거나 위험한 작업에 필요한 안전보건교육을 추가로 하여야 한다.
④사업주는 제1항부터 제3항까지의 규정에 따른 안전보건교육을 제33조에 따라 고용노동부장관에게 등록한 안전보건교육기관에 위탁할 수 있다.

산업안전보건법 시행규칙

제26조(교육시간 및 교육내용 등) ①법 제29조 제1항부터 제3항까지의 규정에 따라 사업주가 근로자에게 실시해야 하는 안전보건교육의 교육시간은 **별표 4**와 같고, 교육내용은 **별표 5**와 같다. 이 경우 사업주가 법 제29조 제3항에 따른 유해하거나 위험한 작업에 필요한 안전보건교육(이하 "특별교육"이라 한다)을 실시한 때에는 해당 근로자에 대하여 법 제29조

제2항에 따라 채용할 때 해야 하는 교육(이하 "채용 시 교육"이라 한다) 및 작업내용을 변경할 때 해야 하는 교육(이하 "작업내용 변경 시 교육"이라 한다)을 실시한 것으로 본다.
② 제1항에 따른 교육을 실시하기 위한 교육방법과 그 밖에 교육에 필요한 사항은 고용노동부장관이 정하여 고시한다.
③ 사업주가 법 제29조 제1항부터 제3항까지의 규정에 따른 안전보건교육을 자체적으로 실시하는 경우에 교육을 할 수 있는 사람은 다음 각 호의 어느 하나에 해당하는 사람으로 한다.
1. 다음 각 목의 어느 하나에 해당하는 사람
가. 법 제15조 제1항에 따른 안전보건관리책임자
나. 법 제16조 제1항에 따른 관리감독자
다. 법 제17조 제1항에 따른 안전관리자(안전관리전문기관에서 안전관리자의 위탁업무를 수행하는 사람을 포함한다)
라. 법 제18조 제1항에 따른 보건관리자(보건관리전문기관에서 보건관리자의 위탁업무를 수행하는 사람을 포함한다)
마. 법 제19조 제1항에 따른 안전보건관리담당자(안전관리전문기관 및 보건관리전문기관에서 안전보건관리담당자의 위탁업무를 수행하는 사람을 포함한다)
바. 법 제22조 제1항에 따른 산업보건의
2. 공단에서 실시하는 해당 분야의 강사요원 교육과정을 이수한 사람
3. 법 제142조에 따른 산업안전지도사 또는 산업보건지도사(이하 "지도사"라 한다)
4. 산업안전보건에 관하여 학식과 경험이 있는 사람으로서 **고용노동부장관**이 정하는 기준에 해당하는 사람

고용노동부고시 제2023-10호 안전보건교육규정 [별표 1](개정 2023.2.21.)
근로자등 안전보건교육 강사기준 (제3조의2, 제10조, 제15조 관련)
1. 안전보건교육기관 및 직무교육기관의 강사와 같은 등급 이상의 자격을 가진 사람
2. 사업주, 법인의 대표자, 대표이사 및 안전보건 관련 이사
3. 「중대재해 처벌 등에 관한 법률 시행령」제4조제2호에 따른 안전·보건에 관한 업무를 총괄·관리하는 전담 조직에 소속된 사람으로서 안전·보건에 관한 업무 경력이 있는 사람. 이 경우 이 사람은 소속되어 있는 조직이 안전·보건에 관한 업무를 총괄·관리하는 모든 사업장을 대상으로 교육할 수 있다.
4. **사업장 내에서 이루어지는 작업에 3년 이상 근무한 경력이 있는 사람으로서 사업주가 강사로서 적정하다고 인정하는 사람**
   이하 생략

가. 근로자에 대한 안전보건교육, 교육시간 등에 관한 규정
나. 사업주는 근로자를 채용, 작업내용 변경 시 해당 작업에 필요한 안전보건교육을 실시하도록 명시
다. 사업주는 근로자를 유해·위험한 작업에 채용하거나 작업내용 변경 시 안전보건교육 외에 유해·위험한 작업에 필요한 안전보건교육을 추가로 실시하도록 명시
라. 안전보건교육은 산업안전보건법 시행규칙 **별표 4의 시간 준수**
마. 근로자 등 안전보건교육 강사는 **4. 사업장 내에서 이루어지는 작업에 3년 이상 근무한 경력이 있는 사람으로서 사업주가 강사로서 적정하다고 인정하는 사람**
　- 영양교사가 교육을 받을 경우 강사가 될 수 있는 근거 규정
바. 안전보건교육 과정별 교육시간

■ 산업안전보건법 시행규칙 [별표 4] 〈개정 2023. 9. 27.〉
안전보건교육 교육과정별 교육시간 (제26조제1항 등 관련)
1. 근로자 안전보건교육(제26조제1항, 제28조제1항 관련)

교육과정	교육대상		교육시간
가. 정기교육	1) **사무직 종사 근로자**		매반기 6시간 이상
	2) 그 밖의 근로자	가) 판매업무에 직접 종사하는 근로자	
		나) 판매업무에 직접 종사하는 근로자 외의 근로자	**매반기 12시간 이상**
나. 채용 시 교육	1) 일용근로자 및 근로계약기간이 1주일 이하인 기간제근로자		1시간 이상
	2) 근로계약기간이 1주일 초과 1개월 이하인 기간제 근로자		4시간 이상
	3) 그 밖의 근로자		8시간 이상
다. 작업내용 변경 시 교육	1) 일용근로자 및 근로계약기간이 1주일 이하인 기간제근로자		1시간 이상
	2) 그 밖의 근로자		2시간 이상

12. 법령 요지 등의 게시 및 안전보건표지의 설치·부착

산업안전보건법

제34조(법령 요지 등의 게시 등) 사업주는 이 법과 이 법에 따른 명령의 요지 및 안전보건관리규정을 각 사업장의 근로자가 쉽게 볼 수 있는 장소에 게시하거나 갖추어 두어 근로자에게 널리 알려야 한다.

제37조(안전보건표지의 설치·부착) ①사업주는 유해하거나 위험한 장소·시설·물질에 대한 경고, 비상시에 대처하기 위한 지시·안내 또는 그 밖에 근로자의 안전 및 보건 의식을 고취하기 위한 사항 등을 그림, 기호 및 글자 등으로 나타낸 표지(이하 이 조에서 "안전보건표지"라 한다)를 근로자가 쉽게 알아 볼 수 있도록 설치하거나 붙여야 한다. 이 경우「외국인근로자의 고용 등에 관한 법률」제2조에 따른 외국인근로자(같은 조 단서에 따른 사람을 포함한다)를 사용하는 사업주는 안전보건표지를 고용노동부장관이 정하는바에 따라 해당 외국인근로자의 모국어로 작성하여야 한다.
②안전보건표지의 종류, 형태, 색채, 용도 및 설치·부착 장소, 그 밖에 필요한 사항은 고용노동부령으로 정한다

- 가. 법령 요지 등의 게시 및 안전보건표지의 설치·부착에 관한 규정
- 나. 사업주는 법령의 요지 및 안전보건관리규정을 근로자가 쉽게 볼 수 있는 장소에 게시하도록 명시
- 다. 사업주는 유해하거나 위험한 장소·시설·물질에 대한 경고, 비상시에 대처하기 위한 지시·안내 또는 근로자의 안전 및 보건 의식을 고취하기 위해 **'안전보건표지'**를 부착 하도록 명시
- 라. 안전보건표지의 종류, 형태, 색채, 용도 및 설치·부착 장소 등은 고용노동부령으로 정함

13. 위험성평가의 실시

산업안전보건법

제36조(위험성평가의 실시) ①사업주는 건설물, 기계·기구·설비, 원재료, 가스, 증기, 분진, 근로자의 작업행동 또는 그 밖의 업무로 인한 유해·위험 요인을 찾아내어 부상 및 질병으로 이어질 수 있는 위험성의 크기가 허용 가능한 범위인지를 평가하여야 하고, 그 결과에 따라 이 법과 이 법에 따른 명령에 따른 조치를 하여야 하며, 근로자에 대한 위험 또는 건강장해를 방지하기 위하여 필요한 경우에는 추가적인 조치를 하여야 한다.

②사업주는 제1항에 따른 평가 시 고용노동부장관이 정하여 고시 하는바에 따라 해당 작업장의 근로자를 참여시켜야 한다.
③사업주는 제1항에 따른 평가의 결과와 조치사항을 고용노동부령으로 정하는 바에 따라 기록하여 보존하여야 한다.
④제1항에 따른 평가의 방법, 절차 및 시기, 그 밖에 필요한 사항은 고용노동부장관이 정하여 고시한다.

산업안전보건법 시행규칙

제37조(위험성평가 실시내용 및 결과의 기록·보존) ①사업주가 법 제36조 제3항에 따라 위험성평가의 결과와 조치사항을 기록·보존할 때에는 다음 각호의 사항이 포함되어야 한다.
1. 위험성평가 대상의 유해·위험요인
2. 위험성 결정의 내용
3. 위험성 결정에 따른 조치의 내용
4. 그 밖에 위험성평가의 실시내용을 확인하기 위하여 필요한 사항으로서 고용노동부장관이 정하여 고시하는사항
②사업주는 제1항에 따른 자료를 3년간 보존해야 한

사업장 위험성평가에 관한 지침

제1조(목적) 이 고시는 「산업안전보건법」 제36조에 따라 사업주가 스스로 사업장의 유해·위험요인에 대한 실태를 파악하고 이를 평가하여 관리·개선하는 등 필요한 조치를 통해 산업재해를 예방할 수 있도록 지원하기 위하여 위험성평가 방법, 절차, 시기 등에 대한 기준을 제시하고, 위험성평가 활성화를 위한 시책의 운영 및 지원사업 등 그 밖에 필요한 사항을 규정함을 목적으로 한다.
제6조(근로자 참여) 사업주는 위험성평가를 실시할 때, 법 제36조 제2항에 따라 다음 각호에 해당하는 경우 해당 작업에 종사하는 근로자를 참여시켜야 한다.
1. 유해·위험요인의 위험성 수준을 판단하는 기준을 마련하고, 유해·위험요인별로 허용 가능한 위험성 수준을 정하거나 변경하는 경우
2. 해당 사업장의 유해·위험요인을 파악하는 경우
3. 유해·위험요인의 위험성이 허용 가능한 수준인지 여부를 결정하는 경우
4. 위험성 감소대책을 수립하여 실행하는 경우
5. 위험성 감소대책 실행 여부를 확인하는 경우

가. 위험성평가의 실시에 관한 규정
나. 위험성평가 시 사업주는 스스로 사업장의 유해·위험요인 실태를 파악하고 이를 평가하여 관리·개선하는 등 산업재해를 예방하기 위해 안전조치를 취해야 함
다. 사업주는 위험성 평가 시 **사업장 위험성평가에 관한 지침**에 따르며 해당 근로자를 참여시키도록 명시
라. 위험성평가 절차는 ①사전준비 ②유해·유험요인파악 ③위험성결정 ④위험성 감소 대책 수립 및 실행 ⑤위험성평가 기록 및 보존 등으로 규정
마. 사업주는 평가 결과와 조치사항을 기록·**보존할 때**는 ①위험성평가 대상의 유해·위험요인 ②위험성 결정의 내용 ③위험성 결정에 따른 조치 등이 포함되도록 명시
 - 사업주는 평가 결과와 조치사항이 기록된 자료를 3년간 보존해야 함

14. 안전조치

산업안전보건법

제38조(안전조치) ①사업주는 다음 각 호의 어느 하나에 해당하는 위험으로 인한 산업재해를 예방하기 위하여 필요한 조치를 하여야 한다.
1. 기계·기구, 그 밖의 설비에 의한 위험
2. 폭발성, 발화성 및 인화성 물질 등에 의한 위험
3. 전기, 열, 그 밖의 에너지에 의한 위험

②사업주는 굴착, 채석, 하역, 벌목, 운송, 조작, 운반, 해체, 중량물 취급, 그 밖의 작업을 할 때 불량한 작업방법 등에 의한 위험으로 인한 산업재해를 예방하기 위하여 필요한 조치를 하여야 한다.

③사업주는 근로자가 다음 각 호의 어느 하나에 해당하는 장소에서 작업을 할 때 발생할 수 있는 산업재해를 예방하기 위하여 필요한 조치를 하여야 한다.
1. 근로자가 추락할 위험이 있는 장소
2. 토사·구축물 등이 붕괴할 우려가 있는 장소
3. 물체가 떨어지거나 날아올 위험이 있는 장소
4. 천재지변으로 인한 위험이 발생할 우려가 있는 장소

④사업주가 제1항부터 제3항까지의 규정에 따라 하여야 하는 조치(이하 "안전조치"라 한다)에 관한 구체적인 사항은 고용노동부령으로 정한다.

가. 안전조치에 관한 규정
나. 사업주는 ①기계·기구, 그 밖의 설비에 의한 위험 ②폭발성, 발화성 및 인화성 물질 등에 의한 위험 ③전기, 열, 그 밖의 에너지에 의한 위험 등으로 부터 **산업재해를 예방하기 위하여 필요한 조치**를 취하도록 규정
다. 사업주는 ①근로자가 추락할 위험이 있는 장소 ②토사·구축물 등이 붕괴할 우려가 있는 장소 ③물체가 떨어지거나 날아올 위험이 있는 장소 ④천재지변으로 인한 위험이 발생할 우려가 있는 장소 등에 **산업재해를 예방하기 위한 필요한 조치를 하도록 명시**

15. 보건조치

산업안전보건법

제39조(보건조치) ①사업주는 다음 각 호의 어느 하나에 해당하는 건강장해를 예방하기 위하여 필요한 조치(이하 "보건조치"라 한다)를 하여야 한다.
1. 원재료·가스·증기·분진·흄(fume, 열이나 화학반응에 의하여 형성된 고체증기가 응축되어 생긴 미세입자를 말한다)·미스트(mist, 공기 중에 떠다니는 작은 액체방울을 말한다)·산소결핍·병원체 등에 의한 건강장해
2. 방사선·유해광선·고온·저온·초음파·소음·진동·이상기압 등에 의한 건강장해
3. 사업장에서 배출되는 기체·액체 또는 찌꺼기 등에 의한 건강장해
4. 계측감시(計測監視), 컴퓨터 단말기 조작, 정밀공작(精密工作) 등의 작업에 의한 건강장해
5. 단순반복작업 또는 인체에 과도한 부담을 주는 작업에 의한 건강장해
6. 환기·채광·조명·보온·방습·청결 등의 적정기준을 유지하지 아니하여 발생하는 건강장해
②제1항에 따라 사업주가 하여야 하는 보건조치에 관한 구체적인 사항은 고용노동부령으로 정한다.

산업안전보건기준에 관한 규칙(약칭: 안전보건규칙)

제657조(유해요인 조사) ①사업주는 근로자가 근골격계부담작업을 하는 경우에 3년마다 다음 각 호의 사항에 대한 유해요인조사를 하여야 한다. 다만, 신설되는 사업장의 경우에는 신설일부터 1년 이내에 최초의 유해요인 조사를 하여야 한다.
1. 설비·작업공정·작업량·작업속도 등 작업장 상황
2. 작업시간·작업자세·작업방법 등 작업조건
3. 작업과 관련된 근골격계질환 징후와 증상 유무 등

②사업주는 다음 각 호의 어느 하나에 해당하는 사유가 발생하였을 경우에 제1항에도 불구하고 1개월 이내에 조사대상 및 조사방법 등을 검토하여 유해요인 조사를 해야 한다. 다만, 제1호에 해당하는 경우로서 해당 근골격계질환에 대하여 최근 1년 이내에 유해요인 조사를 하고 그 결과를 반영하여 제659조에 따른 작업환경 개선에 필요한 조치를 한 경우는 제외한다.

1. 법에 따른 임시건강진단 등에서 근골격계질환자가 발생하였거나 근로자가 근골격계질환으로 「산업재해보상보험법 시행령」 별표 3 제2호가목·마목 및 제12호라목에 따라 업무상 질병으로 인정받은 경우(근골격계부담작업이 아닌 작업에서 근골격계질환자가 발생하였거나 근골격계부담작업이 아닌 작업에서 발생한 근골격계질환에 대해 업무상 질병으로 인정받은 경우를 포함한다)
2. 근골격계부담작업에 해당하는 새로운 작업·설비를 도입한 경우
3. 근골격계부담작업에 해당하는 업무의 양과 작업공정 등 작업환경을 변경한 경우

③ 사업주는 유해요인 조사에 근로자 대표 또는 해당 작업 근로자를 참여시켜야 한다.

제659조(작업환경 개선) 사업주는 유해요인 조사 결과 근골격계질환이 발생할 우려가 있는 경우에 인간공학적으로 설계된 인력작업 보조설비 및 편의설비를 설치하는 등 작업환경 개선에 필요한 조치를 하여야 한다

근골격계부담작업의 범위 및 유해요인조사 방법에 관한 고시

[시행 2020. 1. 16.] [고용노동부고시 제2020-12호, 2020. 1. 6., 일부개정], 고용노동부(직업건강증진팀)

제1조(목적) 이 고시는 「산업안전보건법」 제39조제1항제5호 및 「산업안전보건기준에 관한 규칙」 제656조제1호 및 제658조 단서의 규정에 따른 근골격계부담작업의 범위 및 유해요인조사 방법에 관하여 필요한 사항을 규정함을 목적으로 한다.

제2조(정의) ①이 고시에서 사용하는 용어의 뜻은 다음 각호와 같다.
1. **"단기간 작업"** 이란 2개월 이내에 종료되는 1회성 작업을 말한다.
2. **"간헐적인 작업"** 이란 연간 총 작업일수가 60일을 초과하지 않는 작업을 말한다.
3. **"하루"** 란 「근로기준법」 제2조 제1항 제7호에 따른 1일 소정근로시간과 1일 연장근로시간 동안 근로자가 수행하는 총 작업시간을 말한다.
4. **"4시간 이상"** 또는 **"2시간 이상"** 은 제3호에 따른 "하루" 중 근로자가 제3조 각호에 해당하는 근골격계부담작업을 실제로 수행한 시간을 합산한 시간을 말한다.

②이 고시에서 규정하지 않은 사항은 「산업안전보건법」(이하 "법"이라 한다) 및 「산업안전보건기준에 관한 규칙」(이하 "안전보건규칙"이라 한다)에서 정하는 바에 따른다.

제3조(근골격계부담작업) 법 제39조 제1항 제5호 및 안전보건규칙 제656조 제1호에 따른

> 근골격계부담작업이란 다음 각 호의 어느 하나에 해당하는 작업을 말한다. 다만, 단기간작업 또는 간헐적인 작업은 제외한다.
> 1. 하루에 4시간 이상 집중적으로 자료입력 등을 위해 키보드 또는 마우스를 조작하는 작업
> 2. 하루에 총 2시간 이상 목, 어깨, 팔꿈치, 손목 또는 손을 사용하여 같은 동작을 반복하는 작업
> 3. 하루에 총 2시간 이상 머리 위에 손이 있거나, 팔꿈치가 어깨 위에 있거나, 팔꿈치를 몸통으로부터 들거나, 팔꿈치를 몸통 뒤쪽에 위치하도록 하는 상태에서 이루어지는 작업
> 4. 지지 되지 않은 상태이거나 임의로 자세를 바꿀 수 없는 조건에서, 하루에 총 2시간 이상 목이나 허리를 구부리거나 트는 상태에서 이루어지는 작업
> 5. 하루에 총 2시간 이상 쪼그리고 앉거나 무릎을 굽힌 자세에서 이루어지는 작업
> 6. 하루에 총 2시간 이상 지지되지 않은 상태에서 1kg 이상의 물건을 한손의 손가락으로 집어 옮기거나, 2kg 이상에 상응하는 힘을 가하여 한손의 손가락으로 물건을 쥐는 작업
> 7. 하루에 총 2시간 이상 지지되지 않은 상태에서 4.5kg 이상의 물건을 한 손으로 들거나 동일한 힘으로 쥐는 작업
> 8. 하루에 10회 이상 25kg 이상의 물체를 드는 작업
> 9. 하루에 25회 이상 10kg 이상의 물체를 무릎 아래에서 들거나, 어깨 위에서 들거나, 팔을 뻗은 상태에서 드는 작업
> 10. 하루에 총 2시간 이상, 분당 2회 이상 4.5kg 이상의 물체를 드는 작업
> 11. 하루에 총 2시간 이상 시간당 10회 이상 손 또는 무릎을 사용하여 반복적으로 충격을 가하는 작업

가. 보건조치에 관한 규정

나. 사업주는 건강장해를 예방하기 위해 필요한 보건조치를 취하도록 명시

다. **사업주는 근로자가 근골격계부담 작업을** 하는 경우 3년마다 1회 작업장의 상황, 작업조건, 작업과 관련된 근골격계질환 징후와 증상 유무 등의 유해요인조사를 하도록 규정

라. 사업주는 유해요인 조사에 **근로자대표 또는 해당 작업 근로자를** 참여시키도록 명시

마. 근골격계부담작업의 범위 및 유해요인조사 방법에 관한 고시 제3조에는 근골격계부담작업 명시

바. 사업주는 유해요인 조사 결과 근골격계질환 발생이 우려될 경우 **인간공학적으로 설계된 인력작업 보조설비 및 편의설비를** 설치하는 등 작업환경 개선에 필요한 조치를 하도록한 규정

16. 사업주와 근로자의 작업 중지

산업안전보건법

제51조(사업주의 작업중지) 사업주는 산업재해가 발생할 급박한 위험이 있을 때에는 즉시 작업을 중지시키고 근로자를 작업장소에서 대피시키는 등 안전 및 보건에 관하여 필요한 조치를 하여야 한다.

제52조(근로자의 작업중지) ①근로자는 산업재해가 발생할 급박한 위험이 있는 경우에는 작업을 중지하고 대피할 수 있다.
②제1항에 따라 작업을 중지하고 대피한 근로자는 지체 없이 그 사실을 관리감독자 또는 그 밖에 부서의 장(이하 "관리감독자 등"이라 한다)에게 보고하여야 한다.
③관리감독자 등은 제2항에 따른 보고를 받으면 안전 및 보건에 관하여 필요한 조치를 하여야 한다.
④사업주는 산업재해가 발생할 급박한 위험이 있다고 근로자가 믿을 만한 합리적인 이유가 있을 때에는 제1항에 따라 작업을 중지하고 대피한 근로자에 대하여 해고나 그 밖의 불리한 처우를 해서는 아니 된다.

가. 사업주와 근로자의 작업 중지에 관한 규정
나. **작업 중지권자**는 근로자, 작업지휘자, 관리감독자 등 위험을 인지한 누구나 해당
다. 사업주는 산업재해가 발생하여 급박한 위험이 있으면 즉시 작업을 중지시키고 근로자를 작업장소에서 대피시키는 등 안전 및 보건 조치를 취하도록 명시
라. 근로자는 산업재해가 발생할 급박한 위험이 있을 시 작업을 중지하고 대피하도록 명시
마. 대피한 근로자는 지체 없이 관리감독자나 부서의 장에게 보고 하고 보고를 받은 관리감독자 등은 즉시 안전 및 보건조치를 하도록 명시
바. 사업주는 작업을 중지하고 대피한 근로자에게 합리적인 이유가 있을 경우 해고나 불리한 처우를 하지 않도록 규정

급박한 위험이 있는 경우(고용노동부 안전보건관리체계 가이드북: ; 2021.8.)
- 작업발판, 안전난간 등이 설치되지 않아 추락 위험이 높은 경우
- 시설물 설치가 부적합하거나 부적절한 자재가 사용된 경우

- 붕괴사고의 우려가 높은 경우
- 가연성·인화성 물질 취급 장소에서 화기 작업을 실시하여 화재·폭발의 위험이 있는 경우
- 유해·위험 화학물질 취급 설비의 고장, 변형으로 화학물질의 누출 위험이 있는 경우
- 밀폐공간 작업 전 산소농도 측정을 하지 않은 경우
- 유해화학물질을 밀폐하는 설비에 국소배기장치를 설치하지 않은 경우

17. 중대재해 발생 시 사업주의 조치

산업안전보건법

제54조(중대재해 발생 시 사업주의 조치) ①사업주는 중대재해가 발생하였을 때에는 즉시 해당 작업을 중지시키고 근로자를 작업장소에서 대피시키는 등 안전 및 보건에 관하여 필요한 조치를 하여야 한다.
②사업주는 중대재해가 발생한 사실을 알게 된 경우에는 고용노동부령으로 정하는 바에 따라 지체 없이 고용노동부장관에게 보고하여야 한다. 다만, 천재지변 등 부득이한 사유가 발생한 경우에는 그 사유가 소멸되면 지체 없이 보고하여야 한다

산업안전보건법 시행규칙

제67조(중대재해 발생 시 보고) 사업주는 중대재해가 발생한 사실을 알게 된 경우에는 법 제54조 제2항에 따라 지체 없이 다음 각 호의 사항을 사업장 소재지를 관할하는 지방고용노동관서의 장에게 전화·팩스 또는 그 밖의 적절한 방법으로 보고해야 한다.
1. 발생 개요 및 피해 상황
2. 조치 및 전망
3. 그 밖의 중요한 사항

가. **중대재해 발생 시 사업주의 조치에 관한 규정**
나. 사업주는 중대재해 발생 시 즉시 해당 작업을 중지시키고 근로자를 안전한 곳으로 대피시키도록 명시
다. 사업주는 중대재해가 발생한 사실을 알게 되면 지체없이 발생 개요 등을 지방고용노동관서의 장에게 전화·팩스 또는 그 밖의 적절한 방법으로 보고 하도록 명시

18. 산업재해 발생 은폐 금지 및 보고(산업재해조사표)

산업안전보건법

제57조(산업재해 발생 은폐 금지 및 보고 등) ①사업주는 산업재해가 발생하였을 때에는 그 발생 사실을 은폐해서는 아니 된다.
②사업주는 고용노동부령으로 정하는 바에 따라 산업재해의 발생 원인 등을 기록하여 보존하여야 한다.
③사업주는 고용노동부령으로 정하는 산업재해에 대해서는 그 발생 개요·원인 및 보고 시기, 재발방지 계획 등을 고용노동부령으로 정하는 바에 따라 고용노동부장관에게 보고하여야 한다.

산업안전보건법 시행규칙

제72조(산업재해 기록 등) 사업주는 산업재해가 발생한 때에는 법 제57조 제2항에 따라 다음 각 호의 사항을 기록·보존해야 한다. 다만, 제73조 제1항에 따른 산업재해조사표의 사본을 보존하거나 제73조 제5항에 따른 요양신청서의 사본에 재해 재발방지 계획을 첨부하여 보존한 경우에는 그렇지 않다.
1. 사업장의 개요 및 근로자의 인적사항
2. 재해 발생의 일시 및 장소
3. 재해 발생의 원인 및 과정
4. 재해 재발방지 계획

제73조(산업재해 발생 보고 등) ①사업주는 산업재해로 사망자가 발생하거나 3일 이상의 휴업이 필요한 부상을 입거나 질병에 걸린 사람이 발생한 경우에는 법 제57조 제3항에 따라 해당 산업재해가 발생한 날부터 1개월 이내에 별지 제30호서식의 산업재해조사표를 작성하여 관할 지방고용노동관서의 장에게 제출(전자문서로 제출하는 것을 포함한다)해야 한다.
③사업주는 제1항에 따른 산업재해조사표에 근로자대표의 확인을 받아야 하며, 그 기재 내용에 대하여 근로자대표의 이견이 있는 경우에는 그 내용을 첨부해야 한다. 다만, 근로자대표가 없는 경우에는 재해자 본인의 확인을 받아 산업재해조사표를 제출할 수 있다.
④제1항부터 제3항까지의 규정에서 정한 사항 외에 산업재해발생 보고에 필요한 사항은 고용노동부장관이 정한다.

가. 산업재해 발생 은폐 금지 및 보고, 산업재해조사표에 관한 규정
나. 사업주는 산업재해가 발생할 경우 그 사실을 은폐하지 못하도록 규정에 명시
다. 사업주는 산업재해로 사망, 3일 이상의 휴업이 필요한 부상, 질병에 걸린 사람이 발생하면 해당 산업재해가 발생한 날부터 1개월 이내에 별지 제30호 서식의 산업재해조사표를 작성, 관할 지방고용노동관서의 장에게 제출(전자문서로 제출도 포함)하도록 명시

라. 사업주는 산업재해조사표에 근로자대표의 확인을 받아야 하고 근로자대표의 이견이 있는 경우 그 내용도 첨부하도록 명시
   ※ 근로자대표가 없는 경우 재해자 본인 확인

■ 산업안전보건법 시행규칙 [별지 제30호서식] 〈개정 2021. 11. 19.〉

산업재해조사표

※ 뒤쪽의 작성방법을 읽고 작성하시기 바라며, [ ]에는 해당하는 곳에 √ 표시를 합니다. (앞쪽)

I. 사업장 정보	①산재관리번호 (사업개시번호)			사업자등록번호			
	②사업장명			③근로자 수			
	④업종			소재지	(-)		
	⑤재해자가 사내 수급인 소속인 경우 (건설업 제외)	원도급인 사업장명		⑥재해자가 파견근로자인 경우	파견사업주 사업장명		
		사업장 산재관리번호 (사업개시번호)			사업장 산재관리번호 (사업개시번호)		
	건설업만 작성	발주자		[ ]민간 [ ]국가·지방자치단체 [ ]공공기관			
		⑦원수급 사업장명		공사현장 명			
		⑧원수급 사업장 산재관리번호(사업개시번호)					
		⑨공사종류		공정률	%	공사금액	백만원

※ 아래 항목은 재해자별로 각각 작성하되, 같은 재해로 재해자가 여러 명이 발생한 경우에는 별지에 추가로 적습니다.

II. 재해 정보	성명		주민등록번호 (외국인등록번호)		성별	[ ]남 [ ]여	
	주소				휴대전화	- -	
	국적	[ ]내국인 [ ]외국인 [국적:] ⑩체류자격:]			⑪직업		
	입사일	년 월 일		⑫같은 종류업무 근속기간	년 월		
	⑬고용형태	[ ]상용 [ ]임시 [ ]일용 [ ]무급가족종사자 [ ]자영업자 [ ]그 밖의 사항 [ ]					
	⑭근무형태	[ ]정상 [ ]2교대 [ ]3교대 [ ]4교대 [ ]시간제 [ ]그 밖의 사항 [ ]					
	⑮상해종류 (질병명)		⑯상해부위 (질병부위)		⑰휴업예상일수	휴업 [ ] 일	
					사망 여부	[ ] 사망	

III. 재해 발생 개요 및 원인	⑱재해 발생 개요	발생일시	[ ]년 [ ]월 [ ]일 [ ]요일 [ ]시 [ ]분
		발생장소	
		재해관련 작업유형	
		재해발생 당시 상황	
	⑲재해발생원인		

IV. ⑳재발 방지 계획	

※ ⑳재발방지 계획 이행을 위한 안전보건교육 및 기술지도 등을 한국산업안전보건공단에서 무료로 제공하고 있으니 즉시 기술지원 서비스를 받으려는 경우 오른쪽에 √ 표시를 하시기 바랍니다. | 즉시 기술지원 서비스 요청 [ ]

※ 근로복지공단은 재해자의 개인정보를 활용하는 것에 동의하는 사람에 한정하여 해당 재해자에게 산재보험급여의 신청방법을 안내하고 있으니 관련 안내를 받으려는 재해자는 오른쪽에 √ 표시를 하시기 바랍니다. | 산재보험급여 신청방법 안내를 위한 재해자의 개인정보 활용 동의 [ ]

작성자 성명				
작성자 전화번호		작성일	년 월 일	
		사업주		(서명 또는 인)
		근로자대표(재해자)		(서명 또는 인)

( )지방고용노동청장(지청장) 귀하

재해 분류자 기입란 (사업장에서는 적지 않습니다)	발생형태	□□□	기인물	□□□□
	작업지역·공정	□□□	작업내용	□□□

19. 물질안전보건자료의 게시 및 교육

산업안전보건법

제114조(물질안전보건자료의 게시 및 교육) ①물질안전보건자료대상물질을 취급하려는 **사업주**는 제110조 제1항 또는 제3항에 따라 작성하였거나 제111조 제1항부터 제3항까지의 규정에 따라 제공받은 물질안전보건자료를 고용노동부령으로 정하는 방법에 따라 물질안전보건자료대상물질을 취급하는 작업장 내에 이를 취급하는 근로자가 쉽게 볼 수 있는 장소에 게시하거나 갖추어 두어야 한다.
②제1항에 따른 사업주는 물질안전보건자료대상물질을 취급하는 작업공정별로 고용노동부령으로 정하는 바에 따라 물질안전보건자료대상물질의 관리 요령을 게시하여야 한다.
③제1항에 따른 사업주는 물질안전보건자료대상물질을 취급하는 근로자의 안전 및 보건을 위하여 고용노동부령으로 정하는 바에 따라 해당 근로자를 교육하는 등 적절한 조치를 하여야 한다.
제116조(물질안전보건자료와 관련된 자료의 제공) 고용노동부장관은 근로자의 안전 및 보건 유지를 위하여 필요하면 물질안전보건자료와 관련된 자료를 근로자 및 사업주에게 제공할 수 있다.

산업안전보건법 시행규칙

제167조(물질안전보건자료를 게시하거나 갖추어 두는 방법) ①법 제114조제1항에 따라 물질안전보건자료대상물질을 취급하는 **사업주**는 다음 각 호의 어느 하나에 해당하는 장소 또는 전산장비에 항상 물질안전보건자료를 게시하거나 갖추어 두어야 한다. 다만, 제3호에 따른 장비에 게시하거나 갖추어 두는 경우에는 고용노동부장관이 정하는 조치를 해야 한다.
1. 물질안전보건자료대상물질을 취급하는 작업공정이 있는 장소
2. 작업장 내 근로자가 가장 보기 쉬운 장소
3. 근로자가 작업 중 쉽게 접근할 수 있는 장소에 설치된 전산장비
②생략~~
제168조(물질안전보건자료대상물질의 관리 요령 게시) ①법 제114조 제2항에 따른 작업공정별 관리 요령에 포함되어야 할 사항은 다음 각 호와 같다.
1. 제품명
2. 건강 및 환경에 대한 유해성, 물리적 위험성
3. 안전 및 보건상의 취급주의 사항
4. 적절한 보호구
5. 응급조치 요령 및 사고 시 대처방법
②작업공정별 관리 요령을 작성할 때에는 법 제114조 제1항에 따른 물질안전보건자료에 적

힌 내용을 참고해야 한다.
③작업공정별 관리 요령은 유해성·위험성이 유사한 물질안전보건자료대상물질의 그룹별로 작성하여 게시할 수 있다.
제169조(물질안전보건자료에 관한 교육의 시기·내용·방법 등) ①법 제114조 제3항에 따라 사업주는 다음 각 호의 어느 하나에 해당하는 경우에는 작업장에서 취급하는 물질안전보건자료대상물질의 물질안전보건자료에서 별표 5에 해당되는 내용을 근로자에게 교육해야 한다. 이 경우 교육받은 근로자에 대해서는 해당 교육 시간만큼 법 제29조에 따른 안전·보건교육을 실시한 것으로 본다.
1. 물질안전보건자료대상물질을 제조·사용·운반 또는 저장하는 작업에 근로자를 배치하게 된 경우
2. 새로운 물질안전보건자료대상물질이 도입된 경우
3. 유해성·위험성 정보가 변경된 경우
② 사업주는 제1항에 따른 교육을 하는 경우에 유해성·위험성이 유사한 물질안전보건자료대상물질을 그룹별로 분류하여 교육할 수 있다.
③ 사업주는 제1항에 따른 교육을 실시하였을 때에는 교육시간 및 내용 등을 기록하여 보존해야 한다.

가. 물질안전보건자료의 게시 및 교육 등에 관한 규정

나. **사업주는** ①물질안전보건자료대상물질을 취급하는 작업공정이 있는 장소 ② 작업장 내 근로자가 가장 보기 쉬운 장소에 **물질안전보건자료 등을 게시**하도록 명시

다. **물질안전보건자료대상물질은** ①제품명 ②건강 및 환경에 대한 유해성, 물리적 위험성 ③안전 및 보건상의 취급주의 사항 ④적절한 보호구 ⑤응급조치 요령 및 사고 시 대처방법 등 작업공정별 관리 요령이 포함되어 게시되도록 명시

라. 사업주는 물질안전보건자료 대상물질을 취급하는 해당 근로자를 교육하고 교육시간 및 내용 등을 기록하여 보존

마. 사업주는 작업환경 측정 결과를 고용노동부장관은 근로자의 안전 및 보건 유지를 위하여 물질안전보건자료와 관련된 자료를 근로자와 사업주에게 제공할 수 있도록 명시

20. 작업환경측정

산업안전보건법

작업환경측정

제125조(작업환경측정) ①사업주는 유해인자로부터 근로자의 건강을 보호하고 쾌적한 작업환경을 조성하기 위하여 인체에 해로운 작업을 하는 작업장으로서 고용노동부령으로 정하는 작업장에 대하여 고용노동부령으로 정하는 자격을 가진 자로 하여금 작업환경측정을 하도록 하여야 한다.
②제1항에도 불구하고 도급인의 사업장에서 관계수급인 또는 관계수급인의 근로자가 작업을 하는 경우에는 도급인이 제1항에 따른 자격을 가진 자로 하여금 작업환경측정을 하도록 하여야 한다.
③사업주(제2항에 따른 도급인을 포함한다. 이하 이 조 및제127조에서 같다)는 제1항에 따른 작업환경측정을 제126조에 따라 지정받은 기관(이하 "작업환경측정기관"이라 한다)에 위탁할 수 있다. 이 경우 필요한 때에는 작업환경측정 중 시료의 분석만을 위탁할 수 있다.
④사업주는 근로자대표(관계수급인의 근로자대표를 포함한다. 이하 이 조에서 같다)가 요구하면 작업환경측정 시 근로자대표를 참석시켜야 한다.
⑤사업주는 작업환경측정 결과를 기록하여 보존하고 고용노동부령으로 정하는 바에 따라 고용노동부장관에게 보고하여야 한다. 다만, 제3항에 따라 사업주로부터 작업환경측정을 위탁받은 작업환경측정기관이 작업환경측정을 한 후 그 결과를 고용노동부령으로 정하는 바에 따라 고용노동부장관에게 제출한 경우에는 작업환경측정 결과를 보고한 것으로 본다.
⑥사업주는 작업환경측정 결과를 해당 작업장의 근로자(관계수급인 및 관계수급인 근로자를 포함한다. 이하 이 항, 제127조및제175조 제5항 제15호에서 같다)에게 알려야 하며, 그 결과에 따라 근로자의 건강을 보호하기 위하여 해당 시설·설비의 설치·개선 또는 건강진단의 실시 등의 조치를 하여야 한다.
⑦사업주는 산업안전보건위원회 또는 근로자대표가 요구하면 작업환경측정 결과에 대한 설명회 등을 개최하여야 한다. 이 경우 제3항에 따라 작업환경측정을 위탁하여 실시한 경우에는 작업환경측정기관에 작업환경측정 결과에 대하여 설명하도록 할 수 있다.
⑧제1항 및 제2항에 따른 작업환경측정의 방법·횟수, 그 밖에 필요한 사항은 고용노동부령으로 정한다.

가. 작업환경 측정에 관한 규정
나. 사업주는 유해인자로부터 근로자의 건강을 보호하고 쾌적한 작업환경을 조성하기 위해 작업장에 자격을 갖춘 자로 하여금 작업환경측정을 하도록 명시
다. 사업주는 근로자대표가 요구하면 작업환경측정 시 근로자대표를 참석시키도록 명시

라. 사업주는 작업환경측정 결과를 기록하여 보존하고 고용노동부장관에게 보고
마. 사업주는 작업환경측정 결과를 해당 작업장의 근로자에게 알리고, 근로자의 건강을 보호하기 위해 해당 시설·설비의 설치·개선 또는 건강진단 등의 조치를 하도록 규정에 명시
바. 사업주는 산업안전보건위원회 또는 근로자대표가 요구하면 작업환경측정 결과에 대한 설명회 등을 개최하도록 명시

21. 건강진단

산업안전보건법

건강진단 및 건강관리

제129조(일반건강진단) ①사업주는 상시 사용하는 근로자의 건강관리를 위하여 건강진단(이하 "일반건강진단"이라 한다)을 실시하여야 한다. 다만, 사업주가 고용노동부령으로 정하는 건강진단을 실시한 경우에는 그 건강진단을 받은 근로자에 대하여 일반건강진단을 실시한 것으로 본다.
②사업주는 제135조제1항에 따른 특수건강진단기관 또는 「건강검진기본법」 제3조제2호에 따른 건강검진기관(이하 "건강진단기관"이라 한다)에서 일반건강진단을 실시하여야 한다.
③일반건강진단의 주기·항목·방법 및 비용, 그 밖에 필요한 사항은 고용노동부령으로 정한다.

산업안전보건법 시행규칙

제196조(일반건강진단 실시의 인정)법 제129조 제1항단서에서 "고용노동부령으로 정하는 건강진단"
1~3 생략
4.「학교보건법」에 따른 건강검사
5. 이하생략
제197조(일반건강진단의 주기 등) ①사업주는 상시 사용하는 근로자 중 사무직에 종사하는 근로자(공장 또는 공사현장과 같은 구역에 있지 않은 사무실에서 서무·인사·경리·판매·설계 등의 사무업무에 종사하는 근로자를 말하며, 판매업무 등에 직접 종사하는 근로자는 제외한다)에 대해서는 2년에 1회 이상, 그 밖의 근로자에 대해서는 1년에 1회 이상 일반건강진단을 실시해야 한다.
②법 제129조에 따라 일반건강진단을 실시해야 할 사업주는 일반건강진단 실시 시기를 안전보건관리규정 또는 취업규칙에 규정하는 등 일반건강진단이 정기적으로 실시되도록 노

력해야 한다.
제199조(일반건강진단 결과의 제출) 지방고용노동관서의 장은 근로자의 건강 유지를 위하여 필요하다고 인정되는 사업장의 경우 해당 사업주에게 별지 제84호서식의 일반건강진단 결과표를 제출하게 할 수 있다.

학교보건법

제7조(건강검사 등) ①학교의 장은 학생과 교직원에 대하여 건강검사를 하여야 한다. 다만, 교직원에 대한 건강검사는 「국민건강보험법」 제52조에 따른 건강검진으로 갈음할 수 있다.

국민건강보험법

제52조(건강검진) ①공단은 가입자와 피부양자에 대하여 질병의 조기 발견과 그에 따른 요양급여를 하기 위하여 건강검진을 실시한다.
②제1항에 따른 건강검진의 종류 및 대상은 다음 각 호와 같다.
1. 일반건강검진: 직장가입자, 세대주인 지역가입자, 20세 이상인 지역가입자 및 20세 이상인 피부양자
2. 암검진: 「암관리법」 제11조제2항에 따른 암의 종류별 검진주기와 연령 기준 등에 해당하는 사람
3. 영유아건강검진: 6세 미만의 가입자 및 피부양자
③제1항에 따른 건강검진의 검진항목은 성별, 연령 등의 특성 및 생애 주기에 맞게 설계되어야 한다.
④제1항에 따른 건강검진의 횟수·절차와 그 밖에 필요한 사항은 대통령령으로 정한다.

국민건강보험법 시행령 (직장인의 건강검진)

제25조(건강검진) ①법 제52조에 따른 건강검진(이하 "건강검진"이라 한다)은 2년마다 1회 이상 실시하되, 사무직에 종사하지 않는 직장가입자에 대해서는 1년에 1회 실시한다. 다만, 암검진은 「암관리법 시행령」에서 정한 바에 따르며, 영유아건강검진은 영유아의 나이 등을 고려하여보건복지부장관이 정하여 고시하는바에 따라 검진주기와 검진횟수를 다르게 할 수 있다.
②건강검진은「건강검진기본법」 제14조에 따라 지정된 건강검진기관(이하 "검진기관"이라 한다)에서 실시해야 한다.
③이하 생략~~~

가. 건강진단 및 건강관리에 관한 규정
나. 사업주는 근로자의 건강관리를 위해 건강진단 실시하도록 명시
다. 사업주는 근로자 중 **사무직에 종사하는 근로자는 2년마다 1회 이상**, 그 밖의 근로자에 대해서는 **1년에 1회 이상 일반건강진단**을 실시하도록 규정에 명시
라. 영양교사의 건강검진은 학교보건법 제7조(건강검사)에 따라 실시
마. 영양교사의 건강검진은 타 국가직 공무원과 같이 국민건강보험법 제52조에 따라 2년마다 1회 이상 실시

22. 양벌규정

산업안전보건법
제173조(양벌규정) 법인의 대표자나 법인 또는 개인의 대리인, 사용인, 그 밖의 종업원이 그 법인 또는 개인의 업무에 관하여 제167조 제1항 또는 제168조부터 제172조까지의 어느 하나에 해당하는 위반행위를 하면 그 행위자를 벌하는 외에 그 법인에게 다음 각 호의 구분에 따른 벌금형을, 그 개인에게는 해당 조문의 벌금형을 과(科)한다. 다만, 법인 또는 개인이 그 위반행위를 방지하기 위하여 해당 업무에 관하여 상당한 주의와 감독을 게을리하지 아니한 경우에는 그러하지 아니하다. 1. 제167조 제1항의 경우: 10억원 이하의 벌금(사망) 2. 제168조부터 제172조까지의 경우: 해당 조문의 벌금

가. 양벌규정에 관한 규정
나. 법인의 대표자나 법인 또는 개인의 대리인, 사용인, 그 밖의 종업원이 그 법인 또는 개인의 업무에 관하여 위반행위를 하면 그 행위자를 벌하는 외에 법인에게도 벌금형을 과할 수 있는 규정
다. 개인에게는 벌금형을 과(科)하지만, 법인 또는 개인이 그 위반행위를 방지하기 위해 해당 업무에 상당한 주의와 감독을 게을리하지 아니한 경우 그러하지 아니할 수 있는 규정

23. 도급 시 안전보건총괄책임자의 직무

산업안전보건법 시행령

제5장 도급 시 산업재해 예방

제53조(안전보건총괄책임자의 직무 등) ①안전보건총괄책임자의 직무는 다음 각 호와 같다.
1. 법 제36조에 따른 위험성평가의 실시에 관한 사항
2. 법 제51조 및 제54조에 따른 작업의 중지
3. 법 제64조에 따른 도급 시 산업재해 예방조치
4. 법 제72조제1항에 따른 산업안전보건관리비의 관계수급인 간의 사용에 관한 협의·조정 및 그 집행의 감독
5. 안전인증대상기계 등과 자율안전확인대상기계 등의 사용 여부 확인

②안전보건총괄책임자에 대한 지원에 관하여는 제14조 제2항을 준용한다. 이 경우 "안전보건관리책임자"는 "안전보건총괄책임자"로, "법 제15조 제1항"은 "제1항"으로 본다.
③사업주는 안전보건총괄책임자를 선임했을 때에는 그 선임 사실 및 제1항 각 호의 직무의 수행내용을 증명할 수 있는 서류를 갖추어 두어야 한다.

가. 안전보건총괄책임자에 대한 직무 규정

나. 안전보건관리책임자는 안전보건총괄책임자

다. 도급 시 산업재해 예방조치에 따른 안전보건총괄책임자는 ①위험성평가의 실시에 관한 사항 ②산업재해가 발생할 급박한 위험이 있는 경우 및 중대재해 발생시 작업의 중지(산안법 제51조, 제54조) ③도급시 산업재해 예방조치(산안법 제64조) ④산업안전보건관리비의 관계수급인 간의 사용에 관한 협의·조정 및 그 집행의 감독 등의 업무를 수행하도록 규정

24. 보호구

산업안전보건기준에 관한 규칙

제4장 보호구

제31조(보호구의 제한적 사용) ①사업주는 보호구를 사용하지 아니하더라도 근로자가 유해·위험작업으로부터 보호를 받을 수 있도록 설비개선 등 필요한 조치를 하여야 한다.
②사업주는 제1항의 조치를 하기 어려운 경우에만 제한적으로 해당 작업에 맞는 보호구를 사용하도록 하여야 한다
제32조(보호구의 지급 등) ①사업주는 다음 각 호의 어느 하나에 해당하는 작업을 하는 근

> 로자에 대해서는 다음 각 호의 구분에 따라 그 작업조건에 맞는 보호구를 작업하는 근로자 수 이상으로 지급하고 착용하도록 하여야 한다.
> 1. 물체가 떨어지거나 날아올 위험 또는 근로자가 추락할 위험이 있는 작업: 안전모
> 2. 높이 또는 깊이 2미터 이상의 추락할 위험이 있는 장소에서 하는 작업: 안전대(安全帶)
> 3. 물체의 낙하·충격, 물체에의 끼임, 감전 또는 정전기의 대전(帶電)에 의한 위험이 있는 작업: 안전화
> 4. 물체가 흩날릴 위험이 있는 작업: 보안경
> 5. ~11 이하 생략
> ②사업주로부터 제1항에 따른 보호구를 받거나 착용지시를 받은 근로자는 그 보호구를 착용하여야 한다.
> **제33조(보호구의 관리)** ①사업주는 이 규칙에 따라 보호구를 지급하는 경우 상시 점검하여 이상이 있는 것은 수리하거나 다른 것으로 교환해 주는 등 늘 사용할 수 있도록 관리하여야 하며, 청결을 유지하도록 하여야 한다. 다만, 근로자가 청결을 유지하는 안전화, 안전모, 보안경의 경우에는 그러하지 아니하다.
> ②사업주는 방진마스크의 필터 등을 언제나 교환할 수 있도록 충분한 양을 갖추어 두어야 한다
> **제34조(전용 보호구 등)** 사업주는 보호구를 공동사용 하여 근로자에게 질병이 감염될 우려가 있는 경우 개인 전용 보호구를 지급하고 질병 감염을 예방하기 위한 조치를 하여야 한다.

가. 보호구에 관한 규정

나. 사업주는 보호구를 사용하지 아니하더라도 근로자가 유해·위험작업으로부터 보호를 받을 수 있도록 설비개선 등 필요한 조치를 강구하도록 명시

다. 사업주는 근로자에게 안전모, 안전대, 안전화, 보안경 등을 지급하고 착용하도록 명시

라. 사업주는 방진마스크의 필터 등을 언제나 교환할 수 있도록 충분한 양을 갖출 수 있도록 명시

마. 사업주는 보호구를 공동 사용하여 근로자가 질병에 감염될 우려가 있는 경우 개인 전용 보호구를 지급하고 질병 감염을 예방하기 위한 조치를 강구하도록 명시

25. 사고 유형별 응급조치 방법

재해유형	떨어짐, 넘어짐, 교통사고
재해자의식	호흡, 자세, 맥박, 동공 확인/ 구호 장비를 이용하여 부상자 이동
부상 정도에 따른 현장에서 응급조치	− 다친 부위를 움직이지 않게 고정하고, 환자가 있는 곳이 위험한 위치가 아닌 한 완전히 고정하기 전에는 움직이지 않도록 함 − 다친 부위의 위와 아래 관절을 모두 포함하여 부목(식판, 주걱 등 곧은 재료)을 활용하여 고정 − 목뼈 손상이 있는 경우는 119구조대가 도착하기 직전까지 환자의 머리를 고정해주며 코와 배꼽이 일직선이 되도록 함.

재해유형	끼임, 베임, 절단 사고
재해자의식	호흡, 자세, 맥박, 동공을 확인/ 구호 장비를 이용하여 부상자 이동
부상 정도에 따른 현장에서 응급조치	− 주요증상 • 손상 부위에 출혈량이 많고 속도가 빠름 • 출혈량이 많아 호흡이 불규칙해지고 얼굴이 창백하며 몸이 차가워지는 쇼크 현상 발생 − 응급처치요령 • 위험한 장소에서 안전한 장소로 옮김 • 지혈대 및 압박붕대로 출혈을 막아줌 • 출혈 부분을 높여주고 안정되게 눕힘 • 병원에서의 수술을 대비해서 절대로 음료 섭취 금지 • 쇼크방지를 위해 보온하여 즉시 병원으로 이송 • 절단 부위를 생리식염수로 씻어 깨끗한 거즈로 감쌈 • 거즈로 감싼 후 다시 큰 타올로 싼 후 밀봉하여 얼음과 물 1:1의 비율로 섞은 용기에 봉지를 담아 냉장 상태 유지 • 환자와 함께 접합 가능한 전문병원으로 신속히 이동

재해유형	충격쇼크(일사병, 열사병) 사고
재해자의식	호흡, 자세, 맥박, 동공 확인/ 구호 장비를 이용하여 부상자 이동
부상 정도에 따른 현장에서 응급조치	− 주요증상 • 얼굴이 창백해지며, 식은땀이 남 • 메스꺼움을 느끼며 구토나 헛구역질 • 맥박이 빠르고 약하며 호흡이 불규칙적이고, 심하면 의식이 없어짐 − 응급처치요령 • 머리에 부상이 없을 경우: 하체를 20~30cm 높임 • 가슴부상으로 호흡이 힘들 경우: 머리와 어깨를 높임 • 의식이 있는 경우 따뜻한 물, 차 등을 조금씩 마시게 함 • 의식이 없거나 희미한 경우, 수술 시는 원칙적으로 물을 주지 않고, 환자가 심하게 원할 때에는 거즈에 물을 적셔 입 언저리에 대줌

재해유형	이상온도 접촉(화상) 사고
재해자의식	호흡, 자세, 맥박, 동공 확인/ 구호 장비를 이용하여 부상자 이동
부상 정도에 따른 현장에서 응급조치	− 주요증상 • 1도화상: 열에 의하여 피부가 붉어진 정도의 화상 • 2도화상: 피부에 물집이 생기는 정도의 화상 • 3도화상: 화상의 정도가 매우 심하여 신경 및 조직의 파괴까지 동반된 화상 − 응급처치요령 • 화상 부위의 열기와 통증이 가라앉을 정도의 찬물에 담금 • 의복을 벗기지 말고, 화상 입은 곳을 처치하고 담요 등으로 환자를 덮고 안정시켜 속히 병원으로 데려감 • 상처에 붙은 의복은 병원에서 떼도록 함 • 상처에 탈지면을 직접 대거나, 쇠붙이 등 상처에 붙어 있는 물건을 떼려고 하거나 물집을 터트려서는 안 됨

재해유형	가스 누출·중독 사고
재해자의식	호흡, 자세, 맥박, 동공 확인/ 구호 장비를 이용하여 부상자 이동
부상 정도에 따른 현장에서 응급조치	− 주요증상 • 위통, 구토, 경련 • 현기증 및 의식불명 − 응급처치요령 • 신선한 공기가 있는 곳으로 옮김 • 의복을 이완시키고 인공호흡을 실시 • 환자가 의식이 없을 때는 심폐소생술 및 인공호흡을 실시하면서 빨리 고압산소가 있는 병원으로 옮김

재해유형	전기 감전사고
재해자의식	호흡, 자세, 맥박, 동공 확인.
즉시 전기를 차단하고 안전한 장소에 옮긴 후 환자 처치	− 주요증상 • 전기쇼크에 의해 심장마비가 일어나 의식을 잃고 전신마비 증상을 보임 • 전기가 들어가고 나오는 곳에 상처가 생기며 특히 나오는 출구의 상처는 깊고 심함 − 응급처치요령 • 즉시 전기를 차단하고 안전한 장소로 옮긴 후 환자를 처치 • 호흡정지 시 인공호흡 및 자동심장충격기(AED) 실시 • 119구급대 도착할 때까지 실시 후 병원으로 이송하여 치료

26. 산업안전보건법에서의 사업주, 안전보건관리책임자, 관리감독자 업무

구분	담당	주요내용	비고
교육청	사업주	- 소속 근로자에게 정기적으로 안전보건교육(산안법 제29조) - 법령 요지 등의 게시(산업안전보건법 제34조) - 위험성 평가실시(산업안전보건법 제36조) - 안전보건표지의 설치·부착(산업안전보건법 제37조) - 근골격계질환 유해요인 조사 실시 (산업안전보건법 제39조 제1항 제5호) - 산업재해조사표(산업안전보건법 제 57조) - 물질안전보건자료 게시·비치 및 교육(산업안전보건법 제114조) - 작업환경측정(산업안전보건법 제125조) - 보호구의 지급 및 관리(산업안전보건기준에 관한 규칙 제4장)	
	안전보건 관리책임자 (부교육감)	- 사업장의 산재예방계획 수립에 관한 사항 - 안전보건관리규정(산안법 제25조, 제26조)의 작성 및 변경에 관한 사항 - 근로자에 대한 안전보건교육(산안법 제29조)에 관한 사항 - 작업환경의 점검 및 개선에 관한 사항 - 근로자의 건강진단 등 건강관리에 관한 사항 - 산업재해의 원인 조사 및 재발 방지대책 수립에 관한 사항 - 산업재해에 관한 통계의 기록 및 유지관리에 관한 사항 - 안전장치 및 보호구 구입 시 적격품 여부 확인 사항 - **위험성평가**의 실시에 관한 사항 - 안전보건규칙에서 정하는 근로자의 위험 또는 건강장해의 방지에 관한 사항 - 사업장을 실질적으로 총괄 관리(안전 및 보건에 관한 업무)	
학교	관리감독자 (업무담당자)	- 기계·기구 또는 설비의 안전·보건 점검 및 이상 유무의 확인 - 근로자의 작업복, 보호구 및 방호장치의 점검과 **착용·사용에 관한 교육·지도** - 산업재해에 관한 보고 및 응급조치 - 작업장의 정리정돈 및 안전통로 확보 등의 확인/감독 - **위험성 평가 시 유해·위험요인 파악에 참여/개선조치의 시행에 대한 참여**	

02 중대재해 처벌 등에 관한 법률

1. 목적

중대재해 처벌 등에 관한 법률
제1조(목적) 이 법은 사업 또는 사업장, 공중이용시설 및 공중교통수단을 운영하거나 인체에 해로운 원료나 제조물을 취급하면서 안전·보건 조치의무를 위반하여 인명피해를 발생하게 한 **사업주, 경영책임자, 공무원 및 법인의 처벌 등을 규정**함으로써 중대재해를 예방하고 시민과 종사자의 생명과 신체를 보호함을 목적으로 한다.

가. 중대재해 처벌 등에 관한 목적 규정
나. 인체에 해로운 원료나 제조물을 취급하면서 안전·보건 조치의무를 위반하여 인명피해를 발생하게 한 **사업주, 경영책임자, 공무원 및 법인의 처벌 등에 관한 규정**
다. 사업을 총괄, 권한과 책임이 있는 **경영책임자는 안전보건관리체계의 구축 및 이행 조치에 관한 업무를 준수, 중대산업재해를 예방**
라. 안전 및 보건에 관한 **체계적인 관리로 종사자의 생명과 신체를 보호함이 목적**

2. 정의 및 적용범위

중대재해 처벌 등에 관한 법률
제2조(정의) 이 법에서 사용하는 용어의 뜻은 다음과 같다. 1. **"중대재해"**란 **"중대산업재해"**와 **"중대시민재해"**를 말한다. 2. **"중대산업재해"**란 「산업안전보건법」 제2조 제1호에 따른 산업재해 중 다음 각 목의 어느 하나에 해당하는 결과를 야기한 재해를 말한다. 가. 사망자가 1명 이상 발생 나. 동일한 사고로 6개월 이상 치료가 필요한 부상자가 2명 이상 발생 다. 동일한 유해요인으로 급성중독 등 대통령령으로 정하는 직업성 질병자가 1년 이내에 3명 이상 발생 7. **"종사자"**란 다음 각 목의 어느 하나에 해당하는 자를 말한다. 가. 「근로기준법」상의 근로자 나. 도급, 용역, 위탁 등 계약의 형식에 관계없이 그 사업의 수행을 위하여 대가를 목적으로 노무를 제공하는 자

> 다. 사업이 여러 차례의 도급에 따라 행하여지는 경우에는 각 단계의 수급인 및 수급인과 가목 또는 나목의 관계가 있는 자
> 8. **"사업주"**란 자신의 사업을 영위하는 자, 타인의 노무를 제공받아 사업을 하는 자를 말한다.
> 9. **"경영책임자등"**이란 다음 각 목의 어느 하나에 해당하는 자를 말한다.
> 가. 사업을 대표하고 사업을 총괄하는 권한과 책임이 있는 사람 또는 이에 준하여 안전보건에 관한 업무를 담당하는 사람
> 나. 중앙행정기관의 장, 지방자치단체의 장,「지방공기업법」에 따른 지방공기업의 장,「공공기관의 운영에 관한 법률」 제4조부터 제6조까지의 규정에 따라 지정된 공공기관의 장
> **제3조(적용범위)** 상시 근로자가 5명 미만인 사업 또는 사업장의 사업주(개인사업주에 한정한다. 이하 같다) 또는 경영책임자 등에게는 이 장의 규정을 적용하지 아니한다.

가. 중대재해 처벌 등에 관한 법률에서 사용되는 용어 정의와 적용범위

나. 중대재해는 중대산업재해와 중대시민재해로 구분

구분	범위
중대산업재해 **(산업안전보건법 제2조 제1호)**	- 사망자가 1명 이상 - 동일한 사고로 6개월 이상 치료가 필요한 부상자가 2명 이상. - 직업성 질병자*가 1년 이내에 3명 이상 발생한 재해 　* 급성중독, 독성간염, 혈액전파성질병, 산소결핍증, 열사병 등 24개 질병(시행령 별표1 직업성질병)
중대시민재해	- 교육시설 등의 안전 및 유지관리 등에 관한 법률 제2조 제1호에 따른 교육시설은 **공중이용시설에서 제외**

다. 종사자, 사업주, 경영책임자 등에 대한 용어 정의

라. 의무주체인 경영책임자는 교육감(공립학교), 학교법인의 이사장(사립학교)을 말함

마. 적용대상은 근로자(공무원, 교육공무직), 노무를 제공하는 제3의 근로자

- 공무원도 임금을 목적으로 근로를 제공하기 때문에 근로기준법상 근로자에 해당
- 하지만 공무원은 근로기준법에 우선하여 국가공무원법, 지방공무원법 등의 적용을 받되 법령에서 정하지 않은 사항이나 명시적 배제 규정이 없는 사항에 대해서는 그 성질에 반하지 않는 한 근로기준법 적용

3. 사업주와 경영책임자 등의 안전 및 보건 확보 의무 등

중대재해 처벌 등에 관한 법률

제4조(사업주와 경영책임자 등의 안전 및 보건 확보의무) ①사업주 또는 경영책임자 등은 사업주나 법인 또는 기관이 실질적으로 지배·운영·관리하는 사업 또는 사업장에서 종사자의 안전·보건상 유해 또는 위험을 방지하기 위하여 그 사업 또는 사업장의 특성 및 규모 등을 고려하여 다음 각 호에 따른 조치를 하여야 한다.
1. 재해예방에 필요한 인력 및 예산 등 **안전보건관리체계의 구축 및 그 이행에 관한 조치**
2. **재해 발생 시 재발방지 대책의 수립 및 그 이행에 관한 조치**
3. 중앙행정기관·지방자치단체가 관계 법령에 따라 개선, 시정 등을 명한 사항의 이행에 관한 조치
4. 안전·보건 관계 법령에 따른 의무이행에 필요한 관리상의 조치
②제1항제1호·제4호의 조치에 관한 구체적인 사항은 대통령령으로 정한다.

중대재해 처벌 등에 관한 법률 시행령

제4조(안전보건관리체계의 구축 및 이행 조치) 법 제4조 제1항 제1호에 따른 조치의 구체적인 사항은 다음 각호와 같다.
1. 사업 또는 사업장의 안전·보건에 관한 **목표와 경영방침을 설정**할 것
2. 「산업안전보건법」 제17조부터 제19조까지 및 제22조에 따라 두어야 하는 인력이 총 3명 이상이고 다음 각 목의 어느 하나에 해당하는 사업 또는 사업장인 경우에는 안전·보건에 관한 업무를 총괄·관리하는 전담 조직을 둘 것. 이 경우 나목에 해당하지 않던 건설사업자가 나목에 해당하게 된 경우에는 공시한 연도의 다음연도 1월1일까지 해당 조직을 두어야 한다.
  가. 상시근로자 수가 500명 이상인 사업 또는 사업장
3. 사업 또는 사업장의 특성에 따른 유해·위험요인을 확인하여 개선하는 업무절차를 마련하고, 해당 업무절차에 따라 유해·위험요인의 확인 및 개선이 이루어지는지를 반기 1회 이상 점검한 후 필요한 조치를 할 것. 다만, 「산업안전보건법」 제36조에 따른 위험성평가를 하는 절차를 마련하고, 그 절차에 따라 위험성 평가를 직접 실시하거나 실시하도록 하여 실시 결과를 보고받은 경우에는 해당 업무절차에 따라 유해·위험요인의 확인 및 개선에 대한 점검을 한 것으로 본다.
4. 다음 각 목의 사항을 이행하는 데 필요한 예산을 편성하고 그 편성된 용도에 맞게 집행하도록 할 것
  가. 재해 예방을 위해 필요한 안전·보건에 관한 인력, 시설 및 장비의 구비

나. 제3호에서 정한 유해·위험요인의 개선
다. 그 밖에 안전보건관리체계 구축 등을 위해 필요한 사항으로서 고용노동부장관이 정하여 고시하는 사항

5. 「산업안전보건법」 제15조, 제16조 및 제62조에 따른 안전보건관리책임자, 관리감독자 및 안전보건총괄책임자(이하 이 조에서 "안전보건관리책임자 등"이라 한다)가 같은 조에서 규정한 각각의 업무를 각 사업장에서 충실히 수행할 수 있도록 다음 각 목의 조치를 할 것
가. 안전보건관리책임자 등에게 해당 업무 수행에 필요한 권한과 예산을 줄 것
나. 안전보건관리책임자 등이 해당 업무를 충실하게 수행하는지를 평가하는 기준을 마련하고, 그 기준에 따라 반기 1회 이상 평가·관리할 것

6. 「산업안전보건법」 제17조부터 제19조까지 및 제22조에 따라 정해진 수 이상의 안전관리자, 보건관리자, 안전보건관리담당자 및 산업보건의를 배치할 것. 다만, 다른 법령에서 해당 인력의 배치에 대해 달리 정하고 있는 경우에는 그에 따르고, 배치해야 할 인력이 다른 업무를 겸직하는 경우에는 고용노동부장관이 정하여 고시하는 기준에 따라 안전·보건에 관한 업무 수행시간을 보장해야 한다.

7. 사업 또는 사업장의 안전·보건에 관한 사항에 대해 종사자의 의견을 듣는 절차를 마련하고, 그 절차에 따라 의견을 들어 재해 예방에 필요하다고 인정하는 경우에는 그에 대한 개선방안을 마련하여 이행하는지를 반기 1회 이상 점검한 후 필요한 조치를 할 것. 다만, 「산업안전보건법」 제24조에 따른 산업안전보건위원회 및 같은 법 제64조·제75조에 따른 안전 및 보건에 관한 협의체에서 사업 또는 사업장의 안전·보건에 관하여 논의하거나 심의·의결한 경우에는 해당 종사자의 의견을 들은 것으로 본다.

8. **사업 또는 사업장에 중대산업재해가 발생하거나 발생할 급박한 위험이 있을 경우**를 대비하여 다음 각 목의 조치에 관한 매뉴얼을 마련하고, 해당 매뉴얼에 따라 조치하는지를 반기 1회 이상 점검할 것
가. 작업 중지, 근로자 대피, 위험요인 제거 등 대응조치
나. 중대산업재해를 입은 사람에 대한 구호조치
다. 추가 피해방지를 위한 조치

9. 제3자에게 업무의 도급, 용역, 위탁 등을 하는 경우에는 종사자의 안전·보건을 확보하기 위해 다음 각 목의 기준과 절차를 마련하고, 그 기준과 절차에 따라 도급, 용역, 위탁 등이 이루어지는지를 반기 1회 이상 점검할 것
가. 도급, 용역, 위탁 등을 받는 자의 산업재해 예방을 위한 조치 능력과 기술에 관한 평가기준·절차
나. 도급, 용역, 위탁 등을 받는 자의 안전·보건을 위한 관리비용에 관한 기준

제5조(안전·보건 관계 법령에 따른 의무이행에 필요한 관리상의 조치) ①법 제4조 제1항 제4호에서 "안전·보건 관계 법령"이란 해당 사업 또는 사업장에 적용되는 것으로서 종사

> 자의 안전·보건을 확보하는 데 관련되는 법령을 말한다.
> ②법 제4조 제1항 제4호에 따른 조치에 관한 구체적인 사항은 다음 각 호와 같다.
> 1. 안전·보건 관계 법령에 따른 의무를 이행했는지를 반기 1회 이상 점검(해당 안전·보건 관계 법령에 따라 중앙행정기관의 장이 지정한 기관 등에 위탁하여 점검하는 경우를 포함한다. 이하 이 호에서 같다)하고, 직접 점검하지 않은 경우에는 점검이 끝난 후 지체 없이 점검 결과를 보고받을 것
> 2. 제1호에 따른 점검 또는 보고 결과 안전·보건 관계 법령에 따른 의무가 이행되지 않은 사실이 확인되는 경우에는 인력을 배치하거나 예산을 추가로 편성·집행하도록 하는 등 해당 의무 이행에 필요한 조치를 할 것
> 3. 안전·보건 관계 법령에 따라 의무적으로 실시해야 하는 유해·위험한 작업에 관한 안전·보건에 관한 교육이 실시되었는지를 반기 1회 이상 점검하고, 직접 점검하지 않은 경우에는 점검이 끝난 후 지체 없이 점검 결과를 보고받을 것
> 4. 제3호에 따른 점검 또는 보고 결과 실시되지 않은 교육에 대해서는 지체 없이 그 이행의 지시, 예산의 확보 등 교육 실시에 필요한 조치를 할 것

가. 사업주와 경영책임자 등의 안전 및 보건 확보의무와 안전보건관리체계의 구축 및 이행 조치에 관한 규정

나. 안전보건관리체계의 구축 및 이행의 조치 의무 사항

법 제4조		의 무 사 항(시행령 제4조, 제5조)
1	안전보건 관리체계 구축 및 이행	안전·보건 목표와 경영방침 설정
		안전·보건 업무를 총괄·관리하는 전담 조직 설치
		유해 위험요인 확인 개선 절차 마련 점검 및 필요한 조치
		재해예방에 필요한 안전·보건에 관한 인력 시설 장비 구비와 유해·위험요인 개선에 필요한 예산 편성 및 집행
		안전보건관리책임자등의 충실한 업무수행 지원 권한과 예산 부여 평가기준 마련 및 평가 관리
		안전관리자, 보건관리자, 산업보건의 전문인력 배치
		종사자 의견 청취 절차 마련 청취 및 개선방안 마련 이행 여부 점검
		중대산업재해 발생 시 등 조치 매뉴얼 마련 및 조치 여부 점검
		도급 용역 위탁 시 산재예방 조치 능력 및 기술에 관한 평가기준절차 및 관리비용 업무수행기관 관련 기준 마련·이행 여부 점
2	재해 발생 시 재발방지 대책 수립 및 이행	
3	중앙행정기관, 지자체가 개선, 시정 등을 명한 사항 이행	
4	안전보건 법령상 의무이행	관계 법령상 의무이행 여부 점검(반기별)
		유해·위험 작업에 관한 안전보건교육 실시 여부 점검(반기별)

다. **중대재해처벌법의 안전보건관리체계는** 산업안전보건법의 안전보건관리체제와 구별됨
  - **산업안전보건법에서 규정한 체제는** 사업장의 안전보건관리에 관여하는 조직의 구성과 역할을 규정할 때 사용하는 용어
  - **체계는** 조직 구성과 역할을 넘어서 사업장의 안전보건 전반의 운영 또는 경영방침을 정할 때 사용하는 용어

라. 사업 또는 사업장에서 종사자의 안전·보건상 유해 또는 위험을 방지하기 위해 사업 또는 사업의 특성 및 규모 등을 고려하여 조치해야 하는 안전 및 보건 확보의무

마. 보호 대상은 안전·보건상 유해 또는 위험 방지는 종사자를 대상으로 하며 종사자는 ①개인사업주나 법인 또는 기관이 직접 고용한 근로자뿐만 아니라 ② 도급 용역 위탁 등 계약의 형식에 관계없이 대가를 목적으로 노무를 제공하는 자 ③각 단계별 수급인 수급인의 근로자와 수급인에게 대가를 목적으로 노무를 제공하는 자 모두를 포함

바. 중대재해처벌법 시행령의 점검 항목

조항	점검 내용(중대재해처벌법 시행령상 점검항목)
제4조3	유해·위험 요인 확인·개선 여부 점검
제4조5	안전보건관리책임자, 관리감독자 등이 해당 업무를 충실하게 수행하는지 평가·관리
제4조7	안전·보건에 관한 종사자 의견 청취 후 개선방안 마련하였는지 평가·관리 - 산업안전보건위원회 운영 현황, 종사자 의견 청취를 통한 개선 반영 실태 점검
제4조8	중대산업재해 및 급박한 위험 대비 매뉴얼에 따라 조치하고 있는지 점검 - 작업 중지, 대응조치, 구호조치, 추가피해방지 조치 등
제4조9	도급, 위탁, 용역 등이 안전·보건 확보 기준과 절차에 따라 이루어지고 있는지 - 재해 예방 조치 능력과 기술이행, 안전·보건 관리비용 집행 등
제5조②	안전·보건 관계법령에 따른 의무이행사항 및 이행여부 점검 후 결과 보고 - 분야별·시설별 안전관리 현황 및 의무사항 이행실태 점검

4. 도급, 용역, 위탁 등 관계에서의 안전 및 보건 확보의무

> **중대재해 처벌 등에 관한 법률**
>
> **제5조(도급, 용역, 위탁 등 관계에서의 안전 및 보건 확보의무)** 사업주 또는 경영책임자 등은 사업주나 법인 또는 기관이 **제3자에게 도급, 용역, 위탁 등을 행한 경우에는 제3자의 종사자에게 중대산업재해가 발생하지 아니하도록 제4조의 조치**를 하여야 한다. 다만, 사업주나 법인 또는 기관이 그 시설, 장비, 장소 등에 대하여 실질적으로 지배·운영·관리하는 책임이 있는 경우에 한정한다.

가. 도급 용역, 위탁 등 관계에서의 안전 및 보건 확보의무에 관한 규정

나. 사업주 또는 경영책임자가 제3자에게 도급, 용역, 위탁 등을 할 경우 제3자의 종사자에게 중대산업재해가 발생하지 않도록 안전보건관리체계의 구축 및 이행 조치를 하도록 명시

다. 학교급식에서는 운반도우미나 배식도우미 등이 해당

5. 중대산업재해 사업주와 경영책임자 등의 처벌과 양벌규정

> **중대재해 처벌 등에 관한 법률**
>
> **제6조(중대산업재해 사업주와 경영책임자 등의 처벌)** ①제4조 또는 제5조를 위반하여 제2조 제2호 가목의 중대산업재해에 이르게 한 사업주 또는 경영책임자 등은 1년 이상의 징역 또는 10억원 이하의 벌금에 처한다. 이 경우 징역과 벌금을 병과 할 수 있다.
> ②제4조 또는 제5조를 위반하여 제2조 제2호 나목 또는 다목의 중대산업재해에 이르게 한 사업주 또는 경영책임자 등은 7년 이하의 징역 또는 1억원 이하의 벌금에 처한다.
> ③ 제1항 또는 제2항의 죄로 형을 선고받고 그 형이 확정된 후 5년 이내에 다시 제1항 또는 제2항의 죄를 저지른 자는 각 항에서 정한 형의 2분의 1까지 가중한다.
> **제7조(중대산업재해의 양벌규정)** 법인 또는 기관의 경영책임자 등이 그 법인 또는 기관의 업무에 관하여 제6조에 해당하는 위반행위를 하면 그 행위자를 벌하는 외에 그 법인 또는 기관에 다음 각 호의 구분에 따른 벌금형을 과(科)한다. 다만, 법인 또는 기관이 그 위반행위를 방지하기 위하여 해당 업무에 관하여 상당한 주의와 감독을 게을리하지 아니한 경우에는 그러하지 아니하다.
> 1. 제6조 제1항의 경우: 50억원 이하의 벌금
> 2. 제6조 제2항의 경우: 10억원 이하의 벌금

가. 중대산업재해 사업주와 경영책임자 등의 처벌과 양벌규정

나. 사업주와 경영책임자 등의 안전 및 보건 확보의무나 도급, 용역, 위탁 등 안전 및 보건 확보의무 위반 시 처벌

다. 처벌과 양벌규정

중대산업재해	사업주, 경영책임자 등	법인 또는 기관
사망자 1명 이상	1년 이상 징역 또는 10억원 이하의 벌금	50억 이하의 벌금
부상, 질병자	7년 이하의 징역 또는 1억원 이하의 벌금	10억 이하의 벌금

라. 형을 선고받고 형이 확정된 후 5년 이내에 다시 죄를 지으면 형의 2분의 1까지 가중

1장

관계법령

6절

기타

01 영양교사가 지켜야 할 2가지 의무

가. 복종 의무

1) 관련

국가공무원 제57조(복종의 의무) 공무원은 직무를 수행할 때 소속 상관의 직무상 명령에 복종하여야 한다.

2) 직무상 명령의 요건

특별한 규정이 있는 경우 외에는 구술이나 문서 등 어느 형식에 의하여도 무방하나 직무명령은 일정한 요건을 갖추어야 한다.

직무상 명령의 요건
① 정당한 권한을 가진 소속 상관이 발(發)하여야 하고,
② 부하의 직무 범위 내에 관한 명령이어야 하며,
③ 그 형식이 법정 절차를 구비 하여야 하고,
④ 그 내용이 적법한 것이어야 함

가) 정당한 권한을 가진 소속 상관이 발(發)한 것일 것

'소속 상관'이란 그 기관의 장 또는 보조 기관 인지의 여부와 관계없이 당해 공무원의 직무에 관해 실질적인 지휘·감독권을 가진 자를 말한다.

※ 기관의 장뿐만 아니라 보조기관인 상관과 기타 지휘·감독권을 가지는 상급자도 포함
※ 상급기관이 하급기관에 대하여 훈령이나 직무명령을 발한 경우, 하급기관은 그 훈령에 따라야 하므로 상급기관의 장이 하급기관에 대한 소속 상관이 됨

나) 하급자의 직무 범위 내에 속한 사항일 것

직무상의 명령이 유효하게 성립하기 위해서는 하급자의 직무 범위 내에 속하는 사항이어야 한다.

다) 법정의 형식과 절차가 있으면 이를 갖추어야 함

직무명령은 다양한 절차 및 형식이 존재하나, 관련 법령에서 별도의 절차 및 형식을 규정하고 있는 경우 이를 준수해야 한다.

관련 예시: 군인의 지위 및 복무에 관한 기본법

제24조(명령 발령자의 의무) ①군인은 직무와 관계가 없거나 법규 및 상관의 직무상 명령에 반하는 사항 또는 자신의 권한 밖의 사항에 관하여 명령을 발하여서는 아니 된다.
②명령은 지휘계통에 따라 하달하여야 한다. 다만, 부득이한 경우에는 지휘계통에 따르지 아니하고 하달할 수 있고, 이 경우 명령자와 수명자는 이를 지체 없이 지휘계통의 중간지휘관에게 알려야 한다.
③명령의 하달은 신속·정확하게 이루어져야 한다.
④군인은 자신이 내린 명령의 이행 결과에 대하여 책임을 진다.

  라) 그 내용이 적법한 것이어야 할 것
    상관은 위법한 행위를 명령할 직권이 없으므로 그 명령은 합법적이어야 한다.

관련 판례 (대법원 1999. 4. 23., 선고, 99도636, 판결)

공무원이 그 직무를 수행함에 즈음하여 상관은 하관에 대하여 범죄행위 등 위법한 행위를 하도록 명령할 직권이 없는 것이며, 또한 하관은 소속상관의 적법한 명령에 복종할 의무는 있으나 그 명령이 대통령 선거를 앞두고 특정 후보에 대하여 반대하는 여론을 조성할 목적으로 확인되지도 않은 허위의 사실을 담은 책자를 발간·배포하거나 기사를 게재하도록 하라는 것과 같이 명백히 위법 내지 불법한 명령인 때에는 이는 벌써 직무상의 지시명령이라 할 수 없으므로 이에 따라야 할 의무가 없음

3) 위법한 명령에 대한 복종 의무 발생 여부
  가) 직무상 명령의 요건 중 어느 하나라도 흠이 있는 경우는 직무상 명령에 해당되지 않고 복종 의무가 발생하지 않는다.
  나) 따라서 부하는 상관의 명령에 대하여 의견을 진술할 수 있고, 상관의 위법한 명령에 따라 범죄행위를 한 경우엔 상관의 명령에 따랐다 하더라도 범죄행위가 위법하지 않다고 할 수 없다. 상관의 명령이 위법할 때에는 직무상의 지시 명령이라고 할 수 없으므로 이에 따라야 할 의무는 없다.

관련 판례 (대법원 2013. 11. 28., 선고, 2011도5329, 판결)

공무원이 그 직무를 수행함에 있어 상관은 하관에 대하여 범죄행위 등 위법한 행위를 하도록 명령할 직권이 없는 것이며, 또한 하관은 소속상관의 적법한 명령에 복종할 의무는 있

으나 위와 같이 명백히 위법 내지 불법한 명령인 때에는 이는 벌써 직무상의 지시명령이라 할 수 없으므로 이에 따라야 할 의무가 없음(대법원 1999. 4. 23., 선고, 99도636, 판결)

관련 판례 (대법원 1997. 4. 17., 선고, 96도3376, 전원합의체 판결)

상관의 적법한 직무상 명령에 따른 행위는 정당행위로서 형법 제20조에 의하여 그 위법성이 조각된다고 할 것이나, 상관의 위법한 명령에 따라 범죄행위를 한 경우에는 상관의 명령에 따랐다고 하여 부하가 한 범죄행위의 위법성이 조각될 수는 없다고 할 것임

4) 복종의 의무 위반 판단 시 고려사항

공무원의 어떤 행위가 소속 상관의 직무상 명령에 위반된 것인지 판단하기 위해서는 해당 관청이 행하는 공무의 종류, 당해 직무상 명령이 발하여진 동기, 상황, 추구하는 공익의 내용, 당해 직무의 성질, 담당 공무원의 재량 또는 판단 여지의 존부 등을 종합적으로 고려하여야 한다.

관련 판례 (서울고법 2014.7.15., 선고, 2013누25193, 판결)

국가공무원법 제57조는, 공무원은 직무를 수행할 때 소속 상관의 직무상 명령에 복종하여야 한다고 규정하고 있는바, 공무원의 어떤 행위가 소속 상관의 직무상 명령에 위반된 것인지 여부를 판단하기 위해서는 해당 관청이 행하는 공무의 종류, 당해 직무상 명령이 발하여진 동기, 상황, 추구하는 공익의 내용, 당해 직무의 성질, 담당 공무원의 재량 또는 판단 여지의 존부 등을 종합적으로 고려하여 판단하여야 할 것임

5) 복종의 의무 관련 주요 판례

관련 판례 (서울고법 2014.7.15., 선고, 2013누25193, 판결)

(허위공문서 작성)【대법원 2015.10.29., 선고, 2015도 9010, 판결】
허위의 공문서를 작성하라는 지시는 위법한 명령에 해당할 뿐만 아니라, 위와 같은 위법한 명령을 피고인 3이 거부할 수 없는 특별한 상황에 있었다고 보기 어려우므로, 허위의 확인서 등 작성 범행이 강요된 행위 등으로 적법행위에 대한 기대가능성이 없는 경우에 해당한다고 볼 수 없음

> **관련 판례 (서울고법 2014.7.15., 선고, 2013누25193, 판결)**
>
> **(증거인멸)【대법원, 2011도5329, 2013.11.28.】**
> 기록에 의하면, 상피고인 1이 '공소외 1에 대한 불법 내사'와 관련된 증거자료를 인멸하라고 지시한 것은 직무상의 지시명령이라고 할 수 없으므로 피고인 2가 이에 따라야 할 의무가 없음에도 … (생략)
>
> **(근무성적평정표 재작성 지시)【수원지법 2010. 8. 26., 선고, 2010노1799, 판결】**
> 이미 법령규정에 정해진 절차에 따라 평정단위별 서열명부가 작성되었음에도 피고인들이 사후에 일방적으로 그와 다른 내용의 새로운 평정단위별 서열명부를 작성하도록 한 것은 명백히 위법한 직무상 명령이라고 할 것이고, 공소외 2, 1 등으로서는 그와 같은 명령에 따라야 할 의무가 없다고 할 것이어서 … (생략)

나. 비밀 엄수의 의무

1) 관련 근거

「국가공무원법」 제60조(비밀 엄수의 의무)

공무원은 재직 중은 물론 퇴직 후에도 직무상 알게 된 비밀을 엄수해야 함

2) 비밀 엄수의 의무

가) 「국가공무원법」상 "비밀"

(1) 형식적 비밀은 각급 기관에서 그 중요성과 가치의 정도에 따라 Ⅰ급 비밀, Ⅱ급 비밀, Ⅲ급 비밀로 구분(보안업무규정 제4조),

(2) 국가공무원법상 "비밀"

(가) 법령에 따라 비밀로 지정된 사항

(나) 정책 수립, 사업 집행에 관련된 사항으로서 외부에 공개될 경우 정책 수립, 사업 집행에 지장을 주거나 특정인에게 부당한 이익을 줄 수 있는 사항

(다) 개인의 신상, 재산에 관한 사항으로 외부에 공개될 경우 특정인의 권리나 이익을 침해할 수 있는 사항

(라) 그 밖에 국민의 권익 보호 또는 행정 목적 달성을 위하여 비밀로 보호할 필요가 있는 사항(공무원 복무규정 제4조의2)

(3) 국가 공무의 민주적, 능률적 운영 확보를 위해 실질적으로 비밀로서 보호할 가치가 있는지, 즉 그것이 통상의 지식과 경험을 가진 다수인에게 알려지지 아니한 비밀성을 가지고 있는지 또한 정부나 국민의 이익 또는 행정

목적 달성을 위하여 비밀로서 보호할 필요성이 있는지 등을 객관적으로 검토

    (4) 공무원이 지켜야 할 비밀은 공무원의 직무상 소관 범위에 속하는 비밀사항뿐만 아니라 공무원이 **직무를 수행하는 과정**에서 직·간접으로 알게 된 모든 비밀 적인 업무 내용 즉 행정 내부에서 생산된 것은 물론 행정객체인 개인과 법인의 비밀 적인 사항까지 포함

    (5) 상용 전자우편이나 민간 SNS의 경우 단기간 내에 광범위한 사람들에게 급속하게 전파될 수 있는 특징이 있어 공무원이 업무자료를 송·수신할 경우 정부에서 공식적으로 인정하는 방법으로만 가능함

    따라서 전자우편, 메신저 사용 시는 공무와 사적 사항을 명확하게 구분

  나) 처리

    (1) 자신의 소관 업무 내용이 아닌 타부서 또는 타인의 직무 범위라도 남에게 들어서 알게 된 비밀사항을 외부에 유출하는 것도 국가의 신뢰를 떨어뜨리고 행정의 효율적 수행을 어렵게 한 경우로 '비밀 엄수의 의무' 위반 징계기준이 적용됨

    (2) 상용 전자우편이나 민간 SNS를 통해 직무상 비밀이 유출된 경우 '비밀 엄수의 의무' 위반 징계기준을 적용

3) 퇴직공무원

  가) 공무원은 재직 중은 물론 퇴직 후에도 직무상 알게 된 비밀을 엄수해야 함 (국가공무원법 제60조)

  나) 행정기관의 장은 공무원이었던 자가 퇴직 후 비밀을 누설할 경우 징계 책임을 물을 수는 없으나, 형사책임은 물을 수 있고(형법 제126조(피의사실 공표)), 제127조(공무상 비밀의 누설), 공무원 재임용도 거부할 수 있으므로 「공무원 직무 관련 범죄 고발 지침」(국무총리 훈령)에 따라 고발 가능

4) 이해충돌

  가) 공직자는 공직을 이용하여 사적 이익을 추구하거나 개인, 기관·단체에 부정한 특혜를 주어서는 아니 되며, 재직 중 취득한 정보를 부당하게 사적으로 이용, 또는 타인이 부당하게 사용하도록 한 경우(공직자윤리법 제2조의2)에는 '성실 의무' 위반 및 '비밀 엄수의 의무' 위반에 해당됨

나) 공직자는 직무수행 중 알게 된 비밀 또는 소속기관의 미공개정보를 이용하여 재물 또는 재산상의 이익을 취득하거나 제3자로 하여금 취득하게 한 경우, 직무수행 중 알게 된 비밀 등을 사적 이익을 위하여 이용, 또는 제3자로 하여금 이용하게 한 경우(공직자의 이해충돌방지법 제14조)에도 '성실 의무' 위반 및 '비밀 엄수의 의무' 위반에 해당됨

다) 직무와 관련된 비밀을 누설하거나 직무와 관련한 정보를 이용한 경우에는 부당한 이득 여부와 상관없이 **'비밀 엄수의 의무' 위반 징계기준**을 적용하여야 함

5) 예외사항

다만 부패행위 및 공익침해 행위 신고 등 해당 사안이 별도의 법률에서 직무상 비밀준수의 의무 위반에 해당하지 않음을 명시적으로 규정하고 있는 경우는 예외로 함.

> **참고: 관련 법률(예시)**
>
> **부패방지 및 국민권익위원회의 설치와 운영에 관한 법률**
> 제66조(책임의 감면 등) ④ 신고 등의 내용에 직무상 비밀이 포함된 경우에도 다른 법령, 단체협약 또는 취업규칙 등의 관련 규정에 불구하고 직무상 비밀준수의무를 위반하지 아니한 것으로 본다.
>
> **공익신고자 보호법**
> 제14조(책임의 감면 등) ④ 공익신고 등의 내용에 직무상 비밀이 포함된 경우에도 공익신고자 등은 다른 법령, 단체협약, 취업규칙 등에 따른 직무상 비밀준수 의무를 위반하지 아니한 것으로 본다.

02 출장과 공가

가. 출장

1) 상사의 명에 의하여 정규 근무지 이외의 장소에서 공무를 수행하는 것
   ※ 공무와 무관한 사항에 대하여 출장 처리를 해서는 아니됨
2) 사례별 출장 조치

> - 교원단체 주최 체육행사에 교원이 선수로 참여하는 경우, 체육행사의 주체가 행정기관이 아닐 뿐만 아니라 교원 본연의 직무수행과 무관한 활동이므로 출장조치 불가
> - 소속직원의 경조사에 기관대표의 자격으로 조기 전달 등을 위해 참석하는 약간명의 공무원에 대하여 출장조치가 가능함. 이 경우 경조사가 있는 직원과 출장명령을 받는 공무원은 동일한 단위 기관에 근무하고 있어야 함(지방의 지소 또는 지원 등의 하부기관의 경우도 동일)
> - 기관장 이·취임식 또는 정년퇴임식에 참석하는 경우, 행사 주관기관에서 참석대상자의 범위를 지정하여 참석을 요청한 경우 해당 참석자에 대하여는 출장조치가 가능하나, 그 외에 친분관계 등을 이유로 하는 개인적인 참석에 대하여는 출장조치 불가
> - 재해·재난 발생지역이나 사회복지시설 등에서 소외계층을 돕기 위한 자원봉사활동을 하고자 하는 경우 출장조치 불가. 다만, 「재난 및 안전관리 기본법」상 재해·재난 발생지역에서 자원봉사활동을 하고자 하는 경우에는 5일 이내의 특별휴가(재해구호휴가)를 얻을 수 있음(복무규정 제20조제9항)
> - 기관차원의 계획에 의한 봉사활동 등은 출장조치 가능
> - 공무원직장협의회 대표자와 협의위원이 기관장과의 협의에 참석하는 경우 등 공무원 직장협의회 관련 법령에 따라 근무시간 중 수행할 수 있도록 허용되는 정당한 협의회 활동에 한해 출장조치 가능
> - 사회복지법인 등 민간기관 주최 행사에 초청되어 참석하는 경우 해당 공무원의 업무와 관련이 있고, 소속기관의 대표 자격으로 참석하는 경우에는 출장조치 가능
> - 타기관 소관 위원회 위원 또는 **비영리법인의 당연직 임원**으로 위원회 등 회의 참석 시 본인의 업무와 관련이 있고 소속기관의 대표 자격으로 참석하는 경우 출장조치 가능
> - 공무원이 석사과정을 이수하기 위하여 대학원에 다닐 경우 대학원 강의를 듣기 위해 근무시간 내에 근무지를 벗어나게 되는 경우에는 연가를 사용해야 하며 출장조치 불가

- 근무 중인 소속직원이나 관공서를 방문한 민원인의 긴급한 질병·부상으로 인해 스스로 응급치료(병원방문 등)가 불가능한 경우, 기관대표의 자격으로 약간명의 공무원에 대하여 응급조치 및 병원으로의 이송을 위한 출장조치가 가능함
- 인사발령 명령을 받고 업무를 인수인계하기 위해 정규근무 외의 장소로 이동이 필요한 경우에는 출장조치 가능

3) 출장의 구분(공무원여비규정 제18조)
   가) **근무지내 출장**: 특별시와 광역시를 포함한 동일시와 군 및 섬(제주특별자치도 제외) 안에서의 출장 또는 여행거리가 12km 미만인 출장. 그리고 여행거리가 12km를 넘더라도 동일 시·군 및 섬 안에서의 출장은 근무지 내 출장에 해당. 단, 섬 밖으로의 출장은 같은 시·군이라도 근무지 외 출장으로 보나 육로와 교량으로 연결된 같은 시·군의 섬은 근무 지내 출장임
   나) **근무지 외 출장**: 특별시와 광역시를 포함한 동일시와 군 및 섬(제주특별자치도 제외) 밖으로의 출장이며 여행 거리가 12km 이상인 출장
   ※ 국외출장에 관하여는 국가공무원 복무규정 제2장의2 및 제7장 참조

4) 출장공무원의 의무
   가) 출장공무원은 공무 수행을 위하여 전력을 다하여야 하며, 사적인 일을 위해 시간을 소비하여서는 아니됨(복무규정 제6조 제1항)
   나) 출장공무원은 명령받은 출장 기간에 그 업무를 완수하여야 하며, 출장기간을 변경할 사유가 발생한 때에는 지체 없이 전화, 전보 또는 그 밖의 방법으로 소속기관의 장에게 보고하고 그 지시를 받아야 함. 다만, 신속히 업무를 수행할 긴급한 사정이 있는 경우에는 사후에 보고할 수 있음(복무규정 제6조 제2항)
   다) 출장공무원이 그 출장 용무를 마치고 사무실로 돌아왔을 때에는 지체 없이 소속기관의 장에게 결과보고서를 제출. 다만, 경미한 사항에 대한 결과 보고는 말로 갈음할 수 있음(복무규정 제6조 제3항)
   라) 행정기관의 장은 공무수행을 위하여 필요한 경우 본인의 판단하에 출장이 가능함

마) 소속기관의 장은 임신 중인 공무원의 장거리 또는 장기간 출장을 제한할 수 있음(복무규정 제6조 제5항)

> **예시**
> - 임신부가 특히 안정을 취해야 할 필요가 있는 임신주수(12주 이내 또는 36주 이상)에 해당하는 경우
> - 조산·유산·사산의 우려가 있어 안정을 취할 필요가 있다는 의사의 진단 또는 소견이 있는 경우
> - 비행기와 선박을 이용하는 출장, 도로포장이 제대로 안되어 있거나 교통이 불편한 지역(도서, 산간벽지 등)으로 출장한 경우

- 임신 중인 공무원이 신청하는 경우에는 장거리 또는 장기간 출장을 명할 수 있음

5) 출장과 초과근무

가) 출장 기간 중의 초과근무는 원칙적으로 인정되지 않으므로, 출장목적 달성에 지장이 없도록 이동시간과 휴식시간 등을 고려하여 출장 기간을 부여해야 함

나) 국내 출장의 경우 시간외근무수당, 야간근무수당 및 휴일근무수당은 원칙적으로 지급할 수 없으나, 출장의 목적상 필연적으로 시간외근무 발생이 예상되는 경우 시간외근무 명령에 따라 출장 중 또는 출장 후「국가공무원 복무규정」상의 근무시간 외에 근무를 한 자에게는 시간외근무수당 지급 가능(「공무원보수 등의 업무지침」)

6) 출장명령과 출장여비 지급

출장명령은 출장여비의 지급근거가 되나, 출장명령이 있다고 하여 반드시 출장여비를 지급하여야 하는 것은 아님

※ 직무수행의 일환으로 국가공무원 인재개발원 등에 출강하여 여비 또는 여비가 포함된 강사료를 받은 경우엔 출장여비 지급 없이 출장으로 처리함

나. 공가

1) 공가의 사유

가) 「병역법」이나 그 밖의 다른 법령에 따른 병역판정검사·소집·검열점호 등에

응하거나 동원 또는 훈련에 참가할 때
나) 공무에 관하여 국회·법원·검찰·경찰 또는 기타국가기관에 소환된 때
다) 법률에 따라 투표에 참가할 때
라) 승진시험·전직시험에 응시할 때
마) 원격지간의 전보 발령을 받고 부임할 때
바) 「산업안전보건법」 제129조부터 제131조까지의 규정에 따른 건강진단 또는 「국민건강보험법」 제52조에 따른 건강검진을 받을 때 및 「결핵예방법」 제11조 제1항에 따른 결핵검진 등을 받을 때
사) 「혈액관리법」에 따라 헌혈에 참가할 때
아) 「공무원 인재개발법 시행령」 제32조 제5호에 따른 외국어 능력에 관한 시험에 응시할 때
자) 올림픽, 전국체전 등 국가적인 행사에 참가할 때
차) 천재지변, 교통 차단 또는 그 밖의 사유로 출근이 불가능할 때
카) 「공무원의 노동조합 설립 및 운영 등에 관한 법률」 제9조에 따른 교섭위원으로 선임되어 단체교섭 및 단체협약 체결에 참석하거나 같은 법 제17조 및 「노동조합 및 노동관계조정법」 제17조에 따른 대의원회(「공무원의 노동조합 설립 및 운영 등에 관한 법률」에 따라 설립된 공무원 노동조합의 대의원회를 말하며, 연 1회로 한정)에 참석할 때
타) 공무국외 출장, 파견 또는 교육 훈련을 위하여 「검역법」제5조 제1항의 '검역관리지역' 및 '중점검역관리지역'으로 가기 전에 같은 법 제2조 제1호에 따른 검역감염병 예방 접종을 할 때
파) 「감염병의 예방 및 관리에 관한 법률」에 따른 제1급 감염병에 대하여 같은 법 제24조 또는 제25조에 따라 필수예방접종 또는 임시예방접종을 받거나 같은 법 제42조 제2항 제3호에 따라 감염 여부 검사를 받을 때

2) 공가 제도의 운영상 유의사항
가) 복무관리를 위해 필요한 경우 부서장은 공가 사유에 대한 증빙서류 제출을 요구할 수 있음
나) 공가의 승인대상인 「직접 필요한 기간(시간)」에는 검사일·소환일·투표일·시험일 등의 당일에 왕복 소요일수(시간)를 가산할 수 있음

※ 승진시험 준비 기간은 공가의 승인대상이 아님
다) 원격지간 전보 시 이사 등에 소요되는 최소한의 일수를 포함하되, 부임일의 다음 정상 근무일까지 공가를 사용할 수 있음
- 원 소속기관 등으로부터 전보 발령지로 이동할 때 가장 빠른 교통수단으로 편도 4시간 이상이 소요되는 등 인사발령을 받은 당일에 부임에 관한 일을 모두 처리하기 곤란한 경우
라) 「국민건강보험법」 제52조에 따른 건강검진의 확진 검사와 「결핵예방법」 제11조 제1항에 따른 결핵 검진의 확진 검사는 공가 대상이 아님
※ 「산업안전보건법」 제129조부터 제131조까지의 규정에 따른 건강진단 중 의무사항으로 규정된 확진 검사는 공가 대상임
마) 행사 참가는 각급 기관의 장이 선수·심판 등 공가 활용이 불가피하다고 인정되는 경우에 한함
바) 공무원 노조 활동과 관련하여 공가 처리를 할 수 없는 경우
- 노조의 단체교섭 및 협의와 관련하여 사진촬영, 참관 등을 위해 참석하거나 사무처리를 위하여 동행하는 인원
- 노조의 자체규약 등에 의한 총회, 대의원회, 조합연수, 조합행사, 설명회, 기타 조합회의 및 집회 등에 참석하는 경우
- 공무원노조법에 의한 근거 없이 최소 설립 단위의 정부 교섭대표 및 각급 기관과의 협의를 위해 참석하는 경우 등
사) 제1급 감염병에 대하여 예방접종을 받는 경우 공가 부여 기준
- 감염병의 예방 및 관리에 관한 법률 제2조에 따른 제1급 법정감염병에 한정하며, 인플루엔자 등 일반 독감 예방접종은 미해당
- 접종기관으로 이동·복귀시간, 접종소요시간 등 예방 접종에 직접 필요한 시간만큼만 부여

3) 공가의 사례
사례 1 「국가기술자격법」에 의한 기술자격취득자의 경우 자격의 유지를 위한 개별법령에 따른 보수교육에 대하여는 공가처리. 다만, 공무원 임용시 「국가기술자격법」 기타 개별법령에 의한 자격취득이 공무원 임용요건으로 의무화된 경우에는 교육파견절차에 따라 처리

사례 2 구속된 경우 기소 전까지는 공가 처리

> ※ 유죄판결이 확정될 때까지는 무죄로 추정되는 헌법정신을 감안하고 불기소·기소유예 등의 경우에 대비. 다만, 직위해제 등 인사조치를 신속히 취하여 공가 기간을 최소화시켜야 함

사례 3 징계·소청·행정소송 등에 있어서 업무담당 공무원의 출석은 출장처리하고, 당사자 및 참고인은 공가처리. 다만, 그 내용이 공직신분과 무관한 사항은 연가를 활용해야 함

사례 4 민사소송의 당사자로서 출석할 때는 연가를 사용하여야 함. 다만, 민사소송 절차에 업무상 관련이 있는 공무원이 당사자(정당한 공무수행과 관련하여 제기된 소송에 한함)일 경우는 공가 처리. 민사소송 절차에 업무상 관련이 있는 공무원이 참고인·증인 또는 감정인으로 출석요구에 응할 때는 공가 처리

사례 5 중앙행정기관 동호인대회에 선수로 참석할 경우 공가 처리하고, 동호인대회 업무 담당자의 경우 출장 처리. 다만 부처별 동호인대회에 참석할 경우에는 연가 처리하여야 함.

03 소극행정과 공무원 행동 강령

가. 소극행정과 비위행위자 처리 지침

1) 관련 법령 근거

「적극행정 운영규정」 제2조 제2호.

'소극행정'이란 공무원이 부작위 또는 직무태만 등 소극적 업무행태로 국민의 권익을 침해하거나 국가 재정상 손실을 발생하게 하는 행위를 말함

2) 처리

각급 기관에서는 소속 공무원의 소극행정이 발생한 경우, 즉시 조사를 실시하고, 조사 결과 징계사유에 해당하면 관할 징계위원회에 징계 의결을 요구해야 함
- 소극행정 비위행위자의 감독자도 감독의무를 태만히 한 사실이 확인되는 경우 엄중히 문책하여야 함

3) 활용안내

'소극행정 유형 및 유형별 비위 판단기준'은 징계의결 등 요구권자와 관할 징계위원회가 소극행정 해당 여부를 판단할 때 이해를 돕기 위한 참고사항으로, 법적 구속력을 가지고 있지 않음
- 징계 의결 등 요구권자는 비위행위에 대한 충분한 조사를 거쳐 「공무원 비위사건 처리규정」의 처리기준에 따라 적합한 비위의 유형과 정도, 과실의 여부 등을 판단함
- 징계위원회는 징계의결 등 요구된 사건에 대한 심사를 거쳐 「공무원 징계령 시행규칙」의 징계기준에 따라 적합한 비위의 유형과 정도, 과실의 여부 등을 판단함

4) 소극행정 유형 및 유형별 비위 판단기준
- 아래의 행위 등으로 인해 ① 국민의 권익을 침해하거나 ② 국가 재정상손실을 발생하게 한 경우, 소극행정으로 판단

구분	판단기준
적당 편의	• 직무수행을 위해 필수적으로 검토해야 하는 사항을 검토하지 않고, 적당히 형식만 갖추어 부실하게 처리하는 행태 • **판단기준** · 업무와 관련하여 반드시 확인해야 하는 중요한 정보·지식·의견 등을 파악하지 않고 처리하는 행태 · 규정 또는 지침에 따른 절차 등을 철저히 준수하여 처리해야 하는 업무임에도, 민원인 등과 타협·절충으로 대충 처리하는 행태
업무 해태	• 합리적이거나 적법한 사유 없이 주어진 업무를 게을리하여 불이행하는 행태 • **판단기준** · 특별한 사유 없이 소관 업무를 처리하지 않거나 늑장 대응하는 행태 · 민원신청·신고 등을 특별한 사유 없이 접수·처리하지 않는 행태 · 주어진 권한과 의무를 이행하지 않는 행태
탁상 행정	• 법령이나 지침 등의 변화에도 불구하고 과거 규정에 따라 업무를 처리하거나, 기존의 불합리·부적법한 업무 관행을 그대로 답습하는 행태 • **판단기준** · 개정 법령이나 지침을 따르지 않고, 종전 지침을 따르거나 현재 규정에 부합하지 않는 전임자의 업무처리 방식을 그대로 답습하는 행태 · 보다 효율적·효과적인 방법이 있음을 알고 있음에도 편의상 관례대로 처리하는 행태 · 업무처리의 문제점을 인식하면서도 기존 관행을 그대로 답습하는 행태
기타 관 중심 행정	• 국민 편익과 공무원 개인 또는 소속기관의 이익이 상충 되는 상황에서 행정목적 달성에 필요한 범위를 넘어 자의적으로 처리하는 행태 • **판단기준** · 법·제도적 허점을 이용하거나 규정·예산 등을 자의적으로 해석·활용함으로써 사적 이익 또는 소속기관의 이익을 추구하는 행태

나. 공무원의 행동강령
1) 목적

공무원 행동강령
제1조(목적) 이 영은 「부패방지 및 국민권익위원회의 설치와 운영에 관한 법률」 제8조에 따라 공무원이 준수하여야 할 행동기준을 규정하는 것을 목적으로 한다

가) 공무원의 행동강령에 대한 목적
나) 공무원이 준수하여야 할 행동기준 명시

2) 정의

> **공무원 행동강령**
>
> **제2조(정의)** 이 영에서 사용하는 용어의 뜻은 다음과 같다.
> 1. **"직무관련자"**란 공무원의 소관 업무와 관련되는 자로서 다음 각 목의 어느 하나에 해당하는 개인[공무원이 사인(私人)의 지위에 있는 경우에는 개인으로 본다] 또는 법인·단체를 말한다.
> 가~아 생략
> 2. **"직무관련공무원"**이란 공무원의 직무수행과 관련하여 이익 또는 불이익을 직접적으로 받는 다른 공무원(기관이 이익 또는 불이익을 받는 경우에는 그 기관의 관련 업무를 담당하는 공무원을 말한다) 중 다음 각 목의 어느 하나에 해당하는 공무원을 말한다.
> 가. 공무원의 소관 업무와 관련하여 직무상 명령을 받는 하급자
> 나. 인사·예산·감사·상훈 또는 평가 등의 직무를 수행하는 공무원의 소속 기관 공무원 또는 이와 관련되는 다른 기관의 담당 공무원 및 관련 공무원
> 다. 사무를 위임·위탁하는 경우 그 사무를 위임·위탁하는 공무원 및 사무를 위임·위탁받는 공무원
> 라. 그 밖에 중앙행정기관의 장등이 정하는 공무원
> 3. **"금품 등"**이란 다음 각 목의 어느 하나에 해당하는 것을 말한다.
> 가~다 생략

가) 공무원의 행동강령에서 사용되는 용어 정의
나) 직무관련공무원이란 공무원 직무수행과 관련 이익 또는 불이익을 직·간접적으로 받는 다른 공무원
　상급 공무원이 직무와 관련 소속 하급공무원에게 이익이나 불이익을 주게 된다면 하급공무원이 바로 '직무관련공무원'
　인사·감사 담당 공무원이 주어진 직무상 권한 행사를 통해 소속 공무원에게 이익 또는 불이익을 줄 경우, 소속 공무원이 직무관련공무원

3) 적용 범위

> **공무원 행동강령**
>
> **제3조(적용 범위)** 이 영은 국가공무원(국회, 법원, 헌법재판소 및 선거관리위원회 소속의 국가공무원은 제외한다)과 지방공무원(지방의회의원은 제외한다)에게 적용한다.

    가) 적용 범위에 대한 규정
    나) 국가공무원과 지방공무원 모두 적용

4) 공정한 직무수행을 해치는 지시에 대한 처리

> **공무원 행동강령**
>
> **제4조(공정한 직무수행을 해치는 지시에 대한 처리)** ①공무원은 상급자가 자기 또는 타인의 부당한 이익을 위하여 공정한 직무수행을 현저하게 해치는 지시를 하였을 때에는 그 사유를 그 상급자에게 소명하고 지시에 따르지 아니하거나 제23조에 따라 지정된 공무원 행동강령에 관한 업무를 담당하는 공무원(이하 "행동강령책임관"이라 한다)과 상담할 수 있다.
> ②제1항에 따라 지시를 이행하지 아니하였는데도 같은 지시가 반복될 때에는 즉시 행동강령책임관과 상담하여야 한다.
> ③제1항이나 제2항에 따라 상담 요청을 받은 행동강령책임관은 지시내용을 확인하여 지시를 취소하거나 변경할 필요가 있다고 인정되면 소속 기관의 장에게 보고하여야 한다. 다만, 지시내용을 확인하는 과정에서 부당한 지시를 한 상급자가 스스로 그 지시를 취소하거나 변경하였을 때에는 소속기관의 장에게 보고하지 아니할 수 있다.
> ④제3항에 따른 보고를 받은 소속기관의 장은 필요하다고 인정되면 지시를 취소·변경하는 등 적절한 조치를 하여야 한다. 이 경우 공정한 직무수행을 해치는 지시를 제1항에 따라 이행하지 아니하였는데도 같은 지시를 반복한 상급자에게는 징계 등 필요한 조치를 할 수 있다.

> **서울특별시교육청 공무원 행동강령(교육규칙)**
>
> **제4조(공정한 직무수행을 저해하는 지시에 대한 처리)**
> ①공무원은 상급자가 자기 또는 타인의 부당한 이익을 위하여 공정한 직무수행을 현저하게 해치는 지시를 하였을 때에는 그 사유를 그 상급자에게 소명하고 지시에 따르지 아니하

거나 제23조에 따라 지정된 공무원 행동강령에 관한 업무를 담당하는 공무원(이하 "행동강령책임관"이라 한다)과 상담할 수 있다.
②제1항에 따라 지시를 이행하지 아니하였는데도 같은 지시가 반복될 때에는 즉시 행동강령책임관과 상담하여야 한다.
③제1항이나 제2항에 따라 상담 요청을 받은 행동강령책임관은 지시내용을 확인하여 지시를 취소하거나 변경할 필요가 있다고 인정되면 소속기관의 장에게 보고하여야 한다. 다만, 지시 내용을 확인하는 과정에서 부당한 지시를 한 상급자가 스스로 그 지시를 취소하거나 변경하였을 때에는 소속 기관의 장에게 보고하지 아니할 수 있다.
④제3항에 따른 보고를 받은 소속 기관의 장은 필요하다고 인정되면 지시를 취소·변경하는 등 적절한 조치를 하여야 한다. 이 경우 공정한 직무수행을 해치는 지시를 제1항에 따라 이행하지 아니하였는데도 같은 지시를 반복한 상급자에게는 징계 등 필요한 조치를 할 수 있다.
⑤제1항에 따른 소명은 자신의 인적사항, 지시내용, 지시에 따르지 아니한 사유 등을 기재한 별지 제1호서식 또는 전자우편 등의 방법으로 하여야 하며, 제1항 및 제2항에 따른 상담은 별지 제2호서식 또는 전자우편 등의 방법으로 하여야 한다.

가) 공정한 직무수행을 해치는 지시에 대한 처리 규정
나) 공무원은 상급자가 자기 또는 타인의 부당한 이익을 위하여 공정한 직무수행을 현저하게 해칠 경우 **행동강령책임관**과 상담할 수 있으며, 같은 지시가 반복된다면 즉시 상담
다) 행동강령책임관은 시·도 **교육규칙으로 지정**⇒ 본청은 감사관, 학교는 교감

서울특별시교육청 공무원 행동강령

제23조(행동강령책임관의 지정)
①서울특별시교육청 본청은 감사관, 직속기관 및 교육지원청은 **행정지원과장, 공립 각급 학교는 교감(원감)을 행동강령책임관**으로 한다.
②행동강령책임관은 소속기관의 공무원에 대한 공무원 행동강령의 교육·상담, 이 규칙의 준수 여부에 대한 점검 및 위반행위의 신고접수, 조사처리, 그 밖에 소속 기관의 행동강령 운영에 필요한 업무를 담당한다.
③행동강령책임관은 이 규칙과 관련하여 상담한 내용에 대하여 비밀을 누설해서는 아니 된다.

④제1항에 따라 행동강령책임관이 지정되지 아니한 기관에 대해서는 그 상급기관 소속 행동강령책임관이 그 기관의 공무원행동강령에 관한 업무를 수행한다.
⑤행동강령책임관은 상담내용을 별지 제24호서식에 따라 유지·관리하여야 한다.

[별지 제1호서식]

공정한 직무수행을 해치는 지시에 대한 소명서(제4조 관련)

접수번호		접수일자	처리일자
소명인	성 명 홍길동		생년월일
	소 속		직위(직급)
상급자 (지시자)	성명		직위(직급)
이행 촉구 사항			
소명 내용			

년   월   일

소명인   (서명 또는 인)

210mm×297mm[일반용지 60g/㎡(재활용품)]

[별지 제2호서식] 〈개정 2016.12.21.〉

공정한 직무수행을 해치는 지시에 대한 상담요청서(제4조 관련)

접수번호		접수일자	처리일자
상담요청인	성 명		생년월일
	소 속		직위(직급)
상급자 (지시자)	성 명		직위(직급)
지시받은 사항			
공정한 직무를 저해하는 사유			

년   월   일

상담요청인   (서명 또는 인)

210mm×297mm[일반용지 60g/㎡(재활용품)]

2장

실무

1절

식단

제시한 식단은

○ 초등학교·교실배식
  - **식품비, 조리인력, 조리시설, 급식 인원, 기호도 등 고려**
    - 조리 및 식재료 절단 방법과는 별개로 1인 분량은 각 학교별 특성에 따라 다를 수 있음
    - 면 종류 음식 비중이 많은 이유는 학생들이 면 종류를 매우 선호하기 때문
    - 면의 1인 분량이 다른 학교에 비해 상대적으로 많은 이유는 면 요리를 제공하면 할수록 요구량이 증가했기 때문

○ 교실배식의 특징
  - **식재료 사용량이 식당 배식에 비해 많음**
    - 교실배식은 배식도우미 없이 학생 스스로 배식하기 때문에 음식량에 대한 조절이 어려워 음식의 과·부족 사태 자주 발생
    - 배식 과정에서 음식 부족 상황을 고려하여 조리실에 일정량의 음식(밥, 국, 반찬, 후식 등) 별도로 비치
      • 교실에서 추가 요구가 없는 경우, 비치된 음식은 음식물쓰레기로 처리되고
      • 추가로 제공한 음식도 음식물쓰레기로 버려지는 경우 많음
      • 반별 음식물쓰레기 발생량 조사 시 추가로 제공한 반의 음식물쓰레기보다 추가하지 않는 반의 음식물쓰레기가 현저히 적음
      • 특히 저학년의 경우 배식에 대한 개념 부족으로 정량을 주어도 모자라거나 남는 경우 자주 발생
    - 교실배식이 식당 배식보다 상대적으로 식재료 사용량이나 음식물쓰레기 발생량 많음

○ 학교에서 식단을 다양하게 구성하는 방법
  - 동일 식재료라도 절단 방법에 따라 맛이 달라짐
    • 돈가스, 스틱돈가스, 유니짜장, 유슬짜장 등

- 빵가루로 옷을 입힐 때 빵가루에 채소류를 다져 넣으면 맛과 색, 영양소도 달라짐
  - 단호박, 고구마, 양파, 감자, 사과 등
- 수제로 만든 요거트의 경우 들어가는 재료에 따라 맛과 색, 영양소가 크게 달라짐
  - 푸딩, 시리얼, 사과, 망고 등
- 다양한 소스를 활용하면 식단이 풍성해짐
  - 데리야끼소스, 간장소스, 블랙소스, 갈릭소스, 오리엔탈소스, 허니버터소스, 파인소스, 연시소스, 바나나소스, 유자청소스, 칠리소스, 깨소스 등
- 고기류는 채소의 비율과 종류에 따라 맛과 색, 영양소도 달라짐
  - 참나물(소, 돼지, 닭, 오리 등)불고기, (소, 돼지, 닭, 오리 등)샐러드, 버섯(소, 돼지, 닭, 오리 등)볶음
- 깻잎은 조리 방법에 따라 맛과 영양소가 달라짐
  - 간장깻잎, 양념장깻잎, 된장깻잎, 고추장깻잎, 간장장아찌, 깻잎찜

○ 알레르기 학생이 인지하기 쉽게 식재료 이름을 넣어 요리명 지음

○ 오븐기는 제조사별로 요리의 온도와 습도 등이 각기 다름

○ 생으로 먹는 채소는 반드시 소독한 후 세척 하여 제공

> **참고**
> 양파가 들어가는 음식 중 불고기나 볶음은 1/2로 절단한 후 결대로 썰고, 샐러드 등은 결 반대로 썰어 사용

01 밥

곤드레나물밥

식품명	초등 1인량(g)	절단방법	재료준비	
쌀	55			① 쌀과 찹쌀은 1~2시간 정도 불려 물기를 뺀다.
찹쌀	10			② 곤드레, 달래, 부추, 쪽파는 규격대로 썬다.
건데친곤드레	19	4cm절단		③ 다시마로 육수를 낸다.
달래	1.5	0.2송송		④ 육수에 간장, 달래, 부추, 쪽파, 고춧가루, 참기름, 참깨를 넣어 양념장을 만든다.
부추	1.5	0.2송송		
깐쪽파	1.5	0.2송송		
건다시마	0.5			
진간장	5		만드는 방법	① 곤드레는 들기름과 소금을 넣고 무친다.
고춧가루	1			② 불린 쌀에 ①을 넣고 골고루섞어 밥을 짓는다.
참기름	0.4			③ ②에 달래 양념장을 올린다.
들기름	0.5			
참깨	0.4			
소금	0.5			
			특이사항	- 달래가 없을 때는 부추와 쪽파만 사용해도 된다. - 나물과 쌀을 고루 섞어 밥을 지어야 나물이 뭉치지 않는다. - 건시래기로 밥을 지어도 좋다

■ 함께한 식단	● 곤드레나물밥/달래양념장, 미역오이냉국, 무생채, 닭봉깐풍기, 키위사과쥬스, 찰옥수수, 배추겉절이
■ 비슷한 음식	● 곤드레감자밥, 시래기나물밥, 곤드레무밥
■ 알아둘 것	● 곤드레밥은 감자나 무 등 다른 채소와 같이 밥을 지어 양념장에 비벼 먹어도 좋다. ● 생곤드레를 사용해도 좋다.

김치알밥

식품명	초등 1인량(g)	절단방법		
쌀	65		재료 준비	① 쌀과 찹쌀은 1~2시간 정도 불려 물기를 뺀다. ② 날치알은 해동시켜 청주, 락토소스에 담갔다가 체에 받쳐 씻은 후 오븐에 굽는다. ③ 배추김치는 양념을 털어내고 규격대로 썬다. ④ 햄, 단무지, 오이, 양파, 당근, 쪽파는 규격대로 썬다. ⑤ 달걀은 풀어 쪽파, 우유, 당근과 혼합, Z자로 저으면서 스크램블에그를 완성한다.
찹쌀	10			
날치알(골드)	14			
날치알(레드)	14			
햄	7	0.5초핑		
배추김치	40	0.2송송		
단무지	18	다지기		
청오이	18	다지기		
양파	4	다지기		
당근	2	다지기		
깐쪽파	2.5	0.2송송	만드는 방법	① 쌀, 찹쌀로 밥을 짓는다. ② 배추김치와 햄은 혼합하여 볶는다. ③ 오이와 양파는 혼합하여 소금간을 한 후 볶는다.(차게 식힘) ④ 단무지와 ③을 혼합한다. ⑤ 밥 위에 ②, ④와 달걀스크램블에그, 날치알을 올려 담는다.
달걀	20			
우유	5			
김가루	3			
현미유	3			
소금	0.2			
청주	1			
락토소스	1			
			특이 사항	– 배추김치의 양념을 털어내지 않고 볶으면 음식이 지저분하다.

■ 함께한 식단	● 김치알밥, 누룽지숭늉, 맛탕소스탕수육, 사과쥬스, 군고구마, 총각김치
■ 비슷한 음식	● 날치알밥, 날치알볶음밥
■ 알아둘 것	● 날치알 굽는 오븐온도(코팅팬)/양에 따라 시간 조절 – 예열: 컨벡션 200℃ 10분 – 조리: 컨벡션 180~185℃ 10분 ● 날치알의 비린 맛은 청주, 락토소스에 담가두면 어느 정도 없어진다.

나물비빔밥/약고추장

식품명	초등 1인량(g)	절단방법		
쌀	70		재료 준비	① 쌀, 찰현미는 불려 놓는다. ② 콩나물과 시금치, 취나물, 녹두묵은 대처 규격대로 썬다. ③ 애호박, 당근, 양파, 애느타리버섯, 대파, 마늘, 쪽파는 규격대로 썬다. ④ 달걀은 소금, 후추로 간한 후 지단을 부쳐 규격대로 썬다. ⑤ 다시마는 육수를 낸다. ⑥ 참치는 기름기를 제거한다. ⑦ 육수에 고추장, 순두부, 참치, 쌀엿, 설탕, 쪽파를 넣고 끓여 약고추장을 만든다.
찰현미	5			
콩나물	25	4cm절단		
녹두묵	17	0.3*0.3*4채		
애호박	15	0.3*0.3*4채		
시금치	15	4cm절단		
당근	10	0.3*0.3*4채		
양파	10	0.3*0.3*4채		
애느타리버섯	17	손뜯기		
취나물	10	4cm절단		
대파	1.5	0.2송송		
마늘	0.3	다지기		
쪽파	2	0.2송송	만드는 방법	① 쌀과 찰현미로 밥을 짓는다. ② 콩나물, 시금치, 취나물은 대파, 마늘, 소금, 참깨, 참기름을 넣고 각각 무친다. ③ 녹두묵에는 간장 양념을 한다. ④ 애호박, 애느타리버섯, 당근, 양파는 대파, 마늘을 넣고 소금으로 간한 후 각각 볶는다. ⑤ 밥에 콩나물, 시금치, 취나물, 녹두묵, 애호박, 당근, 양파, 지단, 김가루를 돌려담고 약고추장을 올린다.
김가루	2.5			
달걀	20	0.3*0.3*4채		
델큐브참치	6			
건다시마	1.2			
순두부	6			
고추장	6			
참기름	1.5			
참깨	2			
청주	1			
소금	1			
후추	0.01		특이 사항	− 비빔밥 재료는 싱겁게 하고 잘게 절단하는 것이 좋다. 재료가 길면 비벼 먹기가 힘들다. − 상추, 무생채, 열무김치 등을 사용해도 좋다.
쌀엿	1			
백설탕	0.5			
진간장	1			
현미유	3			

■ 함께한 식단	● 나물비빔밥/약고추장, 누룽지숭늉, 타르타르새우가스, 짜먹는요플레, 오렌지알, 백김치
■ 비슷한 음식	● 상추비빔밥, 생채비빔밥
■ 알아둘 것	● 약고추장을 만들 때 델큐브참치를 넣으면 맛이 담백하다. ● 약고추장은 센불에서 수분을 날리고 약불로 줄인 후 저어가면서 볶아 준다.

베이컨주먹밥

식품명	초등 1인량(g)	절단방법
쌀	42	
찹쌀	8	
후리가케	2	
베이컨	10	0.5쵸핑
백김치	15	0.2*0.2깍둑
청오이	7	0.2송송
당근	4.5	다지기
난황	7	0.2*0.2깍둑
마늘	0.8	다지기
날치알	5	
김가루	3	
소금	1	
참깨	0.3	
참기름	0.3	
소금	1	
현미유	6	
청주	1	
락토소스	0.5	

재료준비
① 쌀과 찹쌀은 불려 놓는다.
② 베이컨은 규격대로 썬다.
③ 날치알은 깨끗하게 씻어 고운 체에 받친 후 락토소스, 청주에 담가둔다.
④ 난황은 지단을 부쳐 규격대로 썬다.
⑤ 청오이, 당근은 소금으로 간한 후 물기를 꼭 짠다.
⑥ 백김치는 규격대로 썬 후 물기를 꼭 짠다.

만드는 방법
① 쌀과 찹쌀로 밥을 짓는다.
② 베이컨, 날치알은 볶는다.
③ 청오이와 당근도 볶는다.
④ 밥에 베이컨, 날치알, 후리가케, 당근, 지단, 청오이, 백김치를 섞어 참깨, 참기름, 소금으로 간한다.
⑤ ④를 30g 정도 크기로 뭉쳐 김가루에 굴린다.

특이사항
- 밥은 뭉치기 쉽도록 고슬고슬하게 짓는다.
- 너비아니, 지리멸치, 참치 등을 사용해도 좋다.
- 죽과 같이 제공하면 좋다.

■ 함께한 식단
● 크레미살채소죽, 베이컨주먹밥, 동치미, 절편, 오렌지요거트, 키위, 깍두기

■ 비슷한 음식
● 너비아니주먹밥, 김가루주먹밥, 참치주먹밥

■ 알아둘 것
● 베이컨주먹밥에 김치를 넣어도 좋다.
● 베이컨은 기름을 많이 넣지 않고 볶는 것이 좋다.
● 김가루 없는 주먹밥을 만들어도 좋다.
● 베이컨주먹밥에서 제시된 양은 죽과 같이 제공될 때의 양이다.

볶음비빔밥/약고추장

식품명	초등 1인량(g)	절단방법		
쌀	70		재료 준비	① 쌀, 찰현미는 불려 놓는다. ② 생강은 생강즙을 낸다. ③ 소고기, 돈육은 진간장, 설탕, 생강즙, 락토소스, 청주, 후추를 넣어 각각 밑간한다. ④ 배추김치, 당근, 양파, 대파, 맛살, 쪽파, 마늘은 규격대로 썬다. ⑤ 달걀은 풀어 쪽파, 우유, 당근을 넣고 Z자로 저으면서 스크램블에그를 만든다. ⑥ 시금치는 데쳐 규격대로 썬다. ⑦ 날치알은 해동 후 청주, 락토소스에 담가 둔다.
찰현미	5			
돈육(전지)	25	0.5*0.5깍둑		
소고기(우둔)	5	다지기		
배추김치	25	0.2송송		
시금치	25	2cm절단		
당근	10	0.5*0.5깍둑		
양파	10	0.5*0.5깍둑		
대파	1.5	0.2송송		
마늘	0.3	다지기		
생강	0.3	분쇄		
쪽파	2	0.2송송	만드는 방법	① 쌀과 찰현미로 밥을 짓는다. ② 돈육과 소고기는 각각 볶는다. ③ 배추김치, 맛살, 날치알, 당근, 양파도 각각 볶는다. ④ 고추장에 순두부, 쌀엿, 설탕을 혼합, 볶다가 소고기를 넣고 다시 볶아 약고추장을 만든다. ⑤ 시금치는 쪽파, 대파, 마늘, 참깨, 참기름, 소금에 무친다. ⑥ 맛살과 날치알, 당근과 양파를 혼합한다. ⑦ 밥에 돈육, 김치, ⑤, ⑥, 김가루, 스크램블에그를 올리고 약고추장을 곁들인다.
게맛살	10	0.5쵸핑		
김가루	2.5			
날치알	7			
달걀	16			
순두부	6			
우유	4			
고추장	6			
참기름	1.5			
참깨	2			
청주	1			
락토소스	1			
후추	0.01		특이 사항	- 김치는 양념을 털어내고 썬다. - 재료가 작아 싫어하는 채소를 골라낼 수 없는 장점이 있다. - 컵밥처럼 먹는 밥이다.
쌀엿	1			
백설탕	0.5			
진간장	1			
현미유	3			
소금	0.5			

- ■ 함께한 식단: ● 볶음비빔밥/약고추장, 누룽지숭늉, 뿌링클치파이, 수정과, 거봉, 백김치
- ■ 비슷한 음식: ● 스테이크볶음비빔밥, 베이컨볶음비빔밥
- ■ 알아둘 것: ● 볶음비빔밥은 컵밥에서 응용한 음식이다. 비빔밥의 재료를 잘게 썰어 제공하면 싫어하는 채소를 골라내지 못하여 편식 예방에 효과적이다.

석박지볶음밥

식품명	초등 1인량(g)	절단방법
쌀	54	
찹쌀	6	
돈육(전지)	16	0.5*0.5깍둑
석박지	32	0.5*0.5깍둑
배추김치	30	0.5*0.5깍둑
양파	13	0.5*0.5깍둑
당근	10	0.5*0.5깍둑
청피망	8.5	0.5*0.5깍둑
대파	1.5	0.2송송
마늘	0.3	다지기
생강	0.3	분쇄
스팸	26	0.5쵸핑
난황	15	0.5*0.5깍둑
굴소스	1	
참기름	1.5	
참깨	2	
청주	1	
락토소스	1	
후추	0.01	
백설탕	0.5	
진간장	1	
현미유	3	
소금	0.5	

재료 준비
① 쌀, 찹쌀은 불려 놓는다.
② 생강은 생강즙을 낸다.
③ 돈육은 진간장, 설탕, 생강즙, 락토소스, 청주, 후추를 넣어 밑간한다.
④ 배추김치, 석박지, 당근, 양파, 대파, 피망, 마늘은 규격대로 썬다.
⑤ 난황은 지단을 부쳐 규격대로 썬다.
⑥ 스팸은 데쳐 규격대로 썬다.

만드는 방법
① 쌀과 찹쌀로 밥을 짓는다.
② 돈육, 스팸, 석박지, 배추김치를 각각 볶아 혼합한다.
③ 당근, 청피망, 양파는 소금으로 간하여 볶다가 ②와 섞어 한 번 더 볶는다.
④ 밥과 ③을 혼합하여 볶은 후 지단, 소금, 후추, 굴소스, 참깨, 참기름을 넣어 완성한다.

특이 사항
- 김치는 숙성된 것으로 사용하고 석박지 국물을 넣어도 좋다.

■ 함께한 식단	● 석박지볶음밥, 두부미소된장국, 돌자반볶음, 미니해물가스, 사과푸딩, 호박고구마구이, 열무김치
■ 비슷한 음식	● 케찹볶음밥, 짜장볶음밥, 나시랭이볶음밥, 새우살볶음밥, 오리훈제볶음밥, 부대볶음밥
■ 알아둘 것	● 백김치나 깍두기를 이용하여 볶음밥을 만들어도 좋다. ● 달걀지단을 큼직(8*8나박)하게 썰어 케찹과 함께 먹으면 오므라이스와 같은 맛을 낸다.

스팸김치밥버거

식품명	초등 1인량(g)	절단방법		
쌀	40		재료 준비	① 쌀과 찹쌀은 불려 놓는다. ② 스팸은 데쳐 규격대로 썬 후 살짝 볶아 마요네즈와 데리야끼소스에 버무린다. ③ 깍두기, 배추김치, 양파는 규격대로 썰어 설탕, 참기름, 참깨를 넣고 볶는다.
찹쌀	12			
깍두기	35	0.5쵸핑		
배추김치	35	0.2*0.2깍둑		
양파	12.5	0.2*0.2깍둑		
스팸	35	0.5쵸핑		
마요네즈	10			
데리야끼소스	6			
후리가케	3		만드는 방법	① 쌀과 찹쌀로 밥을 짓는다. ② ①에 후리가케, 김가루, 참깨를 넣고 섞어준다. ③ 사각밧트에 김가루를 살짝 뿌리고 밥→스팸→김치류→밥 순으로 올린 후 김가루를 살짝 뿌린다. ④ ③의 밥을 꾹꾹 눌러 준다. ⑤ ④를 8*8cm 크기로 자른다.
김가루	4			
참기름	0.3			
참깨	0.5			
소금	0.5			
현미유	2			
백설탕	0.5			
			특이 사항	– 밥버거는 학생들이 아주 좋아하는 음식으로 다양하게 응용하면 좋다. – 시간 여유가 있다면 랩으로 싸서 제공하면 더 좋다.

■ 함께한 식단	● 낙지영양죽, 수제스팸김치밥버거, 동치미, 모짜치즈볼, 뽀로로음료, 감말랭이, 배추겉절이
■ 비슷한 음식	● 밥버거, 텐더치킨밥버거, 용가리치킨밥버거, 참치밥버거
■ 알아둘 것	● 학교 이름을 따서 제공해도 좋다. 예) ○○○밥버거 ● 랩에 싸서 주면 그냥 줄 때보다 더 좋아한다.

영양찰밥

식품명	초등 1인량(g)	절단방법
쌀	20	
찹쌀	55	
붉은팥	5	
깐밤	14	1/4절단
대추채	2	
깐은행	4	
잣	3	
소금	0.5	

재료준비
① 쌀과 찹쌀은 1~2시간 정도 불려 물기를 뺀다.
② 붉은팥은 2시간 이상 충분히 불려 물을 넉넉히 붓고 센불에서 뚜껑을 열고 삶는다.
③ ②의 팥물은 버리고 다시 물을 붓고 소금을 넣은 후 푹 삶는다.
④ ③의 팥은 건지고 팥물은 식혀 놓는다.
⑤ 깐밤은 규격대로 썬다.

만드는 방법
① 쌀, 찹쌀, 밤, 대추채, 팥, 은행, 잣을 혼합한 후 팥물을 부어 밥을 짓는다.

특이사항
- 밥물은 평소 85% 정도가 적당하다.
- 찹쌀이 많으면 수분 흡수와 팽창이 적어 밥이 잘 늘지 않기 때문에 평소보다 양을 많이 해야 한다.
- 김에 싸서 먹으면 좋다.

■ 함께한 식단	● 영양찰밥, 시금치두부국, 김구이, 고등어무조림, 보름달군만두, 배, 배추김치
■ 비슷한 음식	● 완두콩영양찰밥, 오곡찰밥, 강낭콩영양찰밥
■ 알아둘 것	● 찰밥은 팥으로 해도 좋지만, 오곡, 강낭콩, 완두콩 등을 사용해도 좋다. ● 팥은 삶을때 첫번째 끓인 물을 버리는 이유는 팥 특유의 아린맛과 떫은 맛을 제거하기 위함이다. 또 첫물에는 팥에서 나오는 사포닌이란 성분이 녹아 있는데 이 성분은 쓴맛을 내고 거품을 형성한다. ● 찰밥은 김구이와 찰떡궁합이다.

잔멸치우엉꼬마김밥

식품명	초등 1인량(g)	절단방법		
쌀	50		재료 준비	① 쌀은 불려 놓는다. ② 우엉채는 식초물에 데쳐 규격대로 썬다. ③ 날치알은 해동하여 청주, 락토소스에 담근 후 체에 받쳐 물기를 제거하고 오븐에 굽는다. ④ 지리멸치는 볶는다. ⑤ 당근, 단무지, 마늘은 규격대로 썬다. ⑥ 달걀은 풀어 마늘, 소금으로 간한 후 지단을 부쳐 규격대로 썬다.
후리가케	2.3			
날치알	5			
지리멸치	4			
우엉채	12.5	0.2송송		
당근	4.5	다지기		
단무지	12	다지기		
마늘	0.8	다지기		
달걀	8	0.2*0.2깍둑	만드는 방법	① 쌀로 밥을 짓는다. ② 우엉은 간장, 쌀엿, 설탕을 넣고 조린다. ③ 당근과 단무지는 각각 볶는다. ④ 밥에 날치알, 후리가케, 당근, 우엉, 지단, 지리멸치를 섞고 참깨, 참기름, 소금을 넣어 간을 맞춘다. ⑤ 김 위에 ④를 올려 돌돌 만다.
구운김밥김	1/2장			
백설탕	0.8			
식초	0.2			
진간장	1			
소금	1			
참깨	0.3			
참기름	0.3			
현미유	6			
			특이사항	– 지리멸치 대신, 참치, 소고기, 진미채 등으로 다양하게 응용할 수있다. – 국수나 죽을 줄 때 함께 제공하면 좋다.

- **함께한 식단**: 잔치국수/양념장, 잔멸치우엉꼬마김밥, 핫도그, 요구르트, 수박, 배추겉절이
- **비슷한 음식**: 진미채김밥, 후리가케김밥, 소고기김밥
- **알아둘 것**:
  - 날치알 굽는 오븐온도(코팅펜)/양에 따라 시간 조절
    – 예열: 컨벡션 200℃ 10분
    – 조리: 컨벡션 180~185℃ 10분
  - 재료를 잘게 다져 김에 싸기 때문에 생각보다 소요되는 시간이 길지 않아 가끔씩 해주어도 좋다.
  - 김 끝부분에 물을 살짝 묻혀 김밥이 풀리지 않게 한다.

잡채밥

식품명	초등 1인량(g)	절단방법
쌀	56	
찹현미	4	
소고기(설도)	9	0.2*0.2*6채
자른당면	15	
목이버섯	0.4	0.5*0.5채
생표고버섯	7	0.2*0.2*6채
시금치	20	5cm절단
당근	10	0.2*0.2*6채
양파	10	0.2*0.2*6채
대파	1	0.2송송
마늘	0.8	다지기
생강	0.3	분쇄
사각어묵	10	0.2*0.2*6채
참기름	0.4	
참깨	0.3	
청주	1	
락토소스	1	
진간장	4	
흑설탕	2.5	
백설탕	0.2	
후추	0.01	
현미유	3	

재료준비
① 쌀, 찹현미는 불려 놓는다.
② 생강은 생강즙을 낸다.
③ 소고기는 진간장, 백설탕, 생강즙, 락토소스, 청주, 후추를 넣고 밑간한다.
④ 시금치는 소금을 넣고 살짝 데쳐 규격대로 썬다.
⑤ 당면과 목이버섯은 찬물에 불리고 목이버섯은 규격대로 썬다.
⑥ 생표고버섯, 당근, 양파, 대파, 마늘은 규격대로 썬다.
⑦ 어묵은 데쳐 규격대로 썬다.
⑧ 진간장에 청주, 흑설탕, 대파, 마늘, 참깨, 참기름을 넣고 양념장을 만든다.

만드는 방법
① 쌀과 찹현미로 밥을 짓는다.
② 소고기를 볶다가 목이버섯을 넣고 살짝 볶는다.
③ 표고버섯, 당근, 양파는 각각 볶는다.
④ 시금치는 소금, 참깨, 참기름, 대파, 마늘을 넣고 무친다.
⑤ 당면은 소금을 넣고 삶는다.
⑥ 당면에 ②, ③, ④와 어묵을 혼합, 양념장을 넣고 볶다가 참깨, 참기름을 뿌려 완성한다.
⑦ 밥에 ⑥을 곁들여 낸다.

특이사항
– 당면은 찬물에 불려야 쫄깃함을 오래 유지한다.
– 시금치가 없을 때는 부추로 해도 좋다.

■ 함께한 식단 ● 잡채밥, 유슬짜장소스, 열무알배기피클, 크리피스핫도그, 야구르트, 아이스홍시, 배추겉절이
■ 비슷한 음식 ● 부추잡채
■ 알아둘 것 ● 당면을 삶을 때 소금을 약간 넣으면 간이 더해져 깊은 맛을 낸다.

찰보리강된장열무비빔밥

식품명	초등 1인량(g)	절단방법		
쌀	60		재료 준비	① 쌀, 찹쌀, 찰보리는 불린다. ② 콩나물은 삶아 규격대로 썬다. ③ 열무김치는 규격대로 썬다. ④ 애호박, 애느타리버섯, 당근, 양파, 마늘, 쪽파, 두부, 감자, 풋고추는 규격대로 썬다. ⑤ 달걀은 풀어 쪽파, 우유, 당근과 혼합, Z자로 저으면서 스크램블에그를 만든다. ⑥ 델큐브참치는 기름기를 뺀다. ⑦ 멸치, 다시마로 육수를 낸다.
찹쌀	7			
찰보리	5			
열무김치	50	3cm절단		
콩나물	20	3cm절단		
애호박	16	0.3*03*6채		
애느타리버섯	25	손뜯기		
당근	8.6	0.3*03*6채		
양파	6	0.2*0.2*5채		
대파	1.5	0.2송송	만드는 방법	① 쌀, 찹쌀, 찰보리로 밥을 짓는다. ② 육수에 강된장, 고추장, 참치, 깍둑썬 감자, 애호박, 양파, 풋고추, 대파, 쪽파, 두부, 설탕을 넣고 강된장을 만든다. ③ 채썬 애호박, 당근, 양파와 애느타리버섯은 소금으로 간한 후 참깨, 참기름, 쪽파, 대파를 넣고 각각 볶아낸다. ④ 콩나물은 참깨, 참기름을 넣고 소금으로 간하여 무친다. ⑤ 애호박과 당근, 애느타리버섯과 양파를 혼합한다. ⑥ 밥에 열무김치, 각종 채소와 달걀스크램블에그를 올리고 강된장을 곁들인다.
마늘	0.3	다지기		
깐감자	5.5	0.5*0.5깍둑		
풋고추	0.3	0.2송송		
양파	3	0.5*0.5깍둑		
애호박	4.5	0.5*0.5깍둑		
깐쪽파	2	0.2송송		
델큐브참치	8			
다시멸치	0.8			
건다시마	0.8			
달걀	20			
두부	10	0.5*0.5깍둑		
우유	4			
강된장	18			
고추장	1.5			
백설탕	0.1		특이 사항	− 식재료는 간을 너무 세지 않게 하는 것이 좋다. − 강된장에 소고기나 우렁살을 넣어도 좋다.
참기름	1.5			
참깨	2			
현미유	3			
소금	0.5			

■ 함께한 식단	● 찰보리강된장열무비빔밥, 누룽지숭늉, 갈릭가자미살강정, 요플레키즈, 수박, 백김치
■ 비슷한 음식	● 강된장상추비빔밥
■ 알아둘 것	● 강된장비빔밥은 '고기없는 날' 식단이다. ● 비빔밥의 모든 재료는 짧게 자르는 것이 좋다.

참치부추유슬짜장밥

식품명	초등 1인량(g)	절단방법		
쌀	70		재료 준비	① 쌀과 찹현미는 1~2시간 정도 불려 물기를 뺀다. ② 감자, 당근, 양파, 피망, 호박, 양배추, 부추, 대파, 마늘, 양송이버섯, 새송이버섯은 규격대로 썬다. ③ 새우살은 씻어 규격대로 썬다. ④ 참치는 기름기를 뺀다. ⑤ 짜장가루와 전분은 각각 물에 갠다.
찹현미	5			
깐감자	20	0.2*0.2*5채		
당근	16	0.2*0.2*5채		
양파	20	0.2*0.2*5채		
청피망	5	0.2*0.2*5채		
쥬키니호박	18	0.2*0.2*5채		
양송이버섯	3.5	0.2*0.2*5채		
새송이버섯	7	0.2*0.2*5채		
양배추	18	0.2*0.2*5채	만드는 방법	① 쌀과 찰현미로 밥을 짓는다. ② 대파는 볶아 파기름을 낸다. ③ ②에 감자, 당근, 양파, 피망, 호박, 양배추를 볶는다. ④ 고추기름에 새우살을 볶는다. ⑤ ③, ④에 물을 붓고 끓이다 참치를 넣고 다시 끓인다. ⑥ ⑤가 끓으면 짜장가루를 넣고 한소끔 끓인다. ⑦ 전분으로 농도를 맞춘다. ⑧ 밥에 ⑦를 붓고 채썬 부추를 올려 완성한다.
부추	3.5	0.2송송		
대파	1	0.2송송		
마늘	0.5	다지기		
델큐브참치	25			
새우살	8	다지기		
고추기름	1			
감자전분	3			
짜장가루	18			
소금	0.5			
청주	0.2			
후추	0.01			
해바라기유	3			
			특이 사항	- 모든 재료를 채 썰어 사용하면 학생들이 싫어하는 채소를 먹게 하는 장점이 있다.

- **함께한 식단**: 참치부추유슬짜장밥, 단무지, 수제고구마돈가스, 요플레키즈, 파인애플, 배추겉절이
- **비슷한 음식**: 짜장밥, 유니짜장밥, 사천식짜장밥
- **알아둘 것**:
  - 델큐브참치는 '고기없는 날'에 사용하면 좋다.
  - 유슬은 식재료를 가늘게 채 썰기 때문에 밥과 하나가 되어 모든 식재료를 남기지 않고 먹게 된다.

치밥

식품명	초등 1인량(g)	절단방법
쌀	70	
찹현미	4	
닭정육	90	10~15g
달걀	30	
쪽파	2	0.2송송
당근	2.5	다지기
대파	1	0.2송송
마늘	0.8	다지기
생강	0.3	분쇄
양파	4	분쇄
사과	4	분쇄
바라깻잎	5	0.2*0.2송송
파인애플	2.8	
우유	4	
김가루	4.5	
감자전분	6	
치킨튀김가루	6	
튀김가루	6	
해바리기유	5	
참기름	0.4	
참깨	0.3	
청주	1	
락토소스	1	
진간장	4	
백설탕	1.5	
후추	0.01	
고추장	4	
고춧가루	0.8	
토마토케찹	4.5	
양념통닭소스	35	
쌀엿	4.5	

재료 준비
① 쌀, 찰현미는 불려 놓는다.
② 생강은 생강즙을 낸다.
③ 닭정육은 진간장, 백설탕, 생강즙, 파인애플, 락토소스, 청추, 후추를 넣고 밑간 한다.
④ 쪽파, 당근, 대파, 마늘, 양파, 사과, 파인애플, 바라깻잎은 규격대로 썬다.
⑤ 달걀에 쪽파, 우유, 당근을 넣고 Z자로 저으면서 스크램블에그를 만든다.
⑥ 양념통닭소스, 케찹, 쌀엿, 설탕, 양파, 사과, 고추장, 고춧가루를 혼합하여 볶은 후 바라깻잎을 넣어 소스를 만든다.
⑦ 전분과 튀김가루는 혼합한다.

만드는 방법
① 쌀과 찹현미로 밥을 짓는다.
② 닭고기는 혼합한 가루를 묻혀 오븐에 굽는다.
③ ②에 1/3의 양념소스를 넣고 버무린다.
④ 밥에 닭고기, 김가루, 스크램블에그를 올리고 2/3의 양념소스를 곁들인다.

특이 사항
– 양념소스에는 바라깻잎이 들어가야 느끼한 맛을 잡는다.

■ 함께한 식단
● 치밥, 오이냉국, 수제또띠아인절미, 마시는요거트, 연시소스토마토, 배추겉절이

■ 비슷한 음식
● 미트볼밥, 팝콘치밥

■ 알아둘 것
● 닭고기 구울 때 오븐온도(코팅팬)
– 예열: 컨벡션 250℃ 15분
– 조리: 컨벡션 200℃ 10분

콩나물밥/달래양념장

식품명	초등 1인량(g)	절단방법		
쌀	50		재료 준비	① 쌀과 찰현미는 1~2시간 정도 불려 물기를 뺀다. ② 생강은 분쇄하여 생강즙을 낸다. ③ 다시마와 무로 육수를 낸다. ④ 소고기에 진간장, 설탕, 생강즙, 락토소스, 청주, 후추를 넣어 밑간한다. ⑤ 당근, 양파, 부추, 쪽파, 마늘, 애느타리버섯, 달래는 규격대로 썬다.
찰현미	10			
콩나물	45			
소고기(우둔)	13	0.5*0.5*6채		
당근	9	0.2송송		
양파	9	0.2송송		
애느타리버섯	18	손뜯기		
무	8		만드는 방법	① 쌀과 찰현미에 육수를 부어 밥을 짓는다. ② 소고기와 애느타리버섯, 당근, 양파는 각각 볶는다. ③ 콩나물은 데쳐 마늘, 참깨, 참기름을 넣고 무친다. ④ 진간장과 멸치액젓에 부추, 쪽파, 달래, 마늘, 깨소금, 참기름, 고춧가루를 혼합하여 양념장을 빡빡하게 만든다. ⑤ 밥에 소고기, 애느타리버섯, 당근, 양파, 콩나물을 넣고 골고루 섞는다. ⑥ ⑤에 양념장을 곁들인다.
부추	1.3	0.2송송		
쪽파	1.3	0.2송송		
마늘	1	다지기		
생강	0.3	분쇄		
달래	1.3	0.2송송		
건다시마	1			
진간장	5			
고춧가루	1.5			
깨소금	0.3			
참기름	0.3			
멸치액젓	1.5			
현미유	2		특이 사항	– 콩나물 삶은 물로 밥을 짓거나 콩나물을 쌀 위에 올려 밥을 지으면 더 맛있다. – 달래가 나오지 않으면 부추, 쪽파로만 양념장을 만든다.
청주	1			
락토소스	1			
후추	0.01			
백설탕	0.2			

■ 함께한 식단	● 콩나물밥/달래양념장, 북어채실파국, 꼬막부추무침, 새콤달콤탕수육이랑만두, 국화빵, 사과, 배추겉절이
■ 비슷한 음식	● 김치콩나물밥, 굴콩나물밥, 콩나물무밥
■ 알아둘 것	● 콩나물밥은 콩나물과 같이 밥을 지어야 하지만 학생수가 많으면 불가능하기 때문에 별도로 무쳐 사용한다. ● 육수로 밥을 지을 때는 완전히 식혀서 부어야 한다. ● 양념장은 재료가 자작하게 잠길 정도로 만들어야 한다.

파니르카레라이스

식품명	초등 1인량(g)	절단방법	재료준비	
쌀	70			① 쌀과 찹현미는 불려 놓는다.
찹현미	4			② 감자, 당근, 양파, 피망, 고구마, 양배추, 대파, 마늘, 양송이버섯, 새송이버섯, 생강(생강즙)은 규격대로 썬다.
옥수수콘	3			
소고기(우둔)	10	1*1깍둑		③ 소고기는 진간장, 설탕, 생강즙, 락토소스, 청주, 후추를 넣어 밑간한다.
깐감자	20	1*1깍둑		④ 파니르카레와 전분은 각각 물에 갠다.
당근	18	1*1깍둑		⑤ 버터는 녹인다.
양파	20	1*1깍둑		
청피망	5	1*1깍둑		
고구마	20	1*1깍둑		
양송이버섯	3.5	1*1깍둑	만드는방법	① 쌀과 찰현미로 밥을 짓는다.
새송이버섯	7	1*1깍둑		② 대파는 볶아 파기름을 낸다.
양배추	18	1*1깍둑		③ ②에 감자, 고구마, 당근, 피망, 호박, 양배추, 버섯을 넣고 볶는다.
대파	1	0.2송송		④ 버터에 양파를 볶다가 소고기를 혼합하여 볶는다.
마늘	0.5	다지기		
생강	0.3	분쇄		
모짜렐라치즈	7			⑤ ③과 ④에 물을 붓고 끓이다가 스위트콘, 파니르카레를 넣고 한소끔 끓인 후 전분으로 농도를 맞춘다.
버터	0.7			⑥ ⑤에 모짜렐라치즈를 넣는다.
파니르카레	20			⑦ 밥에 ⑥을 올린다.
감자전분	3			
락토소스	1			
소금	0.5		특이사항	– 고구마 대신 단호박이나 쥬키니호박을 사용해도 좋다.
청주	0.2			– 파니르카레라이스는 버터와 모짜렐라치즈가 들어 있어 풍미가 좋다.
후추	0.01			
진간장	0.5			
해바라기유	3			

- ■ 함께한 식단
  - 파니르카레라이스, 스몰난, 갈릭미트볼오븐구이, 알배기간장피클, 젤리뽀, 파인애플, 배추겉절이

- ■ 비슷한 음식
  - 카레라이스, 하이라이스, 빈달루카레라이스, 데미카레라이스, 반반카레라이스., 유슬파니르카레라이스

- ■ 알아둘 것
  - 파니르카레 자체로 농도가 맞으면 전분을 넣지 않아도 된다.
  - 유슬이나 유니로 썰어 카레를 만들어도 좋다.

02 죽

굴영양죽

식품명	초등 1인량(g)	절단방법	재료 준비	① 쌀과 찹쌀은 1~2시간 정도 불려 물기를 뺀다. ② 시금치는 데쳐 규격대로 썬다. ③ 크레미살은 손찢기 하고, 새우살, 당근, 양송이버섯, 콩나물, 부추, 양파, 쪽파, 대파, 마늘은 규격대로 썬다. ④ 굴은 굵은소금을 넣고 저어가면서 세척 한 후 규격대로 썬다. ⑤ 다시마로 육수를 낸다. ⑥ 달걀은 풀어 놓는다.
쌀	11			
찹쌀	11			
굴	20	다지기		
크레미살	13	손찢기		
새우살	10	다지기		
시금치	5	4cm절단		
당근	0.7	0.5*0.5깍둑		
양송이버섯	1.5	다지기		
콩나물	6.5	5cm절단		
부추	0.7	0.2송송	만드는 방법	① 육수에 쌀과 찹쌀을 먼저 넣고 끓이다가 굴, 크레미살, 새우살을 넣어 한소끔 끓인다. ② 쌀과 찹쌀이 어느 정도 퍼지면 시금치, 당근, 양송이버섯, 콩나물을 넣고 다시 끓인다. ③ ②에 달걀과 부추, 쪽파를 넣고 간장으로 간한 후 깨소금을 넣어 완성한다.
양파	2.5	다지기		
달걀	5			
쪽파	0.7	0.2송송		
대파	1.5	0.5어슷		
마늘	1	다지기		
건다시마	1			
깨소금	0.3			
국간장	1			
			특이 사항	– 간장 대신 소금을 넣어도 좋다. – 굴은 소금물에 살살 흔들어 씻는다. – 새우살, 홍합살, 바지락살 등을 사용해도 좋다.

■ 함께한 식단	● 굴영양죽, 수제제육김치밥버거, 동치미, 오븐에구운찰떡, 야구르트, 감말랭이, 배추겉절이
■ 비슷한 음식	● 새우살죽, 크레미살죽, 바지락죽 등
■ 알아둘 것	● 굴은 바다의 우유라고 부를 정도로 단백질이 풍부할 뿐만 아니라 아미노산까지 많아 다양한 방법으로 응용하여 조리하면 좋다. ● 굴은 세척을 잘해야 껍질이나 잔여물이 씹히지 않는다. 따라서 굵은소금을 넣고 저어가며 세척 해야 껍질 등 잔여물이 없다.

오리녹두죽

식품명	초등 1인량(g)	절단방법		
쌀	11		재료 준비	① 쌀과 찹쌀은 1~2시간 정도 불려 물기를 뺀다. ② 거피녹두는 4시간 정도 물에 불려 물기를 뺀다 ③ 수삼, 애호박, 깐밤, 새송이버섯, 감자, 당근, 양파, 부추, 쪽파, 마늘은 규격대로 썬다. ④ 다시마로 육수를 낸다.
찹쌀	11			
거피녹두	3			
통오리	50	손뜯기		
수삼	1	다지기		
대추채	1			
애호박	5	0.5*0.5깍둑		
깐밤	5	1*1깍둑		
새송이버섯	5	0.5*0.5깍둑		
깐감자	8.5	0.5*0.5깍둑	만드는 방법	① 육수에 통오리, 황기, 엄나무, 생강, 마늘, 양파, 대파를 넣고 푹 삶는다. ② ①의 오리는 건져 손뜯기 한다. ③ ①의 육수에 쌀, 찹쌀, 녹두를 넣고 저으면서 끓이다가 ②와 당근, 감자, 밤, 대추, 애호박, 새송이버섯, 수삼을 넣고 다시 끓인다. ④ 쌀이 퍼지면 부추, 쪽파, 깨소금을 넣고 소금으로 간한다. ※ 오리를 삶을 때 사용한 재료는 건져내고 육수만 사용
당근	2	0.5*0.5깍둑		
양파	7.5			
부추	5	0.2송송		
쪽파	0.7	0.2송송		
마늘	1			
생강	0.5			
대파	1.5			
건다시마	1			
깨소금	0.3			
소금	1			
엄나무	0.8			
향기	0.8			
			특이 사항	- 오리뼈는 육수를 내는 데 사용한다. - 오리는 껍질을 벗겨 사용하면 기름기가 제거된다.

■ 함께한 식단	● 오리녹두죽, 수제참치밥버거, 비트알배기배추피클, 새우볼, 떠먹는요구르트, 수박, 배추겉절이
■ 비슷한 음식	● 닭죽, 닭녹두죽, 누룽지백숙, 오리누룽지백숙
■ 알아둘 것	● 오리죽에는 누룽지나 녹두가 들어가면 풍미가 좋다. ● 오리죽은 처음에는 강불로 끓이다가 거품을 걷어내고 중불에서 30분 정도, 약불에서 1시간 정도 끓이는 것이 좋다.

새알심없는팥죽

식품명	초등 1인량(g)	절단방법
붉은팥	20	
찹쌀	14	
쌀	6	
고구마	12	0.5*0.5깍둑
단호박	12	0.5*0.5깍둑
깐밤	3	0.5*0.5깍둑
백설탕	3	
소금	1	

재료준비
① 쌀과 찹쌀은 1~2시간 정도 불려 물기를 뺀다.
② 붉은팥은 2시간 이상 충분히 불린다.
③ 고구마, 단호박, 깐밤은 규격대로 썬다.

만드는 방법
① 팥은 충분히 잠길 정도로 물을 붓고 삶는다.
② ①이 한소끔 끓으면 첫 물은 버리고 다시 물을 부어 팥이 무를 때까지 삶는다.
③ ②가 뜨거울 때 물을 조금씩 부어가면서 고운체로 거른다.
④ ③의 팥물이 끓으면 찹쌀, 쌀, 고구마, 단호박, 밤을 넣고 끓이면서 농도를 맞춘다.
⑤ ④가 익으면 설탕과 소금으로 간한다.

특이사항
- 팥은 전날 삶아 놓으면 좋다.
- 새알심을 넣고 끓여도 좋다.

■ **함께한 식단**
● 새알심없는동지팥죽, 수제튜나밥버거, 양배추피클, 돈육녹차오븐구이, 요플레키즈, 귤, 배추겉절이

■ **비슷한 음식**
● 녹두죽, 콩죽

■ **알아둘 것**
● 팥죽은 주로 동지에 새알심을 빚어 넣고 끓여 먹는 음식이다.
● 우리 조상들은 새알심을 사람의 나이 수만큼 먹어야 몸이 튼튼해지고 감기에도 걸리지 않는다고 했다. 이는 영양과 건강에 좋은 팥음식을 먹이기 위해 생긴 풍습이 아닌가 싶다.
● 예로부터 우리 조상은 동지에 먹는 팥죽이 액을 잡고 잡귀를 없애 준다고 믿었다.

소고기버섯죽(장국죽)

식품명	초등 1인량(g)	절단방법		
쌀	11		재료 준비	① 쌀과 찹쌀은 1~2시간 정도 불려 물기를 뺀다. ② 다시마로 육수를 낸다. ③ 양파, 당근, 양송이버섯, 표고버섯, 쪽파, 마늘은 규격대로 썬다. ④ 소고기는 키친타월을 이용해 핏물을 제거한다. ⑤ 표고버섯과 소고기는 국간장, 마늘, 참기름, 후추로 밑간한다.
찹쌀	11			
건다시마	1.5			
소고기(양지)	20	다지기		
생표고버섯	5	0.5*0.5깍둑		
양송이버섯	6	0.5*0.5깍둑		
당근	5	0.5*0.5깍둑		
양파	6	0.5*0.5깍둑		
쪽파	1.5	0.2송송		
마늘	1	다지기		
국간장	1		만드는 방법	① 표고버섯과 소고기는 볶는다. ② ①에 육수를 넣고 끓인다. ③ ②가 끓으면 쌀과 찹쌀을 넣고 약불에서 쌀알이 퍼질 때까지 끓인다. ④ ③에 양파, 당근, 양송이버섯, 쪽파를 넣고 끓이다가 간장으로 색을 낸 후 소금으로 간한다. ⑤ ④에 깨소금을 뿌린다.
참기름	0.5			
후추	0.01			
깨소금	0.5			
			특이 사항	- 조리 중 물을 보충하면 죽이 부드럽게 어우러지지 않아 처음부터 조절하는 것이 좋다. - 표고버섯과 양송이버섯은 채 썰어 사용해도 좋다.

- ■ 함께한 식단: ● 소고기버섯죽, 밀떡로제떡볶이, 동치미, 티라무스조각케익, 커스타드푸딩, 찰옥수수, 배추겉절이
- ■ 비슷한 음식: ● 소고기죽, 소고기채소죽, 닭버섯죽, 오리버섯죽
- ■ 알아둘 것: ● 약불에서 오래 끓인다.
  ● 소고기 다짐육은 키친타월로 가볍게 눌러 핏물을 제거한다.

단호박팥죽

식품명	초등 1인량(g)	절단방법		
단호박	45	0.2*0.2*2.5채	재료 준비	① 찹쌀가루와 멥쌀가루는 고운 체에 내린다. ② 붉은팥은 2시간 이상 충분히 불린다. ③ 단호박과 밤은 규격대로 썬다.
깐밤	4	1*1깍둑		
붉은팥	2			
찹쌀가루	5			
멥쌀가루	4			
설탕	3		만드는 방법	① 팥은 충분히 잠길 정도의 물을 붓고 끓인다. ② ①이 한소끔 끓으면 첫 물은 버리고 다시 물을 부어 팥이 무를 때까지 푹 삶는다. ③ 단호박에는 잠길 정도로 물을 붓고 형체가 없어질 때까지 푹 삶는다. ④ ③에 찹쌀가루, 멥쌀가루를 뿌리면서 젓는다. ⑤ 찹쌀가루와 멥쌀가루가 투명해지면 팥과 밤을 넣고 설탕과 소금을 넣어 간한다.
소금	0.3			
			특이 사항	- 팥 대신 녹두, 고구마 등을 사용해도 좋다. - 죽은 오래 끓이면 단내가 날 수 있어 주의해야 한다.

■ 함께한 식단	● 찰현미아미노산밥, 주꾸미연포탕, 돈육삼겹살김치볶음, 모듬채소오븐구이, 단호박팥죽, 사과, 깍두기
■ 비슷한 음식	● 녹두단호박죽, 인절미단호박죽, 밤호박죽, 단호박죽
■ 알아둘 것	● 단호박죽의 농도는 묽어야 한다.(단호박죽은 끓이고 식히는 과정에서 되직해지기 때문) ● 단호박죽은 중불에서 끓이다가 중약불로 줄여 끓여 주는게 좋다.

03 면

김치고명멸치국수

식품명	초등 1인량(g)	절단방법		
건중면	55		재료 준비	① 다시마, 멸치, 무, 양파로 육수를 낸 후 국간장, 소금으로 간한다. ② 바지락살은 찬물에 씻은 후 물기를 제거한다. ③ 달걀은 풀어 놓는다. ④ 애호박, 풋고추, 홍고추, 마늘, 대파, 쪽파는 규격대로 썬다. ⑤ 중면은 소량의 소금을 넣고 삶아 찬물에 헹군 후 사리를 튼다. ⑥ 김치는 양념을 털어내고 규격대로 썬다.
무	8			
북어채	1.9			
다시멸치	1.5			
건다시마	1.5			
바지락살	3.5			
애호박	7	0.3*0.3*6채		
양파	10	0.3*0.3*6채		
풋고추	0.2	0.2송송	만드는 방법	① 김치는 쪽파, 참기름, 설탕, 고추장, 고춧가루를 넣고 무친다. ② 육수에 바지락살, 북어채를 넣고 끓이다가 애호박과 달걀을 넣고 한소끔 끓인 후 풋고추, 홍고추, 대파, 마늘을 넣는다. ③ 국수에 ②의 육수를 붓고 ①을 고명으로 올린다.
홍고추	0.2	0.2송송		
마늘	0.5	다지기		
대파	1.5	0.2송송		
달걀	15			
국간장	1.5			
배추김치	50	0.2송송		
고추장	1			
고춧가루	0.5			
쪽파	1	0.2송송	특이 사항	– 중면을 삶을 때 소금을 약간 넣으면 면발에 탄력이 생긴다. – 소면으로 해도 좋다. – 설탕 대신 매실청을 사용해도 좋다.
설탕	0.1			
깨소금	0.3			
참기름	0.3			
소금	0.3			
■ 함께한 식단	● 김치고명멸치국수, 로제떡볶이, 팝콘치킨짜장강정, 뽀로로음료, 멜론, 깍두기			
■ 비슷한 음식	● 잔치국수, 굴잔치국수			
■ 알아둘 것	● 면을 삶을 때 식용유를 소량 넣어주면 면들이 달라붙지 않는다. (생략 가능) ● 면은 문질러 가면서 씻어야 전분기가 빠진다. ● 애호박은 육수에 넣지 않고 데쳐 면과 같이 혼합하여 사리를 틀어도 좋다. ● 달걀은 넣지 않아도 된다.(육수가 맑고 깔끔함)			

냉우동면

식품명	초등 1인량(g)	절단방법		
사누끼우동면	180		재료 준비	① 다시마, 멸치, 무(10), 감초로 육수를 낸다. ② ①의 육수에 우동장국과 가다랭이를 넣고 끓이다가 가다랭이는 건져 낸다. ③ ②를 식혀 냉장 보관한다. ④ 무(20), 양파, 대파, 쪽파는 규격대로 썬다. ⑤ 와사비는 개어 놓는다. ⑥ 우동면은 삶아 찬물에 헹군다.
가다랭이	0.6			
다시멸치	1			
건다시마	1.5			
감초	0.6			
장국	6			
깐쪽파	3	0.2송송		
무	30	20분쇄/육수		
양파	6	분쇄	만드는 방법	① 육수에 무, 양파, 쪽파, 대파를 넣은 후 식초, 와사비, 흑설탕을 넣어 간을 맞춘다. ② ①에 얼음을 띄운다. ③ 우동면에 ②를 붓고 김가루를 올린다.
대파	2.5	0.2송송		
김가루	2.5			
3배사과식초	2.5			
와사비	0.3			
흑설탕	2.3			
얼음	65			
			특이 사항	− 칼국수, 메밀국수도 같은 방법으로 하면 좋다. − 육수는 전날 준비해 놓는 것이 좋다.
■ 함께한 식단		● 냉우동면, 수제용가리치킨밥버거, 딸기요거트, 우리밀 마들렌, 찰옥수수, 배추겉절이		
■ 비슷한 음식		● 냉칼국수, 냉메밀국수		
■ 알아둘 것		● 여름에는 뜨거운 국수보다 냉국수를 더 선호하기 때문에 다양한 면을 활용하여 차게 주는 것도 좋다. ● 고춧가루를 추가하면 매운냉우동면이 되고, 고추장이나 된장을 사용하면 장냉우동면이 된다.		

돈코츠라멘

식품명	초등 1인량(g)	절단방법	재료 준비	
냉동라멘	140		재료 준비	① 다시마, 멸치, 돈육등뼈로 육수를 낸다. ② 생강은 생강즙을 낸다. ③ 쪽파, 당근, 양파, 마늘은 규격대로 썬다. ④ 달걀은 규격대로 썬다. ⑤ 종합어묵과 유부는 데쳐 규격대로 썬다. ⑥ 라멘은 5분 정도 끓는 물에 삶아낸다. ⑦ 바베큐는 간장, 쌀엿, 설탕, 생강을 넣고 조려 차슈를 만든다. ⑧ 숙주는 깨끗하게 씻어 놓는다.
돈육등뼈	30			
순살바베큐	22			
숙주	28			
깐쪽파	4.5	0.2송송		
당근	6	0.5*0.5*6채		
양파	25	0.3*0.3*6채		
대파	2.5	0.2송송		
마늘	1.2	다지기		
생강	0.3	분쇄		
삶은달걀	25	1/2쪽		
유부	3	0.3*0.3*6채		
종합어묵	9	0.5*0.5*6채		
다시멸치	0.8		만드는 방법	① 육수에 유부, 어묵을 넣고 끓이다가 당근, 양파, 대파, 마늘을 넣은 후 한소끔 끓인다. ② ①에 돈코츠라멘소스와 숙주, 쪽파를 넣는다. ③ 라멘에 ②를 붓고 차슈와 달걀을 올린다.
건다시마	0.5			
돈코츠라멘소스	20			
진간장	1			
쌀엿	4			
설탕	5			
			특이 사항	– 순살바베큐 대신 삼겹살이나 앞다리살을 사용해도 좋다. – 라멘으로 완탕면을 해도 좋다.

■ 함께한 식단	● 돈코츠라멘, 진미채김밥, 우리밀케이크, 수제우리쌀프레이크요거트, 파인애플, 배추겉절이
■ 비슷한 음식	● 완탕면
■ 알아둘 것	● 돈육등뼈는 오랫동안 끓여 육수로 사용하면 좋다.

베트남쌀국수

식품명	초등 1인량(g)	절단방법	재료 준비	
쌀국수	80	3.5m		① 쌀국수 면은 1시간 정도 찬물에 불린다. ② 다시마, 멸치, 무, 생강으로 육수를 낸다. ③ 양파, 대파, 마늘, 홍고추, 청양고추, 찐어묵은 규격대로 썬다. ④ 숙주는 끓는 물에 살짝 데친다.
소고기(사태)	15	4*4*0.2		
숙주	30			
무	6.5			
양파	8	0.5*0.5*6채		
대파	0.8	0.2송송		
마늘	0.8	다지기		
생강	0.3			
홍고추	0.3	0.2송송		
청양고추	0.2	0.2송송	만드는 방법	① 쌀국수는 끓는 물에 데쳐 찬물에 헹군 후 사리를 튼다. ② 육수에 쌀국수용육수와 찐어묵, 양파를 넣고 끓인다. ③ ②에 소고기와 숙주를 넣고 한소끔 끓인 후 청양고추, 홍고추, 대파, 마늘을 넣고 소금으로 간한다. ④ 쌀국수에 ③의 육수를 붓는다.
찐어묵	6	0.2반달		
건다시마	0.8			
다시멸치	0.6			
국간장	1			
진간장	0.5			
설탕	0.1			
락토소스	1			
청주	1			
소금	0.3			
쌀국수용육수	12			
			특이 사항	– 대파 대신 쪽파를 넣어도 좋다. – 청양고추 대신 풋고추를 사용해도 좋다. – 중면, 소면을 사용해도 좋다.

■ 함께한 식단	● 베트남쌀국수, 참치주먹밥, 탕수짜장강정, 갈릭파이, 뽀로로음료, 파인애플, 배추겉절이
■ 비슷한 음식	● 소면국수
■ 알아둘 것	● 베트남쌀국수에 허브, 콩나물, 라임, 고수 등을 사용하면 요리의 질을 향상시킬 수 있다. 단 너무 많은 토핑이 들어가면 쌀국수 본연의 맛을 즐길 수 없다. ● 면은 너무 오래 삶지 않고 끓는 물에 살짝 데치는 것이 좋다.

사천식유니짜장면

식품명	초등 1인량(g)	절단방법		
냉동중화면	180		재료 준비	① 감자, 당근, 양파, 피망, 호박, 양배추, 부추, 대파, 마늘, 돈육, 생강(생강즙)은 규격대로 썬다. ② 오징어와 새우살은 찬물에 씻어 물기를 제거한 후 규격대로 썬다. ③ 돈육은 간장, 설탕, 생강즙, 마늘, 청주, 후추를 넣고 밑간한다. ④ 짜장면은 5분 정도 끓는 물에 삶는다.
깐감자	20	0.5*0.5깍둑		
당근	20	0.5*0.5깍둑		
양파	20	0.5*0.5깍둑		
청피망	5	0.5*0.5깍둑		
쥬키니호박	20	0.5*0.5깍둑		
양송이버섯	3.5	0.5*0.5깍둑		
새송이버섯	7	0.5*0.5깍둑		
양배추	20	0.5*0.5나박		
부추	3.5	0.2송송	만드는 방법	① 팬에 기름을 두르고 돈육을 볶는다. ② 팬에 기름과 고추기름을 두르고 감자, 당근, 양파, 피망, 호박, 양배추를 넣고 볶다가 ①과 오징어, 새우살을 넣은 후 물을 붓고 끓인다. ③ ②가 끓으면 짜장과 사천식짜장가루를 넣고 한소끔 끓인다. ④ ③에 전분을 넣고 농도를 맞춘 후 면에 올린다.
대파	1	0.2송송		
마늘	0.5	다지기		
돈육(전지)	13.5	0.5*0.5깍둑		
새우살	10	다지기		
오징어	10	2.5cm절단		
고추기름	1			
생강	0.2	분쇄		
감자전분	3			
설탕	1			
짜장가루	16			
사천식 짜장가루	2.7			
소금	0.5		특이 사항	- 돈육 대신 소고기를 넣어도 좋다. - 오징어 대신 주꾸미, 낙지 등을 사용해도 좋다. - 사천식유니짜장면은 채소를 잘게 (0.5*0.5) 깍둑 썬다.
청주	0.2			
후추	0.01			
간장	0.3			
해바라기유	3			
■ 함께한 식단		● 사천식유니짜장면, 단무지, 수제치즈돈가스/돈가스소스, 야구르트, 배, 배추겉절이		
■ 비슷한 음식		● 짜장면, 유니짜장면, 유슬짜장면, 사천식짜장면, 사천식유슬짜장면, 쫄짜장면, 스파게티짜장면		
■ 알아둘 것		● 유니짜장면은 재료의 크기가 작아 면과 잘 밀착되므로 채소류를 골라내지 않고 다 먹을 수 있는 장점이 있다.		

장칼국수

식품명	초등 1인량(g)	절단방법		
칼국수(냉동)	180		재료 준비	① 다시마, 멸치, 무, 생강, 양파로 육수를 낸 후 고추장과 된장을 넣는다. ② 바지락살, 생새우살은 찬물에 씻어 물기를 제거한다. ③ 달걀은 풀어 놓는다. ④ 애호박, 감자, 청양고추, 홍고추, 마늘, 대파는 규격대로 썬다. ⑤ 칼국수는 5분 정도 끓는 물에 삶아낸다.
무	8			
다시멸치	1.5			
건다시마	1.5			
생새우살	5	1.5cm절단		
바지락살	5			
애호박	8	0.5*0.5*6채		
깐감자	8	0.5*0.5*6채		
양파	5	0.3*0.3*6채		
청양고추	0.2	0.2송송	만드는 방법	① 육수에 감자, 바지락살, 생새우살을 넣고 끓이다가 애호박을 넣는다. ② ①에 달걀을 넣고, 청양고추, 홍고추, 대파, 마늘을 넣어 한소끔 끓인 후 국간장과 소금으로 간한다. ③ 칼국수에 ②를 부어 제공한다.
홍고추	0.2	0.2송송		
마늘	0.5	다지기		
대파	1.5	0.2어슷		
달걀	5			
생강	0.4			
국간장	1			
된장	2			
고추장	2		특이 사항	– 기호에 따라 고춧가루를 넣어도 좋다. – 닭고기, 사골을 사용해도 좋다.
소금	0.3			

■ 함께한 식단	● 장칼국수, 수제한입돈가스/돈가스소스, 김치왕만두, 요거트, 아이스망고, 깍두기
■ 비슷한 음식	● 해물칼국수, 김치칼국수, 닭칼국수, 사골칼국수
■ 알아둘 것	● 홍합이 나오는 계절에는 홍합을 사용한다. ● 장칼국수에 들어가는 채소는 호박, 감자 외에도 버섯종류, 미나리 등을 사용해도 좋다. ● 장칼국수에 된장이 너무 많이 들어가면 텁텁하므로 적당량을 사용하고 간은 국간장과 소금으로만 하는 것이 깔끔한 맛을 낸다.

해물짬뽕면

식품명	초등 1인량(g)	절단방법		
우동면(냉동)	180		재료 준비	① 닭발은 찬물에서 핏물을 제거한 후 끓는 물에 데쳐 세척한다. ② 닭발, 다시마, 멸치, 무, 양파로 육수를 낸다. ③ 바지락살, 홍합살, 소라살, 낙지, 새우살은 찬물에 씻어 규격대로 썬다. ④ 목이버섯은 미지근한 물에 불려 규격대로 썬다. ⑤ 청경채, 호박, 대파, 양배추, 풋고추, 홍고추, 마늘, 생강(생강즙)은 규격대로 썬다. ⑥ 우동면은 5분 정도 끓는 물에 삶아낸다. ⑦ 건홍고추는 불려 분쇄한다.
바지락살	8			
홍합살	20			
소라살	8			
낙지	10	4cm절단		
닭발	10			
생새우살	8	1.5cm절단		
다시멸치	1.5			
건다시마	1.5			
무	5			
청경채	5	4cm절단		
목이버섯	0.3	2*2나박		
쥬키니호박	5	1은행잎		
대파	1.5	0.2송송	만드는 방법	① 육수에 건홍고추, 고춧가루를 넣고 국간장, 소금으로 간한다. ② ①에 바지락살, 홍합살, 낙지, 소라살, 생새우살, 생강즙을 넣고 끓인 후 풋고추, 홍고추, 양배추, 목이버섯, 청경채, 호박, 대파, 마늘을 넣어 한소끔 끓는다. ③ ②에 전분을 넣고 농도를 맞춘다. ④ 우동에 ③의 육수를 붓는다.
양파	5			
양배추	8	5*2골패		
홍고추	0.2	0.2송송		
풋고추	0.2	0.2송송		
생강	0.4	분쇄		
마늘	0.8	다지기		
건홍고추	0.4	분쇄		
고춧가루	0.6			
감자전분	2.5			
국간장	1.5		특이 사항	− 맛이 나지 않으면 짬뽕육수를 조금 첨가하는 것도 좋다. − 샤누끼우동면이나 칼국수면으로도 사용 가능하다.
소금	0.3			
굵은소금	0.3			

■ 함께한 식단	● 해물짬뽕면, 반달단무지, 수제애플돈가스/돈가스소스, 식물성요구르트, 스틱만두, 귤, 배추김치
■ 비슷한 음식	● 짬뽕면, 짬뽕밥
■ 알아둘 것	● 닭발은 찬물에 담가 핏물을 제거하고 굵은소금으로 문질러 이물질과 잡내를 없앤 후 끓는 물에 살짝 데쳐 세척 한 다음 육수를 내는 것이 좋다. ● 고춧가루나 건홍고추가 들어가지 않은 햐얀짬뽕도 있다.

04 국/찌게/스프/냉국

고구마크림스프

식품명	초등 1인량(g)	절단방법		
크림스프	20		재료 준비	① 고구마, 감자, 양파, 양송이버섯, 당근, 새우살은 규격대로 썬다. ② 버터는 녹인다. ③ 크림스프는 물에 개어 놓는다.
고구마	14	다지기		
깐감자	7	다지기		
양파	17	다지기		
양송이버섯	5	다지기		
당근	2.5	다지기		
새우살	8	다지기	만드는 방법	① 양파에 올리브유와 버터를 넣고, 투명해질 때까지 볶다가 감자, 고구마, 당근, 양송이버섯, 새우살을 볶는다. ② ①에 크림스프와 우유를 넣고 저으면서 끓이다가 중불로 줄여 걸죽해질 때까지 끓인다. ③ ②에 파마산치즈와 파슬리가루를 넣는다.
버터	1			
우유	17			
파슬리가루	0.1			
파마산치즈	2.5			
소금	0.8			
올리브유	1.5			
			특이 사항	- 고구마 대신 단호박도 좋다. - 스프 요리는 채소를 잘게 다져 사용하면 좋다. - 채소를 1×1 정도의 크기로 절단하여 스프를 만들어도 좋다.

■ 함께한 식단	● 찰현미밥, 고구마크림스프, 수제스틱애플돈가스/돈가스소스, 오이채무침, 멜론, 투맛슈, 배추겉절이
■ 비슷한 음식	● 단호박스프, 크루통크림스프,
■ 알아둘 것	● 스프는 학생들이 좋아하는 음식이다. ● 양파가 덜 익으면 양파 맛이 강하기 때문에 투명해질 때까지 오래 볶는 것이 좋다.

꽃게동태탕

식품명	초등 1인량(g)	절단방법		
꽃게	25	1/4절단	재료 준비	① 동태, 꽃게, 무, 애호박, 양파, 청양고추, 홍고추, 대파, 마늘은 규격대로 썬다. ② 다시마, 멸치로 육수를 낸다. ③ 생강은 생강즙을 낸다. ④ 건홍고추는 물에 불린 후 분쇄하여 다대기를 만든다. ⑤ 대하는 세척하여 규격대로 썬다. ⑥ 바지락살은 세척한다. ⑦ 육수에 고추장, 고춧가루, 다대기를 넣는다.
동태	35	35g 절단		
대하	6	1/2절단		
바지락살	3			
무	30	2*2*0.2나박		
애호박	10	2*2*0.2나박		
양파	5	2.5*2.5깍둑		
건홍고추	0.3	분쇄		
청양고추	0.3	0.2송송		
홍고추	0.3	0.2송송		
대파	1	0.5송송	만드는 방법	① 육수에 바지락살, 대하, 꽃게, 동태, 무를 넣고 끓인다. ② ①에 애호박, 양파, 마늘을 넣고 한소끔 끓이다가 소금, 국간장, 후추, 청주, 생강즙을 넣어 간을 맞춘다. ③ ②에 청양고추, 홍고추, 대파를 넣는다.
마늘	1	다지기		
생강	0.3	분쇄		
고춧가루	0.5			
고추장	2			
건다시마	1			
다시멸치	1.5			
국간장	1			
청주	1			
소금	0.5			
후추	0.01			
			특이 사항	- 미더덕을 사용해도 좋다. - 동태 대신 대구나 어묵꼬지를 사용해도 좋다. - 고추장 등을 넣지 않으면 꽃게동태지리탕이 된다.

■ 함께한 식단	● 찰현미칼슘밥, 꽃게동태탕, 돈육가지불고기, 청상추/콩가루쌈장, 증편, 수박, 배추김치
■ 비슷한 음식	● 꽃게탕, 대구꽃게탕, 어묵꼬지꽃게탕
■ 알아둘 것	● 꽃게로 음식을 할 경우 봄에는 암꽃게 가을에는 숫꽃게를 사용하는 것이 좋다.

낙지떡알만두국

식품명	초등 1인량(g)	절단방법		
낙지	20	5cm절단	재료 준비	① 낙지와 새우살은 깨끗하게 씻어 규격대로 썬다. ② 다시마, 멸치로 육수를 낸다. ③ 달걀은 풀어 놓는다. ④ 대파, 마늘, 양파는 규격대로 썬다. ⑤ 떡과 만두는 조리할 수 있도록 준비한다.
새우살	13	1/3절단		
대파	1.5	0.5송송		
마늘	1	다지기		
양파	4	0.5*0.5깍둑		
달걀	9			
모듬조랭이떡	10			
알만두	30			
건다시마	1			
다시멸치	1.5		만드는 방법	① 육수에 새우살을 넣고 끓이다가 낙지, 떡, 만두를 넣은 후 한소끔 끓인다. ② ①를 소금, 국간장으로 간한다. ③ ②에 대파, 마늘, 양파와 풀어놓은 달걀을 넣고 끓인다. ④ 배식 직전에 김가루를 뿌린다.
김가루	0.4			
국간장	1			
소금	0.5			
			특이 사항	− 달걀은 지단으로 부쳐 사용해도 좋다. − 알만두 대신 왕만두, 새우살 대신 바지락살, 떡 대신 수제비도 좋다.
■ 함께한 식단	● 찰현미귀리밥, 낙지떡알만두국, 갈릭소스치킨너겟, 무말랭이무침, 약과, 켐벨포도, 배추김치			
■ 비슷한 음식	● 낙지왕만두국, 낙지수제비국			
■ 알아둘 것	● 낙지는 오래 끓이면 질겨지므로 주의해야 한다. ● 예산이 여유 있다면 새우살은 절단하지 않고 그대로 사용해도 좋다.			

냉이된장국

식품명	초등 1인량(g)	절단방법
냉이	22	3cm절단
무	11	2*2*0.2나박
홍고추	0.2	0.2송송
청양고추	0.2	0.2송송
마늘	2.5	다지기
대파	2.5	0.5어슷
된장	10	
고추장	0.8	
두절건새우	0.8	다지기
다시멸치	1.2	
건다시마	0.8	

재료 준비
① 냉이는 깨끗하게 씻어 살짝 데친 후 규격대로 썬다.
② 멸치, 다시마로 육수를 낸다.
③ 무, 홍고추, 청양고추, 마늘, 대파, 두절건새우는 규격대로 썬다.

만드는 방법
① 육수에 된장, 고추장, 건새우, 무를 넣고 끓인다.
② ①에 냉이와 홍고추, 청양고추를 넣고 한소끔 끓이다가 대파, 마늘를 넣는다.

특이사항
- 계절에 따라 아욱, 시금치, 근대, 얼갈이, 열무를 사용한다.
- 두절건새우는 분쇄하여 사용하거나 육수를 낸 후 건져내도 좋다.

- **함께한 식단**: 발아현미밥, 냉이된장국, 미트볼조림, 주꾸미무침, 와플, 사과, 배추김치
- **비슷한 음식**: 아욱된장국, 시금치된장국, 열무된장국, 얼갈이된장국, 근대된장국
- **알아둘 것**:
  - 냉이는 살짝 데쳐서 먹는 식재료로 마지막에 넣어주면 향긋한 향이 살아있다.
  - 잎과 뿌리는 가늘고 잔털이 적은 어린 냉이를 선택해야 향이 좋다.

대구지리탕

식품명	초등 1인량(g)	절단방법		
대구	35	35g 절단	재료 준비	① 대구, 대하, 무, 두부, 애호박, 쑥갓, 양파, 청양고추, 홍고추, 대파, 마늘은 규격대로 썰고 생강은 생강즙을 낸다. ② 다시마, 멸치, 건홍고추로 육수를 낸다.
대하	6	1/2절단		
무	15	1/2절단		
두부	14	2*2깍둑		
애호박	10	2*2*0.2나박		
쑥갓	3	5cm절단		
양파	4	2.5*2.5깍둑		
홍고추	0.3	0.2송송	만드는 방법	① 육수에 대하, 무를 넣고 끓인다. ② ①에 대구, 애호박, 두부, 양파를 넣고 한소끔 끓이다가 소금, 국간장, 후추, 청주, 생강즙으로 간을 맞춘다. ③ ②에 청양고추, 홍고추, 대파, 마늘을 넣고 쑥갓은 배식 직전에 넣는다.
청양고추	0.3	0.2송송		
홍고추	0.3	0.2송송		
대파	1	0.5송송		
마늘	1	다지기		
생강	0.3	분쇄		
건다시마	1			
다시멸치	1.5			
국간장	1			
청주	1			
소금	0.5		특이 사항	- 대구 대신 동태를 사용해도 좋다. - 대구는 살이 연해 부서질 수 있어 중간에 넣는 것이 좋다. - 바지락살이나 미더덕을 사용해도 좋다.
후추	0.01			
■ 함께한 식단		● 찰현미밥, 대구지리탕, 뼈없는닭불고기, 쌈추/콩가루쌈장, 츄러스, 방울토마토, 배추김치		
■ 비슷한 음식		● 동태지리탕, 대구탕, 동태탕, 동태알탕		
■ 알아둘 것		● 생선으로 국이나 찌개를 끓일 때는 육수가 끓고 난 후 생선살을 넣어야 살이 부서지지 않는다. ● 매운탕은 건고추를 다대기로 만들어 사용한다. ● 지리탕은 건고추로 육수를 낸 후 건져낸다.		

돈육육수찌개

식품명	초등 1인량(g)	절단방법	재료준비	① 멸치, 다시마로 육수를 낸다. ② 무, 풋고추, 양파, 대파, 마늘, 생강(생강즙)은 규격대로 썬다. ③ 건홍고추는 물에 불려 규격대로 분쇄하여 다대기를 만든다. ④ 콩나물은 깨끗하게 씻는다. ⑤ 돈육에 진간장, 마늘, 생강즙, 락토소스, 청주, 후추를 넣고 밑간한다.
돈육(사태)	30	3*3*0.5		
콩나물	20			
무	20	2*2*0.2나박		
풋고추	0.2	0.2송송		
건홍고추	0.3	분쇄		
양파	7.5	2.5*2.5깍둑		
대파	2	0.5어슷		
마늘	2	다지기		
생강	0.3	분쇄	만드는 방법	① 육수에 다대기, 고추장, 고춧가루를 넣고 끓인다. ② ①에 돈육과 콩나물, 무를 넣은 후 솥 뚜껑을 닫고 끓인다. ③ ②에 양파, 대파, 마늘을 넣고 국간장, 소금으로 간한다.
다시멸치	0.8			
건다시마	0.8			
고추장	1.5			
고춧가루	0.8			
국간장	0.5			
진간장	1			
소금	0.5			
후추	0.01		특이사항	– 돈육육수찌개는 배추김치나 두부 없이 만드는 음식이다. – 고추장은 넣지 않아도 된다. – 돈육 대신 소고기를 사용해도 좋다.
락토소스	1			
청주	1			

■ 함께한 식단	● 찰현미밥, 돈육육수찌개, 너비아니달걀김치말이, 꽈리고추멸치조림, 호두과자, 아이스홍시, 총각김치
■ 비슷한 음식	● 양지육수찌개
■ 알아둘 것	● 멸치와 다시마로 육수를 내서 끓이면 김치나 두부를 넣고 끓이던 찌개와는 전혀 다른 맛이 난다. 돈육김치찌개와 같이 학생들이 좋아하는 음식이다.

머위들깨탕

식품명	초등 1인량(g)	절단방법		
소고기(양지)	15	손뜯기	재료 준비	① 다시마로 육수를 낸다. ② 머위대, 애느타리버섯, 감자, 대파, 마늘, 청양고추, 홍고추는 규격대로 썬다. ③ 소고기는 핏물을 제거하고 청주, 대파잎, 후추, 생강, 락토소스를 넣고 삶은 후 고기는 건져 손뜯기 한다. ④ 머위대는 국간장, 마늘을 넣고 조물조물 무친다. ⑤ 들깨가루와 멥쌀가루는 각각 물에 개어 놓는다.
삶은머위대	21	4cm절단		
애느타리버섯	7	손뜯기		
깐감자	10	2*2*0.5나박		
대파	4.5	0.5송송		
마늘	1	다지기		
생강	0.3			
청양고추	0.3	0.2송송		
홍고추	0.3	0.2송송		
건다시마	1.5			
들깨가루	3			
멥쌀가루	1.2		만드는 방법	① 고기 삶은 물에 다시마육수를 넣고 끓인다. ② ①에 소고기, 머위대, 애느타리버섯, 감자를 넣고 끓인다. ③ ②에 청주, 국간장, 소금으로 간한다. ④ ③에 대파, 마늘, 청양고추, 홍고추, 들깨가루, 멥쌀가루를 넣고 한소끔 끓여 완성한다.
락토소스	1			
청주	1			
소금	0.8			
후추	0.1			
국간장	0.3			
			특이 사항	– 소고기를 넣고 끓이면 학생들이 비교적 잘 먹는다. – 새우살이나 바지락살을 이용해도 좋다.

■ 함께한 식단	● 찰현미잡곡밥, 머위들깨탕, 닭떡볶음, 쥐포마늘쫑조림, 도넛, 유자소스토마토, 배추김치
■ 비슷한 음식	● 새우살머위탕, 바지락살머위탕
■ 알아둘 것	● 국간장을 많이 넣으면 국물이 탁해지므로 살짝 넣고 소금으로 간하는 것이 좋다. ● 들깨가루나 멥쌀가루를 사용하면 더 구수한 맛을 낸다.

미역냉국

식품명	초등 1인량(g)	절단방법		
건미역	1.2	0.2*0.2*6채	재료 준비	① 양파, 홍고추, 마늘은 규격대로 썬다. ② 물은 끓여 냉각시킨다. ③ 건미역은 찬물에 불려 데친 후 규격대로 썰어 마늘과 국간장에 무친다.
홍고추	0.7	0.2송송		
양파	4	0.2*0.2*6채		
마늘	1	다지기		
매실청	1.5			
식초	3			
설탕	1.8			
소금	0.3			
참깨	0.5			
국간장	0.5		만드는 방법	① 물에 소금, 국간장, 설탕, 식초, 매실청을 넣어 새콤달콤하게 간을 맞춘다. ② ①에 미역, 홍고추, 마늘을 넣고 참깨를 뿌린다. ③ ②에 얼음을 띄운다.
식용얼음	45			
물				
			특이 사항	– 건미역은 찬물에 불려 여러 번 씻어야 비린 맛이 없어진다. – 미역을 데칠 때 소금을 약간 넣어도 좋다.
■ 함께한 식단		● 생채비빔밥/약고추장, 미역냉국, 닭가슴살오븐구이, 수제초코요거트, 수박, 백김치		
■ 비슷한 음식		● 미역오이냉국		
■ 알아둘 것		● 냉국은 국물뿐 아니라 재료에도 밑간을 하면 간이 배어 더 맛있게 먹을 수 있다.		

별속굴떡국

식품명	초등 1인량(g)	절단방법		
떡국떡	90		재료 준비	① 굴은 흐르는 물에 깨끗하게 씻어 물기를 뺀다. ② 다시마, 멸치로 육수를 낸다. ③ 대파, 마늘은 규격대로 썬다. ④ 달걀은 지단을 부친 후 규격대로 썬다. ⑤ 떡국떡, 별속떡은 혼합하여 깨끗하게 씻은 후 물기를 제거한다.
별속떡	25			
굴	20			
대파	1.5	0.2어슷		
마늘	1.2	다지기		
건다시마	0.8			
다시멸치	1.2			
김가루	0.6			
달걀	5	2*2나박	만드는 방법	① 육수에 굴과 떡을 넣고 끓인다. ② ①에 마늘, 청주, 국간장, 소금, 후추로 간한 후 대파를 넣는다. ③ ②에 김가루와 달걀지단을 배식 직전에 넣는다.
국간장	1.5			
소금	0.2			
후추	0.01			
청주	1			
현미유	0.8			
			특이 사항	– 굴 대신 새우살, 소고기, 닭고기를 사용해도 좋다. – 별속떡, 모듬떡, 조랭이떡 등으로 다양하게 응용 요리할 수 있다.

■ 함께한 식단	● 별속굴떡국, 약식, 소사태찜, 동그랑땡전, 사과, 식혜, 배추김치
■ 비슷한 음식	● 꼬꼬별속떡국, 사골떡국, 조랭이떡국, 새우살모듬떡국
■ 알아둘 것	● 떡국은 설 명절 음식으로 준비하면 좋다. ● 떡국의 주재료를 조금만 바꿔 주어도 전혀 색다른 맛으로 즐겨 먹을 수 있다. ● 떡국에 매생이나 미역을 넣고 끓여도 맛이 시원하다.

부대찌개

식품명	초등 1인량(g)	절단방법		
돈육(사태)	18	3*3*0.4	재료 준비	① 다시마로 육수를 낸다. ② 배추김치, 라운드햄, 우리팜, 후랑크 · 비엔나소세지, 스모크햄, 양파, 대파, 마늘은 규격대로 썬다. ③ 생강은 분쇄하여 생강즙을 낸다. ④ 돈육은 진간장, 백설탕, 락토소스, 청주, 후추로 밑간한다.
배추김치	45	3cm절단		
라운드햄	20	0.5은행잎		
우리팜	20	2.5*2.5깍둑		
비엔나소세지	6	칼집		
후랑크소세지	6	1.5어슷		
스모크햄	6	2.5*2.5깍둑		
양파	3	2.5*2.5깍둑		
대파	1.5	0.2어슷		
마늘	1	다지기	만드는 방법	① 육수에 돈육, 배추김치, 라운드햄, 우리팜, 후랑크 · 비엔나소세지, 스모크햄을 넣고 끓인다. ② ①에 모듬떡을 넣고 끓이다가 대파, 마늘을 넣고 소금으로 간한다.
생강	0.3	분쇄		
모듬떡	10			
건다시마	1			
청주	1			
고춧가루	0.8			
진간장	0.5			
락토소스	1			
소금	0.5			
후추	0.01		특이 사항	– 돈육 대신 소고기, 참치, 어묵 등을 사용해도 좋다. – 재료를 절단하는 방법에 따라 맛도 다르다.

■ 함께한 식단	● 찰현미아미노산밥, 부대찌개, 해물애호박세발나물전, 취나물무침, 꿀호떡, 배, 깍두기
■ 비슷한 음식	● 샤브샤브햄찌개, 소고기햄찌개, 오리부대찌개
■ 알아둘 것	● 햄이나 소세지는 끓는 물에 데쳐 사용한다. ● 부대찌개는 라면과 어울리지만 학교는 라면을 제공할 수 없기 때문에 옹심이나 두꺼떡 등으로 대체하여 사용해도 좋다. ● 부대찌개는 어른, 아이 모두 좋아하는 국민 음식이다.

사골우거지해장국

식품명	초등 1인량(g)	절단방법		
소잡뼈	25		재료 준비	① 잡뼈는 핏물을 제거하고 한소끔 끓인 후 육수는 버린다. ② ①을 3시간 이상 끓이다가 다시마를 넣고 다시 한번 끓인 후 다시마는 건져 낸다. ③ 생강은 분쇄하여 생강즙을 낸다. ④ 얼갈이배추는 데쳐 규격대로 썰고 콩나물은 데친다. ⑤ 청양고추, 홍고추, 대파, 마늘, 바라깻잎은 규격대로 썬다. ⑥ 소고기는 핏물을 제거하고 청주, 대파잎, 후추, 생강, 락토소스를 넣고 삶은 후 손뜯기 한다.
소고기(양지)	15	손뜯기		
얼갈이배추	40	4cm절단		
콩나물	13			
바라깻잎	2	2.5*2.5나박		
청양고추	0.3	0.2송송		
홍고추	0.3	0.2송송		
대파	1.5	0.5송송		
마늘	1	다지기		
생강	0.3			
된장	8			
고춧가루	0.5			
건다시마	1.5			
락토소스	1		만드는 방법	① 고춧가루, 된장, 대파, 마늘을 혼합하여 양념장을 만든다. ② 얼갈이배추와 콩나물에 ①의 양념장을 넣고 버무린다. ③ 사골육수와 소고기육수를 혼합하여 끓이다가 ②와 소고기를 넣고 끓인다. ④ ③을 소금으로 간하고 대파와 바라깻잎을 넣는다.
청주	1			
소금	0.5			
후추	0.01			
			특이 사항	- 고기는 삶았다가 다시 끓이면 연해진다.

■ 함께한 식단	● 찰현미클로렐라밥, 사골우거지해장국, 오복채무침, 가마보꼬채소볶음, 감자부각, 멜론, 고구마순줄기김치
■ 비슷한 음식	● 우거지갈비탕, 황태우거지국
■ 알아둘 것	● 재료가 푹 익어야 국물이 시원하므로 육수를 많이 넣고 오래 끓이는 것이 좋다.

사골육개장

식품명	초등 1인량(g)	절단방법
소잡뼈	25	
소고기(양지)	15	3*3*0.4
삶은고사리	4.5	4cm절단
무	5	
얼갈이배추	18	4cm절단
숙주	20	
애느타리버섯	5	손뜯기
목이버섯	0.3	2.5*2.5나박
건홍고추	0.3	
대파	4.5	0.5*1*5골패
마늘	1	다지기
생강	0.3	분쇄
양파	5	0.5*0.5*5채
달걀	6	
고추기름	1.5	
건다시마	1.5	
락토소스	1	
청주	1	
소금	0.5	
후추	0.1	
국간장	1	
진간장	0.6	
고춧가루	0.8	
참기름	0.5	
현미유	0.2	

재료준비
① 잡뼈는 핏물을 제거하고 한소끔 끓인 후 육수는 버린다.
② ①에 무를 넣고 3시간 이상 끓이다가 다시마와 건홍고추를 넣고 육수를 낸다.
③ 목이버섯은 미지근한 물에 불려 규격대로 썬다.
④ 생강은 분쇄하여 생강즙을 낸다.
⑤ 소고기는 핏물을 제거하고 진간장, 락토소스, 생강즙, 마늘, 후추를 넣어 밑간한다.
⑥ 고사리, 얼갈이배추, 애느타리버섯은 살짝 데쳐 규격대로 썰고 숙주는 데친다.
⑦ 대파, 마늘, 양파는 규격대로 썬다.
⑧ 달걀은 풀어 놓는다.

만드는 방법
① 육수에 소고기를 넣고 끓인다.
② 채소는 국간장, 고추기름, 고춧가루, 마늘, 참기름으로 무친다.
③ ①에 ②의 채소를 넣고 푹 끓이다가 달걀을 넣는다.
④ ③에 대파, 양파를 넣고 국간장과 소금으로 간한다.

특이사항
- 잡뼈는 전날 끓여 사용하면 국물이 진하다.
- 소고기 대신 닭고기, 오리고기를 사용해도 좋다.
- 당면이나 만두를 넣어도 좋다.

■ 함께한 식단	● 찰현미속청콩밥, 사골육개장, 메기살갈릭강정, 우엉잡채, 유자소스토마토, 카사바칩, 깍두기
■ 비슷한 음식	● 육개장, 닭개장, 오리개장
■ 알아둘 것	● 소고기는 찬물에 담가 2~3시간 핏물을 제거해야 냄새를 잡을 수 있다. ● 육개장은 보통 토란대를 사용하지만 아린 맛이 있어 초등에서는 사용하지 않는 것이 좋다.

삼색옹심이스지설렁탕

식품명	초등 1인량(g)	절단방법		
소잡뼈	25		재료 준비	① 잡뼈는 핏물을 제거하고 스지와 같이 끓인 후 육수는 버린다. ② ①을 3시간 이상 끓이다가 다시마, 건홍고추를 넣고 끓여 육수를 낸 후 스지는 건진다. ③ 목이버섯은 미지근한 물에 불려 규격대로 썰고 생강는 분쇄하여 생강즙을 낸다. ④ 소고기는 핏물을 제거하고 진간장, 락토소스, 생강즙, 마늘, 청주, 설탕, 후추로 밑간한다. ⑤ 스지, 무, 감자, 애느타리버섯, 대파, 마늘, 당근, 양파는 규격대로 썬다. ⑥ 달걀은 지단을 부쳐 규격대로 썬다.
스지	20	3*3깍둑		
소고기(양지)	15	3*3*0.4		
무	25	2*2*02나박		
깐감자	15	2*2*02나박		
애느타리버섯	6	손뜯기		
목이버섯	0.3	2.5*2.5골패		
건홍고추	0.3			
대파	2.5	0.5송송		
마늘	1	다지기		
생강	0.3	분쇄		
양파	3	2.5*2.5깍둑		
당근	2	1은행잎		
달걀	6	2*2골패		
삼색감자옹심이	18		만드는 방법	① 육수에 소고기를 넣고 끓인다. ② ①이 끓으면 무, 감자, 애느타리버섯, 당근을 넣고 한소끔 끓이다가 스지, 삼색옹심이를 넣고 다시 끓인다. ③ ②에 대파, 양파, 지단을 넣고 국간장과 소금으로 간한다.
건다시마	1.5			
락토소스	1			
청주	1			
소금	0.5			
후추	0..1			
국간장	1			
진간장	0.6			
현미유	0.2		특이 사항	− 잡뼈와 스지는 전날 끓여 사용하는 것도 좋다. − 전날 끓일 경우 스지는 건져 냉장 보관한다. − 옹심이 대신, 수제비, 당면, 떡을 사용해도 좋다.
설탕	0.2			
■ 함께한 식단	● 찰현미찰보리밥, 삼색옹심이스지설렁탕, 숙성김자반, 간장양념깻잎지, 통살새우또띠아, 사과, 깍두기			
■ 비슷한 음식	● 설렁탕, 소면설렁탕, 당면설렁탕, 곰탕, 꼬리곰탕			
■ 알아둘 것	● 스지는 오래 끓이면 쫄깃한 식감이 사라진다.			

새우살미역국

식품명	초등 1인량(g)	절단방법		
새우살	15	다지기	재료 준비	① 멸치, 다시마로 육수를 낸다. ② 미역은 찬물에 불려 규격대로 썬다. ③ 새우살, 마늘은 규격대로 썬다.
건미역	2	2cm절단		
마늘	1.5	다지기		
건다시마	1.5			
다시멸치	1.5			
국간장	0.5			
소금	0.3			
멸치액젓	0.7			
			만드는 방법	① 육수에 미역을 넣고 끓이다가 새우살을 넣고 한소끔 끓인다. ② ①이 끓으면 멸치액젓, 국간장, 소금으로 간한다.
			특이 사항	– 소고기, 바지락살, 홍합살, 대합살, 굴 등을 넣고 끓여도 좋다. – 해산물을 이용한 미역국은 멸치액젓으로 간할 때 깊은 맛이 난다.

■ 함께한 식단	● 찰현미통밀밥, 새우살미역국, 마늘소스순살치킨, 열무지짐, 수제웨지감자, 파인소스토마토, 배추김치
■ 비슷한 음식	● 홍합살미역국, 굴미역국, 바지락살미역국, 전복미역국, 북어미역국, 대합살미역국
■ 알아둘 것	● 미역은 참기름을 넣고 볶아도 좋지만 볶지 않고 끓여도 맛이 담백하다. ● 새우살은 다지지 않고 통째로 사용하거나 1/2로 절단하여 사용해도 좋다.

샤브샤브돈육연두부짜글이

식품명	초등 1인량(g)	절단방법	재료 준비	① 돈육은 규격대로 썬다. ② 배추김치, 라운드햄, 우리팜, 양파, 풋고추, 홍고추, 대파, 마늘은 규격대로 썬다. ③ 멸치, 다시마는 육수를 낸다.
돈육(사태)	35	4*4*0.2		
배추김치	45	3cm절단		
라운드햄	20	0.5은행잎		
우리팜	20	2.5*2.5깍둑		
연두부	40			
양파	5	2.5*2.5깍둑	만드는 방법	① 육수에 돈육, 배추김치, 라운드햄, 우리팜, 연두부, 고추장, 고춧가루를 넣고 끓인다. ② ①에 풋고추, 홍고추, 대파, 마늘을 넣고 한소끔 끓이다가 국간장, 새우젓으로 간한다.
풋고추	0.2	0.2송송		
홍고추	6	0.2송송		
대파	2.5	0.5어슷		
마늘	3	다지기		
다시멸치	0.8			
건다시마	0.8			
고추장	1.5			
고춧가루	0.8			
국간장	0.5			
새우젓	1.5			
			특이 사항	– 두부나 순두부도 같은 방법으로 조리하면 좋다. – 돈육 대신 소고기를 활용해도 좋다. – 김치는 양념을 털어내고 조리해야 지저분하지 않다.

■ 함께한 식단	● 찰현미밥, 샤브샤브돈육연두부짜글이, 동태간장강정, 세발나물무채절이, 칼라감떡, 연시소스토마토, 총각김치
■ 비슷한 음식	● 순두부짜글이찌개, 감자짜글이찌개, 소고기짜글이찌개
■ 알아둘 것	● 짜글이는 충청도의 향토음식이다. ● 햄과 우리팜은 끓는 물에 데쳐 사용한다. ● 돈육과 햄, 채소, 두부를 혼합하여 맵고 짜게 끓이는 음식이지만 학교에서는 맵지 않고 싱겁게 끓여야 한다. ● 된장과 고추장을 같이 섞어도 좋다. ● 김치찌개분말을 사용할 수도 있다.

순두부백탕

식품명	초등 1인량(g)	절단방법		
순두부	60		재료 준비	① 멸치와 다시마로 육수를 낸다. ② 바지락살과 새우살은 깨끗하게 씻어 물기를 제거한 후 규격대로 썬다. ③ 달걀을 풀어 놓는다. ④ 양파, 청양고추, 홍고추, 대파, 마늘, 쪽파, 새우젓은 규격대로 썬다.
달걀	10			
바지락살	5	다지기		
새우살	5	1/3절단		
양파	3	2.5*2.5깍둑		
청양고추	0.3	0.2송송		
홍고추	0.3	0.2송송		
대파	1.5	0.5송송		
마늘	1	다지기		
깐쪽파	1	0.3송송	만드는 방법	① 육수에 순두부, 바지락살, 새우살을 넣고 끓인다. ② ①이 끓으면 달걀을 넣고 젓지 않은 상태로 한소끔 끓인 후 국자로 한두 번 저어 몽글몽글하게 끓여준다. ③ ②가 떠오르면 소금, 새우젓으로 간하고 양파, 청양고추, 홍고추, 대파, 마늘, 쪽파를 넣고 한소끔 끓인다.
새우젓	3	다지기		
다시멸치	0.8			
건다시마	1.2			
소금	0.5			
			특이 사항	– 달걀은 넣자마자 저어주면 국물이 탁해지고 지저분하다. – 순두부백탕은 중약불에서 조리하는 것이 좋다.

■ 함께한 식단	● 찰현미클로렐라밥, 순두부백탕, 뼈없는간장닭갈비, 오징어실채조림, 김말이, 파인소스토마토, 배추김치
■ 비슷한 음식	● 연두부백탕, 돈육순두부탕
■ 알아둘 것	● 순두부백탕은 새우젓으로 간을 해야 맛이 깔끔하고 단백하다. ● 바지락살은 통째로 사용해도 좋다.

어묵꼬지탕

식품명	초등 1인량(g)	절단방법		
어묵꼬지	35	35g꼬지	재료 준비	① 어묵꼬지는 타공바구니에 올려 쪄낸다. ② 다시마, 멸치, 건홍고추로 육수를 낸다. ③ 종합어묵, 무, 대파, 마늘, 청양고추, 풋고추는 규격대로 썬다. ④ 대하는 깨끗이 씻어 규격대로 절단한다.
종합어묵	14	2.5*2.5나박		
대하	15	1/2절단		
무	25	2*2*0.2나박		
대파	2.5	0.5송송		
마늘	0.8	다지기		
청양고추	0.3	0.2송송		
풋고추	0.3	0.2송송		
건홍고추	0.3			
다시멸치	1.5		만드 는 방법	① 육수에 무, 어묵, 대하를 넣고 한소끔 끓인다. ② ①을 청주, 국간장, 소금으로 간한다. ③ ②에 청양고추, 풋고추, 대파, 마늘, 어묵꼬지를 넣어 완성한다.
건다시마	1.5			
청주	1			
국간장	1.5			
소금	0.2			
			특이 사항	– 대하 대신 주꾸미나 낙지를 사용해도 좋다. – 어묵꼬지는 옹심이나 수제비를 함께 넣고 조리해도 좋다. – 가래떡과 어묵꼬지를 함께 넣고 조리해도 색다르다.

■ 함께한 식단	● 칠분도미현미밥, 어묵꼬지탕, 애호박달걀말이, 노각부추무침, 밤만쥬, 귤, 배추김치
■ 비슷한 음식	● 어묵꼬지옹심이탕, 어묵꼬지수제비국, 주꾸미어묵꼬지탕, 어묵꼬지꽃게탕, 물떡어묵꼬지탕
■ 알아둘 것	● 어묵꼬지는 사각어묵, 봉어묵 등 다양한 종류의 어묵을 사용해도 좋고 육수에 김치를 넣어도 좋다. ● 교실배식의 경우 어묵꼬지를 국물에 넣지 않고 개별로 주는 것이 좋다. 이때는 반드시 보온이 되는 밧트를 사용해야 한다.

연포탕

식품명	초등 1인량(g)	절단방법		
낙지	35	5cm절단	재료 준비	① 낙지, 새우살은 깨끗하게 씻어 규격대로 썬다. ② 다시마, 멸치, 건홍고추로 육수를 낸다. ③ 무, 배추, 팽이버섯, 애느타리버섯, 풋고추, 대파, 마늘, 생강(생강즙)은 규격대로 썬다. ④ 목이버섯은 미지근한 물에 불려 규격대로 썬다. ⑤ 바지락살을 깨끗하게 씻는다.
바지락살	4			
새우살	4	1/3절단		
무	25	2*2*0.2나박		
배추	10	4cm절단		
팽이버섯	7	4cm절단		
애느타리버섯	5	손뜯기		
목이버섯	0.3	2.5*2.5나박		
건홍고추	0.3			
풋고추	0.3			
대파	1.5	0.5송송		
마늘	0.8	다지기	만드는 방법	① 육수에 바지락살과 새우살을 넣고 끓이다가 무, 배추를 넣은 후 다시 한번 끓인다. ② ①에 낙지, 팽이버섯, 애느타리버섯, 목이버섯, 생강즙을 넣고 끓인 후 청주, 국간장, 소금으로 간한다. ③ ②에 풋고추, 대파, 마늘을 넣는다.
생강	0.3	분쇄		
다시멸치	1.5			
건다시마	1.5			
청주	1			
국간장	1.5			
소금	0.2			
			특이 사항	− 미나리를 사용해도 좋다. − 낙지는 오래 끓이면 질겨지므로 주의해야 한다.
■ 함께한 식단		● 찰현미잡곡밥, 연포탕, 소고기버섯볶음, 적상추/콩가루쌈장, 깨찰빵, 수박, 배추김치		
■ 비슷한 음식		● 주꾸미연포탕, 새우살연포탕		
■ 알아둘 것		● 낙지를 손질할 때 꼼꼼히 씻어주지 않으면 잔여물이 남아 뒷맛이 쓸 수 있다. ● 무는 끓을 때 넣어야 국물이 맑다.		

오이냉국

식품명	초등 1인량(g)	절단방법		
백오이	30	0.2송송	재료 준비	① 백오이, 홍고추, 풋고추, 마늘은 규격대로 썬다. ② 물은 끓여 냉각시킨다.
홍고추	0.5	0.2송송		
풋고추	0.5	0.2송송		
마늘	1	다지기		
식초	3			
설탕	1.8			
소금	0.3			
참깨	0.5			
국간장	0.5			
식용얼음	45		만드는 방법	① 물에 소금, 국간장, 설탕, 식초를 넣고 새콤달콤한 맛이 나도록 한다. ② ①에 오이, 홍고추, 풋고추, 마늘을 넣고 참깨를 뿌린다. ③ ②에 얼음을 띄운다.
물				
			특이 사항	- 매실청을 사용해도 좋다. - 오이를 채 썰어 사용하거나 오이와 미역을 함께 사용해도 좋다. - 냉국은 일품요리를 할 때 제공하면 좋다.
■ 함께한 식단	● 볶음밥, 오이냉국, 김자반, 무말랭이랑매실장아찌, 미트볼고구마가스./소스, 수제망고요거트, 배추겉절이			
■ 비슷한 음식	● 오이채냉국, 오이미역냉국			
■ 알아둘 것	● 오이냉국은 아주 얇게 썰어야 겉돌지 않는다. ● 시간이 지나면 오이의 아삭한 맛이 줄어들 수 있어 빨리 먹는 것이 좋다. ● 배식 전에 간을 한 번 더 체크하고, 소금이나 식초를 추가하는 것이 좋다.			

우렁살된장찌개

식품명	초등 1인량(g)	절단방법
우렁살	15	
깐감자	20	3.5은행잎
애호박	9	3.5은행잎
두부	20	2.5*2.5깍둑
애느타리버섯	6	손뜯기
홍고추	0.2	0.2송송
청양고추	0.2	0.2송송
대파	2.5	0.5어슷
마늘	3	다지기
다시멸치	1.2	
건다시마	0.8	
된장	7	
고추장	0.8	
굵은소금	0.8	
밀가루	0.3	
참기름	0.2	

재료준비
① 감자, 애호박, 두부, 애느타리버섯, 홍고추, 청양고추, 대파, 마늘은 규격대로 썬다.
② 우렁살은 굵은소금과 밀가루로 문질러 여러 번 씻은 후 마늘과 참기름을 넣고 밑간한다.
③ 멸치, 다시마로 육수를 낸다.

만드는 방법
① 육수에 된장, 고추장을 풀어 간한 다음 한소끔 끓인다.
② ①에 우렁살, 감자, 애호박, 애느타리버섯을 넣고 끓인다.
③ ②에 두부를 넣고 한소끔 끓인 후, 청양고추, 홍고추, 대파, 마늘을 넣는다.

특이사항
– 우렁살 대신 미더덕이나 바지락살도 좋고 소고기도 좋다.
– 두부는 오래 끓이면 구멍이 생기고 굳어져 마지막에 넣는 것이 좋다.

- **함께한 식단**: 찰현미압맥밥, 우렁살된장찌개, 소고기시금치볶음, 잔멸치감자조림, 빨강구슬떡, 아이스망고, 배추김치
- **비슷한 음식**: 소고기된장찌개, 바지락살된장찌개, 된장찌개
- **알아둘 것**: 우렁살에 참기름과 마늘을 넣어 밑간하면 우렁살의 특유한 흙냄새가 제거된다. 따라서 우렁살된장찌개를 맛있게 먹는 비법은 참기름과 마늘로 밑간하는 것이다.

전복갈비탕

식품명	초등 1인량(g)	절단방법		
소갈비	40	3*3*3	재료 준비	① 갈비와 소고기는 핏물을 빼고 갈비는 데친다. ② 무, 팽이버섯, 청경채, 양파, 대파, 마늘과 전복은 규격대로 썰고 생강은 생강즙을 낸다. ③ 다시마와 건홍고추를 넣고 육수를 낸다. ④ 갈비와 소고기는 간장, 생강, 마늘, 설탕, 청주, 락토소스, 후추를 넣고 각각 밑간한다. ⑤ 목이버섯은 미지근한 물에 불려 규격대로 썬다. ⑥ 달걀은 지단을 부친 후 규격대로 썬다.
소고기(양지)	10	3*3*0.5		
손질전복	20	0.2편		
무	22	2*2*0.2나박		
팽이버섯	8.5	4cm절단		
청경채	10	4cm절단		
양파	5	2.5*2.5깍둑		
목이버섯	0.3	2.5*2.5나박		
대파	2.5	0.2송송		
마늘	0.8	다지기		
생강	0.3	분쇄		
건홍고추	0.3			
달걀	5	2*2*0.2나박		
삼색옹심이	15		만드는 방법	① 육수에 갈비, 소고기를 넣고, 끓이다가 무, 팽이버섯, 청경채, 양파를 넣은 후 다시 끓인다. ② ①에 전복과 삼색옹심이를 넣고 한소끔 끓이다가 마늘, 국간장과 소금으로 간한다. ③ ②에 대파, 지단을 넣는다.
건다시마	0.6			
국간장	1			
진간장	1			
소금	0.5			
청주	1			
소금	0.5			
후추	0.01			
락토소스	1			
백설탕	0.5			
			특이 사항	– 갈비탕에 당면, 국수, 떡을 넣어도 좋다. – 갈비탕에 낙지를 넣고 끓이거나 양지 대신 사태를 사용해도 좋다.

■ 함께한 식단	● 찰현미칼슘밥, 전복갈비탕, 김구이, 된장깻잎지, 버섯만두, 바나나, 깍두기
■ 비슷한 음식	● 낙지갈비탕, 당면갈비탕, 달걀갈비탕
■ 알아둘 것	● 갈비는 뜨거운 물에 데쳐 사용하면 국물맛이 깔끔하다.

청국장찌개

식품명	초등 1인량(g)	절단방법		
소고기(양지)	13	손뜯기	재료 준비	① 다시마로 육수를 낸다. ② 생강은 분쇄하여 생강즙을 낸다. ③ 두부, 무, 애느타리버섯, 양파, 청양고추, 홍고추, 대파, 마늘은 규격대로 썬다. ④ 소고기는 핏물을 제거하고 청주, 대파 잎, 후추, 생강, 락토소스를 넣고 끓인다. ⑤ ④의 소고기는 손뜯기 한다.
두부	40	2.5*2.5깍둑		
무	15	2*2*0.2나박		
애느타리버섯	4.5	손뜯기		
양파	5	2.5*2.5깍둑		
청양고추	0.3	0.2송송		
홍고추	0.3	0.2송송		
대파	1.5	0.5송송		
마늘	1	다지기		
생강	0.3			
청국장	18			
고춧가루	0.5		만드는 방법	① 소고기국물과 육수를 혼합하고 청국장을 풀어 간을 맞춘 후 끓인다. ② ①에 소고기와 무, 애느타리버섯을 넣고 끓인다. ③ ②가 끓으면 두부를 넣고 한소끔 끓이다가 양파, 대파, 마늘을 넣는다.
건다시마	1.2			
락토소스	1			
청주	1			
후추	0.01			
			특이 사항	- 잘 익은 배추김치를 사용해도 좋다. - 청국장과 된장을 섞어 사용해도 좋다.
■ 함께한 식단	● 가바현미밥, 청국장찌개, 돈육찹스테이크, 부추랑양파절이, 연시소스토마토, 유과, 배추김치			
■ 비슷한 음식	● 된장찌개, 청된장찌개			
■ 알아둘 것	● 청국장은 꾸릿한 냄새 때문에 아주 좋아하거나 싫어하는 등 호불호가 강한 음식이다. 하지만 일 년에 한 번 이상은 먹어볼 기회를 제공하는 것도 좋다.			

콩나물냉국

식품명	초등 1인량(g)	절단방법
콩나물	33	
홍고추	0.5	0.2송송
풋고추	0.5	0.2송송
마늘	1	다지기
깐쪽파	2.5	0.2송송
건다시마	1.5	
소금	1	
참깨	0.3	
국간장	0.5	
식용얼음	45	

재료준비
① 다시마로 육수를 낸 후 냉각시킨다.
② 홍고추, 풋고추, 마늘, 쪽파는 규격대로 썬다.
③ 콩나물은 깨끗하게 씻어 뚜껑을 닫고 삶아낸 후 건져 냉각시킨다.

만드는 방법
① 육수에 콩나물과 풋고추, 홍고추, 마늘, 쪽파를 넣는다.
② ①에 국간장과 소금으로 간한다.
③ ②를 냉장 보관한다.
④ ③에 얼음을 띄운다.

특이사항
– 콩나물은 반드시 뚜껑을 닫거나 열어 둔 상태로 끓여야 비린 맛이 없어진다.
– 콩나물을 너무 오래 끓이면 아삭한 맛이 사라진다.

■ 함께한 식단
● 인삼해물영양밥/양념장, 콩나물냉국, 수제떡갈비, 부추오이송송이, 오렌지요거트, 파인애플, 배추김치

■ 비슷한 음식
● 열무냉국

■ 알아둘 것
● 콩나물냉국은 더운 여름날 일품요리와 어울리는 음식이다.
● 콩나물은 뚜껑을 계속 닫거나 열어 둔 상태로 끓여줘야 비린 맛이 없다. 중간에 열거나 닫으면 비린 맛이 날 수 있어 주의해야 한다.

피홍합탕

식품명	초등 1인량(g)	절단방법
손질피홍합	70	
무	20	2*2*0.2나박
대파	2.5	0.3송송
마늘	0.8	다지기
청양고추	0.5	0.2송송
홍고추	0.3	0.2송송
깐쪽파	1	2.5cm절단
부추	4	2.5cm절단
다시멸치	1.5	
건다시마	1.5	
청주	1	
국간장	1.5	
소금	0.2	
굵은소금	1	

재료준비
① 손질피홍합은 굵은소금을 넣고 깨끗한 물이 나올 때까지 씻는다.
② 다시마, 멸치로 육수를 낸다.
③ 무, 대파, 마늘, 청양고추, 풋고추, 쪽파, 부추는 규격대로 썬다.

만드는 방법
① 육수에 피홍합과 무를 넣고 끓인다.
② ①에 청주, 국간장, 소금을 넣고 간한다.
③ ②에 대파, 마늘, 청양고추, 쪽파, 부추를 넣는다.

특이사항
− 피홍합요리는 까먹는 과정에서 다칠 수 있어 주의해야 한다.
− 피바지락 등도 같은 방법으로 끓이면 좋다.

■ 함께한 식단	● 칠분도미현미밥, 피홍합탕, 콩나물제육볶음, 명엽채건과류조림, 스마일감자, 사과, 총각김치
■ 비슷한 음식	● 조개탕, 대합탕
■ 알아둘 것	● 피홍합은 찬물에 끓여야 입이 벌어진다. ● 피홍합은 처음부터 같이 넣고 뚜껑을 닫은 상태로 강불에서 끓여야 한다.

05 찜/조림

감자조림

식품명	초등 1인량(g)	절단방법		
깐감자	55	2.5*2.5깍둑	재료 준비	① 감자는 규격대로 썰어 소금물에 2시간 이상 담가 전분기를 제거한다. ② 당근, 양파, 마늘은 규격대로 썬다. ③ 진간장에 마늘, 매실청, 쌀엿, 설탕을 넣고 조림장을 만든다.
당근	4	2.5*2.5깍둑		
양파	1.5	다지기		
마늘	0.8	다지기		
진간장	2.5			
매실청	1			
쌀엿	3			
백설탕	0.8			
검은깨	0.3		만드는 방법	① 감자, 당근에 조림장을 넣고 약불에서 오래 조린다. ② ①이 조려지면 검은깨와 참기름을 뿌린다.
참기름	0.4			
소금	0.3			
			특이 사항	− 감자는 소금물에 전날 담가 두어도 좋다. − 소금물에 담가두면 전분기가 빠져 쫄깃하게 먹을 수 있다.
■ 함께한 식단		● 찰현미옥수수밥, 꽃게된장국, 수제파채치킨커틀렛, 감자조림, 흰색절편, 바나나소스토마토, 총각김치		
■ 비슷한 음식		● 감자고추장조림		
■ 알아둘 것		● 감자를 소금물에 담가 두는 이유는 감자가 가지고 있는 전분기를 제거하기 위함이다. ● 전분기를 제거하고 조리면 쫄깃쫄깃한 조림을 만들 수 있지만, 제거하지 않고 조리면 부서지고 모양이 흐트러진다. ● 감자와 당근의 절단은 자유롭게 선택하면 된다.		

고등어김치조림

식품명	초등 1인량(g)	절단방법		
고등어캔	50		재료 준비	① 배추김치는 양념을 털어내고 규격대로 썬다. ② 양파, 대파, 생강(생강즙), 풋고추, 홍고추, 마늘은 규격대로 썬다. ③ 멸치, 다시마로 육수를 낸다. ④ 간장, 락토소스, 마늘, 풋고추, 홍고추, 매실청, 쌀엿, 설탕, 고춧가루, 생강즙, 후추에 육수를 부어 양념장을 만든다.
배추김치	50	4cm절단		
양파	4	2*2깍둑		
마늘	0.3	다지기		
생강	0.3	분쇄		
대파	0.2	0.5송송		
풋고추	0.3	0.2송송		
홍고추	0.3	0.2송송		
다시멸치	0.6			
건다시마	0.6			
백설탕	1.2			
락토소스	1		만드는 방법	① 고등어와 배추김치를 켜켜이 놓고 양념장을 올린 후 센불에서 조리다가 대파, 양파를 넣고 약불에서 푹 조린다. ② ①에 참기름과 참깨를 뿌린다.
매실청	1			
진간장	1.2			
쌀엿	3			
참깨	0.4			
참기름	0.4			
고춧가루	0.7			
후추	0.01			
청주	1			
			특이 사항	- 꽁치 캔을 사용해도 좋다.

■ 함께한 식단	● 병아리콩찰밥, 팽이버섯감자미소국, 올리브유김구이, 고등어김치조림, 타래만두, 배, 배추김치
■ 비슷한 음식	● 꽁치김치조림, 고등어무조림
■ 알아둘 것	● 김치국물을 함께 사용해도 좋다. ● 김치가 덜 익었을 경우 식초 1~2스푼을 추가하면 좋다. ● 국물이 다 줄지 않고 자작할 때 불을 꺼야 촉촉하게 먹을 수 있다.

꽈리고추당근찜

식품명	초등 1인량(g)	절단방법	재료 준비	① 꽈리고추는 맵지 않은 것을 선택, 깨끗하게 씻은 후 꼭지를 제거하고 소금을 살짝 뿌려 놓는다. ② 당근, 마늘, 쪽파, 홍고추는 규격대로 썬다. ③ 국간장에 마늘, 쪽파, 홍고추, 참깨, 참기름을 넣고 양념장을 만든다.
꽈리고추	14			
당근	4	0.5*1.5*5골패		
마늘	3	다지기		
쪽파	0.3	0.2송송		
홍고추	0.3	다지기		
마늘	0.8	다지기		
깨소금	0.4			
참기름	0.3			
국간장	1.5			
찹쌀가루	5			
밀가루	2			
소금	1			

만드는 방법
① 꽈리고추와 당근에 찹쌀가루로 옷을 듬뿍 입힌다.
② ①을 5~7분 정도 찐다.
③ ②를 식힌 후 양념장에 버무린다.

특이사항
- 찹쌀가루와 콩가루를 혼합하여 사용해도 좋다.
- 꽈리고추는 맵지 않고 연한 것을 사용한다.
- 기호에 따라 양념장에 고춧가루를 넣어도 좋다.

■ 함께한 식단
● 찰현미찰보리밥, 어묵꼬지대하탕, 꽈리고추당근찜, 크레미살깻잎달걀말이, 만쥬, 수박, 배추김치

■ 비슷한 음식
● 꽈리고추찜, 고추찜

■ 알아둘 것
● 꽈리고추는 만졌을 때 딱딱한 것은 매울 수 있어, 부드럽고 어린 꽈리고추를 사용한다.
● 찹쌀가루와 밀가루를 함께 사용하면 옷이 잘 벗겨지지 않는다.
● 찹쌀가루 대신 전분을 사용해도 좋다.

꽁치무조림

식품명	초등 1인량(g)	절단방법		
꽁치통조림	50		재료 준비	① 무, 대파, 마늘, 홍고추, 풋고추, 생강 (생강즙)은 규격대로 썬다. ② 멸치와 다시마로 육수를 낸다. ③ 육수에 진간장, 멸치액젓, 쌀엿, 백설탕, 고추장, 고춧가루, 락토소스, 청주, 매실청, 후추, 마늘, 홍고추, 풋고추, 생강즙을 넣어 양념장을 만든다.
무	40	4*4*0.8나박		
대파	1	0.2어슷		
마늘	1.2	다지기		
홍고추	0.3	다지기		
풋고추	0.2	다지기		
생강	0.2	분쇄		
다시멸치	1			
건다시마	1			
진간장	2		만드는 방법	① 무는 양념장에 버무린다. ② ①과 꽁치를 켜켜이 놓고 센불에서 조리다가 대파를 넣고 약불에서 푹 조린다. ③ ②에 참기름과 참깨를 뿌린다.
멸치액젓	7			
쌀엿	3			
백설탕	1			
고추장	3			
고춧가루	0.5			
락토소스	1			
청주	1			
참기름	0.3			
매실청	1			
후추	0.01			
			특이 사항	− 고등어통조림을 사용해도 좋다. − 갈치, 삼치, 코다리를 사용해도 좋다. − 무는 두툼하게 썰어 사용해도 좋다.

- ■ 함께한 식단
  - ● 완두콩영양찰밥, 황태채콩나물국, 녹차김구이, 꽁치무조림, 브로컬리떡갈비, 배, 배추김치
- ■ 비슷한 음식
  - ● 갈치조림, 고등어조림, 코다리조림, 조기조림
- ■ 알아둘 것
  - ● 초등학교는 통조림을 사용하는 것이 뼈가 없어 좋다.
  - ● 무에 간이 밸 때까지 푹 조려야 맛이 있다.
  - ● 깊은 맛을 내기 위해서는 멸치와 다시마로 낸 육수를 사용하는 것이 좋다.

델큐브참치메추리알조림

식품명	초등 1인량(g)	절단방법
델큐브참치	20	
메추리알	60	
꽈리고추	3	
건다시마	1.5	
건홍고추	0.3	0.2송송
마늘	1	다지기
생강	0.3	다지기
진간장	4	
매실청	1	
락토소스	1	
청주	1	
쌀엿	3	
흑설탕	1	
참깨	0.3	
참기름	0.5	

재료 준비
① 다시마는 육수를 낸다.
② 꽈리고추는 꼭지를 떼고, 마늘, 생강(생강즙), 건홍고추는 규격대로 썬다.
③ 육수에 진간장 마늘, 매실청, 락토소스, 청주, 쌀엿, 생강즙, 흑설탕 넣어 조림장을 만든다.

만드는 방법
① 델큐브참치와 메추리알, 건홍고추에 조림장을 넣고 조리다가 꽈리고추를 넣고 약불에서 다시 조린다.
② ①에 참깨와 참기름을 넣는다.

특이사항
– 메추리알에 닭가슴살, 미니새송이, 소고기, 돈육 등을 각각 혼합하여 조려도 좋다.

■ **함께한 식단**
● 찰현미귀리밥, 홍합국, 델큐브참치메추리알조림, 우엉새우살잡채, 바나나슈, 감말랭이, 배추김치

■ **비슷한 음식**
● 닭가슴살메추리알조림, 메추리알미니새송이조림, 소고기메추리알조림, 돈육메추리알조림, 메추리알곤약조림 등

■ **알아둘 것**
● 메추리알은 너무 오래 조리면 딱딱해질 수 있다.
● 뚜껑은 덮고 조려야 한다.
● 불을 너무 세게 하고 조리면 간이 배기 전에 탈 수 있어 중불에서 조리는 것이 좋다.

돈육사태무찜

식품명	초등 1인량(g)	절단방법		
돈육(사태)	80	2.5*2.5깍둑	재료 준비	① 무, 양파, 홍고추, 마늘, 대파, 생강(생강즙), 사과(사과즙)는 규격대로 썬다. ② 달걀은 지단을 부쳐 규격대로 썬다. ③ 돈육은 간장, 마늘, 생강즙, 사과즙, 매실청, 락토소스, 설탕, 청주, 후추를 넣고 밑간한다. ④ 마늘, 대파, 간장, 청주, 설탕, 매실청, 참깨, 참기름을 혼합하여 양념장을 만든다. ⑤ 무는 양념장을 넣고 버무린다.
무	40	3*3깍둑		
양파	6	2.5*2.5깍둑		
홍고추	0.3	0.4송송		
마늘	0.5	다지기		
생강	0.3	다지기		
대파	1	0.5송송		
사과	4	분쇄		
달걀	3	2*2깍둑		
설탕	1.2			
락토소스	1.5		만드는 방법	① 바닥에 무를 깔고 그 위에 돈육을 올린 후 양념장을 넣어 푹 조린다. ② ①에 양파, 홍고추, 대파를 넣고 한소끔 조린다. ③ ②에 참깨, 참기름을 넣고 달걀지단을 올려 완성한다.
매실청	1.5			
진간장	1.2			
쌀엿	3			
참깨	0.4			
참기름	0.4			
후추	0.01			
해바라기유	1			
청주	1.5			
			특이 사항	- 고추장과 고춧가루를 넣어 사용해도 좋다. - 돈육사태 대신, 돈육등갈비, 돈육갈비를 사용해도 좋다.

■ 함께한 식단	● 찰현미밥, 해물모듬떡국, 돈육사태무찜, 청상추랑부추무침, 새우스넥, 수박, 배추김치
■ 비슷한 음식	● 돈육갈비찜, 돈육등갈비찜
■ 알아둘 것	● 뚜껑을 닫고 조리해야 간이 잘 스며든다. ● 중약불에서 은근하게 푹 조려야 쫄깃한 맛이 난다. ● 무는 크게 썰어서 사용해도 좋다.

돈육삼겹살김치찜

식품명	초등 1인량(g)	절단방법		
돈육(삼겹살)	48	3*3*0.2나박	재료 준비	① 배추김치는 양념을 털어내고 규격대로 썬다. ② 양파, 사과(사과즙), 대파, 생강(생강즙), 마늘은 규격대로 썬다. ③ 삼겹살과 사태는 간장, 설탕, 마늘, 청주, 락토소스, 매실청, 청주, 사과즙, 후추, 생강즙을 넣고 밑간한다. ④ 간장, 마늘, 매실청, 쌀엿, 설탕, 참깨, 고춧가루를 혼합하여 양념장을 만든다.
돈육(사태)	28	3*4*1나박		
배추김치	55	4cm절단		
양파	3	2*2깍둑		
사과	1.5	분쇄		
생강	0.3	분쇄		
대파	0.2	0.5송송		
마늘	0.2	다지기		
백설탕	1.2			
락토소스	1.5			
매실청	1.5			
진간장	1.2		만드는 방법	① 삼겹살, 사태, 배추김치를 켜켜이 놓고 양념장을 올려 푹 익힌다. ② ①에 양파, 대파를 넣고 한소끔 끓이다가 참기름을 넣어 완성한다.
쌀엿	3			
참깨	0.4			
참기름	0.4			
고춧가루	0.7			
후추	0.01			
청주	1.5			
			특이 사항	– 삼겹살 대신 목살, 갈비, 등갈비를 넣어도 좋다. – 배추김치와 무를 혼합해도 좋다.

■ 함께한 식단	● 찰현미수수밥, 맑은대구탕, 돈육삼겹살김치찜, 미역줄기볶음, 삼각잡채말이, 유자소스토마토, 총각김치
■ 비슷한 음식	● 부대햄김치찜, 너비아니김치찜, 돈육등갈비김치찜, 돈육갈비김치찜, 돈육목살김치찜
■ 알아둘 것	● 묵은지의 신맛이 강하면 물을 조금 더 넣고 끓여준다. ● 깊은 맛을 내고 싶으면 멸치와 다시마로 육수를 내서 사용해도 좋다. ● 마지막에 참기름을 넣어주면 맛과 풍미가 더해진다.

멸치랑꽈리고추조림

식품명	초등 1인량(g)	절단방법		
꽈리고추	38		재료 준비	① 다시마는 육수를 낸다. ② 꽈리고추는 꼭지를 떼고 살짝 데친다. ③ 진간장에 매실청, 락토소스, 청주, 쌀엿, 흑설탕과 육수를 넣고 조림장을 만든다.
반쪽멸치	3.6			
통마늘	1.5			
건다시마	1.5			
진간장	4			
매실청	1			
락토소스	1			
청주	1			
쌀엿	3			
흑설탕	0.8		만드는 방법	① 꽈리고추, 멸치, 통마늘에 조림장을 넣고 처음에는 센불에서 나중에는 약불에서 푹 조린다 ② ①이 조려지면 참깨를 뿌린다.
참깨	0.3			
			특이 사항	– 푹 익지 않으면 간이 배이지 않아 식감이 떨어진다. – 푹 조리면 색은 선명하지 않지만 맛은 좋다. – 통마늘은 다져 넣어도 된다.

■ 함께한 식단	● 찰현미기장밥, 육개장, 오미산적, 멸치랑꽈리고추조림, 파이, 파인애플, 깍두기
■ 비슷한 음식	● 꽈리고추찜
■ 알아둘 것	● 꽈리고추가 매우면 학생들이 먹기 힘들기 때문에 연하고 맵지 않은 것을 선택하는 것이 중요하다. ● 멸치 대신 건새우를 사용해도 좋다. ● 멸치는 볶아서 사용해도 좋다.

소고기장조림

식품명	초등 1인량(g)	절단방법		
소고기(사태)	38	0.5*1.5*6채	재료 준비	① 다시마는 육수를 낸다. ② 꽈리고추는 꼭지를 떼어 놓는다. ③ 무, 마늘, 생강(생강즙), 건홍고추는 규격대로 썬다. ④ 진간장에 마늘, 매실청, 쌀엿, 흑설탕과 육수를 넣고 조림장을 만든다. ⑤ 소고기는 진간장, 설탕, 락토소스, 청주, 생강, 후추를 넣고 밑간한다.
꽈리고추	7			
무	5	5*5깍둑		
마늘	1	다지기		
생강	0.3	분쇄		
건홍고추	0.3	0.2송송		
건다시마	1.5			
진간장	4			
매실청	1			
락토소스	1			
청주	1			
쌀엿	3		만드는 방법	① 소고기는 볶다가 조림장과 무를 넣고 조린다. ② ①이 어느 정도 조려지면 꽈리고추, 건홍추를 넣고 처음에는 센불에서 나중에는 약불에서 조린다 ③ ②가 조려지면 참깨, 참기름을 넣는다.
흑설탕	0.8			
참깨	0.3			
참기름	0.5			
후추	0.01			
			특이 사항	– 소고기는 손뜯기를 해도 좋다. – 소고기를 부드럽게 하기 위해 서는 삶거나, 볶은 후 조림장을 넣는 것이 좋다.

■ 함께한 식단	● 찰현미흑미밥, 새우살연포탕, 소고기장조림, 고구마순줄기무침, 갈릭웨지감자, 사과, 배추겉절이
■ 비슷한 음식	● 돈육장조림, 장똑똑이
■ 알아둘 것	● 소고기장조림을 할 때 무를 넣고 조리면 부드럽다. ● 무는 건져내도 좋고, 제공해도 좋다. 　(무에 간이 배어 있어 먹는데 이상 없음)

새우살깻잎찜

식품명	초등 1인량(g)	절단방법		
깻잎	14		재료 준비	① 깻잎은 씻은 후 타공소쿠리에 건져 물기를 뺀다. ② 당근, 양파, 풋고추, 홍고추, 마늘은 규격대로 썬다. ③ 새우살은 씻어 물기를 제거하고 규격대로 다진다. ④ 건홍고추는 불린 후 분쇄하여 다대기를 만든다. ⑤ 다시마, 멸치로 육수를 낸다. ⑥ 육수에 당근, 양파, 풋고추, 홍고추, 마늘, 매실청, 진간장, 락토소스, 설탕, 깨소금, 고춧가루, ④와 새우살을 넣고 양념장을 만든다.
당근	3	다지기		
양파	3	다지기		
풋고추	0.3	다지기		
홍고추	0.3	다지기		
마늘	0.5	다지기		
새우살	2.8	다지기		
건홍고추	1.2	분쇄		
고춧가루	0.2			
다시멸치	0.5			
건다시마	0.6			
매실청	1.5			
진간장	5			
깨소금	0.4			
백설탕	0.3			
락토소스	1.5			
			만드는 방법	① 깻잎에 양념장을 켜켜이 넣고 푹 찐다.
			특이 사항	– 깻잎은 푹 쪄야 맛에 깊이가 있다. – 된장을 넣어도 좋다.

- ■ 함께한 식단 : ● 찰현미흑미밥, 소꼬리설렁탕, 새우살깻잎찜, 김구이, 절편, 사과, 깍두기
- ■ 비슷한 음식 : ● 깻잎찜, 된장깻잎찜
- ■ 알아둘 것 :
  - ● 깻잎찜을 푹 찌면 색은 선명하지 않지만 맛과 풍미는 더 깊어진다.
  - ● 멸치와 다시마 육수로 양념장을 만들면 맛이 더 좋다.

아귀포조림

식품명	초등 1인량(g)	절단방법	재료 준비	
아귀포	23	4cm절단	① 아귀포는 규격대로 썬 후 기름을 두르고 살살 볶는다. ② 마늘은 규격대로 다진다. ③ ①을 마요네즈에 버무린다. ④ 쌀엿에 동량의 물과 간장, 백설탕을 넣고 약 불에서 조림소스를 만든다.	
마늘	1	다지기		
쌀엿	1			
백설탕	1.7			
진간장	0.3			
마요네즈	3			
현미유	1			
참깨	0.3			
참기름	0.3			
			만드는 방법	① 아귀포에 조림소스를 넣고 약불에서 조린다. ② ①에 마늘과 참깨, 참기름을 넣어 완성한다.
			특이 사항	- 명엽채, 멸치, 쥐포를 사용해도 좋다. - 견과류와 같이 사용해도 좋다. - 조림소스에 고춧가루나 고추장을 넣어도 좋다. - 케찹을 사용해도 좋다.

- **함께한 식단**: 칠분도미현미밥, 콩나물달걀국, 삼겹살고추장볶음, 아귀포조림, 스마일감자, 배, 총각김치
- **비슷한 음식**: 명엽채조림, 멸치조림, 쥐어포조림, 명엽채견과류조림
- **알아둘 것**:
  - 아귀포는 오래 볶으면 딱딱해질 수 있어 살짝만 볶는 것이 좋다.
  - 아귀포를 볶지 않고 사용할 때는 조림소스를 아귀포에 넣고 약불에서 오랫동안 뒤적이면서 조려야 한다.
  - 오븐을 사용해도 좋다.
    - 컨벡션 160℃ 5분
      (비린내를 제거하고 살짝 꼬득꼬득 말려주는 작업)

찜닭

식품명	초등 1인량(g)	절단방법
닭(다리살)	75	30g절단
고구마	20	3*3깍둑
양파	5	3*3깍둑
당근	4	1은행
건홍고추	0.1	0.2송송
청양고추	0.2	0.2송송
대파	1	0.2어슷
마늘	1.2	다지기
생강	0.3	분쇄
자른납작당면	6	1/2cm절단
건다시마	0.5	
진간장	6	
락토소스	1	
청주	1	
쌀엿	3	
백설탕	0.5	
참기름	0.3	
참깨	0.3	
매실청	1	
후추	0.01	

재료 준비
① 다시마로 육수를 낸다.
② 닭고기는 살짝 데쳐 깨끗하게 씻는다.
③ 고구마, 양파, 당근, 건홍고추, 청양고추, 대파, 마늘, 생강(생강즙)은 규격대로 썬다.
④ 납작당면은 삶아 규격대로 썬다.
⑤ 간장, 쌀엿, 마늘, 설탕, 후추, 청주, 참기름, 육수를 혼합하여 양념장을 만든다.

만드는 방법
① 닭고기에 양념장 1/2을 넣고 밑간을 해 두었다가 푹 익힌다.
② ①에 고구마, 당근, 건홍고추와 1/2양념장을 넣고 다시 한번 익힌다.
③ ②에 납작당면, 양파, 청양고추를 넣고 한소끔 끓인 후 참깨를 넣어 완성한다.

특이사항
- 닭다리살 대신 닭봉, 닭윙으로 해도 좋다.
- 고구마 대신 감자를 넣어도 좋다.

■ 함께한 식단
● 가바현미밥, 연두부백탕, 찜닭, 오징어실채호박씨조림, 카사바칩, 바나나소스토마토, 배추김치

■ 비슷한 음식
● 돈육찜, 소갈비찜

■ 알아둘 것
● 자른당면도 길면 배식하기 곤란하므로 절단한다.
● 닭은 껍질을 제거하고 살코기만 사용하면 더욱 부드러운 찜닭을 만들 수 있다.
● 닭고기는 데치지 않고 조리하면 닭 특유가 이물질이 있어 데쳐 사용하는 것이 좋다.

치즈감자달걀찜

식품명	초등 1인량(g)	절단방법
전란	50	
우유	5	
새우살	6	1.5cm절단
깐감자	11	2*2*0.2나박
당근	2	다지기
쪽파	2.3	0.2송송
양파	3	다지기
마늘	0.3	다지기
새우젓	2	
파마산치즈	3.5	
건다시마	1.5	
소금	0.5	
락토소스	1	
후추	0.01	
청주	0.5	

재료준비
① 감자, 당근, 쪽파, 양파, 마늘은 규격대로 썬다.
② 새우살은 깨끗이 씻어 규격대로 썬다.
③ 다시마로 육수를 낸다.
④ 전란에 동량(육수+우유)을 넣고 락토소스, 청주, 소금, 후추로 간한다.

만드는 방법
① 전란에 당근, 감자, 양파, 쪽파, 마늘, 새우살을 넣고 파마산치즈와 새우젓을 넣는다.
② 팬에 ①을 넣고 오븐에서 달걀찜을 한다.

특이사항
- 새우살 대신 날치알을 사용해도 좋다.
- 우유를 넣으면 부드러운 달걀찜이 된다.

■ **함께한 식단**: ● 찰현미통밀밥, 어묵꼬지햄찌개, 치즈감자달걀찜, 고춧잎된장나물, 살구잼파이, 포도, 총각김치

■ **비슷한 음식**: ● 달걀찜, 날치알달걀찜

■ **알아둘 것**:
● 전란과 육수(우유 포함)의 비율은 1:1이다.
● 오븐온도
 - 예열: 스팀 100℃
 - 조리온도: 스팀 85℃ 60분
 - 일반팬(뚜껑덮음)
● 달걀을 직접 풀어 사용할 경우 체에 거르면 부드러운 달걀찜이 된다.

06 생채/숙채/김치류/장아찌류

간장양파오이장아찌

식품명	초등 1인량(g)	절단방법
양파	25	2.5*2.5깍둑
오이	8	4막대
청양고추	0.5	0.2송송
마늘	0.5	0.2편
진간장	2.5	
매실청	1.5	
백설탕	3.5	
식초	4	
소금	0.8	
굵은소금	0.4	

재료 준비
① 양파, 오이, 청양고추, 마늘은 규격대로 썬다.
② 양파는 찬물에 담가 매운맛을 제거한다.
③ 간장, 매실청, 설탕, 식초, 소금을 혼합하여 장아찌소스를 만든다.

만드는 방법
① 양파, 오이, 청양고추, 마늘에 장아찌소스를 넣고 실온에서 1일 정도 두었다가 냉장 보관한다.
② ①은 3일 정도 지난 후 제공한다.

특이 사항
- 계절에 따라 3~5일 전에 준비하는 것이 좋다.
- 기호에 따라 소금, 식초, 설탕을 넣고 준비해도 좋다.
- 오이는 굵은소금으로 문질러 씻어야 한다.

- **함께한 식단**: ● 전복오리누룽지백숙, 로제두끼떡볶이, 간장양파오이장아찌, 수제청포도음료, 쿠키, 파인애플, 배추겉절이
- **비슷한 음식**: ● 오이장아찌, 무장아찌, 양배추장아찌
- **알아둘 것**:
  ● 양파는 찬물에 30분 정도 담가두면 매운맛이 제거된다.
  ● 소금, 식초, 설탕을 넣고 장아찌를 만들 때 비트를 넣으면 좋다. (비트는 색을 내는 용도)

골뱅이오이초무침

식품명	초등 1인량(g)	절단방법		
골뱅이캔	20	0.3편	재료 준비	① 골뱅이와 오이는 규격대로 썬다. ② 오이는 소금 간을 한 후 물기를 꼭 짠다. ③ 배, 쪽파, 양파, 홍고추는 규격대로 썬다. ④ 고추장, 고춧가루, 설탕, 액젓, 쌀엿, 매실청, 마늘, 홍고추, 쪽파, 식초를 혼합하여 새콤달콤한 양념장을 만든다.
오이	20	0.5*1*5골패		
배	10	0.5*1*5골패		
쪽파	1.5	0.2송송		
홍고추	0.3	다지기		
양파	3.5	0.2*0.2*5채		
마늘	0.3	다지기		
쌀엿	3			
백설탕	1.2			
멸치액젓	1.2			
매실청	1			
고추장	3		만드는 방법	① 골뱅이, 오이, 배, 양파를 혼합하여 양념장에 무친다. ② ①에 참깨, 참기름을 넣는다.
고춧가루	0.5			
참깨	0.4			
참기름	0.4			
식초	1.4			
소금	0.2			
			특이 사항	- 골뱅이오이초무침에 소면을 넣으면 골뱅이소면무침이 된다. - 미나리나 양배추를 혼합하여 사용해도 좋다.

■ 함께한 식단	● 가바현미밥, 콩가루아욱국, 봉치킨, 골뱅이오이초무침, 고추잡채김말이, 사과, 배추김치
■ 비슷한 음식	● 골뱅이소면무침, 골뱅이무말랭이무침, 진미채골뱅이무침
■ 알아둘 것	● 진미채를 넣은 골뱅이무침도 좋다. ● 골뱅이무침에 황태채를 넣을 때는 골뱅이 국물은 버리지 않는 것이 좋다. 황태채를 골뱅이 국물에 담가두었다가 사용하면 깊은 맛이 더하기 때문이다.

깻잎김치

식품명	초등 1인량(g)	절단방법		
깻잎	10	4등분	재료 준비	① 깻잎은 깨끗하게 씻어 타공바구니에 담아 물기를 제거한다. ② 쪽파, 당근, 양파, 풋고추, 홍고추, 대파, 마늘, 새우젓은 규격대로 썬다. ③ 건홍고추는 찬물에 불려 다대기를 만든다. ④ 간장과 액젓에 쪽파, 당근, 양파, 풋고추, 홍고추, 대파를 넣고 다대기, 고춧가루, 새우젓, 설탕, 매실청, 참깨와 혼합하여 양념장을 만든다.
쪽파	0.8	0.2송송		
당근	3	다지기		
양파	3	다지기		
풋고추	0.5	다지기		
홍고추	0.4	다지기		
대파	0.4	다지기		
마늘	0.8	다지기		
건홍고추	0.5	분쇄		
고춧가루	0.3			
새우젓	1	다지기	만드는 방법	① 깻잎에 양념장을 골고루 묻혀 완성한다. ② ①을 4등분 한다.
멸치액젓	1.2			
백설탕	1			
매실청	1.5			
참깨	0.4			
진간장	2			
			특이 사항	– 깻잎은 찜, 볶음, 부침, 피클 등 다양한 방법으로 요리할 수 있다.

■ 함께한 식단	● 찰현미통밀밥, 갈비달걀탕, 청파래김구이, 깻잎김치, 크로켓, 청포도, 깍두기
■ 비슷한 음식	● 깻잎장아찌, 콩잎장아찌
■ 알아둘 것	● 깻잎을 세척할 때는 찬물에 담가 물속에서 살살 흔들어 주면 효과적으로 이물질을 제거할 수 있다. ● 양념장을 바를 때는 깻잎 2장당 한 번씩 양념장을 발라주면 양념이 고르게 스며든다. ● 깻잎이 클 경우 4등분 하는 것이 좋다. 고학년의 경우는 2등분 해도 좋다.

돌미나리고추장무침

식품명	초등 1인량(g)	절단방법	재료 준비	① 돌미나리는 데쳐 규격대로 썬 후 물기를 꼭 짠다. ② 당근, 양파, 마늘, 쪽파, 홍고추는 규격대로 썬다. ③ 매실청, 멸치액젓, 고추장, 마늘을 혼합하여 양념장을 만든다.
돌미나리	35	5cm절단		
당근	0.8	0.2*0.2*5채		
양파	1.2	0.2*0.2*5채		
마늘	0.8	다지기		
쪽파	0.3	0.2송송		
홍고추	0.3	0.2송송		
깨소금	0.4			
참기름	0.3		만드는 방법	① 돌미나리에 당근, 양파를 혼합한 후 양념장을 넣고 조물조물 무친다. ② ①에 홍고추, 쪽파와 깨소금, 참기름을 넣어 완성한다.
고추장	3			
소금	0.1			
멸치액젓	1			
매실청	1			
			특이 사항	− 돌미나리무침은 기호에 따라 식초와 설탕을 넣고 새콤달콤하게 무쳐도 좋다. − 냉이, 근대, 취나물, 머위잎 등을 동일한 방법으로 무쳐도 좋다.

■ 함께한 식단	● 찰현미기장밥, 소고기숙주무국, 돌미나리고추장무침, 크레미살깻잎달걀말이, 수제초코칩머핀, 아이스망고, 배추김치
■ 비슷한 음식	● 냉이고추장무침, 취나물고추장무침, 미나리고추장무침
■ 알아둘 것	● 돌미나리는 끓는 물에 소금을 넣고 살짝 데쳐야 식감도 색도 살아 있다. ● 돌미나리는 무침, 겉절이, 초무침 등 다양한 방법으로 응용요리를 할 수 있다.

머위순나물무침

식품명	초등 1인량(g)	절단방법		
머위순	45	4cm절단	재료 준비	① 머위순은 깨끗하게 씻어 소금물에 담 갔다가 끓는 물에 데쳐 찬물에 헹군 후 규격대로 썬다.(물기는 꼭 짠다.) ② 쪽파, 당근, 마늘, 홍고추는 규격대로 썬다. ③ 된장, 고추장, 매실청, 마늘, 쪽파, 당근, 홍고추를 혼합하여 양념장을 만든다.
깐쪽파	0.7	0.2송송		
당근	1	0.2어슷		
마늘	1.2	다지기		
홍고추	0.3	다지기		
매실청	1			
된장	2			
고추장	2.5			
참깨	0.3			
참기름	0.5			
소금	0.2			
			만드 는 방법	① 머위순에 양념장을 넣고 조물조물 무친다. ② ①에 참깨, 참기름을 넣어 완성한다.
			특이 사항	– 머위순은 봄 채소로 쌉싸름한 맛이 입맛을 돋게 한다. – 얼갈이, 시금치, 냉이, 열무, 취나물, 비름나물 등도 같은 방법으로 조리해도 좋다.
■ 함께한 식단	● 찰현미수수밥, 등뼈햄찌개, 대구살부침, 머위순나물무침, 투맛슈, 오렌지알, 깍두기			
■ 비슷한 음식	● 열무무침, 냉이무침, 취나물, 시금치나물, 고춧잎나물			
■ 알아둘 것	● 머위순은 연한 것을 사용하는 것이 좋다. ● 머위순은 소금물에 담가놓으면 쓴맛이 없어진다.			

무말랭이배무침

식품명	초등 1인량(g)	절단방법		
무말랭이	32		재료 준비	① 배, 부추, 쪽파, 마늘은 규격대로 썬다. ② 매실청, 고춧가루, 쌀엿, 설탕, 마늘, 쪽파를 혼합하여 양념장을 만든다.
장아찌				
배	12	5*2*0.3골패		
부추	1	2cm절단		
깐쪽파	0.6	0.2		
마늘	0.8	다지기		
쌀엿	1			
백설탕	1.		만드는 방법	① 무말랭이장아찌와 배, 부추를 혼합하여 양념장에 무친다. ② ①에 참깨를 넣어 완성한다.
참깨	0.4			
고춧가루	0.4			
매실청	1			
			특이 사항	– 무말랭이장아찌를 사용하면 쉽게 조리할 수 있다. – 무말랭이장아찌에 고춧잎, 더덕, 마늘쫑, 주꾸미, 오징어 등 다양한 식재료를 혼합하면 색다른 맛이 난다.

■ 함께한 식단	● 찰현미통밀밥, 낙지수제비국, 메추리알조림, 무말랭이배무침, 치즈핫도그, 머루포도, 배추김치
■ 비슷한 음식	● 무말랭이주꾸미무침, 무말랭이낙지무침, 무말랭이마늘쫑무침, 무말랭이골뱅이무침 등
■ 알아둘 것	● 무말랭이장아찌무침은 채소로 만든 음식 중에서 학생들이 선호하는 음식에 속한다. ● 무말랭이 장아찌는 볶음밥, 비빔밥, 김밥, 주먹밥 등에 넣으면 풍미가 더해진다. ● 무말랭이를 구입하여 직접 조리해도 좋다.

물미역초무침

식품명	초등 1인량(g)	절단방법	재료준비	
물미역	18	4cm 절단		① 물미역은 소금물에 씻어 끓는 물에 30초 정도 데쳐 찬물에 헹군 후 물기를 제거하고 규격대로 썬다. ② 오이는 규격대로 썰어 소금에 살짝 간한 후 물기를 제거한다. ③ 배, 홍고추, 마늘은 규격대로 썬다. ④ 간장, 설탕, 식초, 매실청, 소금, 마늘을 혼합하여 양념장을 만든다.
배	12	4*2*0.3골패		
오이	12	4*2*0.3골패		
홍고추	0.2	0.2어슷		
마늘	0.8	다지기		
간장	1			
백설탕	1.5			
참깨	0.3			
식초	1.5			
매실청	1			
소금	2			
			만드는 방법	① 물미역, 배, 오이, 홍고추를 혼합한 후 양념장에 무친다. ② ①에 참깨를 넣어 완성한다.
			특이사항	- 물미역은 오래 데치지 않도록 주의해야 한다. - 취향에 따라 무를 넣어도 좋다. - 물미역은 겨울에 나오는 식재료다.

■ 함께한 식단	● 찰현미클로렐라밥, 돈육갈비햄찌개, 애호박계란말이, 물미역초무침, 단감, 파이, 깍두기
■ 비슷한 음식	● 물파래초무침
■ 알아둘 것	● 물미역은 소금물에 씻어 살짝만 데쳐야 한다. ● 물미역초무침은 다양한 음식과 잘 어울린다. 따라서 고기, 생선, 두부 등 단백질 요리와 함께 먹으면 조화로운 맛을 선사한다.

상추쑥갓겉절이

식품명	초등 1인량(g)	절단방법		
청상추	11	3cm절단	재료 준비	① 청상추, 쑥갓, 쪽파, 부추, 당근, 양파, 마늘은 규격대로 썬다. ② 진간장, 멸치액젓, 고춧가루, 쪽파, 마늘, 백설탕, 매실청, 참깨를 혼합하여 양념장을 만든다.
쑥갓	3	3cm절단		
쪽파	1	0.2송송		
부추	1	3cm절단		
당근	1.5	0.2*0.2*5채		
양파	5	0.2*0.2*5채		
마늘	0.5	다지기		
진간장	.1.2			
멸치액젓	1			
고춧가루	0.3		만드는 방법	① 청상추, 쑥갓, 부추, 당근, 양파는 혼합하여 3~4등분으로 나눈다. ② ①의 재료는 시간차를 두고 양념장에 무치고 참깨, 참기름을 뿌려 완성한다.
백설탕	0.7			
매실청	1			
참깨	0.3			
참기름	0.4			
			특이 사항	- 상추 대신 청경채, 치커리를 사용해도 좋다. - 상추는 한꺼번에 무치면 숨이 죽게 되므로 여러 번 나누어서 무치는 것이 좋다.

■ 함께한 식단	● 칠분도미현미밥, 꽃게어묵꼬지탕, 누드순대김말이강정, 상추쑥갓겉절이, 새우스넥, 오렌지알, 배추김치
■ 비슷한 음식	● 상추겉절이, 치커리겉절이 청경채겉절이
■ 알아둘 것	● 상추는 연하여 살살 가볍게 버무리는 것이 좋다. ● 상추쑥갓겉절이는 냉장 보관하게 되면 맛이 떨어지므로 배식이 끝날 때까지 실온에서 관리하는 것이 좋다. 따라서 식당배식에서는 여러 번 나누어 무쳐야 한다.

세발나물오징어초무침

식품명	초등 1인량(g)	절단방법		
세발나물	12	5cm절단	재료 준비	① 세발나물, 당근, 양파, 대파, 마늘은 규격대로 썬다. ② 고추장, 고춧가루, 설탕, 액젓, 쌀엿, 매실청, 마늘을 혼합하여 양념장을 만든다. ③ 오징어는 데쳐 양념장에 재운 후 2~3등분으로 나누어 놓는다.
오징어	12	1*1*5채		
당근	6	0.3*0.3*5채		
양파	11	0.3*0.3*5채		
대파	2	0.2송송		
마늘	2.3	다지기		
쌀엿	2			
백설탕	1.2		만드는 방법	① 세발나물, 당근, 양파를 혼합하여 2~3등분으로 나눈다. ② ①과 오징어를 혼합하여 시간차를 두고 양념장에 무친다. ③ ②에 참깨, 참기름을 넣어 완성한다.
멸치액젓	1.2			
매실청	1			
고추장	3			
고춧가루	0.5			
참깨	0.4			
참기름	0.4			
식초	1.4			
			특이 사항	− 주꾸미, 낙지, 소고기, 돈육 등에 세발나물을 혼합해도 좋다. − 세발나물은 3~4월이 제철이다. − 세발나물은 무침, 겉절이, 부침 등 다양한 요리를 할 수 있다.

■ 함께한 식단	● 찰현미통밀밥, 돈육등갈비김치찌개, 만두달걀말이, 세발나물오징어초무침, 카스타드, 사과, 총각김치
■ 비슷한 음식	● 세발나물낙지초무침, 세발나물겉절이, 세발나물무침
■ 알아둘 것	● 세발나물은 주로 전라도, 경상도 지역의 갯벌에서 염분을 먹고 자라는 나물 종류다. 부드러우면서 아삭한 식감이 있어 생으로 먹는 것도 추천한다. ● 세발나물은 다른 부재료 없이 소스에 버무려도 좋다.

알배기배추열무절임

식품명	초등 1인량(g)	절단방법		
알배기배추	12	4*4*0.5채	재료 준비	① 알배기배추, 열무는 규격대로 썰어 세척 살균소독 한다. ② 양파, 풋고추, 대파, 마늘은 규격대로 썬다. ③ 생강(생강즙)과 홍고추(고추다대기)는 규격대로 분쇄한다. ④ 생수에 매실청, 고추다대기, 생강즙, 마늘을 넣고 소금으로 간하여 절임육수를 만든다.
열무	12	4cm절단		
양파	3	0.2*0.2*4채		
풋고추	0.8	0.2송송		
홍고추	2	분쇄		
대파	0.3	0.2송송		
마늘	0.6	다지기		
생강	0.3	분쇄		
참깨	0.4			
백설탕	4		만드 는 방법	① 알배기배추, 열무, 양파에 절임육수를 붓는다. ② ①에 풋고추, 대파, 참깨를 넣어 완성한다.
매실청	1			
생수	1컵			
소금	0.5			
			특이 사항	- 알배기열무절임은 실온에서 열무잎이 누렇게 되면 냉장보관하여 시원하게 먹는 것이 좋다. - 계절에 따라 2~3일 전에 준비 하는 것이 좋다. - 알배기배추나 열무는 식초를 넣은 물에 15~20분 정도 담가두었다가 사용해도 좋다.

■ 함께한 식단	● 유니마크니카레라이스, 알배기열무절임, 스몰난, 멘치카츠, 요플레키즈, 파인애플, 깍두기
■ 비슷한 음식	● 비트알배기열무절임, 양배추절임
■ 알아둘 것	● 2~3일 전에 담아 냉장 보관하였다가 먹으면 더욱더 맛있게 먹을 수 있다. ● 홍고추는 생것을 분쇄하여 사용하는 것이 좋다.

열무된장지짐

식품명	초등 1인량(g)	절단방법		
열무	48	5cm절단	재료 준비	① 멸치와 다시마로 육수를 낸다. ② 청양고추, 홍고추, 양파, 대파, 마늘은 규격대로 썬다. ③ 열무는 데쳐 규격대로 썬 후 된장, 마늘을 넣고 조물조물 무친다.
청양고추	0.5	0.2송송		
홍고추	0.5	0.2송송		
양파	2.5	2*2나박		
대파	0.8	0.2송송		
마늘	0.8	분쇄		
다시멸치	1		만드는 방법	① 열무에 육수를 붓고 청양고추, 홍고추, 양파, 대파를 넣고 중약불에서 자작하게 조린다. ② ①를 국간장으로 간하고 들깨가루를 넣은 후 참깨와 들기름을 뿌려 완성한다.
건다시마	0.8			
국간장	0.5			
된장	4			
들깨가루	1.5			
참깨	0.3			
들기름	0.5			
			특이 사항	– 멸치 대신 새우살이나 바지락살을 넣어도 좋다. – 콩가루를 넣어도 좋다. – 된장과 고추장을 함께 사용해도 좋다.

■ 함께한 식단	● 찰현미통밀밥, 홍합살미역국, 마늘소스닭봉치킨, 열무지짐, 붕어빵, 연시소스토마토, 배추김치
■ 비슷한 음식	● 얼갈이지짐, 건시래기지짐
■ 알아둘 것	● 풋내를 없애기 위해 열무는 살짝 데쳐 사용한다. ● 열무는 어린 열무를 사용하는 것이 좋다. ● 지짐요리는 참기름보다 들기름을 사용하는 것이 감칠맛을 더 낼 수 있다.

오리훈제채소절임

식품명	초등 1인량(g)	절단방법		
오리훈제	30		재료 준비	① 양상추, 치커리, 당근, 양파, 파프리카는 깨끗하게 씻어 규격대로 썬다. ② 파인애플도 규격대로 썬다. ③ 양상추, 치커리는 소독한 후 찬물에 여러 번 씻는다. ④ 오리훈제는 중탕하여 기름기를 키친타올로 제거한다.
양상추	10	손뜯기		
치커리	10	4cm절단		
당근	1.5	0.2*0.2*4채		
양파	1.5	0.2*0.2*4채		
적파프리카	1.2	0.2*0.2*4채		
파인애플	0.7	2*2나박		
오리엔탈소스	10			
			만드는 방법	① 오리훈제, 양상추, 치커리, 당근, 양파, 파인애플, 파프리카를 혼합한 후 오리엔탈소스를 넣고 버무린다.
			특이 사항	– 달걀, 두부, 닭가슴살 등을 활용해도 좋다. – 방울토마토나 스위트콘을 사용해도 좋다.

■ 함께한 식단	● 찰현미귀리밥, 굴모듬떡국, 감자전, 오리훈제채소절임, 슈가와플, 사과, 배추김치
■ 비슷한 음식	● 닭가슴살양상추절임, 두부채소절임, 달걀채소절임
■ 알아둘 것	● 오리훈제는 중탕하거나 오븐에 구워 사용해도 좋다. ● 양파는 갈고 매실청과 액젓, 간장 등을 결합한 소스를 넣어도 좋다.

오이송송이

식품명	초등 1인량(g)	절단방법		
백오이	30	2.5*2.5깍둑	재료 준비	① 오이는 굵은소금으로 겉면을 살살 문질러 씻고 규격대로 썰어 소금으로 간한 후 물기를 제거한다. ② 생강(생강즙)은 규격대로 분쇄한다. ③ 부추, 쪽파, 마늘, 대파, 새우젓은 규격대로 썬다. ④ 건홍고추는 물에 불린 후 분쇄하여, 다대기를 만든다. ⑤ 다대기, 고춧가루, 매실청, 멸치액젓, 새우젓, 설탕, 마늘, 대파, 생강을 혼합하여 양념장을 만든다.
부추	3	2.5㎝절단		
쪽파	1.5	0.2송송		
마늘	0.7	다지기		
생강	0.3	분쇄		
대파	0.3	0.2송송		
건홍고추	0.5	분쇄		
고춧가루	0.3			
새우젓	1	다지기		
멸치액젓	1.2			
백설탕	0.5			
굵은소금	1			
매실청	1.5			
참깨	0.4			
			만드는 방법	① 오이, 부추에 양념장을 넣고 버무린다. ② ①에 쪽파, 참깨를 뿌려 완성한다.
			특이 사항	− 오이송송이는 크기가 작아 학생들이 먹기 좋다. − 오이를 채 썰거나 소박이로 해도 좋다.

■ 함께한 식단	● 찰현미밥, 크루통크림스프, 돈육채소오븐구이, 오이송송이, 사과, 화이트슈, 배추겉절이
■ 비슷한 음식	● 오이채무침, 오이소박이
■ 알아둘 것	● 오이는 껍질째 요리하기 때문에 세척이 중요하다. 굵은소금으로 겉면을 살살 문질러 씻어준 다음 흐르는 물에 헹궈야 한다.

오이피클

식품명	초등 1인량(g)	절단방법		
백오이	60	0.3둥글	재료 준비	① 오이는 굵은소금으로 문질러 깨끗하게 씻은 후 물기를 제거한다. ② 양파, 홍고추는 규격대로 썬다. ③ 생수에 피클링스파이스, 월계수잎, 소금을 넣고 끓여 피클소스를 만든다. ④ ③을 체에 걸러준다.
양파	15	2*2깍둑		
홍고추	15	0.2송송		
설탕	2			
식초	15			
피클링스파이스	0.1			
월계수입	0.02			
굵은소금	0.5			
소금	0.5			
매싱청	1			
식초	4		만드는 방법	① 백오이와 양파, 홍고추를 혼합한 후 피클소스를 붓고 식초, 매실청, 설탕, 소금으로 새콤달콤하게 간을 맞춘다.
백설탕	2.5			
생수	1컵			
			특이 사항	– 오이피클은 스파게티와 어울리는 음식이다. – 양배추, 무, 양파 등도 같은 방법으로 피클을 만들 수 있다. – 피클링스파이스 대신 통후추를 사용해도 된다.
■ 함께한 식단	● 미트볼스파게티, 마늘바게트, 치킨텐더, 망고음료, 수박, 오이피클			
■ 비슷한 음식	● 무피클, 오이양파피클, 양배추피클, 알배기배추피클			
■ 알아둘 것	● 오이피클은 샐러드나 소스를 만들 때 다져서 활용해도 좋다. ● 오이피클은 2~3일 전에 담아 냉장보관 했다가 먹어도 좋지만 당일에 해서 바로 먹어도 좋다.			

울외무침

식품명	초등 1인량(g)	절단방법		
울외장아찌	30	2.5*2.5*0.5나박	재료 준비	① 울외장아찌, 홍고추, 쪽파, 부추, 대파, 마늘은 규격대로 썬다. ② 쌀엿, 매실청, 백설탕, 쪽파, 마늘, 대파를 혼합하여 양념장을 만든다.
홍고추	1	다지기		
깐쪽파	0.7	0.2송송		
부추	0.9	2cm절단		
대파	0.6	다지기		
마늘	0.8	다지기		
쌀엿	2			
백설탕	1.5			
참깨	0.4			
참기름	0.5			
매실청	1			
			만드는 방법	① 울외장아찌에 홍고추, 부추를 넣고 양념장으로 무친다. ② ①에 참깨, 참기름을 넣어 완성한다.
			특이 사항	– 울외장아찌는 고춧가루를 넣고 무쳐도 좋다.

- ■ 함께한 식단: ● 찰현미밥, 소고기미역국, 수제명태살데리야끼강정, 울외무침, 수제찰보리빵, 수박, 배추김치
- ■ 비슷한 음식: ● 매운울외무침
- ■ 알아둘 것:
  - ● 울외장아찌무침을 맛있게 먹으려면 양념의 비율과 조리 시간을 조절해야 한다.
  - ● 매콤한 맛은 고춧가루, 달콤한 맛은 설탕, 새콤한 맛을 강조하려면 식초, 고소한 맛은 참기름 대신 들기름에 무친다.

참나물두부무침

식품명	초등 1인량(g)	절단방법		
참나물	32	4cm절단	재료 준비	① 참나물은 데쳐 규격대로 썬다. ② 두부는 데쳐 물기를 제거한 다음 규격대로 분쇄한다. ③ 쪽파, 홍고추는 규격대로 썬다.
두부	8	분쇄		
깐쪽파	0.7	0.2송송		
홍고추	0.3	다지기		
깨소금	0.4			
참기름	0.4			
소금	1			
			만드는 방법	① 참나물, 두부, 쪽파, 홍고추를 혼합한 다음 소금으로 간한 후 조물조물 무친다. ② ①에 깨소금, 참기름을 넣어 완성한다.
			특이 사항	− 참나물두부무침은 마늘을 넣지 않아야 고소한 맛을 느낄 수 있다. − 취나물, 쑥갓나물, 고춧잎나물 등도 같은 방법으로 조리할 수 있다.
■ 함께한 식단	● 찰현미통밀밥, 닭개장, 메기살갈릭강정, 참나물두부무침, 연근부각, 유자소스토마토, 배추김치			
■ 비슷한 음식	● 두부취나물무침, 쑥갓두부무침			
■ 알아둘 것	● 두부는 끓는 물에 데쳐 물기를 제거하고 분쇄해야 물이 생기지 않는다.(포슬포슬한 식감) ● 참나물은 끓는 물에 살짝 데쳐, 참나물의 식감을 살리는 것이 요리의 팁이다.			

참나물소불고기냉채

식품명	초등 1인량(g)	절단방법		
소고기(설도)	19	4*5*0.3	재료 준비	① 참나물, 사과, 양파, 대파, 쪽파, 마늘은 규격대로 썬다. ② 생강은 분쇄하여 생강즙을 낸다. ③ 소고기는 간장, 락토소스, 청주, 생강즙, 마늘, 대파, 설탕, 후추, 참기름을 넣고 밑간한다. ④ 액젓, 매실청, 양파, 설탕, 간장, 마늘, 고춧가루를 혼합하여 소스를 만든다.
참나물	10	4cm절단		
사과	10	2.5*2.5나박		
양파	2	분쇄		
생강	0.3	분쇄		
대파	0.2	0.2송송		
마늘	0.6	다지기		
백설탕	1.2			
락토소스	1			
매실청	1.5			
진간장	1.2			
멸치액젓	1.5			
참깨	0.4		만드는 방법	① 소고기는 팬에 볶아 한 김 식혀 놓는다. ② 참나물과 사과를 혼합하여 소스에 무친다. ③ ①과 ②를 혼합, 참깨를 뿌려 완성한다.
참기름	0.4			
고춧가루	0.7			
후추	0.01			
청주	1			
			특이 사항	− 소고기 대신 돈육목살을 사용해도 좋다. − 참나물 대신 치커리, 양상추도 좋다.

■ 함께한 식단	● 찰현미옥수수밥, 낙지왕만두국, 비엔나감자볶음, 참나물소불고기냉채, 슈크림붕어빵, 사과, 배추김치
■ 비슷한 음식	● 치커리소불고기냉채, 양상추소불고기샐러드
■ 알아둘 것	● 채소와 소고기를 이용한 냉채는 고기류는 적고 채소류는 많이 혼합한 음식이지만 학생들의 선호도는 높다. ● 오리훈제, 닭고기를 구워 채소류와 혼합하여 제공해도 좋다.

청상추/콩가루쌈장

식품명	초등 1인량(g)	절단방법		
청상추	18	작은잎	재료 준비	① 다시마는 육수를 낸다. ② 상추는 깨끗하게 씻어 타공바구니에 담아 물기를 제거한다. ③ 쪽파, 양파, 마늘은 규격대로 썬다.
쪽파	3.6	0.2송송		
양파	1.5	2*2나박		
마늘	1.5	다지기		
건다시마	1.5			
된장	13		만드는 방법	① 육수에 된장, 마늘, 쪽파, 양파, 매실청, 쌀엿, 설탕을 넣고 끓인다. ② ①에 콩가루를 넣고 한소끔 끓여 쌈장을 만든다. ③ 상추에 쌈장을 곁들여 낸다.
매실청	1			
쌀엿	1			
설탕	1			
콩가루	3			
			특이 사항	− 콩가루쌈장에 순두부나 두부를 넣어도 좋다. − 상추의 잎이 크면 버려지는 부분이 많아 작은 잎을 선택하는 것이 좋다. − 고기와 같이 주면 상추를 더 잘 먹게 된다.

■ 함께한 식단	● 찰현미통밀밥, 주꾸미연포탕, 소고기오이볶음, 청상추/콩가루쌈장, 유과, 수박, 배추김치
■ 비슷한 음식	● 쌈추/콩가루쌈장
■ 알아둘 것	● 쌈상추는 신선하고 잎이 작아야 한다. ● 상추는 생으로 먹기 때문에 씻는 것이 매우 중요하다. 흐르는 물에 씻어야 하고, 반드시 소독해야 한다.

치커리무침

식품명	초등 1인량(g)	절단방법		
치커리	13	4cm절단	재료준비	① 치커리, 부추, 당근, 쪽파, 양파, 파프리카, 대파, 마늘은 규격대로 썬다. ② 간장, 멸치액젓, 매실청, 마늘, 대파, 설탕, 고춧가루를 혼합하여 양념장을 만든다.
부추	1.2	4cm절단		
당근	1	0.2*0.2*5채		
쪽파	0.4	2*2깍둑		
양파	3	0.2*0.2*5채		
노랑파프리카	0.3	0.2*0.2*5채		
대파	0.2	0.5송송		
마늘	0.2	다지기		
백설탕	1.2		만드는 방법	① 치커리, 부추, 당근, 양파, 파프리카를 혼합하여 3~4등분으로 나누어 놓는다. ② 시간차를 두면서 ①에 양념장을 넣고 버무린다. ③ ②에 쪽파, 참깨, 참기름을 넣어 완성한다.
멸치액젓	1.2			
매실청	1			
진간장	1.2			
고춧가루	0.7			
참깨	0.4			
참기름	0.4			
			특이사항	– 상추, 쑥갓, 참나물 등으로 해도 좋다. – 고추장, 오리엔탈소스, 유자청소스 등 다양한 소스를 활용해도 좋다.

■ 함께한 식단	● 찰현미기장밥, 돈육고추장찌개, 게맛살어묵전, 치커리무침, 수제슈가식빵, 파인애플, 배추김치
■ 비슷한 음식	● 상추무침, 치커리쑥갓무침, 참나물무침
■ 알아둘 것	● 소고기구이나 돈육구이와 함께 제공해도 좋다.

팽이버섯초무침

식품명	초등 1인량(g)	절단방법		
팽이버섯	28	5cm절단	재료 준비	① 팽이버섯은 규격대로 썰어 끓는 물에 데친 후 물기를 제거한다. ② 부추, 당근, 양파, 대파, 마늘, 배는 규격대로 썬다. ③ 고추장, 고춧가루, 설탕, 쌀엿, 매실청, 식초, 마늘을 혼합하여 새콤달콤한 양념장을 만든다.
부추	10	5cm절단		
당근	1.5	0.3*0.3*5채		
양파	3	0.3*0.3*5채		
대파	1.2	0.2송송		
마늘	0.8	다지기		
배	8	0.3*0.3*5채		
쌀엿	2			
백설탕	1.2			
매실청	1			
고추장	3			
고춧가루	0.5		만드는 방법	① 팽이버섯, 배, 부추, 당근, 양파를 혼합하여 양념장에 무친다. ② ①에 대파, 참깨, 참기름을 뿌려 완성한다.
참깨	0.4			
참기름	0.4			
식초	1.4			
			특이 사항	– 느타리버섯도 같은 방법으로 하면 좋다.

■ 함께한 식단	● 찰현미통밀밥, 두부계란국, 돈육허브솔트오븐구이, 팽이버섯초무침, 초록구슬떡, 사과, 배추김치
■ 비슷한 음식	● 느타리버섯초무침
■ 알아둘 것	● 팽이버섯은 전, 무침, 볶음, 탕용 등으로 다양하게 활용할 수 있다. ● 팽이버섯은 식이섬유가 풍부해 육류와 함께 섭취하면 육류로 인해 상승한 콜레스테롤 수치를 낮출수 있다.

07 오븐요리

가자미살오븐구이

식품명	초등 1인량(g)	절단방법		
가자미살	50	50g 절단	재료 준비	① 가자미살은 깨끗하게 씻어 소금으로 간 한다. ② 밀가루와 튀김가루를 혼합하여 혼합가루를 만든다.
소금	1			
밀가루	3			
튀김가루	2			
현미유	1.2			
			만드는 방법	① 가자미살에 혼합가루를 묻힌다. ② 석쇠에 현미유를 바른 후 ①을 올려 노릇노릇하게 굽는다.
			특이 사항	– 조기, 갈치, 삼치, 고등어, 임연수 등도 같은 방법으로 조리하면 좋다. – 간장, 된장, 고추장을 첨가하여 구워내도 좋다.

- **함께한 식단**: 찰현미잡곡밥, 돔배고기숙주국, 가자미살오븐구이, 된장깻잎지, 고기송송군만두, 사과, 배추김치
- **비슷한 음식**: 조기구이, 삼치구이, 고등어구이, 갈치구이
- **알아둘 것**:
  - 오븐온도
    - 예열: 컨벡션 250℃ 15분
    - 조리: 컨벡션 200℃ 10분
  - 생선 〉 가루 〉 기름 〉 석쇠 (가루는 물에 개지 않음)

가지구이/양념장

식품명	초등 1인량(g)	절단방법		
가지	35	0.5반달	재료 준비	① 가지는 규격대로 썬다. ② 부추, 쪽파, 풋고추, 홍고추, 마늘은 규격대로 썬다. ③ 진간장, 매실청, 쌀엿, 설탕, 고춧가루, 깨소금, 참기름, 부추, 쪽파, 풋고추, 홍고추, 소금을 혼합하여 양념장을 만든다.
부추	1	0.2송송		
깐쪽파	1	0.2송송		
풋고추	0.3	다지기		
홍고추	0.2	다지기		
마늘	0.6	다지기		
깨소금	0.4			
매실청	1			
쌀엿	3			
진간장	2			
설탕	1		만드는 방법	① 가지는 오븐에 굽는다. ② ①에 양념장을 골고루 뿌려 제공한다.
고춧가루	2			
참기름	0.4			
			특이 사항	− 애호박이나 새송이버섯도 같은 방법으로 조리한다. − 가지구이는 나물이나 볶음보다 더 잘 먹는 요리다. − 서로 달라붙지 않도록 얇게 펴서 구워야 한다.

■ 함께한 식단	● 찰현미밥, 대구알탕, 치킨텐더맛동산강정, 가지구이/양념장, 채소호빵, 귤, 배추김치
■ 비슷한 음식	● 애호박구이, 새송이구이

■ 알아둘 것	● 오븐온도
	  − 예열: 컨벡션 200℃ 15분
	  − 조리: 컨벡션 190℃ 10~15분
	  − 타공팬

단호박만두가스

식품명	초등 1인량(g)	절단방법		
납작만두	45		재료 준비	① 단호박, 마늘, 대파, 홍고추는 규격대로 썬다. ② 납작만두는 해동한다. ③ 달걀은 풀어 대파, 마늘, 홍고추, 소금, 후추로 간하여 달걀물을 만든다. ④ 습식빵가루에 단호박, 현미유를 혼합하여 단호박빵가루를 만든다.
단호박		다지기		
마늘		다지기		
대파		다지기		
홍고추		다지기		
달걀				
칠리소스			만드는 방법	① 코팅팬에 기름을 두르고 단호박빵가루를 올린다. ② 만두는 밀가루를 묻히고, 달걀물을 입혀 ①에 올린다. ③ ②에 단호박빵가루를 듬뿍 올린 후 꾹꾹 눌러 오븐에 굽는다. ④ ③이 완성되면 파마산치즈와 파슬리가루를 뿌린다. ⑤ ④에 칠리소스를 곁들인다.
파슬리가루				
밀가루				
습식빵가루				
소금				
후추				
현미유				
			특이 사항	- 단호박 대신, 양파, 고구마를 사용해도 좋다. - 만두는 전이나 계란말이 등으로 응용 요리해도 좋다. - 홍고추는 넣지 않아도 된다.

■ 함께한 식단	● 우동맛칼국수, 단호박만두가스, 플레인요거트, 약식, 배, 배추겉절이
■ 비슷한 음식	● 수제고구마만두가스, 수제단호박햄가스, 수제단호박커틀렛, 수제단호박용가리치킨가스

■ 알아둘 것	● 만두는 찌거나 구워도 좋지만 단호박 등으로 옷을 입혀 만두가스를 만들면 퀄리티가 한층 높아진다.
	● 오븐온도
	  - 예열: 컨벡션 230℃ 15분
	  - 조리: 컨벡션 180℃ 25분
	  - 코팅팬

닭봉깐풍기

식품명	초등 1인량(g)	절단방법
닭봉	100	50g절단
양파	2	다지기
대파	0.8	다지기
마늘	0.6	다지기
생강	0.3	분쇄
조각땅콩	3	
레몬베이스	2.8	
치킨튀김가루	6	
튀김가루	6	
감자전분	6	
진간장	1.2	
깐풍기소스	18	
케찹	4.5	
쌀엿	3	
고추장	3	
흑설탕	1	
락토소스	1.5	
매실청	1	
청주	1.5	
참기름	0.4	
후추	0.02	
해바라기유	3	
참깨	0.4	

재료 준비
① 양파, 대파, 마늘은 규격대로 썰고 생강은 생강즙을 낸다.
② 닭봉에 생강즙, 대파, 마늘, 간장, 락토소스, 청주, 후추, 설탕, 참기름을 넣고 밑간한다.
③ 치킨튀김가루, 튀김가루, 감자전분을 혼합, 혼합가루를 만든다.
④ 깐풍기소소, 고추장, 케찹, 매실청, 쌀엿, 설탕을 혼합하여 끓인다.
⑤ ④에 레몬베이스를 넣고 한소끔 끓여 깐풍소스를 만든다.
⑥ 조각땅콩은 오븐에 굽는다.

만드는 방법
① 닭봉에 혼합가루를 듬뿍 묻힌다.
② 오븐팬에 기름을 두르고 ①을 올려 노릇노릇하게 굽는다.
③ ②에 깐풍소스를 넣고 버무린 다음 땅콩과 참깨를 뿌린다.

특이사항
– 닭윙, 순살, 닭가슴살도 닭봉과 동일한 방법으로 조리하면 좋다.

■ 함께한 식단	● 발아현미밥, 아욱토장국, 닭봉깐풍기, 골뱅이황태채초무침, 수수부꾸미, 파인소스토마토, 배추김치
■ 비슷한 음식	● 닭윙깐풍기, 순살깐풍기, 닭가슴살깐풍기
■ 알아둘 것	● 오븐온도 – 예열: 컨벡션 250℃ 15분 – 조리: 컨벡션 200℃ 10분 – 코팅팬

돈육녹차오븐구이

식품명	초등 1인량(g)	절단방법		
돈육(전지)	90	4*5*0.8	재료 준비	① 사과(사과즙), 대파, 양파, 마늘은 규격대로 썬다. ② 생강은 분쇄하여 생강즙을 낸다. ③ 돈육에 진간장, 매실청, 설탕, 후추, 참기름, 녹차가루, 허브솔트, 사과즙, 생강즙, 양파, 대파를 넣고 밑간한다.
사과	1.5	분쇄		
생강	0.3	분쇄		
대파	0.2	다지기		
마늘	0.5	다지기		
양파	0.8	다지기		
허브솔트	0.4			
녹차가루	0.4			
락토소스	2		만드는 방법	① 코팅팬에 돈육을 얇게 펴서 노릇노릇하게 굽는다.
매실청	1.2			
백설탕	1.5			
진간장	2.5			
청주	2			
후추	0.02		특이 사항	– 녹차가루와 허브솔트를 돈육에 직접 뿌린 후 구워내도 좋다. – 삼겹살이나 목살로 하면 좋다. – 녹차가루를 넣지 않고 구워도 좋다. – 샐러드와 곁들여 내도 좋다. – 고기에 쌈채소를 함께 제공하면 싫어하는 채소도 먹는다.
참기름	0.5			
■ 함께한 식단		● 팥죽, 고추장주먹밥, 동치미, 돈육녹차오븐구이, 요플레키즈, 귤, 배추겉절이		
■ 비슷한 음식		● 삼겹살녹차구이, 목살녹차구이, 돈육구이, 돈육단호박오븐구이, 돈육된장오븐구이		
■ 알아둘 것		● 오븐온도 – 예열: 콤비모드 230℃ 15분 – 두께에 따라 시간 조절 가능 – 조리: 컨벡션 230℃ 10분 – 코팅펜이나 석쇠 가능 ● 된장이나 고추장으로 구이를 해도 선호도가 높다.		

마늘소스순살치킨

식품명	초등 1인량(g)	절단방법
닭정육	90	30g절단
마늘	3.5	다지기
생강	0.3	분쇄
사과	3	분쇄
월계수입	0.2	
락토소스	1.5	
매실청	1.2	
쌀엿	3	
흑설탕	1	
버터	2	
꿀	4.5	
진간장	1	
참깨	0.4	
소금	0.5	
후추	0.01	

재료 준비
① 마늘, 생강(생강즙), 사과(사과즙)는 규격대로 썬다.
② 닭정육은 월계수입을 넣고 데친다.
③ ②를 오븐에 굽는다.(1차)
④ ③에 소금, 후추, 청주, 락토소스, 매실청, 생강즙, 사과즙, 마늘(0.8)을 넣고 밑간한다.
⑤ 간장, 버터, 쌀엿, 흑설탕, 꿀, 마늘(2.7)을 혼합하여 마늘 소스를 만든다.

만드는 방법
① 닭정육에 소스를 혼합하여 오븐에 15분 정도 굽는다.(2차)

특이사항
- 닭봉, 닭윙, 닭가슴살도 같은 방법으로 조리한다.
- 양념통닭소스, 칠리소스, 깐풍기소스 등 다양한 소스를 활용할 수 있다.

■ 함께한 식단	● 찰현미밥, 바지락살미역국, 마늘소스순살치킨, 얼갈이지짐, 감자우엉부각, 망고소스토마토, 배추김치
■ 비슷한 음식	● 마늘소스봉치킨, 마늘소스윙치킨
■ 알아둘 것	● 오븐온도 - 예열: 컨벡션 230℃ 15분 - 조리 1차: 컨벡션 180℃ 15-25분 - 조리 2차: 컨벡션 170℃ 15분 - 코팅팬

수제고구마돈가스

식품명	초등 1인량(g)	절단방법		
돈육(등심)	50	칼집	재료 준비	① 양파, 사과, 고구마, 마늘, 생강(생강즙)은 규격대로 썬다. ② 돈육은 허브솔트, 분쇄한 양파, 마늘, 생강즙, 사과, 락토소스, 청주, 후추, 설탕을 넣고 밑간한다. ③ 달걀은 풀어 달걀물을 만든다. ④ 버터에 채썬 양파를 볶는다. ⑤ 습식빵가루에 고구마, 현미유를 혼합하여, 고구마빵가루를 만든다. ⑥ 돈가스소스, 우스타소스, 칠리소스, 하이스가루, 쌀엿, 채썬양파를 혼합하여 소스를 만든다.
양파	11.5	0.2*0.2*6채		
양파	3.5	분쇄		
사과	3.5	분쇄		
고구마	20	다지기		
마늘	0.5	다지기		
생강	0.3	분쇄		
달걀	5			
허브솔트	0.4			
파슬리가루	0.1			
밀가루	4			
습식빵가루	18		만드는 방법	① 코팅팬에 기름을 두르고 고구마빵가루를 올린다. ② 돈육에 밀가루를 묻히고 달걀물을 입힌다. ③ ①에 ②를 올리고 그 위에 고구마빵가루를 올려 꾹꾹 누른 후 오븐에 굽는다. ④ ③이 완성되면 파마산치즈와 파슬리가루를 뿌린다. ⑤ ④에 돈가스소스를 올린다.
락토소스	1.5			
쌀엿	3			
백설탕	1			
청주	1.5			
후추	0.01			
돈가스소스	12			
우스타소스	2			
버터	0.5			
하이스가루	3			
칠리소스	5			
현미유	10			
			특이 사항	- 고구마 대신, 사과, 양파, 단호박, 감자 등을 사용해도 좋다.

- ■ 함께한 식단
  - ● 찰현미렌틸콩밥, 참치부추유슬짜장, 단무치, 수제고구마돈가스-소스, 요플레키즈, 파인애플, 배추겉절이
- ■ 비슷한 음식
  - ● 수제단호박돈가스, 수제감자돈가스, 수제사과돈가스
- ■ 알아둘 것
  - ● 오븐온도
    - 예열: 건열모드 230℃ 15분
    - 조리: 건열모드 180℃ 25분
  - ● 코팅팬

수제김치떡갈비

식품명	초등 1인량(g)	절단방법		
돈육(후지)	45	민찌	재료 준비	① 마늘, 양파, 당근, 대파, 생강(생강즙)은 규격대로 썬다. ② 두부는 데쳐 으깬다. ③ 달걀은 풀어 놓는다. ④ 김치는 양념을 떨어내고 규격대로 썬다. ⑤ 돈육에 두부, 마늘, 양파, 당근, 대파, 생강즙, 김치, 쵸핑떡, 달걀, 굴소스, 빵가루, 진간장, 케찹, 파마산치즈, 후추, 백설탕, 청주, 소금을 넣고 치대면서 반죽한다. ⑥ 아몬드는 오븐에 굽는다.
두부	8	분쇄		
마늘	3	다지기		
양파	3	다지기		
당근	3	다지기		
대파	2.5	다지기		
생강	0.5	분쇄		
배추김치	20	다지기		
쵸핑떡	9			
달걀	8			
굴소스	2.5			
빵가루	5.5			
진간장	1.2		만드는 방법	① 반죽을 50g 정도의 크기로 동그랗게 빚는다. ② 팬에 기름을 칠하고 ①의 가운데 부분을 눌러 두께를 얇게 한 후 굽는다. ③ ②에 칠리소스와 아몬드를 올린다.
케찹	4			
파마산치즈	2.5			
아몬드슬라이스	2.5			
칠리소스	14			
백설탕	1			
락토소스	1.2			
참기름	0.4		특이 사항	– 닭가슴살과 소고기를 같은 방법으로 조리해도 좋다. – 속재료는 감자, 고구마, 버섯 등을 활용하면 좋다.
청주	1.2			
해바라기유	1			
소금	0.1			
후추	0.01			

■ 함께한 식단	● 찰현미클로렐라밥, 단호박크림스프, 수제김치떡갈비, 오이소박이, 푸딩, 그린키위, 총각김치
■ 비슷한 음식	● 수제떡갈비, 수제고구마떡갈비, 닭가슴살떡갈비

■ 알아둘 것	● 코팅팬에 펴서 굽고 조각내서 배식해도 좋다.
	● 오븐온도
	  – 예열: 컨벡션 230℃ 15분
	  – 조리: 컨벡션 170℃ 25분
	  – 코팅팬

유자청윙치킨

식품명	초등 1인량(g)	절단방법		
닭윙	95	35g	재료 준비	① 양파, 청피망, 파프리카, 대파, 마늘은 규격대로 썬다. ② 생강은 분쇄하여 생강즙을 낸다. ③ 닭윙에 생강즙, 대파, 마늘, 간장, 락토소스, 청주, 후추, 설탕, 참기름을 넣고 밑간한다. ④ 치킨튀김가루, 튀김가루, 감자전분을 혼합, 혼합가루를 만든다. ⑤ 유자청의 건더기는 건져 규격대로 다지고 소스는 보관한다. ⑥ 고추장, 케찹, 매실청, 쌀엿, 설탕, 유자소스를 혼합한 후 끓인다. ⑦ ⑥에 청피망, 파프리카, 유자청을 넣어 유자청소스를 만든다.
양파	7	다지기		
청피망	7	다지기		
적파프리카	10	다지기		
대파	0.8	다지기		
마늘	0.6	다지기		
생강	0.3	분쇄		
치킨튀김가루	6			
튀김가루	6			
감자전분	6			
진간장	1.2			
케찹	4.5			
유자청	7.5	다지기		
쌀엿	3		만드는 방법	① 닭윙에 혼합가루를 듬뿍 묻힌다. ② 코팅팬에 기름을 두르고 ①을 올려 노릇노릇하게 굽는다. ③ ②에 유자청소스를 넣고 버무린다.
고추장	3			
백설탕	1			
락토소스	1.5			
매실청	1			
청주	1.5			
참기름	0.4		특이 사항	– 깐풍기소스, 양념통닭소스 등 소스만 바꿔도 다른 맛을 낸다. – 순살, 닭봉으로도 가능하다.
후추	0.02			
해바라기유	3			

■ 함께한 식단	● 찰현미귀리밥, 냉이된장국, 유자청윙치킨, 건새우마늘쫑조림, 쿠키, 파인소스토마토, 배추김치
■ 비슷한 음식	● 유자청닭강정, 깐풍소스닭윙강정, 순살치킨짜장강정
■ 알아둘 것	● 오븐온도 – 예열: 콤비모드 230℃ 15분 – 조리: 컨벡션 160℃ 25분 – 코팅팬

08 볶음/불고기

고구마순줄기볶음

식품명	초등 1인량(g)	절단방법	재료 준비
새우살	5	1/3절단	① 당근, 양파, 홍고추, 마늘, 대파는 규격대로 썬다. ② 새우살은 깨끗하게 씻어 규격대로 썬다. ③ 간장, 액젓에 마늘, 참기름을 혼합하여 양념장을 만든다. ④ 고구마순줄기는 소금을 넣고 데친 후 규격대로 썰어 양념장에 무친다.
고구마순줄기	29	7cm절단	
당근	1.5	0.5*0.5*5채	
양파	1.5	0.5*0.5*5채	
홍고추	0.3	다지기	
마늘	0.8	다지기	
대파	0.3	0.2송송	
참깨	0.4		
참기름	0.3		
참치액젓	1		
진간장	1		
현미유	2		

만드는 방법
① 솥에 기름을 두르고 고구마순줄기를 볶다가 새우살, 당근, 양파를 넣고 볶는다.
② ①에 대파와 홍고추, 참깨를 뿌린다.

특이사항
- 고구마순줄기는 김치나 무침, 볶음 요리를 해도 좋다.
- 된장이나 고추장을 사용하여 무쳐도 좋다.
- 새우살은 통째로 사용하면 더 좋다.

- **함께한 식단**: 찰현미할맥밥, 돈육짜글이찌개, 백진미채부침, 고구마순줄기볶음, 곡물그대로, 사과, 총각김치
- **비슷한 음식**: 고구마순줄기무침, 고구마순줄기된장무침
- **알아둘 것**:
  - 끓는 물에 소금을 약간 넣고 삶으면 색이 선명하며 비린 맛을 없앨 수 있다.
  - 들깨가루를 넣고 볶으면 고소한 풍미가 살아난다.

당면없는우엉잡채

식품명	초등 1인량(g)	절단방법		
우엉채	17	6cm절단	재료 준비	① 우엉채는 식초를 넣고 데쳐 규격대로 썬다. ② 새우살은 깨끗하게 씻어 규격대로 썬다. ③ 청피망, 파프리카, 당근, 양파, 대파, 표고버섯, 쪽파, 마늘은 규격대로 썬다. ④ 진간장, 굴소스, 쌀엿, 흑설탕, 마늘을 혼합하여 양념장을 만든다.
새우살	7	1/2절단		
청피망	2.5	0.4*0.4*6채		
적파프리카	2.5	0.4*0.4*6채		
당근	4.5	0.3*0.3*6채		
양파	6	0.3*0.3*6채		
마늘	0.6	다지기		
대파	0.3	0.2송송		
표고버섯	5.5	0.3*0.3*6채		
깐쪽파	0.5	0.2송송		
참깨	0.4		만드는 방법	① 대파 기름을 낸다. ② 우엉채와 양파를 혼합하여 양념장을 넣고 ①의 대파 기름에 볶는다. ③ 새우살, 표고버섯, 피망, 파프리카, 당근에 양념장을 넣고 각각 볶는다. ④ ②와 ③를 혼합한 후 쪽파, 참깨, 참기름을 넣어 완성한다.
참기름	0.3			
굴소스	3			
진간장	1			
현미유	2			
쌀엿	3			
흑설탕	1			
식초	1.4			
			특이 사항	– 고추장이나 고추기름을 사용해도 좋다. – 피망이나 버섯류를 사용해도 좋다.

■ 함께한 식단	● 찰현미찰보리밥, 바지락냉이국, 닭윙봉구이, 당면없는우엉잡채, 모찌쿠키, 딸기, 배추김치
■ 비슷한 음식	● 피망잡채, 고추잡채, 버섯잡채, 당면잡채
■ 알아둘 것	● 우엉을 양파와 함께 볶으면 윤기가 많이 나면서 양파의 단맛이 스며들어 더욱 아삭한 맛을 낸다. ● 소고기와 당면을 넣으면 명절 잡채 요리로도 훌륭하다.

돈육가지불고기

식품명	초등 1인량(g)	절단방법		
돈육(전지)	70	4cm절단	재료 준비	① 가지, 새송이버섯, 청피망, 양파, 대파, 마늘, 사과, 바라깻잎은 규격대로 썬다. ② 생강은 분쇄하여 생강즙을 낸다. ③ 돈육은 고추장, 고춧가루, 생강즙, 사과, 마늘, 간장, 락토소스, 청주, 매실청, 설탕, 쌀엿, 후추로 밑간한다. ④ 고추장, 고춧가루, 간장, 매실청, 쌀엿, 설탕을 혼합하여 양념장을 만든다. ⑤ 가지는 소금에 절인다.
가지	14	0.5반달		
새송이버섯	20	5*2*0.5골패		
청피망	1.2	5*2골패		
당근	8	5*2골패		
양파	14	5*2골패		
사과	3.5	분쇄		
대파	0.8	0.5송송		
마늘	0.6	다지기		
생강	0.3	분쇄		
바라깻잎	2.5	0.5*0.5*5채		
고추장	6			
고춧가루	0.8		만드는 방법	① 돈육에 양념장을 넣고 볶다가 새송이버섯, 당근, 양파를 넣어 다시 한번 볶는다. ② ①에 가지를 넣고 볶는다. ③ ②에 대파, 참깨, 참기름을 넣어 완성한다.
락토소스	1.5			
매실청	1.5			
진간장	2			
쌀엿	3			
흑설탕	1.5			
참깨	0.4			
참기름	0.4		특이 사항	- 가지는 학생들이 즐겨 먹지 않는 음식이지만 돈육과 함께 볶아주면 비교적 잘 먹는다. - 소고기나 닭고기로도 가능하다.
후추	0.01			
해바라기유	1			
청주	1.5			

■ 함께한 식단	● 칠분도미현미밥, 대구꽃게탕, 돈육가지불고기, 청상추쌈/콩가루쌈장, 카스테라경단, 수박, 배추김치
■ 비슷한 음식	● 순살닭가지불고기, 소가지불고기
■ 알아둘 것	● 두반장소스를 넣고 해도 좋다. ● 가지는 기름을 잘 흡수하여 물컹해지기 쉬우므로 자른 후 소금에 절였다가 볶아주는 것이 좋다.

마늘쫑건새우볶음

식품명	초등 1인량(g)	절단방법		
마늘쫑	20	5cm절단	재료 준비	① 마늘쫑은 규격대로 썰어 소금물에 데친 후 차가운 물에 씻는다. ② 홍고추와 마늘은 규격대로 썬다. ③ 건새우는 체망에 넣고 가루를 털어낸다. ④ 간장, 쌀엿, 설탕, 마늘을 혼합하여 양념장을 만든다.
건새우	3			
홍고추	0.3	다지기		
마늘	0.8	다지기		
쌀엿	3			
백설탕	0.2			
진간장	1			
참깨	0.4			
참기름	0.3			
소금	0.5		만드는 방법	① 솥에 기름을 두르고 마늘쫑을 볶다가 양념장을 넣은 후 색이 연해질 때까지 볶는다. ② ①에 건새우를 넣고 다시 한번 볶아준다. ③ ②에 홍고추와 참깨, 참기름을 넣는다.
현미유	2			
			특이 사항	- 마늘쫑은 오래 데치면 색이 누렇게 변하므로 주의해야 한다. - 건새우 대신 잔멸치를 사용해도 좋다.

■ 함께한 식단	● 찰현미찰보리밥, 등갈비햄찌개, 갑오징어세발나물부침, 마늘쫑건새우볶음, 연근이랑감자부각 사과, 총각김치
■ 비슷한 음식	● 마늘쫑잔멸치볶음
■ 알아둘 것	● 마늘쫑은 고온에서 조리하면 식재료의 맛을 손상 시킬 수 있어 주의해야 한다. ● 마지막에 참기름을 넣으면 맛과 향이 풍부해진다. ● 마늘쫑은 저으면서 볶아야 균일하게 볶아진다.

미역줄기볶음

식품명	초등 1인량(g)	절단방법	재료준비	
염장미역줄기	30	4cm절단	① 염장미역줄기는 찬물에 3~4번 씻은 후 약 15분 정도 물에 담가두었다가 끓는 물에 데쳐 규격대로 썬다. ② 당근, 양파, 대파, 마늘은 규격대로 썬다. ③ 어묵은 데쳐 규격대로 썬다.	
사각어묵	6	0.2*0.2*6채		
당근	1	0.2*0.2*6채		
양파	1	0.2*0.2*6채		
대파	0.4	다지기		
마늘	0.5	다지기		
참깨	0.3			
참기름	0.4			
락토소스	1			
현미유	2			
소금	0.5			
진간장	0.5			
			만드는 방법	① 솥에 기름을 두르고 대파, 마늘을 볶다가 미역줄기, 어묵, 당근, 양파를 넣고 볶는다. ② ①이 다 볶아지면 락토소스, 진간장과 소금, 참깨, 참기름으로 간한다.
			특이사항	− 파프리카를 넣어도 좋다. − 고추장을 넣으면 매콤한 미역줄기볶음이 된다.

■ 함께한 식단	● 찰현미렌틸콩밥, 돈육고추장찌개, 굴소스가자미살, 미역줄기볶음, 미니츄러스, 파인애플, 배추김치
■ 비슷한 음식	● 매콤한미역줄기볶음
■ 알아둘 것	● 미역줄기를 볶을 때 물을 조금씩 넣으면서 볶으면 타지 않고 촉촉하게 볶을 수 있다.

뼈없는닭갈비

식품명	초등 1인량(g)	절단방법		
닭정육	70	30g절단	재료 준비	① 양배추, 새송이버섯, 고구마, 당근, 양파, 사과, 대파, 마늘, 깻잎은 규격대로 썬다. ② 생강은 분쇄하여 생강즙을 낸다. ③ 닭정육은 살짝 데친 후 깨끗하게 씻어 고추장, 고춧가루, 생강즙, 사과, 마늘, 간장, 락토소스, 청주, 매실청, 설탕, 쌀엿, 후추로 밑간한다. ④ 잡채떡은 간장, 참기름으로 밑간한다.
양배추	7	4*2골패		
새송이버섯	7	5*2*0.5골패		
고구마	10	5*2*0.5골패		
당근	1.8	5*2*0.5골패		
양파	10	2*2나박		
사과	3.5	분쇄		
대파	0.8	0.5송송		
마늘	0.6	다지기		
생강	0.3	분쇄		
바라깻잎	1.2	0.5*0.5*5채	만드는 방법	① 볶음솥에 기름을 두르고 닭고기를 볶다가 고구마, 양배추, 새송이버섯, 당근, 양파를 넣고 다시 볶는다. ② ①에 떡을 넣고 볶다가 깻잎, 참깨, 참기름을 넣어 완성한다.
잡채떡	10			
고추장	6			
고춧가루	0.8			
락토소스	1.5			
매실청	1.5			
진간장	2			
쌀엿	3			
백설탕	1.5			
참깨	0.4		특이 사항	– 깻잎은 향이 살도록 마지막에 넣는 것이 좋다. – 오리고기도 같은 방법으로 요리 하면 좋다. – 구멍떡, 조랭이떡, 하트떡 등으로 변화를 주어도 좋다.
참기름	0.4			
후추	0.01			
해바라기유	1			
청주	1.5			

■ 함께한 식단	● 가바현미밥, 순두부찌개, 뼈없는닭갈비, 다시마부각, 명엽채견과류조림, 파인소스토마토, 배추김치
■ 비슷한 음식	● 치즈닭갈비
■ 알아둘 것	● 닭고기를 볶을 때는 타지 않도록 주의해야 한다. ● 닭고기는 수분이 없어질 때까지 볶아주어야 맛이 풍성해진다.

소고기청경채볶음

식품명	초등 1인량(g)	절단방법		
소고기(설도)	60	4*5*0.3	재료 준비	① 청경채, 새송이버섯, 파프리카, 양파, 당근, 사과(사과즙), 대파, 마늘은 규격대로 썬다. ② 생강은 분쇄하여 생강즙을 낸다. ③ 소고기에 사과(사과즙), 생강(생강즙), 마늘, 간장, 설탕, 락토소스, 청주, 후추, 매실청을 넣고 밑간한다. ④ 간장, 대파, 마늘, 쌀엿, 설탕, 굴소스, 참기름을 혼합해서 양념장을 만든다.
청경채	15	4cm절단		
새송이버섯	15	5*2*0.5골패		
노랑파프리카	2	2*2나박		
양파	15	2*2나박		
당근	4	2*2*0.2나박		
사과	1.5	분쇄		
생강	0.3	분쇄		
대파	0.2	0.5송송		
마늘	0.2	다지기		
흑설탕	1.2		만드는 방법	① 소고기를 볶는다. ② 청경채, 새송이버섯, 파프리카, 양파, 당근에 양념장을 넣고 볶는다. ③ ①과 ②를 혼합하여 다시 한번 볶는다. ④ ③에 대파와 참깨를 넣는다.
락토소스	1.5			
매실청	1.5			
진간장	2			
쌀엿	3			
참깨	0.4			
참기름	0.4			
후추	0.01			
청주	1.5			
굴소스	2			
			특이 사항	− 청경채 대신 팽이버섯을 넣고 조리해도 된다.
■ 함께한 식단		● 찰현미수수밥, 아욱국, 소고기청경채볶음, 잔멸치감자조림, 구슬떡, 사과, 배추김치		
■ 비슷한 음식		● 소고기버섯볶음		
■ 알아둘 것		● 굴소스 대신 짜장소스를 넣어도 좋다. ● 약간 맵게 하고 싶다면 고춧가루나 고추장을 첨가하면 된다.		

새우살굴소스숙주볶음

식품명	초등 1인량(g)	절단방법		
새우살	10	1/4절단	재료 준비	① 청경채, 청피망, 파프리카, 마늘, 대파, 당근, 양파, 생강, 풋고추는 규격대로 썬다. ② 새우살은 깨끗하게 씻어 규격대로 썬다. ③ 굴소스, 고추기름, 간장, 마늘, 생강즙을 혼합하여 양념장을 만든다. ④ 숙주는 깨끗하게 씻어 물기를 제거한다.
청경채	2.5	4cm절단		
숙주	35			
청피망	1.5	0.5*0.5*5채		
노랑파프리카	0.3	0.5*0.5*5채		
마늘	0.8	다지기		
대파	0.3	0.2송송		
당근	1.5	0.5*0.5*5채		
양파	1.5	0.5*0.5*5채		
생강	0.3	분쇄	만드는 방법	① 새우살과 청경채에 양념장을 넣고 각각 볶는다. ② 피망, 파프리카, 당근, 양파는 혼합한 후 양념장을 넣고 볶는다. ③ 숙주는 양념장을 넣고 숨이 죽지 않도록 살짝만 볶는다. ④ ①과 ②, ③를 혼합한 후 대파, 풋고추, 참깨, 참기름을 넣어 완성한다.
풋고추	0.3	0.2송송		
참깨	0.4			
참기름	0.3			
고추기름	2			
굴소스	1.5			
진간장	1			
현미유	3			
			특이 사항	– 돈육, 소고기, 게살, 주꾸미, 낙지, 오징어 등으로 활용해도 좋다.

■ 함께한 식단	● 찰현미찰보리밥, 근대된장국, 순살닭깐풍기, 새우살굴소스숙주볶음, 수제찰보리빵, 배, 배추김치
■ 비슷한 음식	● 돈육숙주굴소스볶음, 게살숙주굴소스볶음, 주꾸미숙주굴소스볶음, 소고기숙주굴소스볶음
■ 알아둘 것	● 숙주는 깨끗이 씻어 물기를 제거해야 볶을 때 눅눅해지지 않는다. ● 숙주는 살짝 볶아야 숨이 죽지 않는다. ● 기호에 따라 부추 등 채소를 추가해 주면 음식 종류도 많아지고, 맛도 다양하게 즐길 수 있다. ● 마지막에 참기름을 넣으면 향이 더욱 좋아진다.

오리주물럭

식품명	초등 1인량(g)	절단방법		
오리정육	70	슬라이스	재료 준비	① 양배추, 새송이버섯, 고구마, 당근, 양파, 사과(사과즙), 생강(생강즙), 마늘, 깻잎, 피망은 규격대로 썬다. ② 오리정육은 고추장, 고춧가루, 생강즙, 사과즙, 마늘, 간장, 락토소스, 청주, 매실청, 설탕, 쌀엿, 후추로 밑간한다. ③ 구멍떡은 간장, 참기름으로 밑간한다. ④ 찹쌀가루와 들깨가루는 물에 각각 개어 놓는다.
양배추	8	4*2골패		
새송이버섯	10	5*2*0.5골패		
고구마	10	5*2*0.5골패		
당근	1.8	5*2*0.5골패		
양파	10	2*2나박		
청피망	5	4*2골패		
사과	3.5	분쇄		
대파	0.8	0.5송송		
마늘	0.6	다지기		
생강	0.3	분쇄	만드는 방법	① 솥에 기름을 두르고 오리정육을 볶다가 고구마, 양배추, 새송이버섯, 당근, 양파, 청피망을 넣고 볶는다. ② ①에 떡과 찹쌀가루, 들깨가루를 붓고 다시 볶는다. ③ ②에 깻잎, 대파, 참깨, 참기름을 넣어 완성한다.
바라깻잎	1.2	0.5*0.5*5채		
찹쌀가루	3			
들깨가루	4			
구멍떡볶이	10			
고추장	6			
고춧가루	0.8			
락토소스	1.5			
매실청	1.5			
진간장	2			
쌀엿	3		특이 사항	– 돈육이나 소고기로 주물럭요리를 해도 좋다. – 오리고기에 오징어나 낙지를 넣어도 된다. – 간장으로 해도 된다.
백설탕	1.5			
참깨	0.4			
참기름	0.4			
후추	0.01			
해바라기유	1			
청주	1.5			
■ 함께한 식단	● 발아현미밥, 콩나물두부맑은국, 오리주물럭, 레몬무쌈, 아귀포흑임자조림, 호박고구마구이, 배추김치			
■ 비슷한 음식	● 돼지고기주물럭, 소고기주물럭, 오리간장주물럭			
■ 알아둘 것	● 밑간하는 시간을 늘릴수록 더욱 깊은 맛을 낸다. ● 참기름과 통깨를 뿌리면 풍미와 고소함이 더해진다. ● 쌈채소, 상추, 깻잎 등과 함께 먹어도 좋다. ● 찹쌀가루를 넣으면 오리의 기름이 어느 정도 제거된다.			

주꾸미양배추볶음

식품명	초등 1인량(g)	절단방법		
주꾸미	45	4cm절단	재료 준비	① 당근, 양배추, 양파, 사과(사과즙), 대파, 마늘은 규격대로 썬다. ② 생강은 분쇄하여 생강즙을 낸다. ③ 돈육은 고추장, 고춧가루, 생강즙, 사과즙, 마늘, 간장, 락토소스, 청주, 매실청, 설탕, 쌀엿, 후추로 밑간한다. ④ 주꾸미는 깨끗하게 씻어 살짝 데친 후 규격대로 썬다. ⑤ 구멍떡볶이는 간장, 참기름으로 밑간한다. ⑥ 감자전분은 물에 갠다. ⑦ 고추장, 고춧가루, 간장, 매실청, 쌀엿, 설탕, 마늘을 혼합하여 양념장을 만든다.
돈육(사태)	14	4*5*0.3		
구멍떡볶이	20			
당근	1.2	5*2*0.5골패		
양배추	23	5*2골패		
양파	7	5*2골패		
사과	3.5	분쇄		
대파	0.8	0.5송송		
마늘	0.6	다지기		
생강	0.3	분쇄		
감자전분	1.5			
고추장	6			
고춧가루	0.8		만드 는 방법	① 돈육에 양념장을 넣고 볶다가 양배추, 당근, 양파를 넣은 후 다시 볶는다. ② ①에 주꾸미와 떡을 넣고 볶는다. ③ ②에 전분물을 넣고 살짝 볶은 후 대파, 참깨, 참기름을 넣어 완성한다.
락토소스	1.5			
매실청	1.5			
진간장	2			
쌀엿	3			
백설탕	1.5			
참깨	0.4			
참기름	0.4		특이 사항	– 소면과 함께 제공해도 좋다. – 주꾸미를 낙지, 오징어로 대체해도 좋다.
후추	0.01			
해바라기유	1			
청주	1.5			

■ 함께한 식단	● 찰현미클로렐라밥, 콩나물김치국, 닭봉콘프레이크강정, 주꾸미양배추볶음, 롤카스테라, 배, 깍두기
■ 비슷한 음식	● 낙지양배추볶음
■ 알아둘 것	● 주꾸미는 살짝 데쳐 물기를 제거하면 양념이 잘 배어 맛있게 조리할 수 있다. ● 주꾸미양배추볶음에 전분물을 살짝 넣어주면 재료가 잘 어우러진다.(전분물은 넣지 않아도 무방)

수제명태살데리야끼강정

식품명	초등 1인량(g)	절단방법
명태살	60	12g
양파	2	다지기
대파	0.8	다지기
마늘	0.6	다지기
생강	0.3	분쇄
조각땅콩	3	
난백	4.5	
튀김가루	9	
감자전분	9	
진간장	1.2	
데리야끼소스	12	
우스타소스	2	
쌀엿	3	
흑설탕	1	
락토소스	1.5	
매실청	1	
청주	1.5	
후추	0.02	
해바라기유	38	
참깨	0.4	
소금	0.5	

재료준비
① 양파, 대파, 마늘은 규격대로 썬다.
② 생강은 분쇄하여 생강즙을 낸다.
③ 명태살에 소금. 생강즙, 대파, 마늘, 락토소스, 청주, 후추를 넣고 밑간한다.
④ 튀김가루, 감자전분을 혼합하여 혼합가루를 만든다.
⑤ 데리야끼소스, 우스타소스, 매실청, 쌀엿, 설탕을 혼합한 후 끓여 데리야키소스를 만든다.
⑥ 조각땅콩은 오븐에 굽는다.

만드는 방법
① 명태살에 난백을 넣고 혼합가루를 듬뿍 묻힌다.
② 튀김솥에 기름을 붓고 기름의 온도가 180.~190℃가 되면 ①의 명태살을 노릇하게 튀긴다.
③ ②를 소스에 버무려 참깨와 조각땅콩을 뿌린다.

특이사항
- 코다리살, 가자미살, 대구살도 동일한 방법으로 한다.
- 갈릭소스, 데리야끼소스, 고추장, 간장 등으로 활용할 수 있다.

■ 함께한 식단	● 가바현미밥, 소고기경단국, 수제명태살데리야끼강정, 울외부추무침, 갈릭허니삼각브레드, 수박, 배추김치
■ 비슷한 음식	● 가자미살데리야끼강정, 코다리살데리야끼강정, 명태살간장강정, 명태살고추장강정, 임연수살갈릭강정

■ 알아둘 것	● 튀김요리는 달걀흰자를 사용해야 거품이 나지 않는다.
	● 튀김온도가 낮으면 바삭거리지 않는다.
	● 땅콩 오븐 온도/코팅팬
	  - 예열: 컨벡션 200℃ 10분
	  - 조리: 컨벡션 180~190℃ 10분

09 전/떡

날치알애호박전

식품명	초등 1인량(g)	절단방법		
애호박	35	0.5둥글	재료 준비	① 애호박은 규격대로 썰어 소금간을 한 후 물기를 제거한다. ② 날치알은 고운체에 받쳐 깨끗하게 씻은 후 물기를 제거하고 락토소스, 청주로 밑간한다. ③ 쪽파, 당근, 홍고추, 풋고추, 마늘은 규격대로 썬다. ④ 달걀은 풀어 놓는다. ⑤ 밀가루와 튀김가루는 혼합한다.
쪽파	1	0.2송송		
당근	1.5	다지기		
홍고추	0.3	다지기		
풋고추	0.2	다지기		
마늘	0.2	다지기		
날치알	6.5			
달걀	10			
밀가루	3			
튀김가루	3			
해바라기유	5		만드는 방법	① 달걀에 쪽파, 당근, 홍고추, 풋고추, 마늘, 날치알을 넣고 소금으로 간한다. ② 애호박에 혼합가루를 묻힌다. ③ 팬에 기름을 두르고 ②에 ①을 묻혀 노릇하게 부친다.
소금	0.5			
락토소스	0.8			
청주	0.8			
			특이 사항	− 애호박은 수분이 많아 달걀이 벗겨질 수 있으므로 물기를 제거하는 것이 중요하다. − 날치알 대신 소고기를 다져 넣어도 좋다.
■ 함께한 식단		● 찰현미압맥밥, 샤브샤브옹심이국, 날치알애호박전, 액젓간장깻잎찜, 모짜치즈볼, 아오리사과, 총각김치		
■ 비슷한 음식		● 애호박전, 고구마전, 배추전, 무전, 단호박전, 날치알햄전, 애호박채전, 감자채전		
■ 알아둘 것		● 애호박을 채썰어 부쳐도 좋다. ● 전은 중불과 중약불로 번갈아 가면서 타지 않도록 불 조절을 잘하는 것이 중요하다.		

동태포전

식품명	초등 1인량(g)	절단방법		
동태포	40	40g절단	재료 준비	① 동태포는 키친타올로 물기를 제거한 후 소금, 후추로 간한다. ② 쪽파, 당근, 홍고추, 풋고추, 마늘, 부추는 규격대로 썬다. ③ 달걀은 풀어 후추와 소금으로 간한다.
쪽파	1	0.2송송		
당근	1.7	다지기		
홍고추	0.3	다지기		
풋고추	0.2	다지기		
마늘	0.2	다지기		
부추	1	0.2송송		
밀가루	5			
해바라기유	5			
소금	0.5			
후추	0.01			
			만드는 방법	① 달걀에 쪽파, 당근, 홍고추, 풋고추, 마늘, 부추를 혼합한다. ② 동태포에 밀가루를 묻힌다. ③ 팬에 기름을 두르고 ②에 ①을 묻혀 노릇노릇하게 부친다.
			특이 사항	– 동태포 대신, 대구포, 민어포를 사용해도 좋다.

- ■ 함께한 식단
  - 찰현미통밀밥, 곰탕, 동태포전, 도토리묵무침, 오이생채, 유과, 조각아이스홍시, 깍두기
- ■ 비슷한 음식
  - 대구전, 민어전
- ■ 알아둘 것
  - 동태살은 얼린 상태로 작업을 하기 때문에 물기를 제거하지 않으면 밀가루가 골고루 묻지 않아 부치기도 힘들고 모양도 흐트러진다.
  - 따라서 동태포의 물기를 제거하는 것이 매우 중요하다.
  - 팬을 닦아가면서 부쳐야 노릇노릇 깔끔한 색감의 전이 된다.

물파래전

식품명	초등 1인량(g)	절단방법		
물파래	7	1cm절단	재료 준비	① 물파래는 굵은소금을 넣고 문질러 씻는다. ② ①에서 맑은 물이 나오면 체에 받친 후 규격대로 썬다. ③ 쪽파, 당근, 홍고추, 풋고추, 마늘, 부추는 규격대로 썬다. ④ 새우살과 오징어도 규격대로 썬다.
쪽파	1	0.2송송		
당근	1.7	다지기		
홍고추	0.3	다지기		
풋고추	0.2	다지기		
마늘	0.2	다지기		
부추	1	0.2송송		
새우살	5	다지기		
오징어	5	다지기		
튀김가루	7		만드는 방법	① 물파래, 쪽파, 당근, 홍고추, 풋고추, 마늘, 부추, 오징어, 새우살을 혼합, 튀김가루와 감자전분으로 반죽한 후 소금으로 간한다. ② 팬에 기름을 두르고 ①을 노릇노릇하게 부친다.
감자전분	7			
해바라기유	5			
소금	0.5			
후추	0.01			
굵은소금	0.5			
			특이 사항	– 새우살 대신 동태, 가자미살, 굴, 조갯살을 사용해도 좋다. – 물파래 대신 매생이를 사용해도 좋다.

■ 함께한 식단	● 찰현미찰보리밥, 등뼈우거지탕, 물파래전, 부추꼬막무침, 식혜, 배, 배추김치
■ 비슷한 음식	● 매생이전, 다시마전
■ 알아둘 것	● 물파래는 작은 돌맹이가 있을 수 있어 주의해서 씻어야 한다. ● 물파래를 씻을 때는 고운 체에 받쳐야 떠내려가는 것을 방지할 수 있다. ● 단체급식(교실배식)에서는 밀가루와 부침가루로 부치게 되면 눅눅해질 수 있어 튀김가루나 감자전분을 사용하는 것이 좋다.

바삭한베이컨김치전

식품명	초등 1인량(g)	절단방법		
배추김치	25	1송송	재료 준비	① 배추김치는 양념을 털어내고 규격대로 썬다. ② 쪽파, 당근, 홍고추, 풋고추, 마늘, 양파, 베이컨은 규격대로 썬다.
쪽파	1.5	0.5송송		
당근	1.5	다지기		
홍고추	0.3	다지기		
풋고추	0.2	다지기		
마늘	0.2	다지기		
양파	1	다지기		
베이컨	10	0.5채		
튀김가루	10		만드 는 방법	① 배추김치, 쪽파, 당근, 홍고추, 풋고추, 마늘, 양파, 베이컨을 혼합하여 튀김가루와 감자전분으로 반죽한 후 소금으로 간한다. ② 팬에 기름을 두르고 ①을 노릇노릇하게 부쳐낸다.
감자전분	3			
해바라기유	3			
소금	3			
			특이 사항	- 베이컨 대신 햄, 돈육, 소고기를 넣어도 좋다. - 튀김가루나 감자전분 대신 밀가루, 부침가루를 넣어도 좋다.

■ 함께한 식단	● 찰현미통밀밥, 대구지리탕, 바삭한베이컨김치전, 우엉피망잡채, 찰시루떡, 망고소스토마토, 총각김치
■ 비슷한 음식	● 오징어김치전, 해물김치전
■ 알아둘 것	● 튀김가루와 감자전분을 사용하면 바삭한 맛을 느낄 수 있다. ● '전'의 모양을 흐트러지지 않게 하려면 노릇해진 면에 뒤집게를 깊이 넣고 전체를 들어 뒤집어야 한다. 노릇해지지 않은 상태에서 뒤집을 경우 모양이 흐트러질 확률이 매우 높다.

세발나물전

식품명	초등 1인량(g)	절단방법		
세발나물	15	2.5cm절단	재료 준비	① 세발나물, 애호박, 쪽파, 당근, 풋고추, 홍고추, 마늘은 규격대로 썬다. ② 생새우살과 오징어는 깨끗하게 씻은 후 규격대로 썬다.
애호박	1	0.2*0.5*5채		
쪽파	1	0.2송송		
당근	1.5	다지기		
홍고추	0.3	다지기		
풋고추	0.2	다지기		
마늘	0.2	다지기		
생새우살	7	다지기		
오징어	7	다지기		
감자전분	8		만드 는 방법	① 세발나물, 애호박, 쪽파, 당근, 풋고추, 홍고추, 마늘, 생새우살, 오징어에 전분과 튀김가루를 혼합하여 반죽한 후 소금으로 간한다. ② 팬에 기름을 두르고 ①을 노릇노릇하게 부쳐낸다.
튀김가루	7			
해바라기유	5			
소금	0.5			
			특이 사항	– 세발나물 대신 깻잎이나 배추, 참나물도 좋다.

■ 함께한 식단	● 찰현미아미노산밥, 부대찌개, 세발나물전, 간고등어구이, 꿀호떡, 딸기, 총각김치
■ 비슷한 음식	● 참나물전, 깻잎전
■ 알아둘 것	● 세발나물은 물기를 완전히 제거해야 바삭하게 부칠 수 있다. ● 전은 얇게 펴서 부쳐야 속까지 골고루 익고 바삭하다. ● 강한 불에서 부치면 겉만 타고 속은 덜 익을 수 있으므로 불을 조절하면서 천천히 부치는 것이 좋다.

수제돈육전

식품명	초등 1인량(g)	절단방법		
돈육(등심)	40	10*7*0.3	재료 준비	① 부추, 쪽파, 당근, 홍고추, 풋고추, 생강(생강즙), 마늘은 규격대로 썬다. ② 돈육은 키친타올로 핏물과 물기를 제거한다. ③ ②에 소금, 후추를 뿌려 밑간을 한다. ④ 달걀은 풀어 소금으로 간한다.
부추	1.2	0.2송송		
쪽파	1.2	0.2송송		
당근	1.5	다지기		
홍고추	0.3	다지기		
풋고추	0.2	다지기		
마늘	0.2	다지기		
생강	0.3			
달걀	26			
밀가루	10		만드는 방법	① 달걀에 후추, 부추, 쪽파, 당근, 풋고추, 홍고추, 마늘, 생강즙을 혼합한다. ② 돈육에 밀가루를 묻힌다. ③ 팬에 기름을 두르고 ②에 ①의 옷을 입혀 노릇하게 부쳐낸다.
해바라기유	8			
소금	0.5			
후추	0.01			
			특이 사항	– 양파, 부추를 채 썰어 오리엔탈소스와 혼합, 돈육전과 같이 제공하면 한층 더 맛있게 먹을 수 있다. – 삼겹살로 부쳐도 된다.

■ 함께한 식단	● 찰현미귀리밥, 굴국, 수제돈육전, 꽁치통조림감자찜, 깨찰호떡, 파인애플, 깍두기
■ 비슷한 음식	● 육원전, 육전
■ 알아둘 것	● 밀가루 대신 쌀가루를 사용하면 맛이 깔끔하다. ● 육전은 달걀을 입혀 부치기 때문에 불이 세면 금방 탈 수 있어, 중약불과 약불로 조절하면서 은근하게 부쳐야 한다. ● 소고기육전도 같은 방법으로 부친다.

츄러스떡볶이

식품명	초등 1인량(g)	절단방법		
츄러스떡볶이	50		재료 준비	① 양배추, 당근, 양파, 대파, 마늘은 규격대로 썬다. ② 사각어묵은 데쳐 규격대로 썬다. ③ 다시마로 육수를 낸다. ④ 떡은 뜨거운 물에 불린다. ⑤ 육수에 고추장, 케찹, 간장, 매실청, 쌀엿, 설탕, 두끼분말, 참깨, 참기름을 넣어 양념장을 만든다.
양배추	12	4*2골패		
당근	1.8	0.5*0.5*6채		
양파	1.3	0.5*0.5*6채		
대파	0.8	0.5송송		
마늘	0.6	다지기		
사각어묵	12	4*2골패		
다시마	1.2			
고추장	3		만드는 방법	① 말랑해진 떡에 양념장을 넣고 양념이 스며들 때까지 중불에서 볶다가 어묵, 양배추, 당근, 양파를 넣고 다시한번 볶는다. ② ①의 떡에 대파를 넣는다.
케찹	3			
매실청	1.5			
진간장	2			
쌀엿	3			
백설탕	1.5			
참깨	0.4			
참기름	0.4			
두끼분말	1.5			
			특이 사항	– 고구마나 깻잎을 넣어도 좋다. – 밀떡, 구멍떡, 두끼떡, 한잎떡을 사용할 수 있고 로제소스로도 활용 가능하다.

■ 함께한 식단	● 녹두닭죽, 츄러스떡볶이, 동치미, 우리밀쵸코칩머핀, 음료, 수박, 배추겉절이
■ 비슷한 음식	● 두끼떡볶이, 궁중떡볶이, 로제떡볶이, 밀떡볶이
■ 알아둘 것	● 떡볶이는 중간 불에서 천천히 끓여주면 더욱 쫄깃하다. ● 냉동된 떡은 반드시 얼음물에 녹여야 한다. 그렇지 않으면 떡이 잘 무르지 않는다. ● 떡볶이 소스에 간장이나 굴소스를 조금 첨가하면 고추장만 넣을 때보다 색이 더 진해지고 맛도 좋다.

양념떡꼬치

식품명	초등 1인량(g)	절단방법		
꼬치떡	40		재료 준비	① 떡꼬치는 말랑말랑한 것을 준비한다. ② 마늘은 다진다. ③ 양념통닭소스, 칠리소스, 쌀엿, 설탕, 고추장, 마늘, 참기름을 혼합하여 양념장을 만든다. ④ 땅콩은 오븐에 굽는다.
마늘	0.8	다지기		
양념통닭소스	15			
칠리소스	6			
쌀엿	3			
백설탕	1.5			
고추장	3			
참기름	0.4			
참깨	0.3			
땅콩조각	3			
			만드는 방법	① 떡꼬치에 양념장을 골고루 묻혀 오븐에 굽는다. ② ①의 떡에 참깨와 땅콩조각을 뿌린다.
			특이 사항	– 땅콩을 싫어할 경우 아몬드를 사용해도 좋고 참깨만 뿌려도 좋다. – 로제소스를 활용해도 좋다.

■ 함께한 식단	● 발아현미밥, 묵은지오리탕, 수제크랩가스, 콩나물액젓무침, 양념떡꼬치, 배, 깍두기
■ 비슷한 음식	● 로제떡꼬치

■ 알아둘 것	● 떡꼬치 오븐온도: 코팅팬
	   – 예열: 컨벡션 230℃ 15분
	   – 조리: 컨벡션 160℃ 20분
	● 땅콩 오븐 온도: 코팅팬
	   – 예열: 컨벡션 200℃ 10분
	   – 조리: 컨벡션 180~190℃ 10분

오꼬노미야끼

식품명	초등 1인량(g)	절단방법		
양배추	10	0.5쵸핑	재료 준비	① 오징어와 새우살은 깨끗하게 씻은 후 규격대로 썬다. ② 양배추, 숙주, 당근, 양파, 피망, 팽이버섯, 마늘, 베이컨은 규격대로 썬다. ③ 전란에 소금, 후추, 마늘을 넣고 간한다.
숙주	13	1cm절단		
당근	5	0.5쵸핑		
양파	7	0.5쵸핑		
청피망	4.5	0.5쵸핑		
팽이버섯	4.5	다지기		
마늘	0.8	분쇄		
베이컨	7	0.5쵸핑		
전란	10			
오징어	7	0.5쵸핑		
새우살	7	0.5쵸핑	만드는 방법	① 전란에, 양배추, 숙주, 당근, 양파, 피망, 팽이버섯, 베이컨, 오징어, 새우살을 혼합한 후 부침가루와 밀가루를 넣어 반죽한다. ② 팬에 기름을 두르고 ①을 약불에서 부친다. ③ ②에 가다랭이를 올리고 마요네즈와 데리야끼소스를 번갈아 뿌려준다.
밀가루	3			
부침가루	10			
가다랭이	0.6			
소금	0.5			
후추	0.01			
현미유	18			
데리야끼소스	8			
마요네즈	8			
			특이 사항	- 숙주는 삶지 않고 사용한다. - 재료는 채로 썰어도 되지만 쵸핑으로 해도 좋다.

- **함께한 식단**: 찰현미칼슘밥, 참치짜글이찌개, 오꼬노미야끼, 닭가슴살채소절임, 석류음료, 사과, 총각김치
- **비슷한 음식**: 녹두전, 양배추전
- **알아둘 것**:
  - 채소의 숨이 죽지 않고 아삭한 식감을 살리면서 부치는 것이 중요하다.
  - 돈가스소스와 마요네즈를 뿌려주어도 좋다.

찰순대전

식품명	초등 1인량(g)	절단방법		
찰순대	50	0.8어슷	재료 준비	① 찰순대는 15~20분 정도 중탕한 후 규격대로 썬다. ② 쪽파, 당근, 홍고추, 부추, 마늘은 규격대로 썬다. ③ 달걀은 풀어 소금으로 간한다.
쪽파	1	0.2송송		
당근	1.7	다지기		
홍고추	0.3	다지기		
부추	1.2	0.2송송		
마늘	0.2	다지기		
달걀	15			
밀가루	5			
해바라기유	3		만드는 방법	① 달걀에 후추, 부추, 쪽파, 당근, 홍고추, 마늘을 혼합한다. ② 찰순대에 밀가루를 묻힌다. ③ 팬에 기름을 두르고 ②에 ①을 입혀 부쳐낸다.
소금	0.5			
			특이 사항	– 절단된 순대를 구입하면 두께가 두꺼워 부칠 때 힘들다. – 밀가루 대신 부침가루를 사용해도 좋다.
■ 함께한 식단		● 찰현미강낭콩밥, 하얀짬뽕국, 찰순대전, 상추겉절이, 흑임자꿀빵, 청포도, 배추김치		
■ 비슷한 음식		● 납작만두전, 너비아니전		
■ 알아둘 것		● 순대를 너무 두껍게 썰면 속까지 익는 시간이 오래 걸리기 때문에 0.8cm 간격으로 어슷 써는 것이 좋다. ● 약불에서 서서히 익히면 색도 선명하고 속까지 잘 익어 쫄깃 탱탱한 순대전을 만날 수 있다.		

추억의분홍소세지전

식품명	초등 1인량(g)	절단방법		
분홍소세지	40	0.5둥글	재료 준비	① 분홍소세지는 규격대로 썰어 끓는 물에 살짝 데친다. ② 쪽파, 당근, 홍고추, 풋고추, 마늘은 규격대로 썬다. ③ 달걀은 풀어 놓는다.
쪽파	1	0.2송송		
당근	1.7	다지기		
홍고추	0.3	다지기		
풋고추	0.2	다지기		
마늘	0.2	다지기		
달걀	10			
밀가루	5		만드는 방법	① 달걀에 쪽파, 당근, 홍고추, 풋고추, 마늘을 넣고 소금으로 간한다. ② 소세지는 밀가루를 묻힌다. ③ 팬에 기름을 두르고 ②에 ①을 입혀 노릇하게 부친다.
해바라기유	3			
소금	0.5			
			특이 사항	− 소세지 대신 부쳐 먹는 햄으로 전을 부쳐도 좋다. − 날치알과 함께 부쳐도 좋다.

■ 함께한 식단	● 찰현미통밀밥, 사골알만두국, 추억의분홍소세지전, 돌미나리무침, 야채롤, 사과, 배추김치
■ 비슷한 음식	● 소세지날치알전
■ 알아둘 것	● 밀가루 대신 부침가루를 사용해도 좋다. ● 케찹, 머스타드 등 학생들이 좋아하는 소스와 함께 곁들여도 좋다.

해물콩비지전

식품명	초등 1인량(g)	절단방법		
콩비지	35		재료 준비	① 당근, 숙주, 홍고추, 풋고추, 쪽파, 부추, 마늘은 규격대로 썬다. ② 새우살, 오징어는 깨끗하게 씻어 규격대로 다진다.
당근	3	다지기		
숙주	13	1.5cm절단		
홍고추	0.3	다지기		
풋고추	0.2	다지기		
쪽파	1	1.5cm절단		
부추	1.5	1.5cm절단		
마늘	0.2	다지기		
새우살	6.5	다지기	만드는 방법	① 콩비지에 당근, 숙주, 홍고추, 풋고추, 쪽파, 부추, 마늘, 새우살, 오징어를 혼합한다. ② ①에 감자전분과 튀김가루를 넣고 소금으로 간한다. ③ 팬에 기름을 두르고 ②를 노릇하게 부친다.
오징어	10	다지기		
감자전분	8			
튀김가루	7			
해바라기유	5			
소금	0.5			
			특이 사항	– 숙주는 데치지 않은 상태로 사용한다. – 콩비지전에 김치를 넣어도 된다.

■ 함께한 식단	● 찰현미클로렐라밥, 샤브샤브소고기햄찌개, 해물콩비지전, 미나리무침, 요거트, 레드향, 총각김치
■ 비슷한 음식	● 콩비지김치전, 콩비지전
■ 알아둘 것	● 콩비지전은 자주 뒤집거나 완전히 익기 전에 뒤집으면 부서지기 쉬워 유의해야 한다. ● 콩비지의 수분 함량에 따라 물의 양을 조절한다.

톳달걀말이

식품명	초등 1인량(g)	절단방법		
전란	60		재료 준비	① 건톳은 물에 불려 깨끗하게 씻는 후 체에 받쳐 물기를 제거한다. ② 쪽파, 당근, 홍고추, 풋고추, 마늘, 부추, 양파, 크레미살, 백진미채는 규격대로 썬다. ③ 전란에 소금, 설탕, 후추를 넣어 간한다.
쪽파	1	0.2송송		
당근	1.7	다지기		
홍고추	0.3	다지기		
풋고추	0.2	다지기		
마늘	0.2	다지기		
부추	1	0.2송송		
양파	1.4	다지기	만드는 방법	① 전란에, 쪽파, 당근, 홍고추, 풋고추, 마늘, 부추, 양파, 크레미살, 백진미채, 건톳을 혼합한다. ② 팬에 기름을 두르고 ①을 얇게 펴서 부치다가 어느 정도 익으면 끝부분부터 조금씩 접는다. ③ ②를 2cm 크기로 자른다.
크레미살	7	손찢기		
백진미채	2.5	다지기		
건톳	0.2			
해바라기유	3			
소금	0.5			
후추	0.01			
설탕	0.1			
			특이 사항	– 톳은 영양소가 풍부하지만 잘 먹지 않기 때문에 학생들의 기호 음식인 달걀말이 등에 넣어주면 효과적이다. – 달걀물에 설탕을 넣으면 부드럽다.

■ 함께한 식단	● 찰현미아미노산밥, 스팸두부짜글이, 톳달걀말이, 울외무말랭이무침, 옥수수도넛, 단감, 배추김치
■ 비슷한 음식	● 만두달걀말이, 맛살달걀말이, 깻잎달걀말이, 애호박달걀말이, 크레미살달걀말이, 못난이달걀말이, 백진미채달걀말이, 날치알달걀말이
■ 알아둘 것	● 달걀말이는 뜨거울 때 자르면 모양이 흐트러져 식은 후 자르는 것이 좋다. ● 톳을 이용하여 톳전, 톳무침, 톳영양밥, 톳두부무침 등 다양하게 응용요리 할 수 있다.

풋마늘감자채전

식품명	초등 1인량(g)	절단방법	재료 준비	
풋마늘	15	1.5cm절단		① 풋마늘은 데쳐 규격대로 썬다.
새우살	8	다지기		② 새우살, 오징어는 깨끗하게 씻어 규격대로 다진다.
오징어	8	다지기		③ 감자, 당근, 부추, 쪽파, 홍고추, 마늘은 규격대로 썬다.
깐감자	28	0.2*0.5*5채		
부추	1.2	1.5cm절단		
당근	2.8	0.2*0.5*5채		
쪽파	1.2	1.5cm절단		
홍고추	0.2	0.2송송		
마늘	0.2	다지기		
튀김가루	8		만드는 방법	① 풋마늘, 감자, 당근, 부추, 쪽파, 홍고추, 마늘, 새우살, 오징어를 혼합하고 튀김가루와 전분을 넣어 반죽한 후 소금으로 간한다.
감자전분	7			② 팬에 기름을 두르고 ①을 노릇하게 부친다.
해바라기유	5			
소금	0.5			
			특이 사항	- 새우살 대신 굴이나 조갯살을 넣어도 좋다.

■ 함께한 식단	● 찰현미할맥밥, 해물모듬떡국, 풋마늘감자채전, 오리훈제채소절이, 우리밀전병, 사과, 배추김치
■ 비슷한 음식	● 감자채전, 해물감자채전
■ 알아둘 것	● 너무 오래 반죽하면 글루텐이 많이 형성되어 딱딱해질 수 있으므로 재료가 섞어질 정도로만 하는 것이 좋다. ● 전은 기름을 넉넉히 두르고 노릇노릇하게 부친다.

감말랭이연시드레싱

식품명	초등 1인량(g)	절단방법		
감말랭이	8.6	1/3조각	재료 준비	① 감말랭이, 양상추, 양배추, 치커리, 그린비타민, 적근대, 사과, 양파, 연시, 파인애플은 규격대로 썬다.(채소는 소독) ② 머스터드소소와 마요네즈에 분쇄한 사과, 양파, 연시, 파인애플, 레몬베이스, 식초, 플레인요거트, 설탕, 꿀을 넣고 드레싱을 만든다. ③ 조각땅콩은 오븐에 굽는다.
양상추	10	2.5*2.5나박		
양배추	3	2.5*2.5나박		
치커리	1.5	2cm절단		
그린비타민	1	2cm절단		
적근대	1	2.5*2.5나박		
사과	10	2*2*0.2나박		
사과	3	분쇄		
양파	1.4	분쇄	만드는 방법	① 감말랭이, 양상추, 치커리, 그린비타민, 적근대, 나박썬사과를 혼합하여 3~4등분 한다. ② 시간차를 두고 ①을 드레싱에 버무린다. ③ ②에 땅콩을 뿌린다.
연시	9	분쇄		
파인애플	6	분쇄		
조각땅콩	2			
레몬베이스	2.5			
식초	1.2			
마요네즈	5			
머스터드소스	5			
플레인요거트	2.2		특이 사항	− 교실배식은 드레싱을 별도로 제공하는 것이 좋다. − 방울토마토나 딸기, 망고 등을 활용해도 좋다. − 깨드레싱, 망고드레싱도 좋다.
설탕	2			
꿀	3			

■ 함께한 식단	● 사골별속떡국, 감말랭이연시드레싱, 오징어채후라이, 찰옥수수, 야구르트, 배추겉절이
■ 비슷한 음식	● 감말랭이깨드레싱, 감말랭이망고드레싱, 감말랭이유자드레싱
■ 알아둘 것	● 오븐온도(땅콩조각) − 예열온도: 컨벡션 200℃ 10분 − 조리온도: 컨벡션 170℃ 10분

고구마맛탕

식품명	초등 1인량(g)	절단방법		
고구마	50	2.5*2.5깍둑	재료 준비	① 고구마는 규격대로 썬다. ② 쌀엿, 설탕, 물의 비율을 5:3:5로 넣고 (절대 젓지 않음) 그대로 중불에서 끓이다가 약불로 줄여 시럽을 만든다.
흑임자	0.5			
쌀엿	4			
백설탕	2.5			
해바라기유	40			
			만드는 방법	① 튀김솥에 기름을 붓고 180℃로 가열한 후 고구마를 넣고 노릇노릇하게 튀긴다. ② ①에 시럽을 묻히고 흑임자를 뿌려 완성한다.
			특이 사항	– 시럽 대신 설탕과 고구마를 함께 넣고 튀겨도 좋다. – 흑임자 대신 땅콩가루도 좋고 츄러스나 또띠아를 활용해도 좋다.

- ■ 함께한 식단
  - 칠분도미현미밥, 굴미역국, 돈육사태김치찜, 상추간장절이, 고구마맛탕, 귤, 총각김치
- ■ 비슷한 음식
  - 감자맛탕, 떡맛탕, 고구마랑또띠아맛탕, 츄러스맛탕
- ■ 알아둘 것
  - 희고 길쭉한 고구마가 맛탕용으로 적당하다.
  - 설탕과 고구마를 같이 넣을 때는 튀김온도가 180℃로 가열되었을 때 넣어야 한다. (별도의 시럽을 만들 필요가 없음)
  - 고구마는 튀기지 않고 오븐에 구워도 좋다.

미숫가루

식품명	초등 1인량(g)	절단방법		
미숫가루	15		재료 준비	① 미숫가루는 고운체에 내린다. ② 우유에 백설탕을 녹여 냉각시킨다.
우유	60			
백설탕	4			
얼음	40			
			만드는 방법	① 우유에 미숫가루를 조금씩 넣고 응어리가 지지 않게 풀어준다. ② ①에 얼음을 띄운다.
			특이 사항	– 우유 대신 물을 사용할 경우 전날 설탕과 같이 끓여 냉각시킨다.

■ 함께한 식단	● 나시랭이볶음밥, 유부채실파국, 지주식돌김자반, 미숫가루, 맛동산 팝콘치킨, 사과 배추겉절이
■ 비슷한 음식	● 검은콩미숫가루
■ 알아둘 것	● 미숫가루는 요거트나 우유에 넣어 섭취하면 맛과 영양 모두 잡을 수 있다.

수제감자샌드위치

식품명	초등 1인량(g)	절단방법		
식빵	16		재료 준비	① 식빵은 오븐에 굽는다. ② 감자는 쪄 규격대로 분쇄한다. ③ 파프리카, 양파, 오이피클은 규격대로 썬다. ④ 햄은 데쳐 규격대로 썬다. ⑤ 치킨텐더는 오븐에 구워 규격대로 썬다. ⑥ 달걀은 규격대로 분쇄한다. ⑦ ②, ③, ④ ⑤, ⑥에 머스타드소스, 마요네즈를 혼합하여 샌드위치 속재료를 만든다.
깐감자	20	분쇄		
적파프리카	4.5	다지기		
노랑파프리카	4.5	다지기		
양파	4	다지기		
오이피클	8	다지기		
삶은달걀	12	분쇄		
치킨텐더	15	다지기		
슬라이스햄	8	0.5쵸핑		
머스타드소스	6			
마요네즈	6.4			
			만드는 방법	① 식빵에 샌드위치속재료를 올리고 그 위에 식빵을 올려 완성한다. ② ①의 샌드위치를 4등분 한다.
			특이 사항	– 모닝빵이나 치아바타, 바게트빵을 사용해도 좋다. – 딸기쨈을 사용해도 좋다. – 완성된 샌드위치를 4등분 해도 1인 분량은 식빵 1/2쪽이다.

■ 함께한 식단	● 사골삼색조랭이떡국, 수제감자샌드위치, 하트새우꼬치, 시저샐러드, 요플레키즈, 단감, 배추겉절이
■ 비슷한 음식	● 수제햄샌드위치, 참치샌드위치, 수제스테이크샌드위치
■ 알아둘 것	● 오븐온도 – 예열온도: 컨벡션 230℃ – 조리온도: 컨벡션 170℃ 10분 – 코팅팬

수제슈가파우더머핀

식품명	초등 1인량(g)	절단방법		
머핀믹스	15		재료 준비	① 머핀믹스, 초코핫케익가루는 각각 체에 내린다. ② 달걀에 우유를 혼합한다. ③ 버터는 중탕한다.
초코핫케익가루	4.5			
버터	2			
우유	20			
달걀	13			
슈가파우더	3			
			만드는 방법	① 머핀믹스에 달걀과 버터를 혼합하여 반죽한다. ② 초코핫케익가루도 반죽한다. ③ ①을 오븐 밧트에 담은 후 ②를 올려 나무젓가락으로 휘휘 젓는다. ④ ③을 오븐에 굽는다. ⑤ ④에 파우더를 뿌린다.
			특이 사항	– 머핀믹스 반죽에 초코핫케익 반죽을 올려 휘휘 저으면 마블빵이 된다.
■ 함께한 식단		● 찰현미기장밥, 곤약어묵꼬지탕, 못난이달걀김치말이, 쑥갓두부나물, 수제슈거파우더머핀, 사과, 총각김치		
■ 비슷한 음식		● 수제핫케익, 수제대파머핀, 수제견과류머핀, 수제찰보리빵, 수제파우더찰보리빵		
■ 알아둘 것		● 오븐온도 – 예열온도: 컨벡션 230℃ – 조리온도: 컨벡션 140℃ 20분 – 코팅팬		

수제시리얼요거트

식품명	초등 1인량(g)	절단방법		
우유	70		재료 준비	① 우유와 플레인요구르트를 혼합한다. ② 생수에 설탕을 넣고 시럽을 만든다.
플레인요거트	10.5			
백설탕	4			
시리얼	6			
생수	4			
			만드는 방법	① 플레인요거트를 혼합한 우유를 밧트에 담아 오븐에 발효시킨다. ② ①이 발효되면 냉장고에 넣어 냉각시킨다. ③ ②에 시럽을 혼합하고 시리얼은 배식할 때 넣는다.
			특이 사항	- 시럽을 만들 때는 젓지 않아야 한다. - 요거트에 시리얼을 넣고 오래되면 식감이 떨어지기 때문에 먹기 직전에 넣는 것이 좋다. - 푸딩, 과일 등을 넣어도 좋다. - 요거트는 전날 만든다.

■ 함께한 식단	● 해물잔치국수, 약식, 짜장떡볶이, 수제시리얼요거트, 오렌지알, 배추겉절이
■ 비슷한 음식	● 수제푸딩요거트, 수제딸기요거트, 수제망고요거트, 수제플레인요거트, 수제사과요거트

■ 알아둘 것	● 우유 1kg에 플레인요거트 150g이 적당
	● 오븐온도
	  - 예열온도: 컨벡션 60℃
	  - 조리온도: 컨벡션 47℃에서 8시간
	  - 밧트(뚜껑덮음)
	● 시럽을 만들 때 젓게 되면 설탕이 물에 녹지 않는다.

수제인절미토스트

식품명	초등 1인량(g)	절단방법	재료 준비	① 땅콩과 아몬드는 오븐에 굽는다.
식빵	16			
인절미	20			
꿀	4		만드는 방법	① 코팅팬에 식빵을 올리고 콩가루→연유→인절미→식빵 순으로 올려 오븐에 굽는다. ② ①이 다 구워지면 그 위에 꿀→땅콩과 아몬드를 올린다. ③ ②를 4등분 한다.
연유	3			
조각땅콩	2			
아몬드슬라이스	2			
콩가루	3			
			특이 사항	– 인절미는 흑인절미, 쑥인절미 등으로 다양하게 응용할 수 있다. – 인절미를 오븐에 구우면 피자처럼 쭉쭉 늘어난다. – 식빵 대신 또띠아를 사용해도 좋다.

■ 함께한 식단	● 열무비빔밥/약고추장, 황태맑은국, 수제인절미토스트, 수제플레인요거트, 수박, 백김치
■ 비슷한 음식	● 수제흑인절미토스트, 수제또띠아인절미토스트, 쑥인절미토스트
■ 알아둘 것	● 오븐온도 – 예열온도: 컨벡션 230℃ – 조리온도: 컨벡션 170℃ 10분 – 코팅팬

연시소스토마토

식품명	초등 1인량(g)	절단방법	재료 준비	① 토마토는 규격대로 썬다. ② 파인애플 캔에서 파인애플은 건져 규격대로 분쇄하고 국물은 냉각시킨다. ③ 배, 연시는 규격대로 분쇄한 후 ②와 꿀을 혼합하여 파인소스를 만든다. (냉장보관)
토마토	55	12등분 썰기		
배	5.5	분쇄		
연시	5.5	분쇄		
파인애플캔	6	분쇄		
꿀	4			
			만드는 방법	① 토마토에 파인소스를 뿌린다.
			특이 사항	– 바나나, 망고, 사과, 유자청 등으로 다양하게 소스를 만들어 사용할 수 있다.

■ 함께한 식단	● 찰보리밥, 대합살미역국, 순살치킨, 애기열무겉절이, 연시소스토마토, 파우더찰보리빵, 배추김치
■ 비슷한 음식	● 파인소스토마토, 바나나소스토마토, 망고소스토마토, 유자소스토마토,
■ 알아둘 것	● 바나나소스를 만들 때는 분쇄한 바나나의 색 갈변을 막기 위해 약간의 소금을 첨가한다. ● 토마토는 우리 몸에 좋은 채소임에도 잘 먹지 않아 버려지는데 다양한 소스를 만들어 제공하면 선호도 높은 음식이 된다.

화전

식품명	초등 1인량(g)	절단방법		
습식찹쌀가루	20		재료 준비	① 찹쌀가루, 멥쌀가루는 고운체에 내려 소금을 넣고 익반죽한다. ② 꽃잎은 깨끗하게 닦는다.
습식멥쌀가루	10			
식용꽃잎	1			
꿀	1			
소금	0.2			
현미유	1			
			만드는 방법	① 반죽을 18~20g 크기로 나누어 납작하게 빚는다. ② 팬에 기름을 살짝 두르고 약불에서 ①을 부친다. ③ ②에 꽃잎을 올린다. ④ ③에 꿀을 발라 완성한다.
			특이 사항	- 꽃잎을 올려 익히면 색이 선명하지 않아 부친 후 올리는 것이 좋다. - 꽃잎을 구하기 힘들면 대추와 쑥갓으로 장식하거나 꽃잎 없이 구워내도 좋다.

■ 함께한 식단	● 가바현미밥, 들깨순두부백탕, 치킨이랑고구마랑, 해바라기씨오징어실채조림, 화전, 오렌지알, 배추김치
■ 비슷한 음식	● 찹쌀부꾸미, 수수부꾸미
■ 알아둘 것	● 화전을 만들 때 찹쌀가루만 사용하면 점성이 많아 뒤집기가 힘들다. ● 화전은 꽃과 찹쌀가루로 익반죽하여 만든 한국요리. 다른 말로 꽃지지미 또는 꽃부꾸미라고도 한다.

후랑크소세지또띠아

식품명	초등 1인량(g)	절단방법		
또띠아	15	5호	재료 준비	① 또띠아는 오븐에 굽는다. ② 후랑크소세지는 오븐에 구워 규격대로 다진다. ③ 양상추, 파프리카, 양파, 오이, 피클도 규격대로 다진다. ④ ②와 ③에 머스타드소스, 마요네즈를 혼합하여 속재료를 만든다.
후랑크소세지	20	다지기		
양상추	4	다지기		
적파프리카	4.3	다지기		
노랑파프리카	4.3	다지기		
양파	4	다지기		
오이피클	6	다지기		
머스타드소스	4.5			
마요네즈	10			
			만드는 방법	① 또띠아에 속재료를 올려 돌돌 만다.
			특이 사항	− 또띠아에 넣는 재료가 길면 채소는 골라내고 후랑크소세지만 먹는 단점이 있다. − 모든 재료를 다지게 되면 골라 먹을 수 없는 장점도 있다. − 후랑크소세지 대신 용가리치킨, 떡갈비 등으로도 활용 가능하다.
■ 함께한 식단	● 찰현미찰보리밥, 중면설렁탕, 돌김자반, 양념깻잎지, 후랑크소세지또띠아, 호박고구마구이, 깍두기			
■ 비슷한 음식	● 떡갈비또띠아, 용가리치킨또띠아			
■ 알아둘 것	● 오븐온도 − 예열온도: 컨벡션 230℃ − 조리온도: 컨벡션 180℃ 10분			

2장

실무

2절

영양소식지

제시한 영양소식지는

○ **매월 1회 이상 학생과 학부모를 대상으로 각각 안내**
  - 학생·학부모에게 다르게 보낸 이유는 같은 수준으로 안내할 경우 학생들은 이해하기 어렵고 학부모는 너무 쉽기 때문(저학년일수록)

○ **같은 제목이지만 내용이 다른 이유**
  - 우리 민족의 대명절(추석, 설, 동지 등)에 대한 영양소식지가 여러 종류인 것은 매년 변화된 내용의 소식지를 제공했기 때문
  - 같은 내용이 반복될 경우 학생과 학부모 모두 영양소식지에 대한 관심 저하
  - 미세먼지나 황사 등도 매년 같은 내용보다는 새롭게 대두되는 정보 등을 안내하여 학생·학부모의 관심 유발

○ **매년 같은 내용을 보낸 이유**
  - 학년을 시작하는 3월은 '우리 학교급식 이렇게 운영합니다'라고 안내하여 급식에 대한 ⇒ 궁금증 해소
  - 알레르기 표시는 정기적으로(반기, 분기 등) 안내하여 학생·학부모가 방심하지 않도록 ⇒ 경각심 차원
  - 손 씻는 방법 등은 수시로 안내 ⇒ 개인위생의 중요성을 인식
  - 학교와 가정에서의 식사예절을 안내하여 식사 시 준수해야 할 사항이 무엇인지를 스스로 인식하도록 ⇒ 반복 교육

○ **계절별, 식재료별, 음식궁합 등 다양한 영양 정보 제공**

○ 학교급식 활동이나 급식과 관련된 특이한 사안 등에 대해서는 가능한 자세히 안내하여 학생·학부모의 ⇒ 긍정적 인식 고취

01 학생 편

「올바른 식사예절 알기」

- **식사 전에 지켜야 할 일**
  ① 비누로 거품을 낸 후 30초 이상 충분히 손을 씻고 소독하기
  ② 교실 환기 시키기
  ③ 친구와 거리 두기(학생 간 접촉 금지)
  ④ 배식 대기 중 대화하지 않기
  ⑤ 차례 지키기
  ⑥ 알맞은 양의 음식 받기
  ⑦ 수고하신 분들에게 감사하는 마음 갖기

- **배식 시 지켜야 할 일**
  ① 배식 당번은 개인위생(위생복, 마스크, 일회용 장갑 등) 관리에 철저하기
  ② 본인 외의 식판 등 배식기구를 만지지 않기
  ③ 배식 당번과 배식 중인 학생과의 불필요한 대화 금지하기
  ④ 배식을 받고 자리에 앉을 때까지 마스크 벗지 않기
  ⑤ **자리에 앉은 후 마스크는 완전히 벗지 않고 턱에 걸치기**
  ⑥ 접촉감염 방지를 위한 정수기 이용 금지(⇒ 먹는 물 개별지참)
  ※ ④, ⑤, ⑥은 바이러스 등의 유행으로 감염 위험이 있는 경우에 해당

- **식사 중에 지켜야 할 일**
  ① 즐거운 생각을 하면서 알맞은 속도로 음식 먹기
  ② 식사 중 대화 금지하기
  ③ 한 손에 숟가락과 젓가락을 동시에 들지 않기
  ④ 음식은 바른 자세로 앉아서 먹기
  ⑤ 식사 시간은 최소화하기
  ⑥ 음식 기구를 부딪치거나 긁는 소리 내지 않기

- **식사 후에 지켜야 할 일**
  ① 남은 음식은 한데 모아 정리하기
  ② 수저와 식판은 소리 나지 않도록 정리하기

③ 급식 후 주변을 정리하고 비누로 거품을 낸 후 30초 이상 손 씻기 및 소독하기
④ 이 닦기
⑤ 교실 환기하기

● **가정에서의 식사예절**
① 아침 식사하기
② 우유는 매일 1~2컵 이상 마시기
③ 채소는 매끼 반드시 섭취하기
④ 가족과 함께 식사하면서 식사예절 익히기
⑤ 간식은 식사 시 충분히 섭취하지 못한 영양소를 고려하여 먹기
⑥ 가공식품이나 인스턴트식품은 영양표시와 소비기한 등을 확인하고 먹기
⑦ 두뇌 발달을 위하여 젓가락 사용하기

● **식사 시 알아야 할 안전 수칙**
① 뛰지 않고 사뿐사뿐 걷기
② 차례 지키기
③ 숟가락, 젓가락 등 식기 도구를 이용, 찌르는 장난 등을 하지 않기
④ 뜨거운 국이나 음식물 등은 손에 튀거나 흘리지 않도록 주의하기

● **'나의 건강'**
① 하루 3번 규칙적으로 식사하기
② 다양한 식품을 골고루 먹기
③ 섬유소가 풍부한 식품 충분히 섭취하기
④ 제철 과일과 채소 먹기
⑤ 튀김 음식은 주 2회 이하로 먹기
⑥ 모든 음식은 싱겁게 먹기
⑦ 영양표시 확인하기

- 학년초에 올바른 식사예절에 대한 내용을 학생들이 인지할 수 있도록 안내하고 각 교실에도 게시(학교 특성에 맞는 문구 선택)
- 교실배식, 코로나-19시기에 진행했던 내용

「학교급식 알레르기 유발식품 표시제 안내」

1. 식품 알레르기란?
식품 알레르기(영어: food allergy)란 꽃가루나 항생제의 알레르기와는 달리 특정인이 어떤 음식을 먹었을 때 장 혹은 몸속에서 반항하여 불편한 증세를 일으키는 것을 말합니다. 또 식품 알레르기는 식중독과 다르게 음식 자체의 문제라기보다는 먹는 사람의 면역체계가 특정 음식에 과민반응을 보일 때 발생합니다.

2. 식품 알레르기의 증상은?
식품 알레르기 반응은 대개 몇 분에서 몇 시간 이내에 나타납니다. **증상은 두드러기, 홍반, 가려움증, 입 주변 부종, 눈 가려움, 기침, 재채기, 구토, 설사, 호흡곤란, 저혈압, 의식 저하, 심한 경우 전신 과민반응 쇼크(아나필락시스)** 등으로 다양하게 나타나며, 이중 피부 계통 질환이 대다수를 차지합니다. 알레르기는 교차반응으로 인해 동일한 식품군에서도 발생할 수 있습니다.

※ 예) 새우 알레르기가 있는 학생이 게·가재(갑각류) 등의 섭취로 인한 유사 증상

● 19가지 알레르기 유발 식품이 표시된 학교급식 식단표(예)

3월14일	3월15일	3월16일	3월17일	3월18일
칠분도미현미밥 냉이국(5,6,9,13) 폭찹돈육스테이크 (5,6,10,12,13,15) 잔멸치감자조림 (1,2,5,6,13) 연시소스토마토 (2,5,12,13) 배추김치(9,13)	찰현미찰보리밥 돈육LA갈비부대찌개 (2,6,9,10,13) 풋마늘계란말이 (1,5,6,8,13,17) 꼬막세발나물무침 (5,6,13,18) 파인애플 총각김치(9,13)	야채굴영양죽 (1,5,6,8,9,13,18) 수제떡갈비주먹밥 (1,5,6,9,13) 동치미(9,13), 흰색꿀떡(5,13) 제리뽀(2,5,11,13) 감말랭이 총각김치(9,13)	찰현미밥 샤브샤브쇠고기숙주무국 (1,5,6,13,16) 새콤달콤아귀살오징어 (1,2,4,5,6,12,13,15,17) 치커리단감무침 (5,6,13) 조각치즈케이크 (1,2,5,6,13) 배추김치(9,13)	나물비빔밥/ 약고추장 (5,6,10,13,16) 누룽지숭늉 생선가스/ 타르드레싱 (1,5,6,12,13) 뽀로로와친구들(2) 아이스망고 백김치(9,13)

3. 알레르기 원인 식품
알레르기를 일으키는 식품은 50종류 이상이지만 이중 우유, 달걀, 땅콩, 대두, 밀, 견과류,

새우나 게, 조개류, 생선 등이 원인 식품의 90% 이상을 차지합니다. 식품 알레르기는 종류가 매우 다양하고 개인차가 있어 철저하게 관리하는 것이 최선입니다.
따라서 우리 학교는 알레르기 유발 식품 19종류(가공식품이 함유한 식품 포함)를 표시하고 있습니다.
알레르기 유발 식품 19종류는 다음과 같습니다.
①난류(가금류) ②우유 ③메밀 ④땅콩 ⑤대두 ⑥밀 ⑦고등어 ⑧게 ⑨새우 ⑩돼지고기 ⑪복숭아 ⑫토마토 ⑬아황산염 ⑭호두 ⑮닭고기 ⑯소고기 ⑰오징어 ⑱조개류(굴, 전복, 홍합 포함), ⑲잣 등
알레르기식품 유병 학생은 **식단에 표시된 알레르기 식품을 반드시 확인한 후 스스로 관리하는 습관을 길러야 합니다.**

4. 식품알레르기 유병 학생 매뉴얼

- 학교 홈페이지, 영양소식지에 게시되는 월간식단표 및 주간식단표 확인
- 알레르기 유발 식품이 메뉴일 경우 먹지 않도록 숙지
  (다른 사람과 음식 나눠 먹는 행위 금지)
- 가공식품에 표기된 표시사항은 꼼꼼하게 확인
- 대체식품으로 균형 잡힌 식사 섭취
- 학교 밖에서 음식물을 섭취할 경우 알레르기 유발 식품은 미리 빼달라고 주문
- 식품을 만지기만 해도 알레르기 반응이 나타난다면 몸에 닿지 않도록 주의
- 가급 적 가공되거나 첨가물이 들어간 식품은 섭취하지 않기
- 학교급식 및 식품 알레르기 관리에 대한 교육과 상담에 적극 참여

- 학년초에 영양소식지를 통해 알레르기 유발식품 표시제 안내
- 식품 알레르기 유병 학생은 식단표에 표기된 유발 식품을 철저히 확인할 수 있도록 안내

「어린이를 위한 올바른 식생활」

식습관과 건강은 매우 밀접한 관계에 있습니다. 식습관은 우리의 몸을 건강하게 만들기도 하지만 망치게도 할 수 있기 때문입니다. 우리 어린이들의 문제는 식습관에 대한 올바른 지식이 많지 않다는 것입니다. 따라서 올바른 식습관이 무엇인지 제대로 알고 실천하는 것이 매우 중요합니다. 올바른 식습관은 제때에, 알맞게, 싱겁게, 안전하게, 즐겁고 예의 바르게 다양한 음식을 골고루 먹는 것입니다.

반대로 잘못된 식습관은 **짜게, 달게, 빨리 먹는 습관**입니다.

😊 음식은 다양하게, 골고루	😊 식사는 제때에 싱겁게
① 편식하지 않고 골고루 먹어요. ② 매끼 다양한 채소 반찬을 먹어요. ③ 생선, 살코기, 콩, 달걀 등 단백질 식품을 매일 한 번 이상 먹어요. ④ 우유는 매일 두 컵 정도 마셔요.	① 아침은 꼭 먹어요. ② 음식은 천천히 꼭꼭 씹어 먹어요. ③ 짜고 달고 기름진 음식은 적게 먹어요.
😊 움직이고, 먹는 양은 알맞게	😊 간식은 안전하고 슬기롭게
① 매일 한 시간 이상 몸을 움직여요. ② 나이에 맞는 키와 몸무게를 유지해요. ③ TV와 스마트폰을 모두 합하여 하루 2시간보다 적게 보아요. ④ 식사와 간식은 적당한 양을 규칙적으로 먹어요.	① 간식으로 과일과 우유를 먹어요. ② 과자, 탄산음료, 패스트푸드는 자주 먹지 않아요. ③ 불량식품을 구별하고, 먹지 않으려 노력해요. ④ 식품의 영양표시와 소비기한을 확인해요.
😊 식사는 가족과 함께, 예의 바르게	😊 균형 잡힌 식사는 왜 해야 할까요?
① 가족과 함께 식사하도록 노력해요. ② 음식을 먹기 전에는 반드시 손을 씻어요. ③ 음식은 바른 자세로 앉아서 감사 하는 마음으로 먹어요. ④ 음식은 먹을 만큼만 담아, 남기지 않도록 해요.	1. 바람직한 식습관을 형성해요. 2. 건강을 유지해요. 3. 적절한 성장과 발달을 도모해요. 4. 영양섭취를 골고루 할 수 있어요.

😊 올바른 손 씻기 방법

01 손바닥과 손바닥을 마주대고 문질러 줍니다.
02 손가락을 마주잡고 문질러 줍니다.
03 손등과 손바닥을 마주대고 문질러 줍니다.
04 엄지손가락을 다른 편 손가락으로 돌려주면서 문질러 줍니다.
05 손바닥을 마주 대고 손깍지를 끼고 문질러 줍니다.
06 손가락을 반대편 손바닥에 놓고 문지르며 손톱 밑을 깨끗하게 합니다.

자료: 보건복지부

「'소비기한 표시제' 알아보기」

'소비기한 표시제'는 식품 등(건강기능식품 포함)의 날짜 표시에 '유통기한' 대신 '소비기한'을 표시하는 제도로 2023년 1월 1일부터 시행했습니다. 식품을 안전하게 섭취할 수 있는 소비기한을 반드시 확인한 후 구매해야 합니다.

☺ '소비기한'과 '유통기한'의 다른 점은?

- 소비기한
  - 식품 등에 표시된 보관방법을 준수한 경우 섭취해도 안전에 이상이 없는 **소비자 중심의 표시제도**
- 유통기한
  - 제품의 제조일로부터 소비자에게 유통, 판매가 허용되는 **영업자 중심의 표시제도**

☺ '소비기한' 표시제의 효과

- 기한 경과 식품의 섭취 여부 혼란 방지(안전하게 섭취 가능한 기한을 명확히 제공)
- 소비기한 경과로 인한 식품 폐기물 저감
  - 소비 가능한 식품들이 폐기되어 발생하는 사회적 비용 절감
  - 음식물쓰레기를 처리할 때 배출되는 탄소를 줄여 탄소 중립 실천
- 국제 기준에 맞는 식품 제도로 도약
  - EU 등 대다수 국가: 소비기한 표시제 도입, '국제식품규격위원회' 소비기한 표시 권고

☺ '소비기한'에 따른 주의사항은?

- 식품 보관 시 보관온도를 철저히 준수
- 기온이 높은 하절기는 실온에 냉장·냉동 제품이 장시간 노출되지 않도록 주의
- 식품에 표시된 보관방법과 날짜 확인
- 기한이 경과 된 식품은 먹지 않기

☺ 보존·유통 기준의 일반 기준

실온 제품	상온 제품	냉장 제품	냉동 제품	온장 제품
1~35℃	15~25℃	0~10℃	-18℃	60℃

☺ 주요 식품 유형별 유통기한 – 소비기한은?

식품유형	유통기한	소비기한	식품유형	유통기한	소비기한
가공유(바나나우유 등)	16일	24일	빵류	20일	31일
과자	45일	81일	소시지	39일	56일
과채주스	20일	35일	어묵	29일	42일
두부	17일	23일	즉석섭취식품(살균)	30일	44일
발효유(요거트 등)	18일	32일	전란액	3일	4일

자료: 식품의약품안전처, 식품안전나라

「올바른 손 씻기와 기침 예절 알아보기」

최근 식중독·감염병 증세가 계절과 관계없이 지속적으로 발생하고 있습니다.

올바른 손 씻기와 기침 예절은 감염병 예방을 위한 첫걸음입니다. 특히 기침 예절은 감염병 병원체가 다른 사람에게 전파되는 것을 막을 수 있는 감염병 예방의 기본 수칙이며, 다른 사람을 위해 실천할 수 있는 기본예절이기도 합니다. 이에 올바른 손 씻기와 기침 예절을 안내하니 반드시 실천해 주기 바랍니다.

※ 개인위생 철저(음식 섭취 전, 용변 후 비누를 이용한 손 씻기 실천)

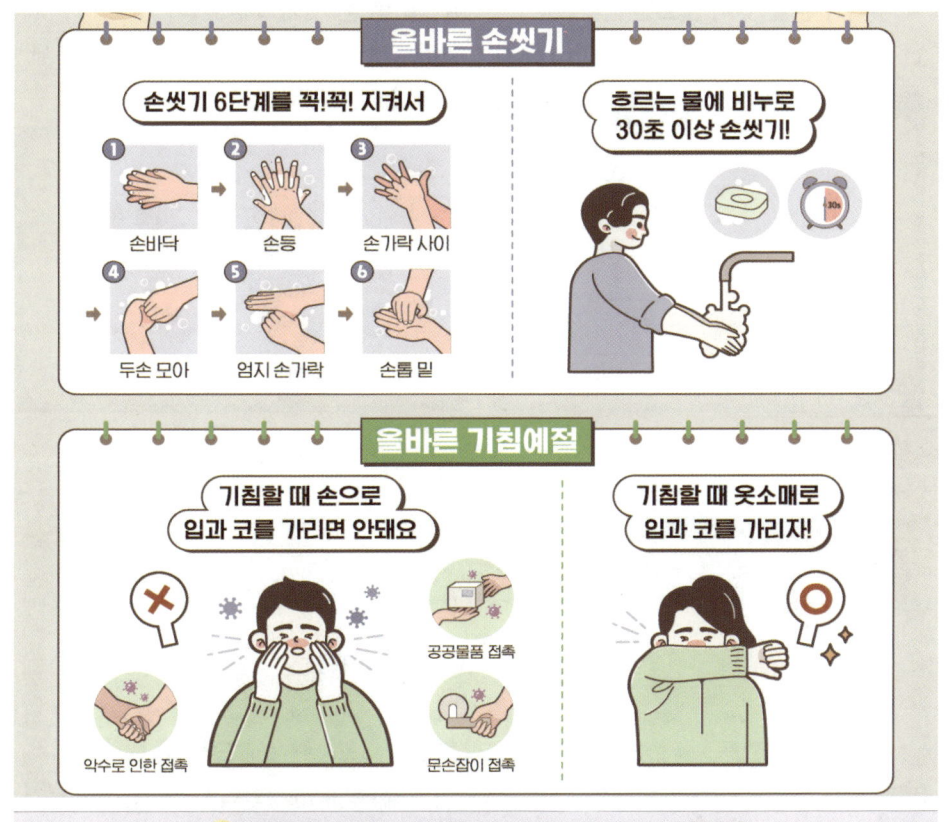

😊 기침이나 재채기를 할 때 지켜야 할 준수 사항은?

하나, 기침, 재채기를 할 때 휴지나 손수건은 필수!
☞ 기침, 재채기는 손이 아닌 휴지, 손수건으로 입과 코를 가리고 합니다.

둘, 휴지나 손수건이 없다면 옷 소매 위쪽으로 가리는 것이 필수!
☞ 만약, 휴지나 손수건이 준비되지 않았다면 옷소매 위쪽으로 입과 코를 가리고 하세요.

셋, 기침 재채기를 한 후 흐르는 물에 손 씻는 것은 필수!
☞ 기침, 재채기를 한 후 흐르는 물에 비누로 손을 깨끗하게 씻으세요.

출처: 질병관리본부

「'올바른 손 씻기」

최근 지구온난화 등으로 계절과 관계없이 식중독이 발생하고 있습니다. 특히, 계절이 바뀌는 시기에는 면역력 저하로 식중독(감염병) 등에 노출될 수 있습니다. 따라서, 건강을 유지하고 질병으로부터 나를 지키기 위해서는 손을 깨끗이 씻는 것이 최선입니다.

☀ 기침이나 재채기를 할 때 지켜야 할 준수 사항은?

■ **우리가 손을 씻지 않으면……**
단 3시간 만에 세균은 260,000마리 증가.

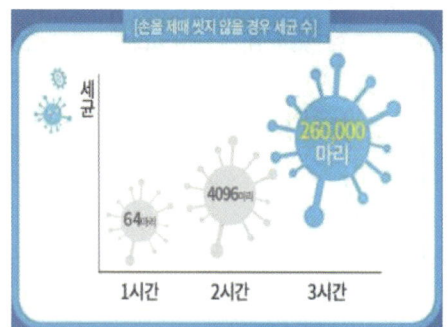

■ **올바른 손 씻기의 필요성?**
올바르게 손을 씻지 않으면 상당수의 세균이 손에 남아있음.

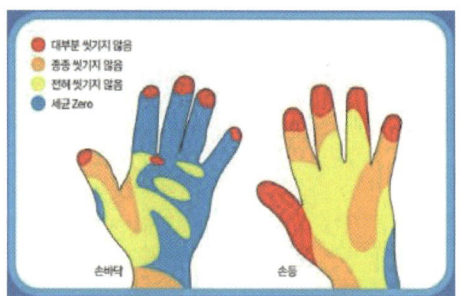

☀ 올바른 손 씻기

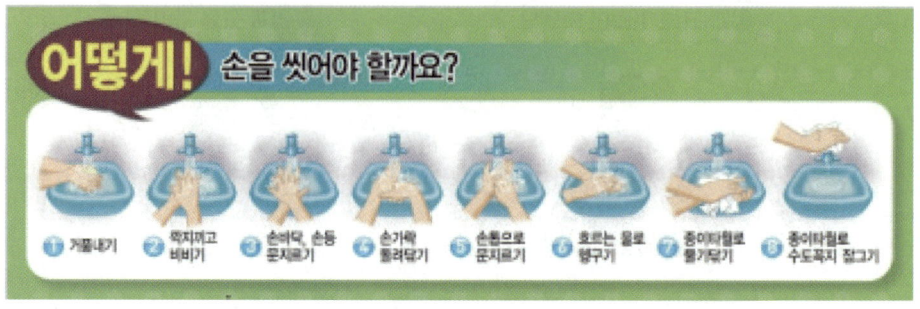

☀ 손 씻기의 중요성

- 손만 잘 씻어도 바이러스나 세균, 미세먼지 등에 의한 각종 감염병 및 식중독의 70%를 예방할 수 있습니다.
- 예방과 안전을 확보하기 위해서는 음식을 먹기 전, 화장실을 사용하거나 오염 가능성이 있는 표면을 만진 후 따뜻한 물과 비누로 손을 충분히 씻어야 합니다.

출처: 질병관리본부

「정월 대보름에 대해 알아보기」

● **정월 대보름(음력 1월 15일)**
일년 중 처음 맞는 보름날이기 때문에 옛날 농경사회에서는 이날 그해 농사의 풍년과 운세를 점쳤습니다. 정월 대보름에는 부럼깨기, 지신밟기, 더위팔기, 달맞이, 달집태우기, 쥐불놀이 등의 세시풍속을 즐겼습니다.

● **정월 대보름의 유래**
정월 대보름의 기원과 관련된 전설로 사금갑(射琴匣))이 있으며 이는 소지왕의 이야기입니다. 신라 시대, 소지왕이 정월 대보름에 천천정으로 행차하기 위해 궁을 나섰는데 갑자기 까마귀와 쥐가 시끄럽게 울었습니다. 그리고는 쥐가 사람의 말로 왕에게 이렇게 말했습니다.
"이 까마귀가 가는 곳을 따라가 보옵소서." 그러자 임금은 신하를 시켜 까마귀를 따라가도록 했는데 어느 연못에 다다랐을 때, 돼지 두 마리가 싸우고 있었습니다. 신하는 돼지 싸움을 보다가 그만 까마귀를 놓쳐 버렸습니다. 잠시 후 연못에서 노인이 나와 신하에게 봉투를 주고는 "그 봉투 안의 글을 읽으면 두 사람이 죽을 것이요, 읽지 않으면 한 사람이 죽을 것입니다."라고 말한 뒤 사라졌습니다. 신하는 임금에게 봉투를 주면서 연못의 노인이 한 말을 전했습니다. 임금은 두 사람이 죽는 것보다 한 사람이 죽는 게 낫다고 생각해 편지를 읽지 않으려 했으나 신하는 "전하, 두 사람은 보통 사람을 말하고, 한 사람은 전하를 말하는 것이니, 편지의 글을 읽으시옵소서." 신하의 말에 일리가 있어 편지를 꺼내서 읽어 보았습니다. 그 편지에는 이렇게 적혀 있었습니다.

● **'射琴匣(사금갑: 거문고 갑을 쏘시오)'**
임금은 곧 거문고 갑을 활로 쏜 후 열어 보니 두 사람이 활에 맞아 숨져 있었습니다. 두 사람은 왕비와 중이었는데, 중이 왕비와 한통속이 되어 임금을 해치려 했던 것입니다. 그 뒤 정월 대보름을 오기일(烏忌日)로 정하고 찰밥을 준비해 까마귀에게 제사를 지내는 풍속이 생겼다고 합니다.

● **정월 대보름 음식**
   - 오곡밥: 오곡밥은 다섯 가지 곡식을 섞어 지은 밥입니다. 우리 민족은 오곡밥으로 평소 부족하기 쉬운 영양소를 골고루 먹고 건강을 챙겼습니다. 지역에 따라 차이가 있지만 주로 찹쌀, 차조, 찰수수, 팥, 검은콩이 쓰입니다.
   - 보름나물(묵은나물): 오곡밥과 함께 각종 나물 반찬을 먹었습니다. 무, 오이, 호박, 박,

가지, 버섯, 고사리 등을 여름에 말려두었다가 삶아서 나물로 먹었습니다.
- 부럼: 정월 대보름에는 만사형통과 무사태평을 기원하며 아침 일찍 부럼을 나이 수만큼 깨물어 먹는 관습이 있었습니다. 이를 '부럼 깨기'라고 하는데 부럼을 깨물면서 부스럼이 나지 않도록 비는 관습은 여전히 남아있습니다. 실제로 견과류는 불포화지방산이 많고 영양소가 풍부하여 건강에 좋으며, 적은 양으로도 높은 칼로리를 섭취할 수 있습니다.

정월 대보름 풍습

정월 대보름 전날 밤에는 아이들이 집집마다 밥을 얻으러 다녔습니다. 이날 잠을 자면 눈썹이 하얗게 센다고 믿어 잠을 참으며 날을 새기도 했습니다. 잠을 참지 못하고 자는 아이들은 어른들이 몰래 눈썹에 쌀가루나 밀가루를 칠해, 놀려주었습니다. 아침이 되면 부럼 깨기 및 귀밝이술을 마시고, 새벽에 '용물뜨기'를 하거나 첫 우물을 떠서 거기에 찰밥을 띄우는 '복물뜨기'를 하였습니다. 자정에 이르러서는 달집태우기 및 쥐불놀이를 하며 풍년을 기원하는 행사를 했습니다.

정월 대보름은 개에게 먹이를 주지 않고 하루를 굶기는 풍습도 있었습니다. 개에게 먹이를 주면 여름철에 파리가 많이 꼬일 뿐만 아니라 메마른 다 여겼습니다. 이에 즐거워야 할 명절이나 잔칫날을 즐기지 못하는 사람을 가리켜 "개 보름 쇠듯"이라는 속담이 생겼습니다.

「나트륨 바로 알기」

● **나트륨의 정의**
- 나트륨은 염소와 함께 세포막 전압을 유지하는 중요한 인자
- 삼투압 유지와 수분 평형에 관여하며 산·염기의 균형 조절과 신경 자극 전달에도 중요한 역할을 함
- 나트륨은 소장에서 탄수화물과 아미노산의 흡수에도 작용
- 나트륨은 필요량이 소량으로 결핍의 우려는 거의 없고 과잉섭취가 문제

● **나트륨은 어디에 많이 들어 있을까요?**
소금 1g(=나트륨 400mg)에 해당하는 양

※ 우리나라는 국, 찌개, 면류 등에 나트륨 함량 높음
※ 외국은 가공식품, 곡류, 빵 등에 나트륨 함량 높음

● **양념류의 나트륨양 비교**
자주 사용하는 양념류들, 소금 1작은술을 기준으로 다른 양념류의 나트륨양을 비교해볼까요? 양념류에는 소금보다는 나트륨양이 적게 함유되어 있지만, 다시다, 된장, 고추장, 굴소스는 나트륨양이 높답니다.

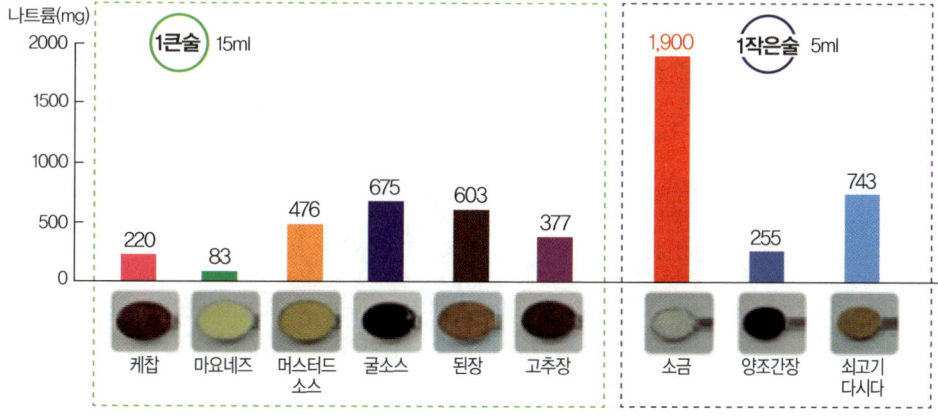

출처: 식품영양소함량자료집(한국영양학회, 2009) 자료를 이용하여 계산하였음(재료에 따라 달라질 수 있습니다.)

● 나트륨을 적게 먹는 방법은?

 구매 영양표시에 있는 나트륨 양을 꼭 확인해요.

✓ 나트륨을 찾아요.
✓ 나트륨의 mg를 확인하세요.
✓ % 영양소 기준치를 확인해요.
✓ 1회 제공량을 확인해요.
✓ 비교해 보고 나트륨이 적은 식품을 사도록 해요.

주문 주문할 때는 '싱겁게' 해달라고 요청해요.

✓ 덜짜게, 싱겁게 해달라고 주문 시 먼저 요청해요.
✓ 양념, 소스(소금)는 미리 다 넣지 말고 따로 달라고 요청해요.

 식사 국, 찌개, 국수의 국물을 적게 먹습니다.

✓ 나트륨이 많은 음식은 되도록 적게 먹어요.
✓ 케찹, 머스타드, 양념스프, 소스 등은 되도록 적게 넣어요.
✓ 국물은 작은 그릇에 담아 조금만 먹어요.

 간식 간식으로는 채소, 과일, 우유를 먹습니다.

✓ 채소, 과일, 우유에는 건강에 좋은 성분들이 많고, 나트륨을 몸 밖으로 나가도록 도와줍니다.

자료: 식품안전나라

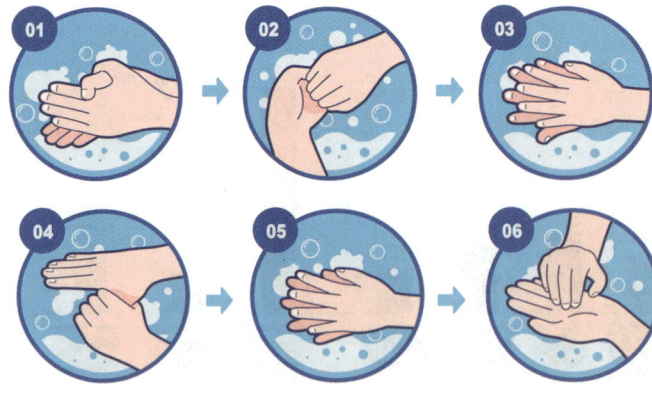

①손바닥과 손바닥을 마주대고 문질러 줍니다.
②손가락을 마주잡고 문질러 줍니다.
③손등과 손바닥을 마주대고 문질러 줍니다.
④엄지손가락을 다른 편 손가락으로 돌려주면서 문질러 줍니다.
⑤손바닥을 마주 대고 손깍지를 끼고 문질러 줍니다.
⑥손가락을 반대편 손바닥에 놓고 문지르며 손톱 밑을 깨끗하게 합니다.

「나트륨 건강하게 먹기!」

● **나트륨이란?**

모든 동물에게 필요한 무기질의 하나로 다양한 역할을 합니다.
소금은 천연식품 중에도 함유되어 있지만 필요 이상으로 과잉섭취하면 건강에 악영향을 미칠 수 있습니다.

● **나트륨이 우리 몸에서 하는 역할은?**

① 음식의 간을 조절합니다.
② 저장 음식을 만들 때 사용합니다.
③ 제설제, 비누, 유리, 생활용품을 만들 때 사용합니다.

● **나트륨 배출 영양소와 식품은?**

① 칼륨: 고구마, 감자, 현미, 콩, 팥, 돼지고기(등심), 고등어, 두부, 토마토, 시금치, 바나나, 우유 등
② 칼슘: 새우, 멸치, 순두부, 뱅어포, 치즈, 우유, 돌나물, 토란대, 메밀, 두부 등
③ 마그네슘: 콩가루, 아몬드, 콩, 바나나, 우유, 녹색 채소 등

● **나트륨 신호등 알아보기**

▶ 초록(1~100mg)/ 노랑(101~499mg)/ 빨강(500mg 이상)
  – 초록색 신호등 식품: 채소, 과일, 흰우유 등 자연식품
  – 노랑색 신호등 식품: 감자를 이용한 포테이토칩, 감자튀김, 팝콘 등
  – 빨강색 신호등 식품: 라면, 햄버거 등 가공조미식품

● **나는 나트륨 중독일까?**

▶ 라면이나 국수, 우동 등을 자주 먹습니다.
▶ 통조림(생선, 장조림 등)을 자주 먹습니다.
▶ 베이컨, 햄, 소시지를 자주 먹습니다.
▶ 튀김이나 어묵에 간장을 찍어 먹습니다.
▶ 간식으로 과일보다 감자 칩, 과자 등을 자주 먹습니다.
▶ 외식을 자주합니다.
▶ 국이나 찌개를 먹을 때 국물을 다 먹습니다.
▶ 싱거운 음식은 잘 먹지 않습니다.
▶ 햄버거나 피자를 자주 먹습니다.
▶ 인스턴트식품이나 반조리식품을 자주 먹습니다.

※ 3개 이하: 주의하세요/ 4~6개: 위험해요/ 7개 이상: 매우 위험해요.

「여름철 식중독 예방을 위한 방법 알아보기」

🌸 **식중독 발생 원인은?**
- 식품을 완전히 가열, 조리하지 않았을 때
- 개인위생을 제대로 지키지 않았을 때
- 위험 온도 범위(5~60℃)에 음식을 두었을 때
- 상온에 오랫동안 방치된 음식을 먹었을 때
- 식품이 부적절하게 취급되었을 때
- 음식을 담는 조리 용구나 기기류가 오염 되었을 때

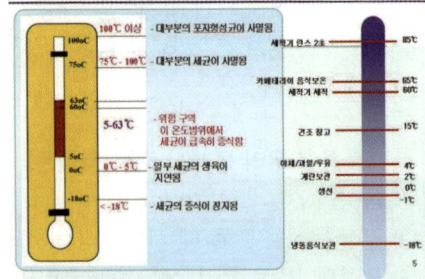

🌸 **식생활 관리는 이렇게**
- **식사 전에 손을 꼭 씻습니다.**
  - 손에는 눈에 보이지 않는 세균과 먼지가 많이 있어, 씻지 않고 음식을 먹으면 음식과 함께 세균이 몸속으로 들어가 우리의 건강을 해치게 됩니다.
  - 화장실 사용 후, 음식을 먹기 전에는 반드시 비누로 손을 씻어야 합니다.
- **여름철에는 특히 음식을 조심해서 먹어야 합니다.**
  - 음식은 항상 냉장 보관하고 실온에 오래 방치된 음식은 먹지 않는 것이 좋습니다
  - 물은 안전하게 꼭 끓여서 마시는 것이 좋습니다.
- **식품은 소비기한과 원재료 및 함량을 확인합니다.**
  - 포장이 뜯어지지 않았는지, 소비기한이 지나지 않았는지 꼭 확인한 후 물건을 삽니다.
  - 색깔이 진한 사탕, 과자, 아이스크림은 되도록 먹지 않도록 합니다.
    우리가 섭취하는 음식 중에는 다양한 색을 가진 음식이 많습니다. 색이 선명하고 진할수록 신선해 보이기 때문에 인공 색소를 사용합니다. 인공 색소는 대부분 석유와 석탄에서 추출되어 장기간 섭취할 경우 인체에 악영향을 끼칠 수 있습니다.
  - 제품의 원재료 및 함량을 살펴보고 구매하는 습관을 길러야 합니다.

🌸 **균형적이고 규칙적인 식사로 더위를 이겨냅시다.**
- 즉석에서 간단하게 조리해 먹는 인스턴트음식은 우리 몸에 해롭습니다. 인스턴트음식은 대부분 나트륨이나 지방이 많아 자주 먹으면 살이 찌고 성인병을 일으킬 수 있습니다.
- 여름철에는 기온이 높아 식욕이 없고 나른하여 찬 음료수나 아이스크림을 찾게 되는데 많이 먹게 되면 배탈이 나기 쉽습니다.
- 신선한 채소와 과일로 비타민을 보충하는 것이 좋습니다.

출처: 식품안전나라

「추석, 더도 말고 덜도 말고 늘 한가위만 같아라!」

● 추석은?
다가오는 0월 00일(음력 8월 15일)은 추석입니다. 추석은 '가을의 달빛이 가장 좋은 밤'이라는 뜻이 있습니다. 추석은 한가위라고 부르기도 합니다. 햇곡식과 햇과일이 풍성하여 햇곡식으로 떡을 빚고 햇과일을 따서 조상님께 차례를 지내며 성묘를 가는 날입니다. 추석은 온 가족이 만들어 놓은 음식을 즐기면서 화기애애한 이야기꽃을 피우는 날이기도 합니다.
추석에는 달맞이, 강강술래, 씨름 등의 놀이를 합니다.

● 추석 음식 송편은?
추석의 대표적인 음식은 바로 송편입니다. 송편을 만드는 재료는 햅쌀뿐 아니라 조, 수수, 옥수수, 감자, 도토리 등의 가루로 빚었습니다.
예전에는 일찍 익은 벼로 만들었기 때문에 '오려(제철보다 일찍 먹는 벼)송편'이라고도 했으며(올벼→오려), 추석 차례상에 쌀밥 대신 주식으로 올리는 추석에만 먹는 음식이었다고 합니다.

● 송편의 종류는?
- 오려송편(올송편): 햅쌀로 빚어 차례상에 올리고 조상님께 감사함을 전하였습니다.
- 노비송편: 농사일을 열심히 해 달라는 뜻으로 자신들의 노비에게 나누어 주었다고 합니다.

● 각 지방의 이색 송편

지 역	송편종류	특이사항
서울	오리송편	쑥으로 색을 내고 한입에 먹도록 작게 만들며 소는 깨를 넣음
강원도	감자송편	감자녹말로 반죽하고 소는 팥, 강낭콩을 넣음
충청도	호박송편	호박과 멥쌀가루를 섞은 반죽에 소는 대추, 깨를 넣음
전라도	모시송편	모시잎을 삶아 반죽에 섞고 소는 박콩, 팥, 밤, 대추, 깨를 넣음
경상도	칡송편	칡물을 반죽에 섞고 소는 붉은 팥을 넣음
제주도	완두송편	둥글고 납작한 비행접시 모양으로 빚고 소는 완두콩을 넣음

- **추석에 하는 일은?**

    첫째: 성묘하기

    둘째: 조부모님(할아버지, 할머니) 및 외조부모님(외할아버지, 외할머니) 찾아뵙기

    셋째: 친척들과 웃어른께 먼저 인사하기

    넷째: 친척과 나와의 관계를 알고 바른 호칭 사용하기

- **추석음식 건강하게 즐기기**

    (송편 6개 336칼로리 〉 쌀밥 1공기 300칼로리)

    – 조금씩 먹기: 조금씩 맛을 보고, 생각하며 먹습니다.

    – 접시에 덜어 먹기: 접시에 덜어 먹으면 과식을 줄일 수 있습니다.

    – 싱겁게 먹기: 국물보다는 건더기 위주로 먹고, 전은 되도록 간장을 찍지 않고 먹습니다.

「추석음식을 건강하게 먹는 방법 알기」

● **추석에 송편과 토란탕을 먹는 이유는?**

음력 8월 15일은 추석 명절로 상차림이 풍성합니다. 추석 음식 하면 여러 종류가 있지만 그중에서도 송편과 토란탕이 단연 으뜸입니다. 송편과 토란탕은 조상들의 지혜가 담긴 음식이기도 합니다. 햅쌀로 만든 쌀가루를 익반죽하여 만드는 송편은 솔잎을 켜켜이 놓고 쪘습니다.

솔잎을 넣고 찐 이유는 송편을 오래 보관하기 위해서입니다. 솔잎 속에 나쁜 균을 죽이는 '피톤치드'라는 물질은 냉장고가 없던 옛날에 음식을 오래 보관하기 위한 우리 조상님들의 훌륭하신 지혜로움이었습니다.

'삼국사기'에 따르면 백제 의자왕 때 궁궐 땅속에서 파낸 거북이 등에 '백제는 만월(滿月), 신라는 반달'로 쓰여 있었다고 합니다. 점술사는 백제는 만월로 다음 날부터 쇠퇴하고 신라는 앞으로 크게 발전할 징표라고 해석했고, 결국 백제는 신라에 의해 멸망했습니다. 이때부터 반달은 더 나은 미래를 기원하는 뜻으로 쓰이며 그러한 마음을 담아 송편도 반달 모양으로 빚었다고 합니다. 송편과 더불어 추석상에서 빼놓을 수 없는 음식이 토란탕입니다. 토란은 알칼리성 식품으로 소화를 돕고 변비를 예방합니다. 특히 토란에는 지방을 분해하는 효소가 있어 기름기 많은 명절 음식에 잘 어울립니다. 따라서 과식하기 쉬운 추석에 토란탕과 함께 먹으면 배탈 날 위험을 줄일 수 있습니다. 토란의 떫은맛은 삶고 난 뒤 헹굴 때 식초 한 방울을 떨어뜨리면 없앨 수 있습니다.

● **건강하게 추석 음식을 먹는 방법**

1. 기름기를 줄인 음식을 먹습니다.
2. 명절에는 과식하기 쉬워 음식에 대한 욕심을 버리고 다양하게, 골고루, 적당히 먹습니다.
3. 빨리 먹으면 과식할 수 있으니 천천히 먹습니다.
4. 짜지 않게 먹습니다.
5. 비타민, 무기질, 식이섬유가 풍부한 채소와 과일을 골고루 먹습니다.
6. 식사 후 격렬한 운동은 자제합니다.
   - 1시간 정도 휴식한 후 가벼운 운동을 해주는 것이 소화에 좋습니다.
7. 식중독에 주의합니다.

「추석과 추석음식 열량 바로 알기」

● 추석은?

秋夕(추석)은 우리나라의 대표적인 명절로 음력 8월 15일이며 한가위라고도 합니다. '한'이라는 말은 크다, '가위'는 가운데라는 뜻으로, 음력 8월의 한가운데 있는 큰 날이라는 뜻입니다.

이때는 봄부터 여름까지 가꾼 곡식과 과일 등으로 음식을 만들어 조상에게 차례를 지내는 날이기도 합니다. 송편은 달의 열매를, 과일은 땅 위의 열매를, 토란은 땅 밑의 열매를 상징합니다.

이 음식들을 대접한다는 것은 하늘과 땅의 열매를 모두 조상님에게 드린다는 의미가 있습니다. 우리나라의 추석과 비슷한 명절로 중국에는 중추절이 있답니다.

명절엔 평소보다 먹거리가 많아지므로 과식할 수 있습니다. 따라서 열량을 소모 시키는 운동을 안내하오니 참고하기를 바랍니다.

● 추석 음식 열량과 열량을 소모 시키는 운동법 알아보기

1. 추석 음식 열량

음식명	열량	음식명	열량
송편 한 개	60kcal	약과 1개	50kcal
녹두전 1장	320kcal	식혜 200ml	150kcal
소고기산적	212kcal	각종 나물과 비빔밥 한 그릇	800kcal

2. 열량을 소모 시키는 운동은?(30분 기준)

운동	소모열량	운동	소모열량
보통 걸음	70kcal	계단 오르내리기	159kcal
목욕	92kcal	이불개서 올리기	125kcal
식사 준비와 설거지	75kcal	걸레질 청소	36kcal
줄넘기	246kcal	편히 앉아 대화	36kcal

● 추석음식

추석 차례상 음식은 대추, 밤, 감, 곶감, 배, 사과, 고급 찹쌀 또는 약과, 황태포, 도라지, 시금치, 나박김치 또는 백김치(나물류), 식혜, 어탕, 소탕(국 종류), 소고기산적 또는 너비아니, 육원전, 꼬치 전, 두부전, 녹두전, 어전(동태), 어적(조기찜), 계적, 탕국, 송편, 향 1통과 초 2개, 차례주 등 다양한 종류가 있습니다.

「추석음식과 효능 알아보기」

● **더도 말고 덜도 말고 한가위(추석)만 같아라!**
다가오는 0월 00일(음력 8월 15일)은 우리의 마음을 풍요롭게 하는 민족 고유의 명절 추석입니다. 추석은 가을 저녁을 뜻하는 '가을 추(秋)'와 '저녁 석(夕)'이 합쳐진 말로, 달이 유난히 밝은 명절을 의미합니다.
추석을 일컫는 다른 말인 '한가위'는 크다는 뜻의 '한', 가운데를 의미하는 '가위'가 합쳐져 8월 한가운데에 있는 큰 날이란 뜻을 의미합니다.
"더도 말고, 덜도 말고, 한가위만 같아라."라는 말처럼 사랑하는 가족·친지들과 정담을 나누는 풍성한 한가위를 맞이하세요.

● **추석 음식은?**
- **송편**: 가장 먼저 나오는 햅쌀로 빚은 송편을 조상의 차례상에 올렸습니다. 색에 따라 흰송편, 쑥송편, 송기송편으로 구분하고 소의 종류도 팥고물, 풋콩, 밤, 대추, 깨고물 등 여러 가지가 있습니다.
- **토란탕**: 토란이 가장 많이 나오는 계절이므로 토란탕을 끓이거나 소고기를 섞어 맑은 국으로 끓여 먹기도 합니다.
- **화양적**: 햇버섯, 도라지, 고기 등을 조미한 후 볶아 꼬치에 꿰어 만든 누름적을 화양적이라 합니다.

● **추석 음식의 효능은?**
- **토란**: 토란은 알칼리성 식품으로 소화를 돕고 변비를 예방합니다. 고기나 떡을 많이 먹어 배탈이 나기 쉬운 추석에 적합한 음식입니다.
- **참깨**: 송편의 소 참깨는 예로부터 오장의 기운을 보충해 추위와 더위를 잘 견디게 하는 효능이 있습니다. 귀와 눈을 밝게 하고 노화를 막아 젊음을 유지해주는 것으로도 알려져 있습니다. 변비나 해독 작용에도 뛰어납니다.
- **도라지**: 도라지의 주요성분은 사포닌으로 쌉쌀한 맛이 있습니다. 해열, 진해, 거담 등의 효능을 발휘하는 성질 때문에 예로부터 감기와 해소, 기관지 염증으로 인한 천식을 치료하는 한약재로 사용되었습니다.

● **추석 명절 건강관리법은?**
- 조금씩 골고루 먹고, 과식하지 않습니다.
- 성묘 시 벌이나 벌레에 물리지 않도록 조심합니다.
- 음식이 쉽게 상할 수 있으므로 식중독에 유의합니다.

「가을철 식재료 알아보기」

가을은 지쳐 있던 심신이 회복되고, 소화액 분비가 촉진되어 장기의 기능이 향상되며 식욕이 왕성해지는 계절입니다. 낮과 밤의 일교차가 크고 습도가 급격히 낮아져 면역력 저하, 피부질환, 호흡기질환 등의 질병이 발생하기도 합니다. 우리 몸에 좋고 면역력에 도움이 되는 가을철 식재료를 소개합니다.

❀ 가을철 식재료는?

- 곡류, 채소, 과일류

식재료	효능
수수	- 수용성 식이섬유를 함유하고 있어 혈중 콜레스테롤을 낮춰 줍니다. - 프로안티시아니딘 성분이 방광의 면역기능을 강화해줍니다.
무	- 뿌리에는 소화 흡수를 촉진하는 성분이 있고 위통증과 위궤양을 예방하는 효과가 있습니다. - 무청에 함유된 식이섬유는 변비를 예방해줍니다.
고구마	- 풍부한 식이섬유와 말라핀(생고구마의 유백색 액체)성분이 변비를 해소해 줍니다. - 칼륨이 풍부해 혈압을 내리고 피로를 막아줍니다.
호박	- 베타카로틴이 풍부하며, 항암작용, 감기 예방 등에 효과적입니다. - 풍부한 칼륨이 체내 나트륨 배출을 도와주고, 고혈압을 예방합니다.
배	- 피로회복과 면역기능 강화, 변비 예방에 효과적입니다. - 칼륨 흡수를 촉진하기 때문에 고혈압 예방이나 이뇨 작용에 도움이 됩니다.
사과	- 칼로리가 적고 식이섬유인 펙틴이 풍부하여 배변 활동을 도와줍니다. - 유기산이 풍부하여 피로회복에 좋습니다.

- 수산물

고등어	갈치	대하
불포화지방산인 EPA, DHA가 풍부해 성인병 예방과 뇌 활동의 촉진 등에 효과가 있습니다.	소화 기능이 약한 어린이와 노인의 영양식으로 좋고 무기질과 불포화지방산이 풍부합니다.	고단백, 저지방, 고칼슘 식품으로 어린이 성장발육에 좋으며 타우린 성분은 성인병 예방이 도움이 됩니다.

❀ 가을철 영양 관리는 이렇게!

- 피부질환, 호흡기질환 예방을 위해서는 수분을 충분히 섭취합니다.
- 육류, 달걀, 두부, 콩, 고등어, 새우 등 제철 해산물과 양질의 단백질을 충분히 섭취합니다.
- 면역력 강화를 위해 비타민, 무기질이 풍부한 채소, 과일을 충분히 섭취합니다.

「아침 식사는 꼭 챙겨 먹어요!」

우리의 뇌 활동은 포도당을 에너지원으로 사용하기 때문에 식사는 매우 중요한 역할을 합니다. 특히, 저녁 식사 후 다음 날 아침까지 포도당이 거의 소모되어 **아침 식사로 포도당을 보충해 주어야만 뇌 활동이 활발**하게 됩니다. 포도당은 당질(밥, 빵, 감자, 고구마 등) 섭취를 통해 공급받을 수 있으므로 아침 식사에서 보충하는 것이 좋습니다. 아침 식사를 거르지 않고 꼭 먹을 수 있도록 노력하는 ㅇㅇ어린이가 됩시다.

❀ 아침밥! 꼭 먹어야 하나요?

① **잠자는 중에 써버린 열량(300~500Kcal)을 보충해 줘요!**
  – 아침을 거르면 오전 활동에 필요한 에너지가 부족해요.
  – 피로감을 느끼고, 식은땀이 나며 어지러워요.

② **학습 및 수업 집중력을 높여줘요!**
  – 아침을 거르면 뇌의 유일한 영양소인 포도당이 부족해요.

③ **장의 연동운동을 도와 변비를 예방해줘요!**

④ **비만을 예방해줘요!**
  – 공복의 시간이 길어질수록 섭취 열량을 지방으로 축적하려는 경향이 나타나요.

⑤ **어린이·청소년의 성장을 도와줘요!**
  – 아침을 거르면 부족한 영양분을 근육과 뼈 등의 기관에서 빼내어 쓰게 돼요.

⑥ **성인병의 발생위험을 낮춰줘요!**
  – 아침을 거르면 혈액순환을 방해하는 혈소판이 증가해요.

❀ 다양하게 먹을 수 있는 아침 식사는?

밥으로 먹어요!	떡, 죽으로 먹어요!	빵으로 먹어요!	간단하게 먹어요!
밥+국+어육류반찬 1개+채소반찬 1개	떡이나 죽+우유 한 컵과 과일	빵+우유 한 컵 +과일 또는 채소	1. 우유+시리얼+과일 2. 떠먹는 요구르트+과일

❀ 아침 식사를 하려면 어떻게 해야 할까요?

① 일찍 자고 일찍 일어나요.
  – 충분한 수면은 몸이 자연스럽게 회복되고, 식욕을 증가시킵니다.
② 밤에 간식을 먹지 않아요.
  – 전날 먹은 음식이 소화되지 못한 채 장과 위에 가득 남아 있어 식욕이 떨어집니다.
③ 아침에 가벼운 운동을 해요.
  – 가벼운 운동은 장의 기능을 촉진 시켜 식욕을 증가시킵니다.
④ 식사 전에 물을 한잔 마셔요.
  – 장을 활발하게 움직이도록 하여 식욕을 증가시킵니다.

「아침을 먹어야 하는 이유 알아보기」

☀ 아침을 먹지 않으면	☀ 아침을 먹으면
- 집중력 저하 - 성장 저하 - 영양부족으로 인한 면역력 감소	- 뇌의 에너지원인 포도당 공급 - 점심 식사 시 폭식을 막기 때문에 비만 예방 - 균형 잡힌 영양섭취 가능

아침을 매일 먹는 학생과 1주일에 하루 이상 거르는 학생의 수능점수를 비교한 결과 아침을 매일 먹는 학생의 점수가 **여학생 8.5점, 남학생 6.4점 높게** 나타났습니다.

출처: 질병관리본부

☀ 건강한 아침을 먹는 방법!

① **탄수화물은 복합당으로 먹어요.**
   (복합당은 밥이나 빵, 감자, 고구마)
   * 탄수화물을 먹어야 뇌가 일할 수 있어요!

② **단백질은 적당히 먹어요.**
   (단백질은 고기, 생선, 달걀, 콩)

③ **비타민, 무기질을 충분히 먹어요.**
   (비타민과 무기질은 채소와 과일)

④ **칼슘까지 더해서 먹어요.**
   (우유 한 잔을 곁들여)

☀ 아침을 맛있게 먹는 습관

① 일찍 자고 일찍 일어나요.
   - 일찍 일어나면 아침을 여유롭게 먹을 수 있어요.
② 밥 먹기 전 몸을 가볍게 움직여요.
   - 체조, 산책처럼 가벼운 운동을 추천해요.
③ 밥 먹기 전에 차가운 물을 마셔요.
   - 찬물 한 컵은 장을 활발하게 움직이도록 만들어요.

「음식물쓰레기 줄이기를 위한 우리의 노력」

◆ **음식쓰레기란?**

식품의 생산·유통·가공·조리과정에서 발생하는 농·수·축산물 쓰레기와 먹고 남은 음식물쓰레기 등으로 전체 쓰레기 발생량의 28% 이상을 차지합니다.

◆ **음식물쓰레기로 인한 문제점**

1. 환경 훼손
    - 에너지 낭비 및 온실가스 배출
    - 수거·처리 시 악취 발생
    - 고농도 폐수로 수질 오염
2. 경제적 낭비
    - 식량 자원 가치/ 연간 약 18조원
    - 처리비용 6천억원 이상
3. 사회적 문제
    - 식량·곡물 자급률이 낮아져 농·수·축산물 수입증가

◆ 음식물쓰레기를 줄이면 좋은 점	◆ 음식물쓰레기로 버리면 안돼요.
1. 자원 절약 　- 음식을 만들 때 소요 되는 비용 절감 　- 먹을 만큼 만들고, 남김없이 먹는 것이 자원을 절약하는 지름길 2. 돈 절약 　- 남은 음식물을 수거해서 처리하는 비용 절감 　- 음식물을 남기지 않는 것은 돈을 절약하는 지름길 3. 환경을 보호. 　- 음식물쓰레기는 '물' 오염 　- 음식물을 남기지 않고, 남긴 것을 알뜰하게 다시 쓰면 환경오염 방지 　- 깨끗하고 아름다운 우리나라 보존	- 조개, 게 등 어패류의 단단한 껍데기 - 돼지, 닭 등 육류 뼈다귀 - 양파, 마늘 껍질이나 고추씨 - 땅콩, 호두 등 견과류 껍데기 - 복숭아, 살구 등 핵과류의 씨 - 달걀 등 알 껍데기
	◆ 음식물쓰레기 줄이기 실천해요
	- 나는 음식을 먹을 때 항상 감사하고 소중한 마음을 갖겠습니다. - 나는 편식하지 않고 골고루 먹기 위해 노력하겠습니다. - 나는 자연과 내가 하나라는 걸 늘 생각하고 음식물쓰레기 줄이기에 앞장서겠습니다.

◆ 학교에서는 이렇게 하세요

- 조금만 받겠다는 의사표시
    • 학교급식에서도 버려지는 음식물이 많아 배식을 받을 때 조금만 받겠다는 의사표시 교육 필요

출처: 환경부

「영양표시 알아보기」

영양표시란?

가공식품에 들어있는 영양성분 등에 관한 정보를 일정한 기준에 따라 표시하도록 관리하는 제도를 말합니다.

영양표시 확인 3단계

① '기준' 확인(1회 제공량/총제공량 확인)
② 영양소별 함량 확인
③ 1일 영양성분 기준치에 대한 비율 확인

영양성분 표시 실전 활용

영양성분
1회 제공량 1봉(50g) 총 2회 제공량 2봉(100mg)

열량	245kcal	%영양소 기준치
탄수화물	36g	11%
당류	23g	
단백질	5g	9%
지방	9g	18%
포화지방	3g	20%
트랜스지방	2g	
콜레스테롤	80mg	27%
나트륨	150mg	8%
칼슘	140mg	20%
철	2mg	17%
비타민C	2mg	2%

* % 영양소기준치: 1일 영양소 기준치에 대한 비율

Q. 충치가 걱정되면 당류 확인

영양정보 총 내용량 150ml / 97Kcal
총 대용량당 / 1일 영양성분 기준치에 대한 비율
- 나트륨 81mg — 4%
- 탄수화물 12g — 6%
- 당류 10g — 10%
- 지방 32g — 6%
  - 트랜스지방 0g
  - 포화지방 2g — 13%
- 콜레스테롤 12mg — 4%
- 단백질 5g — 9%
- 칼슘 156mg — 22%

영양정보 총 내용량 150g / 136Kcal
- 나트륨 90mg — 5%
- 탄수화물 20g — 6%
- 당류 18g — 18%
- 지방 4g — 8%
  - 트랜스지방 0g
  - 포화지방 2.5g — 17%
- 콜레스테롤 15mg — 5%
- 단백질 5g — 9%
- 칼슘 150mg — 21%

Q. 혈압이 걱정이면 나트륨 확인

영양정보 총 내용량 237g / 560Kcal
- 나트륨 820mg — 41%
- 탄수화물 118g — 36%
- 당류 23g — 23%
- 지방 3.6g — 7%
  - 트랜스지방 0g
  - 포화지방 2g — 5%
- 콜레스테롤 0mg — 0%
- 단백질 14g — 25%
- 칼슘 150mg — 21%

영양정보 총 내용량 150g / 136Kcal
- 나트륨 90mg — 5%
- 탄수화물 20g — 6%
- 당류 18g — 18%
- 지방 4g — 8%
  - 트랜스지방 0g
  - 포화지방 2.5g — 17%
- 콜레스테롤 15mg — 5%
- 단백질 15g — 9%
- 칼슘 150mg — 21%

Q. 콜레스테롤은 콜레스테롤 확인

영양정보 총 내용량 93g / 286Kcal
- 나트륨 120mg — 6%
- 탄수화물 51g — 16%
- 당류 29g — 29%
- 지방 6g — 12%
  - 트랜스지방 0g
  - 포화지방 1g — 7%
- 콜레스테롤 150mg — 50%
- 단백질 6g — 11%

영양정보 총 내용량 108g / 265Kcal
- 나트륨 360mg — 18%
- 탄수화물 48g — 15%
- 당류 4g — 4%
- 지방 4.6g — 9%
  - 트랜스지방 0g
  - 포화지방 1g — 7%
- 콜레스테롤 10mg — 3%
- 단백질 8g — 16%

Q. 지방을 적게 먹으려면 지방량 확인

영양정보 총 내용량 90g / 450Kcal
- 나트륨 360mg — 18%
- 탄수화물 62g — 19%
- 당류 1g — 1%
- 지방 20g — 39%
  - 트랜스지방 0g
  - 포화지방 5.1g — 34%
- 콜레스테롤 0mg — 0%
- 단백질 4g — 7%

영양정보 총 내용량 108g / 265Kcal
- 나트륨 382mg — 19%
- 탄수화물 46g — 14%
- 당류 0g — 0%
- 지방 32g — 62%
  - 트랜스지방 0g
  - 포화지방 1g — 73%
- 콜레스테롤 0mg — 0%
- 단백질 5g — 9%

자료: 식품의약품안전처, 식품안전나라

「12월의 절기, 동지 알아보기」

● 절기
우리 조상은 계절의 변화를 정확하게 알기 위해 절기를 만들어 활용했습니다. 절기는 태양의 위치에 따라 한 해를 스물넷으로 나누었기 때문에 해마다 날짜가 조금씩 달라집니다. 우리 조상은 절기를 기준(계절의 변화, 농사일, 날씨의 변화)으로 농사를 지었습니다. 절기에 따라서 낮과 밤의 길이가 달라집니다. '하지'는 낮의 길이가 밤의 길이보다 훨씬 길고, '동지'는 밤의 길이가 낮의 길이보다 훨씬 길며 '춘분'과 '추분'은 낮과 밤의 길이가 약 12시간으로 거의 비슷합니다. 절기는 사계절로 나눌 수 있고 계절마다 6절기가 있습니다

- 봄: 입춘(봄의 시작), 우수, 경칩(겨울잠 자던 개구리가 나옴), 춘분, 청명, 곡우
- 여름: 입하(여름의 시작), 소만, 망종, 하지(낮이 가장 긴 날), 소서, 대서
- 가을: 입추(가을의 시작), 처서, 백로, 추분(밤이 길어지는 시기), 한로, 상강
- 겨울: 입동(겨울의 시작), 소설, 대설, 동지(밤의 길이가 일 년 중 가장 긴 날), 소한, 대한

● 동지
동지는 24절기 중 22번째로 일 년 중 밤이 제일 길고 낮이 가장 짧은 날입니다. 동지는 흔히 아세(亞歲) 또는 작은 설이라 했습니다.
'동지팥죽을 먹어야 진짜 나이를 한 살 더 먹는다'라고 동지첨치의 풍속에서 전해지고 있습니다.

● 동지 풍속
- **동지팥죽**: 동지팥죽은 먼저 사당에 놓고 차례를 지낸 후 방, 마루 등 집안 곳곳에 떠다 놓으며 대문이나 벽에 팥죽을 뿌린 다음 나이 수만큼 새알심을 먹었습니다. 이러한 풍속은 붉은색을 띤 팥죽이 상서롭지 못한 일을 막고 잡귀를 없애준다는 데서 비롯되었습니다. 새알심은 꼭 새알처럼 둥글둥글하다고 하여 붙여진 이름입니다.
- **동지 부적**: 동짓날 대문 앞에 붙이면 악귀가 들어오지 못한다고 합니다.
- **책력**: 옛날에는 동짓날에 다음 해 달력을 만들었습니다. 요즘도 이때를 전·후로 달력을 선물합니다.
- **고목제**: 마을의 오래된 느티나무에 새끼를 두르고 팥죽을 끓여 제를 지내면 마을의 수호신이 지켜준다고 합니다.

● **동지에는 이런 음식을 먹습니다.**
- **팥죽**: 팥죽은 달달 한 단팥죽과 달지 않은 동지팥죽이 있습니다. 팥을 끓이면서 설탕을 넣고 달게 만든 것은 단팥죽이고 팥을 삶은 후 껍질을 걸러내고 쌀이나 새알심을 넣고 끓인 것은 동지팥죽입니다.
- **전약**: 소족과 소머리를 삶아 뼈를 뺀 후 다려서 대추, 계피, 후추, 꿀 등과 함께 굳힌 음식입니다.

동지팥죽

전약

동치미

출처: 네이버지식백과

「'설'음식, 칼로리 줄이는 방법 알아보기」

● **설날에는?**
설날은 우리나라 최대의 명절로, 차례를 지내고 웃어른들께 세배드리며 덕담을 나누는 풍습이 있습니다. 보통 설날 아침에는 떡국으로 차례를 모시고, 밥 대신 먹습니다.

● **설날의 의미는?**
설날은 본래 조상 숭배와 효(孝) 사상에 기반을 두고 있는데, 먼저 간 조상신과 자손이 함께하는 아주 신성한 시간을 의미합니다.

● **설날에 하는 일은?**

차례	설날에는 조상들께 음식을 올리고 제사를 지냅니다.
세배	가족끼리 아랫사람이 윗사람에게 절하고 일가친척과 이웃들을 찾아뵙고 소식을 전하는 것을 말합니다. (웃어른에 대한 감사의 마음 표현과 건강기원)
설빔	설날 아침에 아이들이 입는 새 옷을 말합니다.
덕담	일가친척이나 친구들을 만났을 때 하는 말입니다. (새해 복 많이 받으세요. 등)
설음식	설날에 차리는 음식은 '세찬', 술은 '세주'라고 하며, 떡국, 전, 소고기산적, 갈비찜, 잡채, 약식과 다식, 식혜, 수정과 등이 있습니다.

● **설날음식, 칼로리 줄이는 방법**

음식을 먹기 전 칼로리 따져보기	접시에 덜어 먹기	건더기 위주로 먹기
• 명절 음식은 고열량, 고지방 음식이 많아 칼로리를 고려해 식사량 조절하기	• 음식은 개인 접시에 조금씩 덜어 먹기	• 국과 찌개, 볶음 요리는 소금, 간장 등 조미료가 많이 사용되어 열량뿐 아니라 나트륨 함량도 높아 건더기 위주로 먹기

「우리나라 최대 명절 '설' 알아보기」

● **설날**

설날은 대표적인 우리나라의 명절로, 음력 1월 1일이며 '설'이라고도 불립니다. 설날에는 조상에게 차례를 지내고, 친척이나 이웃 어른들에게 세배를 하는 것이 우리나라의 고유 풍습입니다. 〈동국세시기〉에 따르면, 1년 동안 빗질하면서 빠진 머리카락을 상자 안에 모아 두었다가 설날 해 질 무렵에 태우는 풍속이 있었습니다. 이는 나쁜 병을 물리치고 건강을 기원하는 풍속이었습니다.

● **설 명절 한끼 식사의 칼로리**

떡국	(1그릇, 800g)	711Kcal	잡채	(1/2접시, 75g)	102Kcal
소갈비찜	(1/2접시, 125g)	247Kcal	나물	(1/2접시, 50g)	29.5Kcal
동그랑땡	(1/2접시, 75g)	154Kcal	약과	(1개, 30g)	119Kcal
동태전	(1/2접시, 75g)	134Kcal	식혜	(1잔, 150g)	135Kcal

– 명절에는 **두 끼만 먹어도 일일 권장 칼로리를 훌쩍 넘길 수 있습니다!**
 (하루 권장 칼로리: 성인 남성 약 2,400Kcal, 성인 여성 약 2,000Kcal)

● **건강하게 설날 음식 먹는 방법**

1. 여럿이 이야기하면서 천천히 먹습니다. 혼자 식사를 하면 먹는 속도를 조절할 수 없어 과식하기 쉬워요
2. **먹기 전 칼로리를 확인합니다.**
   – 명절 음식은 기름에 튀기거나 볶는 고열량, 고지방 음식이 많아 칼로리를 고려해 식사량을 조절해야 합니다.
3. **접시에 덜어 먹습니다.**
   – 음식을 먹을 때에는 개인 접시에 조금씩 덜어 먹습니다.
   – 천천히 먹어 과식을 예방합니다.(너무 빨리 먹으면 배가 부르다는 신호가 뇌에 전달되기도 전에 이미 많은 양을 먹어버릴 수도 있습니다.)
4. 잡채, 전 등 기름으로 조리된 음식은 되도록 피하고 맵거나 짠 음식은 식욕을 자극하므로 주의합니다.
5. 탄산음료는 설음식과 같이 먹지 않습니다.
6. 식후 과일이나 약식 등 후식은 가능하면 맛만 보는 정도로 가볍게 먹거나 식전에 먹습니다.
7. **건더기 위주로 음식을 먹습니다.**
   – 국, 찌개, 볶음 요리는 소금과 간장 등 조미료가 많이 사용되어 열량뿐 아니라 나트륨 함량도 높아 국물보다는 건더기 위주로 먹는 것이 좋습니다.

「식품 신호등 표시 바로 알기」

식품 신호등은 식품에 들어 있는 지방, 포화지방, 당, 나트륨의 영양성분이 많고 적음에 따라 적색(많음), 황색(보통), 녹색(적음)으로 표시하여 식품선택에 도움을 주는 제도입니다. 따라서 우리 몸에 어떤 음식이 좋고 나쁜지를 신호등만 보고도 알 수 있습니다.

- **초록 신호등 식품(몸에 아주 좋아요. 채소, 과일, 우유, 뼈째 먹는 생선)**
  - 식품의 종류: 채소, 과일, 해조류, 생선, 콩류, 뿌리채소 등
  - 우리 몸에서 하는 일
    - 토마토, 고추와 같은 빨간 채소는 기분을 좋게 하고 피를 맑게 해줍니다.
    - 단호박이나 당근 같은 노란색 채소는 우리 몸을 나쁜 병으로부터 지켜줍니다.
    - 시금치나 브로콜리 같은 초록색 채소는 피로를 풀어줍니다.
    - 무나 양파 같은 흰색채소는 감기에 걸리지 않도록 합니다.
    - 생선이나 콩류는 단백질 식품으로 우리 몸의 피와 근육을 구성하는 영양소입니다.

- **노랑 신호등 식품**
  (우리 몸을 만들어요. 육류, 달걀 ⇒ 필요 이상 먹으면 살이 쪄요)
  - 식품의 종류: 소고기, 돼지고기, 닭고기, 달걀 등
  - 우리 몸에서 하는 일: 단백질 식품으로 피, 근육, 손톱, 머리카락 등을 만들고 질병을 이기는 저항력을 길러 주지만 많이 먹으면 지방으로 전환되어 살을 찌게 만드는 식품입니다.

- **빨강 신호등 식품**
  (필요하기는 하나 자주 먹으면 위험해요. 튀긴 음식, 가공식품)
  - 식품의 종류: 식용유, 고기 기름, 튀긴 음식, 가공식품, 과자류 등
  - 우리 몸에서 하는 일: 활동하는 데 필요한 힘을 만들어 주고 체온을 유지 시켜 주지만 조금만 먹어도 살이 찌는 아주 위험한 식품입니다.

- **꺼진 신호등 식품**
  (이를 썩게 하고 뼈를 약하게 해요. 아이스크림, 사탕, 탄산음료)
  - 식품의 종류: 탄산음료, 아이스크림, 사탕, 초콜릿 등
  - 신호등이 꺼지는 것처럼 많이 먹으면 우리의 건강을 꺼지게 하는 매우 위험한 식품으로 우리 몸을 뚱뚱하게 만들고 이를 썩게 하며 각종 질병에 걸릴 수 있게 합니다.

● **많이 먹으면!**
  - 당류(충치가 생기고 뚱뚱해져요)
  - 나트륨(고혈압, 심장병에 걸리기 쉬워요)
  - 포화지방(뚱뚱해지고 심장이 안 좋아요)
  - 지방(뚱뚱해져요)

● **영양 신호등!**

구 분	빨강	노랑	초록	검정
영양소	지방, 당질	단백질	비타민, 무기질	단순당
준수해요!	"생각하면서"	"배부르지 않게"	"마음껏"	"절대 NO"
바른 식생활	제때에, 골고루, 알맞게, 싱겁게, 즐겁게 먹는다.			

출처: 보건복지부

「우리 전통 식문화 알아보기」

● **우리 농산물을 이용하면 무엇이 좋을까요?**
- 우리나라 사람의 체질에 맞아(신토불이) 건강에 좋습니다.
- 소비기한이 짧아 신선한 것을 먹을 수 있고, 영양소 파괴가 적습니다.
- 우리 농민을 보호하고 농업을 육성하여 국가 경제에 도움이 됩니다.

● **절기 음식**

절기	날짜(음력)	음식	의미
설날	1월1일	떡국, 강정류	새해를 맞이한 첫날
정월대보름	1월15일	오곡밥, 복쌈, 나물	달이 가득 찬 날
중화절-노비일	2월1일	송편	농사 시작일 (노비에게 송편을 내려 위로함)
중삼절-삼짇날	3월3일	탕평채, 진달래화전	봄이 시작되는 날 (강남 간 제비가 돌아오는 날)
단오절	5월5일	수리취떡, 제호탕	농경의 풍작을 기원하는 제삿날
유두절식	6월15일	떡수단, 편수	흐르는 물에 머리를 감아 재앙을 막는 날
삼복(초,중,말)	7~8월 중	육개장, 칼국수	여름 한더위 중 가장 더운 날
칠월칠석	7월7일	밀전병, 개피떡	견우와 직녀 두별이 일년에 한 번씩 만나는 날
한가위	8월15일	햇과일, 토란탕, 송편	한해 농사의 결실을 주신 조상님께 감사드리는 날
중량절(중구)	9월9일	국화전, 메밀만두	삼짇날 온 제비가 강남으로 떠나는 날
상달	10월중 우(牛)일	팥시루떡, 신선로	시루떡으로 말이 잘 크고 무병하길 빌어주는 날
동지	12월22일(양)	팥죽, 제육	밤이 가장 긴 날 (팥죽으로 병과 귀신을 쫓음)
대회일(제야)	12월30일	잡과병, 비빔밥	한 해를 보내는 마지막 날

● **궁중 음식**

궁중 음식은 옛날 궁중에서 먹었던 음식을 말하는데 우리나라는 의례를 중히 여겨, 이에 따르는 특별한 음식도 많이 전해지고 있습니다. 특히 조선시대에는 왕가의 음식과 그 제도가 우리 민족의 음식을 대표할 만큼 다채로웠습니다. 궁중에서는 음식을 한곳에서 만드는 것이 아니라 중전, 대비전, 세자빈의 전각 등에 주방 상궁이 있어 각각 음식을 만들어 먹었습니다. 이러한 궁중의 식생활 풍속이 사라질 위기에 처하자 국가에서는 1971년 조선조의 궁중 음식을 무형문화재 제38호로 지정하여 보존에 힘쓰고 있습니다.

- 수라상: 임금과 왕비가 평소에 받는 진지상, 12첩상으로 초전에는 초조반, 점심에는 장국상
- 어상: 나라의 행사, 경사(관혼, 칠순, 육순, 탄신 등)에 임금이 받은 큰상
- 진연상: 궁중의 경사(생일, 혼인, 칠순, 육순, 세자책봉 등)나 외국 사신을 대접할 때 차리는 상

「우리나라 전통 식품 김치 알아보기」

● 김치는?

11월은 김장을 하는 달입니다. 김치는 사계절이 뚜렷한 기후적인 특성 때문에 신선한 채소를 먹을 수 없었던 겨울철을 대비하여 개발된 우리의 대표적인 전통 식품입니다. 김치는 기호와 지역, 계절 또는 가정별로 오랜 세월을 거쳐 발전해 왔습니다. 김치는 배추와 무 외에도 여러 가지 양념이 어우러진 발효식품으로 세계의 발효식품 중에서도 으뜸이 되는 우리나라 고유의 저장식품이기도 합니다.

● 김치의 역사

김치는 약 1,300년의 역사를 지녔으며, 초기에는 단순히 채소절임 수준에서 점차 양념류를 가미하고, 16세기경 고춧가루가 도입되었고, 18세기경부터 오늘날과 비슷한 김치가 만들어지기 시작했습니다.

부족국가시대 ~ 삼국시대	■ 순무, 가지, 부추 등을 소금으로만 절인 형태
통일신라시대 ~고려시대	■ 장아찌 형태에 머물렀던 삼국시대와 달리 장아찌류와 동치미, 나박김치류로 분화하여 발달 ■ 오이, 부추, 미나리, 갓, 죽순 등 김치에 들어가는 채소류 다양
조선시대	■ 조선 중기 고추가 유입되면서 매운김치 탄생, 김장문화 형성 ■ 고추와 다양한 젓갈 사용 ■ 통배추 육종 재배

● 우리의 전통음식 김치, 이래서 좋아요!

첫째, 비타민 풍부: 비타민A, B, C 등 다양한 영양성분을 공급합니다.
　　　고추의 비타민C는 사과보다 37배, 귤보다 7배나 많습니다.
둘째, 인체에 좋은 저칼로리 식품: 식이성 섬유를 많이 함유하고 있어 장의 활동을 활성화하고 체내의 당류나 콜레스테롤 수치를 낮추어 성인병 예방에 도움을 줍니다.
셋째, 유산균이 들어 있어 장운동에 도움: 김치가 숙성함에 따라 증가하는 유산균은 장내의 산도를 낮춰 유해균의 생육을 억제, 사멸시키는 정장 작용을 합니다.

● 우리의 전통음식 김치를 이용한 음식은!

■ 김치볶음밥, 김치주먹밥, 김치찌개, 김치국밥, 두부김치, 김치김밥, 김치만두, 김치전골, 김치쌈, 김치전, 김치샌드위치, 김치피자, 김치스파게티, 김치햄버거, 김치떡갈비, 김치칼국수 등 다수

「나의 식습관, 알아보기!」

음식물을 통해 영양소를 골고루 섭취하고 적정 체중을 유지 관리하면 건강해질 수 있습니다. 식습관은 자신의 의지로 충분히 바꿀 수 있습니다. 골고루 잘 먹는 식습관은 여러분의 건강을 지키는 지름길입니다. 본인의 식습관을 알아보고 무엇이 문제인가를 분석하여 해결해 보는 기회가 되었으면 합니다.

나의 식습관 알아보기		
쌀밥보다 보리밥이나 콩밥을 많이 먹는다.	예	아니오
녹황색 채소를 신경 써서 챙겨 먹는 편이다.	예	아니오
마시는 요구르트와 치즈를 평소에 즐긴다.	예	아니오
밥을 먹을 때 의식적으로 육류, 채소류 반찬을 골고루 먹는다.	예	아니오
하루에 20가지 이상의 음식을 먹는다.	예	아니오
콩으로 만든 된장, 두유, 청국장, 두부 등을 좋아한다.	예	아니오
간식으로 견과류를 먹는 편이다.	예	아니오
과일 주스보다는 채소 주스를 마신다.	예	아니오
아침 식사는 거의 거르지 않는다.	예	아니오
식빵은 흰색 식빵보다는 통밀빵이나 보리빵 등을 먹는다.	예	아니오
하루 한잔 이상 우유를 꼭 마신다.	예	아니오
외식은 주 1회 이하로 한다.	예	아니오
채소는 익힌 것보다는 생것을 좋아한다.	예	아니오
튀김 종류를 싫어한다.	예	아니오
햄버거, 피자, 치킨 등은 한 조각 정도밖에 못 먹는다.	예	아니오
특별히 좋아하는 음식도 없고 싫어하는 음식도 없다.	예	아니오
감자와 고구마를 좋아한다.	예	아니오
멸치 반찬을 자주 먹는다.	예	아니오
과일을 자주 먹는다	예	아니오
제철 과일, 생선은 그때그때 즐긴다.	예	아니오
선짓국이나 순대 등을 좋아한다	예	아니오
김, 미역, 다시마, 파래 등 해조류를 끼니마다 먹는다.	예	아니오

'예'가 6개 이하 ⇒ 위험!	'예'가 7~14개 ⇒ 주의!	'예'가 15개 이상 ⇒ 합격!
• 비타민과 미네랄 일부 부족 • 현재 비만, 혹은 편식으로 진행 중 • 식생활 개선에 적극적인 관심 기울여야 함	• 체내에서 비타민과 미네랄을 필요로 함 • 부족한 영양소를 꼼꼼하게 체크 해 보고 섭취해야 함	• 특별히 몇 가지 음식을 싫어해서 피하는 음식이 많지 않다면 괜찮음 • 꾸준히 건강을 위한 식생활 유지.

「설탕 바로 알고 먹기!」

● **설탕이란?**
   설탕은 사탕수수나 사탕무를 원료로 가공, 정제한 자연식품이며 탄수화물에 속합니다. 설탕은 영양소가 거의 없고 칼로리만 높아 빈 영양소라고 불리기도 합니다. 체내에서는 빨리 흡수되어 바로 에너지를 내지만 많이 먹으면 비만, 심혈관계 질환을 유발합니다.

● **설탕의 좋은 점은?**
   ① 식품의 맛이나 색을 강하게 하고 오래 보관할 수 있도록 해줍니다.
      - 사탕, 과자, 초콜릿, 음료수, 시리얼, 쨈 등 가공식품에 많이 사용
   ② 설탕이 들어 있는 식품은 달콤하여 맛이 좋습니다.
   ③ 케이크, 과자 등을 부드럽게 하며 수분을 유지 시키고 갈변을 예방하여 풍미를 증가 시킵니다.
   ④ 식품에 첨가하면 미생물의 성장번식을 억제하여 식품의 보존 기간을 연장 시키기도 합니다.

● **설탕의 나쁜 점은?**
   ① 면역력을 떨어뜨립니다.
   ② 치명적인 저혈당증을 유발 시킵니다.
      - 힘이 빠지는 느낌이 들고 불안정하며 신경이 날카롭고 병적으로 과민한 반응을 보임
   ③ 두통, 초조, 신경질, 짜증 지수가 올라갑니다.
   ④ 주의가 산만해지고 집중력이 떨어집니다.
   ⑤ 뼈를 약화시키고 뚱뚱해지며 충치가 생깁니다.
   ⑥ 설탕을 많이 먹는 어린이는 성장발육에 필요한 단백질이 파괴되어 잘 자라지 않게 됩니다.

● **설탕을 현명하게 먹는 법**
   (하루 적정 섭취량 성인기준 50g정도/각설탕 3g 17개 정도)
   ① 음료수를 고를 때 영양성분표를 꼼꼼히 따져 봅니다.
   ② 당분이 필요할 땐 단맛이 나는 채소나 생과일을 선택합니다.
   ③ 음료보다는 물로 수분을 보충합니다.
   ④ 나에게 맞는 설탕 대용품을 찾습니다.
      - 꿀(100g/193kcal): 당뿐 아니라 단백질, 비타민B 등을 함유, 가공 꿀에는 식품첨가물이 들어 있을 수 있으니 천연 꿀인지 확인

- **올리고당**(100g/293kcal): 식이섬유가 풍부하지만 설탕보다 단맛이 적어 과다 사용주의
- **조청**(100g/193kcal): 원재료가 곡물이라 건강에 좋음(현미 조청 좋음)
- **메이플시럽**(100g/260kcal): 단풍나무 수액으로 만들었고, 감미도 좋음

● **나도 설탕 중독일까?**
  (다음 사항 중 3가지 이상 체크 했다면 설탕 중독 위험)
  - 신맛이 나는 과일보다 단맛이 나는 과일을 좋아합니다.
  - 하루라도 초콜릿, 과자, 빵, 일회용 커피 등 단 음식을 먹지 않으면 집중이 되지 않습니다.
  - 빵이나 국수 종류, 떡, 과자 등을 배부를 때까지 먹는 경향이 있습니다.
  - 배고프지 않은데도 먹을 때가 자주 있습니다.
  - 책상 서랍이나 식탁 위에 항상 과자나 초콜릿 등이 놓여있습니다.
  - 배가 불러도 달콤한 디저트를 찾습니다.
  - 항상 다이어트를 하지만 효과가 없습니다.
  - 예전과 비슷한 수준으로 단것을 먹고 있는데도 만족스럽지 않습니다.
  - 자신이 느끼기에도 단 음식을 지나치게 먹는다는 생각이 듭니다.

「꼭꼭 씹어 먹으면 느낄 수 있는 음식의 맛 알아보기!」

프랑스는 전통음식을 세계유산으로 등재했고, 이탈리아도 정성이 담긴 전통음식인 슬로푸드의 중요성을 알리기 위해 어릴 때부터 미각 교육에 정성을 쏟고 있습니다. 미각은 맛을 느끼는 감각으로 단맛, 짠맛, 신맛, 쓴맛, 감칠맛 등 다섯가지 맛으로 구분됩니다.
자연식품으로 만든 우리 전통음식은 잘 씹어 먹을수록 깊고 다양한 맛을 제대로 느낄 수 있습니다.

● **꼭꼭 씹어 먹으면 어떤 점이 좋을까?**
 ① 영양소를 골고루 섭취하게 됩니다.
 ② 치아가 튼튼해지고 또한 턱관절이 움직이게 되면서 두뇌 발달에도 도움이 됩니다.
 ③ 음식 고유의 맛을 알게 되고 말로 표현함으로써 똑똑해집니다.

● **단맛 이야기**
 우리 조상들은 설탕이 아닌 과일과 고구마 등에서 달콤한 맛을 내는 당을 먹었습니다. 거친 현미밥도 꼭꼭 오래 씹어 먹으면 단맛이 나고 잘 익은 수박에서도 단맛을 느낄 수 있습니다.
 이러한 단맛을 먹을 때 우리는 달콤함과 행복감을 느낍니다. 이런 단맛에는 당이 들어 있는데 우리 몸에 들어가면 힘을 나게 하고 신나게 뛰어놀 수 있는 에너지를 만들어 줍니다. 우리가 공부할 때도 뇌가 활동할 수 있도록 해주는 성분이 당이고 단맛입니다. 그러나 초콜릿이나 설탕이 많이 든 식품을 즐겨 먹으면 살도 찌고 성격도 난폭해집니다. 치아에 충치가 생기기도 합니다.

● **짠맛 이야기**
 우리 전통음식 중 짠맛을 느끼게 해주는 음식으로는 김치, 된장, 간장, 젓갈 등이 있습니다. 이러한 음식에는 소금이 많이 들어 있는데 짠맛이 들어간 발효음식은 맛을 좋게 합니다. 소금은 음식을 썩지 않게 하는 역할을 하고 몸의 균형을 이루게 하여 잘 걷거나 뛰게 합니다. 그러나 너무 많이 먹으면 혈압이 오르고 머리가 아프며 뼈를 약하게 할 수 있습니다.

전통음식 (짠맛)	특 징
김치	– 주재료: 배추, 무, 마늘, 고춧가루, 소금, 젓갈 등을 넣고 담아 발효시킴 – 좋은 점: 유산균, 섬유질, 비타민C가 풍부하여 성인병, 노화, 변비, 암 등을 예방
된장	– 주재료: 콩으로 만든 발효식품 – 좋은 점: 우리 조상들의 주요 단백질원이며 암을 예방하고 소화에 좋음
젓갈	– 주재료: 생선이나 조개 등에 소금을 넣고 일정 기간 숙성시킨 발효음식 – 좋은 점: 단백질이 풍부하고 비타민B_{12} 많이 함유되어 빈혈 예방

● **쓴맛 이야기**

우리 조상들이 먹었던 건강한 쓴맛이 나는 음식은 채소입니다. 쓴맛이 나는 채소는 우리의 몸에 약이 되는 경우가 많습니다.

쓴맛 채소는 병에 대한 저항력을 높여주고 식이섬유가 많아 변비를 예방해줍니다.

채소에는 비타민C가 많아 피로회복에 좋고 피부도 매끈하게 해줍니다. 당근 등의 채소에는 눈을 맑게 해주는 베타카로틴이라는 성분이 풍부합니다.

이 밖에도 건강한 쓴맛을 내는 채소로는 아삭거리며 시원한 맛을 느끼게 해주는 오이, 배추, 피망 등이 있습니다.

우리 조상들은 이런 채소보다 더 쓴 씀바귀, 고들빼기 등으로 음식을 만들어 먹기도 했습니다.

「파이토케미컬(Phyto hemical) 알아보기」

파이토케미컬(Phyto Chemical)은 식물이라는 뜻의 파이토(Phyto)와 화학을 의미하는 케미컬(Chemical)의 합성어로 건강과 영양에 도움을 주는 생리활성을 가지고 있는 식물성 화학물질을 의미하며 과일이나 채소의 짙은 색깔 속에 많이 함유되어 있습니다.
대표적인 5가지 컬러 식품의 파이토케미컬을 안내하니 참고하기 바랍니다.

- **주황(YELLOW)**
  - 오렌지, 당근, 감, 귤, 늙은호박
  - 카로티노이드, 베타카로틴
  - 가장 강력한 질병 예방, 항산화, 함암효과, 뇌졸중, 심장병 예방

- **빨강(RED)**
  - 토마토, 수박, 딸기, 체리, 사과, 자몽
  - 라이코펜
  - 유방암, 전립선암 예방, 심혈관계질환, 골다공증 예방, 당뇨조절 및 콜레스테롤 저하

- **초록색(GREEN)**
  - 브로컬리, 오이, 시금치, 키위, 케일
  - 루테인, 폴리페놀
  - 간과 폐 기능 유지, DNA손상 방지, 공해물질 해독 효과, 안구질환 예방

- **보라(PURPLE)**
  - 포도, 가지, 블루베리, 자색고구마, 적채
  - 안토시아닌, 플라보노이드
  - 항암작용, 고혈압 예방, 심근경색, 뇌혈관장애 개선, 시각 기능 개선

- **흰색(WHITE)**
  - 마늘, 양파, 양배추, 버섯, 무, 배
  - 알리신
  - 체내 산화작용 억제, 면역력 강화, 심장병예방, 콜레스테롤 및 혈압감소

- **파이토케미컬 섭취량을 늘리려면 어떻게 할까요?**
  - 채소와 과일을 꾸준히 섭취하세요.
  - 노랑, 주황, 빨강, 초록 등 밝은 색상과 선명한 색상의 채소, 과일을 섭취하세요.
  - 땅콩과 호두, 아몬드, 콩 등 견과류를 간식으로 섭취하세요.
  - 요리할 때는 올리브유 같은 식물성 기름을 사용하세요.

- **과일, 채소 식물이 고유색을 지니는 이유는?**
  - 색깔(색소)은 식물이 자외선으로부터 보호, 세균, 바이러스, 곰팡이와 싸우는 무기
  - 햇볕을 받은 날이 많을수록 색은 짙어짐
  - 일교차가 클수록 선명해지고 주변의 자연조건이 가혹할 때 더 많은 화학물질이 만들어짐

- **과일, 채소를 제대로 섭취하려면?**
  - 비닐하우스가 아닌 땡볕 재배(자외선)
  - 농약을 주지 않고 키운 과일과 채소(병충해로부터 스스로 방어)
  - 유기농재배(화학비료는 영양이 미약하기 때문) 과일, 채소 ex) 선인장의 생명력

- **타임즈가 선정한 10대 건강식품은?**
  ① 토마토
  ② 시금치
  ③ 마늘
  ④ 녹차
  ⑤ 적포도주
  ⑥ 견과류
  ⑦ 연어(고등어)
  ⑧ 블루베리(가지)
  ⑨ 브로컬리(양배추)
  ⑩ 귀리(보리)

02 학부모 편

「우리학교 급식은 이렇게 운영합니다.」

구 분		운영 방안	실천 방안	비 고
급식 일반 운영	급식비	무상급식비 지원	– 교육청 %, OO시 %, OO구청 %	
	급식일수	수업일의 점심시간	– 192회(종업식 급식 제외)	
	쌀	유기농 쌀 사용	– 생산지와의 직거래를 통한 구매	– 생산이력제 – 원산지표시
	농산물	사전농약잔류검사제품 사용	– 서울친환경유통센터에서 구매	– 원산지표시
	축산물	무항생제 축산물 사용	– 서울친환경유통센터에서 구매	– 원산지표시
	수산물	사전 방사능검사 시험성적서를 제출한 제품	– 서울친환경유통센터에서 구매	– 원산지표시
	공산, 김치	eaT를 통한 소액수의전자견적	– eaT 시스템을 통해 우수 업체와 계약	
식단 관리	전통음식	매월 1회 이상	– '전통음식의 날' 운영	
	건강음식	월 1회 이상	– '누룽지 숭늉과 고기 없는 날 운영 – 염·당도, 지방을 줄이는 식단구성	– 화학조미료 미사용
	알레르기 표시	월별 식단에 표시 주간식단에도 표시(각반)	– 매월 영양소식지에 19가지 알레르기 식품 표시	
	수제음식	학교에서 직접 만들어 제공하는 음식	– 요거트류, 스테이크 및 떡갈비, 돈가스(치킨, 생선, 만두, 햄), 피클류, 장아찌류, 육전 등	
학부모 참여	학교급식 소위원회	연 2회 이상	– 학교급식에 관한 중요 사항	
	학부모 모니터	주 1회 이상	– 식재료 검수 및 급식 전 과정 참관	
수요자	급식 만족도	연 1회 이상	– 학생 및 학부모 의견 수렴	
영양 기준	단백질	학교급식법시행규칙 제5조	– 소·돼지고기 주1~2회 제공 – 닭, 오리, 난(卵)류, 어패류 제공 – 식물성단백질 제공 확대	– 열량: – 단백질: – 칼슘: – 철분:
	비타민B1		– 현미밥 제공으로 보충	
	나이아신		– 콩밥 및 두부, 장류 활용	
	비타민B6		– 녹색 채소, 비정제당 제공	
	철분		**– 난(卵)류 제공 – 생과일 및 녹색채소 제공**	
친환경 식재료		▶ 환경을 보존하고 소비자에게 안전한 농산물을 공급하기 위해 농약과 화학비료 및 사료첨가제 등 화학 자재를 전혀 사용하지 않거나 최소량만을 사용하여 생산한 농산물을 인증하는 제도 ㄴ 좋은 점: 토양, 환경을 보존하고, 인체에 유해한 성분을 줄여 안전한 먹거리 제공 ㄴ 유기농산물, 유기축산물, 무농약농산물, 무항생제 축산물 등		
우리학교 가공 식품 품질기준		▶ 원·부재료 국내산 친환경 생산물 우선 사용 ㄴ 국내산 친환경 농산물, 국내산 일반농산물, 국내 생산이 어려운 경우 수입산 사허용 ▶ 화학적합성첨가물을 사용하지 않은 제품 우선 사용 ▶ 유전자 재조합 농작물 및 유전자 재조합 식품 제외(NON-GMO 제품)		

「미세먼지로부터 건강을 지키는 방법 알기」

● **미세먼지란?**

미세먼지는 우리 눈에 보이지 않는 아주 작은 유해 물질로 대기 중에 떠다니거나 바람을 타고 날아다니는 10㎛ 이하의 입자를 말합니다. 대부분 자동차의 배기가스, 도로 주행 과정에서 발생하는 먼지 등으로 입자의 크기와 화학적 조성에 따라 건강에 미치는 영향이 달라집니다. 특히 미세먼지가 10㎛ 이하 입자는 폐나 혈중으로 유입될 수 있어 각별하게 신경을 써야 합니다. 미세먼지로부터 건강을 지키기 위해선 미세먼지에 좋은 음식을 꾸준히 섭취하는 것이 좋습니다.

● **미세먼지에 대한 질문?**

1. 미세먼지가 나쁜 날에는 창문을 꼭 닫고 있는 것이 좋은가요? 공기청정기를 사용해도 환기는 해야 하나요?
   - 환기를 전혀 하지 않으면 이산화탄소, 포름알데히드, 라돈과 같은 오염물질이 축척되어 실내 공기 질이 나빠집니다.
   - 미세먼지 농도가 높거나, 공기청정기를 사용해도, 실내 오염물질 농도를 낮추기 위해서는 짧게라도 자연 환기가 필요합니다.
2. 미세먼지로 인해 발생하는 특정 질병이 있나요? 미세먼지는 호흡기 환자에게만 나쁜 건가요?
   - 미세먼지는 폐로 흡입되기 때문에 호흡기에 영향을 미치며 체내활성산소를 생성하고 염증반응을 촉진하는 등 신체 여러 장기에 영향을 미칠 수 있습니다.
3. 미세먼지가 나쁜 날, 평소대로 운동해도 괜찮은 가요?
   - 미세먼지가 나쁜 날은 실외에서 격렬한 운동을 자제하고 실외보다는 실내로 장소를 바꾸어 가볍게 운동하는 것이 좋습니다.

● **미세먼지에 좋은 음식은?**

- 미세먼지에는 물을 많이 마시는 것이 좋습니다. 물을 많이 마시면 기관지 점막이 습도를 유지할 수 있도록 호흡기를 보호하기 때문입니다.
- 미세먼지에 좋은 음식은 해조류와 마늘, 녹황색 채소 등이 있습니다. 브로콜리는 면역력 강화에 좋고 해조류는 중금속 배출에 효과적입니다.
- 달걀노른자, 무, 생강, 늙은 호박, 배, 연근, 도라지(코와 목, 폐 등)는 호흡기에 좋습니다. 마늘과 꿀, 버섯은 면역력을 높이고 알레르기 반응을 진정시키는 데 도움을 줍니다.
- 특히 마늘은 중금속을 해독시켜줄 뿐만 아니라 수은을 제거해 줍니다. 생강도 기침과

가래를 완화 시켜 주기 때문에 미세먼지에 좋은 음식으로 꼽힙니다.
- 녹차의 탄닌 성분은 수은, 납, 카드뮴, 크롬 등 중금속이 몸 안에 축적되는 것을 억제하고 카테킨 성분은 중금속의 유입을 막는데 도움을 줍니다.

● **미세먼지로부터 건강을 지키는 방법?**
- 외출을 자제하고 환기를 최소화합니다.
- 실내 활동 시 공기청정기를 통해 실내 공기를 정화 시킵니다.
- 외출 시는 마스크와 보호장비(안경, 모자 등)를 착용하는 것이 좋습니다.
- 외출 후 손을 씻고 세수, 양치 등으로 몸에 붙어 있을 수 있는 미세먼지 등을 제거합니다.
- 물을 자주 마십니다.
- 해조류나 식이섬유, 녹차의 섭취를 늘립니다.
- 비타민C가 많이 함유된 과일의 섭취를 늘립니다.

「미세먼지에 좋은 음식 알아보기」

● **미세먼지**

미세먼지는 대기 중에 떠다니거나 흩날려 내려오는 입자상 물질로, 크기에 따라 PM_{10}(10 ㎛ 이하)과 $PM_{2.5}$(2.5㎛ 이하)로 구분합니다. 미세먼지는 입자가 아주 작고 계절과 관계없이 발생하는 우리 몸에 해로운 유해 물질 성분입니다. 이를 예방하는 방법은 미세먼지에 좋은 음식을 꾸준히 섭취하는 것입니다.

● **미세먼지에 좋은 음식**

- 파프리카, 무, 미나리, 마늘, 브로콜리, 녹두, 머위, 생강, 도라지, 은행, 늙은 호박, 연근, 시금치, 케일, 숙주, 냉이, 달래, 씀바귀, 쑥, 콩나물, 결명자, 구기자, 클로렐라, 귤, 유자, 배, 토마토, 모과, 사과, 오미자, 고등어, 생연어, 꽁치, 갈치, 북어, 명태, 굴, 미역, 다시마, 김, 파래, 톳, 매생이, 오리고기 등입니다.

● **채소를 먹을 때 주의사항(담금물 세척을 하세요!)**

- 과일과 채소에는 잔류 농약과 미세먼지가 붙어 있어 반드시 물에 씻어야 합니다. 보통 흐르는 물에 씻는 것이 좋다고 생각하지만, 물에 몇 분간 담가두는 것이 더 효과적입니다. 과일과 채소를 2분 정도 물에 담가 두었다가 2~3회 헹구기를 반복하는 것이 좋습니다.

● **만병통치약 물 마시기**

- 물은 미세먼지에 가장 좋은 음식으로 호흡기 점막을 촉촉하게 하여 미세먼지는 걸러주고 소변을 통해 체내의 유해 물질을 배출해 줍니다. 이뿐만 아니라 다이어트, 혈액순환, 항노화, 숙면에도 좋습니다. 미세먼지 농도가 높으면 하루 8잔(1.5~2L) 이상의 물을 마시는 것이 좋습니다.
  호흡기 점막을 촉촉하게 유지하는 것이 중요하므로 조금씩 자주 마시는 것도 효과적입니다.
- 단, 질환에 따라 물의 양을 조절해야 합니다.
  • 물을 적게 마셔야 할 질환: 간경화, 심부전, 부신기능저하증, 심한 갑상선기능저하증 환자
  • 물을 많이 마셔야 할 질환: 염증성 비뇨기 질환, 폐렴, 기관지염, 고혈압, 협심증, 당뇨병 환자
- 물은 미지근하게 하여 천천히 마시는 것이 좋습니다.(시간을 정해 마시는 것이 효과적)
  • 물의 온도는 20~25℃, 천천히 자주

식품 보관 및 섭취 시 주의사항

○ 미세먼지가 발생하면 식재료 및 조리식품은 플라스틱 봉투 혹은 덮개가 있는 위생 용기로 밀봉하고 야외에서 저장·보관 중인 식재료는 내부로 옮겨야 합니다.
  － 특히, 메주, 건홍고추, 시래기, 무말랭이 등 자연건조 식품은 미세먼지에 오염되지 않도록 포장하거나 밀폐된 장소에 보관하고, 과일이나 채소는 사용 전에 깨끗한 물로 충분히 씻도록 합니다.
  － 미세먼지가 주방으로 들어오지 못하도록 창문을 닫은 후 조리하고, 2차 오염 방지를 위해 손 세척 등 개인위생 실천 수칙을 준수해야 합니다.
○ 조리 기구 등은 세척, 살균·소독을 철저히 하여 잔존 먼지 등을 제거한 후 조리해야 합니다.
○ 포장되지 않은 과일이나 채소는 2분간 물에 담근 후 흐르는 물로 30초간 씻고, 1종 세척제(채소용 또는 과일용)를 이용하여 세척 하도록 합니다.

「황사 대비 식품 취급 및 안전관리 요령!」

황사의 발생원인은 흙먼지와 같은 자연 토양 성분입니다. 특히 바람에 날려 올라간 미세한 모레먼지가 대기 중에 퍼져서 하늘을 덮었다가 서서히 내려앉는 현상 또는 높은 곳에서 아래로 내려오는 흙먼지입니다. 모래의 크기는 0.2~20㎛(마이크로미터)로 우리나라까지 날아오는 것은 1~10㎛ 정도의 크기입니다. 삼국유사 기록을 보면 황사는 신라 시대에서도 '흙비가 내렸다'라고 전해질 정도로 오랫동안 존재해온 현상입니다. 요즘 더 논란이 되는 이유는 황사가 올 때 급속하게 산업화하고 있는 지역을 거치면서 황사 속에 포함된 규소, 납, 카드뮴, 니켈, 크롬 등의 중금속 농도가 증가했기 때문입니다. 국내 연간 황사 발생 일수는 1980년대에는 2.9일이었으나 2000년대에는 9.8일로 증가했습니다. 지역별로 차이가 있는데, 서쪽 지역이 동쪽 지역보다 황사 일수가 많습니다. 황사는 우리의 건강에 직·간접적으로 악영향을 주기 때문에 식품취급 및 안전관리에 만전을 기하는 것이 최선의 방법입니다.

■ **황사와 미세먼지의 차이점**
- **황사는** 주로 중국 북부나 몽골의 건조·황토지대에서 바람에 날려 올라간 미세먼지가 대기 중에 퍼져 하늘을 덮었다가 서서히 강하하는 현상 또는 강하하는 흙먼지를 말합니다.
- **미세먼지는** 자동차, 공장, 가정에서 사용하는 화석연료에서 배출된 인위적 오염물질이 주요 원인입니다. 따라서 미세먼지는 자동차 연료나 공장의 화석연료가 타면서 발생하는 이온 성분과 광물 성분으로 이루어져 있습니다.

■ **황사가 식품안전에 미치는 영향**
- 황사의 미세한 모래입자로 인해 눈과 호흡기 등에 질병이 유발될 수 있고, 미세입자 속 중금속과 이물이 식품에 오염될 경우 건강장애 및 식중독이 발생할 수 있습니다.

관심 주의 경계 심각

- 황사로 건강장애나 식중독사고가 확산되는 경우 식약처에서는 긴급대응회의가 개최되어 관심, 주의, 경계, 심각에 해당하는 위기경보가 발령됩니다.
- 또한 위기수준에 따라 대응조치를 시행하며 올바른 정보 및 국민 대처 요령 등을 홍보하여 식품사고에 대응합니다.

■ 미세먼지에 도움이 되는 식품 등

배		배의 루테오린 성분은 미세먼지로 생긴 염증을 완화시키는 효과가 있습니다.
마늘		마늘에 함유된 알리신과 셀레늄이 체내에 쌓인 중금속 등의 독소들을 체외로 배출하는 데에 도움을 줍니다
도라지		도라지의 사포닌 성분은 기관지를 활성화해 목 주위 통증 완화에 도움을 줍니다.
미나리		비타민과 무기질이 풍부한 미나리는 체내 중금속을 몸 밖으로 배출하는 데에 도움이 됩니다.
블루베리		블루베리에 함유된 비타민C와 베타카로틴은 미세먼지로 인한 체내 염증을 완화시키고, 설포라판이라는 성분은 폐에 붙은 유해 물질을 제거해 줍니다.

■ 이것만은 꼭 기억하세요

- 황사는 미세한 모래 먼지로 대기 중으로 날아와 아래로 내려오는 흙먼지이며, 미세먼지는 지름 10㎛ 이하의 유해 물질로 구성된 아주 작은 물질입니다.
- 황사와 미세먼지 모두 호흡기 질환과 폐렴 등의 감염 질환을 유발하며, 미세먼지는 천식과 같은 만성 질환을 악화시키고, 우울감, 고혈압 등의 발생 위험을 증가시킵니다.
- 황사와 미세먼지 농도가 높을 때는 외출을 자제하고, 부득이 외출할 경우 긴소매 옷과 마스크를 착용하며, 귀가 후 샤워와 양치질을 하는 것이 좋습니다.
- 황사나 미세먼지의 해로운 영향을 예방하기 위해서는 물을 충분히 마시고, 금연, 건강 체중 유지, 규칙적인 운동 등 건강한 생활 습관을 유지해야 합니다.
- 실내에서도 흡연과 조리과정에서 미세먼지가 발생하므로, 미세먼지 농도가 낮을 때 실내 환기를 하는 것이 필요합니다.

출처: 식품의약품안전처, 환경부, 질병관리청 자료 재구성

「손 씻기의 중요성 알기!」

최근 노로바이러스 등 식중독 및 감염병 증세가 계절과 관계없이 지속적으로 발생하고 있습니다. 이에 예방법의 하나인 손 씻기를 안내하오니 각 가정에서도 실천하여 주시기 바랍니다.
- 개인위생 철저(음식 섭취 전, 조리 전, 용변 후 비누를 이용한 손 씻기 실천)
- 학생이 장염, 설사 3회 이상, 복통, 구토, 발열 등의 증상으로 치료를 받는 경우 반드시 학교에 연락

❋ 세균수
- 외출 후 손을 씻지 않으면?

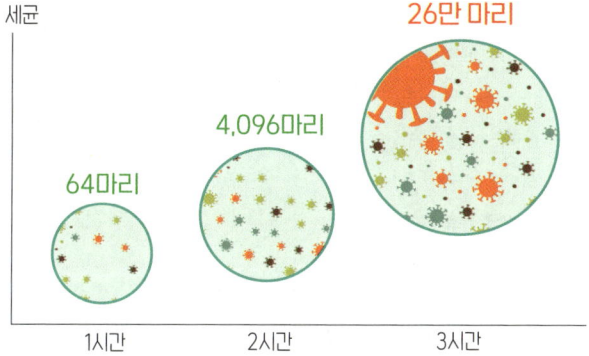

자료: 질병관리본부

❋ 식중독 예방
'손 보구 가세요'
1. 손씻기 – 흐르는 물에 비누로 30초 이상 손씻기
2. 보관온도 지키기 – 냉장식품 5℃ 이하, 냉동식품 –18℃ 이하 보관
3. 구분 사용하기 – 날 음식과 조리 음식 구분, 칼·도마 구분 사용
4. 가열하기 – 육류 중심온도 75℃(어패류 85℃) 1분 이상 익히기
5. 세척·소독하기 – 식재료와 조리기구는 깨끗이 세척·소독

❋ 손 세정 용품
- 손 세정제 비누: 가능한 물비누 또는 거품 비누를 사용하세요.
- 손 소독제: 소비기한을 넘기지 않도록 하세요.
- 종이 타올: 수건은 교차오염 등의 우려가 있어 종이 타올을 사용하세요.

「여름철 식중독 예방 방법」

식중독은 식품의 섭취로 인체에 유독한 미생물 또는 미생물이 만들어낸 독성물질에 의한 감염성, 독소형 질환을 말합니다.

식중독은 구토, 복통, 잦은 설사 등의 증상이 나타납니다. 심한 경우, 고름과 점액, 피가 섞인 변을 볼 수 있으며 38~39℃의 고열이 동반될 수 있습니다.

특히 여름철에 많이 먹는 콩국은 식중독균이 자라기에 충분한 영양분을 가지고 있어 장시간 상온에 보관하면 병원성 대장균 등 식중독균이 쉽게 증식할 수 있으므로 각별한 주의가 필요합니다.

장보기 순서	
① 냉장이 필요 없는 식품	쌀, 통조림, 라면 등
② 실온 보관이 가능한 식품	채소, 과일 등
③ 냉장이 필요한 가공식품	햄, 우유, 어묵 등
④ 육류	소고기, 돈육, 닭고기 등
⑤ 어패류	생선, 조개 등

올바른 조리방법	
- 변질이 의심되는 식품은 사용하거나 제공하지 않기	- 필요한 만큼만 조리하기
- 식기나 행주 등은 반드시 세척 후 소독하기	- 조리 전 반드시 흐르는 물에 손 씻기

❋ **올바른 냉각 보관 방법**
 - 차게 먹는 음식은 빨리 식혀서 냉장·냉동 보관해야 합니다.
 - 여러 개의 금속용기에 나눠 담아야 합니다.
 - 급속 냉각장치를 사용합니다.
 - 차가운 물이나 얼음은 큰 그릇에 담고 규칙적으로 저으면서 냉각해 주어야 합니다.

❋ **잘못된 냉각 및 해동법**
 - 상온에 방치한 상태에서 식히는 건 위험합니다.
 - 선풍기는 사용하지 않아야 합니다.(먼지가 날리기 때문)
 - 뜨거운 음식을 냉장·냉동고에 바로 넣지 않아야 합니다.
 - 한번 해동한 식품은 재냉동을 하지 않아야 합니다.

🌼 여름철 식중독 예방 요령

- 샐러드 등 신선채소류는 깨끗한 물로 세척하고, 물은 끓여 마셔야 합니다.
- 육류와 어패류 등을 취급한 칼·도마는 교차오염이 발생하지 않도록 구분하여 사용해야 합니다.
- 나들이, 야유회를 갈 경우 준비한 김밥, 도시락 등은 아이스박스에 보관하여 관리해야 합니다.

식중독 예방 5가지 실천 요령

1. 손 씻기   2. 보관온도 지키기   3. 구분 사용하기   4. 가열하기   5. 세척·소독하기

식중독 발생 시 가정 내 응급처치

1	음식 대신 충분한 수분 섭취
2	끓인 물 1L에 설탕 4, 소금 1스푼을 타서 마시기
3	이온 음료 마시기
4	지사제, 항구토제를 함부로 사용하지 않기
5	설사가 줄어들면 미음이나 쌀죽 섭취하기
6	혈변, 탈수, 고열, 심한 설사 시에는 병원 방문하기

자료: 식품의약품안전처·식품안전나라

「여름휴가철, 장마철 식중독 예방요령!」

여름 휴가철인 7~8월은 기온이 상승하고 습도가 높아 식중독균이 왕성하게 번식하기 때문에 음식물 취급·조리 시 각별한 주의가 필요합니다. 특히 장마는 온도와 습도가 높아 식중독균이 잘 번식할 수 있는 최적의 환경이며 많은 강우량으로 하수나 하천 등이 범람하여 채소류가 오염되고, 지하수 또한 병원성 대장균과 노로바이러스 등에 오염될 수 있습니다. 음식물 관리에 소홀하여 식중독 등에 노출되는 사례가 없도록 각 가정에서도 예방요령을 숙지해 주시기 바랍니다.

1. 휴가철 식중독 예방요령
- ▲ 모든 음식은 한번 먹을 수 있는 분량만 만들거나 구입합니다.
- ▲ 소비기한 경과, 불확실한 식품, 상온에 일정 기간 방치하여 부패·변질이 우려되는 음식은 과감하게 버립니다.
- ▲ 여행지에서 직접 취식할 경우 항상 신선한 식재료를 구입하고, 물은 끓이거나 정수된 것을 사용합니다.
- ▲ 여행 중에도 식사 전, 조리 시에는 반드시 손을 씻어야 합니다.
- ▲ 자동차 트렁크나 내부에 음식을 보관하지 말고 반드시 아이스박스 등을 이용하며 가급적 빠른 시간 내에 섭취해야 합니다.
- ▲ 길거리 음식이나 위생 취약 시설의 음식 섭취를 자제합니다.
- ▲ 산이나 들에서는 버섯이나 과일 등을 함부로 먹지 않습니다.
- ▲ 어린이, 노약자 등 면역력이 약한 사람들은 식중독으로 심한 설사 증상이 있을 수 있어 탈수 방지를 위해 수분을 충분히 섭취합니다.
- ▲ 여행 전, 냉장고에 오래 보관할 수 없는 음식이나 소비기한이 임박한 식품은 모두 버립니다.
- ▲ 여행 후, 주방의 칼, 도마, 행주 등은 열탕 소독하거나, 세척·소독제로 소독한 후 잘 말려서 사용합니다.

2. 장마철 식중독 예방요령
- ▲ 침수 및 침수가 의심되는 채소, 과일류 등 음식물은 먹거나 조리하지 말고 반드시 폐기해야 합니다.
- ▲ 냉장고에 있는 음식물도 주의하고, 소비기한 및 상태를 반드시 확인합니다.
- ▲ 칼, 도마, 행주 등은 매번 끓이거나 가정용 소독제로 살균하여 사용합니다.
- ▲ 물은 반드시 끓여 마셔야 합니다.
  - 식중독균은 5℃ 이하, 60℃ 이상의 온도에서 증식이 억제됩니다.
- ▲ 곰팡이와 세균이 쉽게 번식할 수 있는 싱크대, 식기건조대, 가스레인지 등은 항상 깨끗하게 청소해야 합니다.
- ▲ 손 씻기 등 개인위생 관리에 철저해야 합니다.
- ▲ 설사나 구토 증상이 있으면 신속하게 병원에 가서 치료받아야 합니다.

「수인성 및 식품 매개 감염병 예방 수칙 알기」

최근, 무더위가 시작되면서 「**수인성 및 식품 매개 감염병**」 등 집단감염 사례가 발생하고 있습니다. 이에 학교는 조리 환경, 위생, 올바른 식재료 구입 등 예방 관리에 최선을 다하고 있습니다. 아울러, 각 가정에서도 다음과 같은 위생수칙을 준수하여 주시기 바랍니다.

● 개인위생 및 조리 위생 준수

1. 올바른 손 씻기 생활화
   - 흐르는 물에 비누 또는 세정제 등을 사용하여 30초 이상 손 씻기
   - 외출 후, 화장실을 다녀온 뒤, 기저귀를 사용하는 영·유아 자녀를 돌본 뒤, 조리 전 등
2. 안전한 음식 섭취
   - 음식은 충분한 온도에서 조리하여 익혀 먹기
   ※ 비살균 우유, 날 육류 등은 피하고, 소고기는 중심 온도가 75℃ 1분 이상으로 가열하기
   - 물은 끓여 마시기
   - 채소·과일은 수돗물에서 깨끗하게 씻은 후 벗겨 먹기
3. 위생적으로 조리하기
   - 칼·도마는 소독하여 사용하기
   - 조리도구(채소용, 고기용, 생선용)는 구분하여 사용하기
4. 설사 증상이 있는 경우 음식 조리 및 준비에서 금지

● 장출혈성대장균에 대한 질문

1. 장출혈성대장균 감염증은?
   - 장출혈성대장균 감염에 의하여 출혈성 장염을 일으키는 질환입니다.
2. 장출혈성대장균 감염증 증상은?
   - 심한 경련성 복통, 오심, 구토, 미열 등과 설사 증상이 나타날 수 있습니다. 설사는 경증, 수양성설사에서 혈성설사까지 다양한 양상을 보이며, 증상은 5~7일간 지속된 후 대체로 호전됩니다. 그러나 용혈성요독증후군 합병증이 나타날 경우, 사망할 수 있습니다.
3. 장출혈성대장균 감염증 전파는?
   - 오염된 식품, 물을 통하여 감염되며, **사람-사람 간**도 중요한 전파 경로 입니다. 대부분 소고기로 가공된 음식물에 의하며, 집단 발생 사례는 조리가 충분하지 않은 햄버거 섭취로 보고된 바 있습니다.
4. 장출혈성대장균 감염증 예방 방법은?
   - 올바른 손 씻기 등 개인위생을 철저히 준수하고 육류 제품은 충분히 익히며, 생채소류는 깨끗한 물로 잘 씻어 섭취해야 합니다.

「추석 음식 건강하게 즐기기」

추석에는 온 가족들과 오순도순 모여 이야기도 하고 맛있는 음식도 먹게 됩니다. 이에 따라 가끔 소화가 되지 않아 힘들었던 경험이 있을 것입니다.
칼로리가 높은 추석음식과 건강한 조리방법, 위해 성분을 제거하는 방법 등을 안내하오니 다가오는 추석 건강하게 즐기세요.

● **칼로리가 높은 추석 음식 알아보기**

순	음 식	동일 칼로리
1	약과: 100g (3개) = 390kcal	– 쌀밥 1+1/2공기와 동일 칼로리 – 기름에 튀기고 설탕물에 입힌 음식이라 열량이 높습니다.
2	갈비찜: 100g (2.4개) = 320kcal	– 쌀밥 1+1/4공기와 동일 칼로리
3	송편: 100g(5개) = 280~300kcal	– 쌀밥 1공기와 동일 칼로리 – 콩송편이 깨송편보다 칼로리가 낮습니다.
4	전: 100g = 220kcal	– 쌀밥 3/4공기와 동일 칼로리 – 꼬지전 〉 동그랑땡 〉 동태전 순으로 칼로리가 낮습니다.
5	잡채: 100g = 200kcal	– 쌀밥 2/3공기와 동일 칼로리 – 일반적으로 1인은 한번에 140g 정도를 먹습니다.

● **건강하게 조리하기**

떡, 찜, 전 등 명절 음식은 평소 먹는 음식에 비해 열량도 높고 나트륨과 당이 많아 칼로리, 나트륨, 당을 줄이는 건강한 조리방법을 권장합니다.

순	종류	조리방법
1	나물류	– 기름에 볶는 조리 보다 데쳐서 무침으로 조리하기 – 미리 무쳐두면 채소가 숨이 죽고 수분이 나와 싱거워지므로 먹기 직전에 무치기
2	국류	– 다시마, 멸치 등으로 우려낸 육수를 기본으로 사용하기 – 덜 짜게 조리하기 위해 상에 올리기 직전, 간 맞추기
3	어육류	– 조림이나 튀김보다는 살코기 위주로 굽거나 삶아 조리하기
4	갈비찜, 불고기	– 양념은 설탕 대신 파인애플, 배, 키위와 같은 과일 사용하기 → 당도 줄이고 연육 효과도 있음
5	두부, 햄, 어묵	– 가공식품의 나트륨 함량을 줄이기 위해 뜨거운 물에 데쳐 조리하기
6	전	– 얇게 부치기

● **명절 음식의 위해 성분을 제거하는 방법**
대표적 명절 음식인 토란국, 고사리나물, 송편(콩류) 등에는 위해 성분을 일부 포함하고 있어 재료 준비 시 주의해야 합니다.
1. 토란(옥살산칼슘, 호모겐티신산): 끓는 물에 5분 이상 삶은 후 물에 담갔다가 사용
2. 고사리(프타킬로사이드): 끓는 물에 5분 이상 삶은 후 물에 담갔다가 사용
3. 콩류(렉틴): 5시간 정도 물에 불린 후 완전히 삶아서 사용

● **추석 음식 건강하게 섭취하기**
1. 개인 접시를 이용하여 먹을 만큼 적당히 덜어 먹기!
2. 국물보다는 건더기 위주로 먹기
3. 전 종류는 간장에 찍어 먹지 않기
4. 작은 크기(200㎖ 이하)의 국그릇을 사용하여 나트륨 섭취 줄이기
5. 빨리 먹으면 과식하기 쉬우니 천천히 먹기

「추석 음식 칼로리를 낮추는 방법과 음식궁합 알아보기」

추석은 한해 농사를 끝내고 오곡을 수확하는 시기이므로 가장 풍성한 명절입니다. 조상에게 고마움을 전하기 위해 맛있는 음식을 많이 준비하고, 이로인해 많이 먹게 됩니다. 추석 음식의 칼로리를 낮추는 방법과 소화에 도움이 되는 음식 궁합을 알려드리니 참고하시기 바랍니다.

● 추석음식 칼로리 낮추는 방법

1. **송편**: 송편은 대표적인 추석 음식이지만 소에 들어간 설탕 때문에 칼로리가 높다는 단점이 있습니다. 송편 열량은 개당 50kcal로 6개를 섭취할 경우 밥 한 공기의 열량인 300kcal가 됩니다.
   - 반죽에 호박을 넣으면 단맛이 올라가 설탕을 줄일 수 있고 열량을 내릴 수 있습니다.
   - 설탕을 반으로 줄이고 계피를 섞는 방법도 송편의 칼로리를 줄이는 방법입니다.
2. **전**: 전은 기름을 흡수하기 때문에 칼로리가 높고, 먹고 난 후에 속이 더부룩할 수 있습니다.
   - 전을 오븐에 하면 최소 100kcal를 줄일 수 있습니다.
3. **잡채**: 잡채는 당면과 고기, 채소 등을 기름에 볶기 때문에 열량이 높습니다.
   - 당면보다는 채소류와 버섯류를 많이 사용하고 당면의 질감은 곤약을 이용하면 식감과 맛을 모두 잡을 수 있습니다.
   - 곤약은 칼로리가 거의 없고, 식이섬유로 포만감을 주기 때문에 다이어트 효과도 있습니다.
4. **기타**: 탕류의 소고기는 양지 대신 사태로 바꾸면 약 10%(1회 분량)의 칼로리를 줄일 수 있고 갈비찜·불고기 대신 수육으로, 배추, 신김치 등과 함께 먹으면 영양 균형을 맞추는 데도 좋습니다. 특히 음식을 섭취할 때는 나물이나 채소 등 칼로리가 낮은 음식을 먼저 먹으면 포만감을 느껴 과식을 예방할 수 있습니다.

● 추석명절 음식 궁합

1. **송편+수정과**: 송편은 여러 가지 곡물로 만들어져 영양이 풍부하고 면역력 증진에 도움을 줍니다. 그리고 수정과는 장과 위를 보호하여 소화를 촉진 시키는 기능이 있어 두 음식을 같이 먹으면 항산화 효과를 40% 높일 수 있습니다. 하지만 두 음식 모두 칼로리가 높아 양을 조절하여 적당히 먹는 것이 좋습니다.
2. **잡채+매실차**: 잡채는 열량이 매우 높은 음식으로 많이 섭취하면 소화불량이 되지만 매실차와 함께 먹으면 매실의 신맛이 소화작용을 촉진 시켜 속을 편하게 해주고 소화를 도와줍니다.

3. **전+식혜**: 맛도 종류도 다양한 전은 명절 하면 빼놓을 수 없는 대표 음식이지만 기름지므로 속이 더부룩하고 소화불량이 되기 쉽습니다. 그러나 식혜와 함께 마시면 소화작용을 촉진 시켜 속을 편하게 만듭니다. 하지만 두 음식 모두 열량이 높아 적당히 먹는 것이 좋습니다.
4. **고기+배**: 고기 또한 명절에는 다양한 종류를 먹지만 기름진 음식이기 때문에 속이 더부룩해지고 텁텁하게 만듭니다. 고기를 먹은 후 배를 먹으면 속을 부드럽게 하며 배에 들어있는 풍부한 섬유소가 대장 운동을 도와주기 때문에 과식으로 인한 변비를 막아줍니다.

- **명절 음식 열량 낮추는 조리법**
  - 전은 두부나 버섯, 채소를 주재료로 활용하기
  - 부침 반죽이나 튀김옷은 되도록 얇게 하기
  - 전이나 부침은 키친타올을 사용하여 기름기 제거하기
  - 전을 데울 때는 프라이팬보다 오븐이나 전자레인지를 이용하기
  - 육류는 튀기거나 볶기보다 굽거나 삶아 조리하고 살코기 위주로 섭취하기
  - 나물의 경우 기름과 양념은 소량 사용하며, 볶지 않고 무침으로 조리하기

「추석음식 칼로리 낮추는 조리법 및 재활용 방법 알기」

먹거리가 풍성한 추석 명절에는 자신도 모르는 사이에 과식하게 됩니다. 고칼로리 음식이 걱정이라면 재료와 조리법을 달리해 칼로리를 줄이는 것도 하나의 방법입니다. 특히 오랜만에 친척들이 한자리에 모이는 만큼 넉넉하게 음식물을 준비했다가 남은 음식 때문에 고민한 경험도 있을 겁니다. 추석 음식 칼로리를 낮추는 방법과 재활용 방법을 다음과 같이 안내하오니 참고하시기 바랍니다.

● 추석음식 칼로리 낮추는 조리법 알아보기

음식명	조리법
송편5개	- 맵쌀 반죽에 쑥, 모시잎, 수리취를 넣으면 약 16~20%의 칼로리↓ - 소는 설탕+깨 대신 단백질 함량이 높은 콩을 넣으면 약 10%의 칼로리↓
갈비찜1인분 (약531kcal)	- 녹찻물에 갈비를 삶아 식힌 뒤 굳은 지방 제거하기 - 불고기(370kcal)나 닭찜(280kcal)으로 대체하기
잡채1인분 (약189kcal)	- 당면 대신 곤약, 우엉채를 사용하여 포만감↑, 칼로리↓ - 재료를 한꺼번에 볶아 기름(1큰술 = 약 50kcal)사용량 줄이기
전1인분 (약100kcal)	- 붙지 않는 팬 또는 기름 대신 중간에 물을 넣어 재료 익히기 - 에어프라이어를 사용하면 약 25%의 칼로리↓
기타	① 식혜는 설탕 대신 인공감미료 사용하기 ② 볶음 요리는 재료를 미리 데치거나 센 불로 단시간에 익혀 기름 사용량 줄이기 ③ 튀김이나 구이보다는 조림이나 찜 요리법 선택하기 ④ 부침 요리는 팬을 뜨겁게 달군 다음 기름을 종이로 살짝 닦아 낸 후 조리하기 ⑤ 튀김 요리는 기름이 충분히 달궈진 상태에서 튀겨낸 후 냅킨을 사용하여 기름 흡수하기

추석에 남은 음식물 재활용 방법

음식명	재료	조리법
딱딱 해진 송편	송편, 설탕 또는 쌀엿, 해바라기유, 그리고 있으면 깐밤, 대추	① 끓는 물에 밤, 대추를 데치고 기름을 두른 팬에 밤과 송편을 넣고 볶다가 양념장(간장, 마늘, 쌀엿, 설탕)과 대추를 넣고 윤기 나게 조림
밥나물전 (남은 나물과 밥)	고사리, 도라지, 시금치 등 남은 나물과 밥, 해바라기유, 간장, 와사비	① 남은 밥과 나물을 치대면서 섞어 납작하게 모양을 만든 후 팬에 노릇노릇하게 지져 와사비 간장에 찍어 먹음
전유어 색다르게 먹는 법 (전유어전골)	남은 전유어, 고기류, 무, 대파, 다시마, 마늘, 간장, 소금, 후추, 쑥갓, 홍고추	① 다시마 육수에 고기류를 넣고 끓이다가 나박 썬 무를 넣은 후 간장, 소금, 후추로 간함 ② 전유어는 끓인 물을 뿌려 기름기를 제거한 후 ①에 넣고 대파, 다진 마늘을 넣어 한소끔 끓임 ③ 홍고추와 쑥갓은 마지막에 넣음 ※ 당면을 넣어도 좋음

「추석 식품 보관요령 및 식중독 예방법 바로 알기」

추석 명절은 일교차가 심하고 한 번에 많은 음식물을 만들어 보관함으로 식재료 구입부터 조리, 보관, 섭취까지 각별한 주의가 필요합니다. 이에 제수용품 등 식품 보관요령, 성묘시 식중독 예방요령을 다음과 같이 안내하오니 참고하시기 바랍니다.

● 제수용품 등 식품 보관요령
- 제수용 과일인 사과, 배, 감 등은 에틸렌가스를 방출하기 때문에 바나나, 양배추 등 채소·과일을 상하게 할 수 있어 따로 보관해야 합니다.
- **채소·과일은 수돗물에 1~2분 담근 후 흐르는 물에 3회 이상 반복 세척 합니다.**
  - 생으로 섭취하는 채소·과일은 미생물 오염 우려가 있어 채소·과일용 1종 세척제로 씻어야 합니다.
  - 잔털이나 주름이 많은 채소, 뿌리·줄기 부분의 흙 등은 이물 제거가 어려우므로 깨끗하게 씻어야 합니다.
- 수산물은 구입 후 사용할 양 만큼 나누어 비닐 랩 등에 싸 **다른 식품과 구분**하여 냉장·냉동고에 **위생적으로 보관**하고 가급적 날짜를 표시, 구입한 순서대로 사용해야 합니다.
  - 활어나 선어를 구입하여 보관할 경우 내장과 생선에 남아있는 수분을 충분히 제거한 후 냉장 또는 냉동해야 합니다.
  - 냉동 수산물은 필요한 만큼만 해동하여 사용하고 남으면 미생물 증식 등 변질·부패 되기 쉬우므로 폐기해야 합니다.
- **육류는 형태에 따라 보관방법**이 달라지므로 다음과 같이 보관해야 합니다.
  - 얇게 썬 고기: 단면이 넓어 상하기 쉬우므로 개봉 즉시 요리하고 잔량은 바로 냉동 보관합니다.
  - 두껍게 썬 고기: 냉장은 1~2일을 넘기지 않도록 하고, 여러 장 겹쳐 보관하면 겹친 부분의 색이 변하므로 랩이나 비닐을 끼워 보관해야 합니다.
  - 다진 고기: 부패 속도가 매우 빨라 구입 즉시 물기를 제거한 후 밀봉하여 보관하며, 냉장에서는 1~2일, 냉동은 2주를 넘기지 않도록 합니다.
- 달걀은 냉장 보관 시 바로 먹는 채소와 직접 닿지 않도록 주의해야 합니다.

성묘 시 식중독 예방요령
◎ 성묘 시 준비한 음식물을 트렁크에 보관하면 미생물이 증식, 식중독을 일으킬 수 있어 가급적 아이스박스, 아이스팩 등을 이용, 10℃ 이하 냉장 상태로 운반하며, 성묘 후 준비한 음식을 먹기 전에는 반드시 손을 깨끗이 씻거나 물티슈로 닦아야 합니다.
  ※ 미생물 성장예측모델(36℃에서 식중독균 증식 정도)
   0시간(2,630마리) → 1시간(9,300마리) → 2시간(52,000마리) → 3시간(370,000마리)
- 덜 익은 과일, 독버섯 등을 함부로 채취·섭취하지 않으며, 안전성이 확인되지 않은 계곡물, 샘물은 마시지 않도록 합니다.(마실 물은 가정에서 준비)

◎ 음식물을 섭취한 후 구토, 설사 등 식중독 의심 증상이 있는 경우 가까운 병·의원에 방문, 의사의 지시에 따라야 합니다.

「어린이 기호식품 품질인증」

어린이들이 가장 좋아하는 간식은 무엇일까요? 소비자단체가 조사한 바에 따르면 어린이들이 가장 좋아하는 간식은 영양소는 없고 열량만 높은 정크푸드 였습니다. **정크푸드(Junk food)란 열량은 높은 데 필수 영양소가 부족한 고칼로리의 햄버거나 피자, 핫도그 같은 패스트푸드와 인스턴트식품을 일컫는 말입니다.** 정크푸드는 아무리 젊고 건강한 사람도 와플, 패스트푸드, 밀크셰이크와 같은 음식을 일주일만 먹으면 기억력이 떨어진다고 합니다. 따라서 아이들의 간식 선택은 매우 중요합니다. 아이의 건강을 위해 더 좋은 간식을 주고 싶은 것이 부모 마음입니다. 맛있고 영양소가 풍부한 음식을 주고 싶지만, 화려한 포장과 문구로 도배된 온갖 식품들이 아이와 부모를 유혹할 때가 많습니다. 아이를 위한 건강 간식, 어떻게 골라야 할까요?

❀ 과자를 고를 때는?

어린이들이 즐겨 먹는 초콜릿, 케이크와 같은 간식에 어떤 첨가물이 들어 있는지 알아야 합니다. 대부분의 과자류에는 '가면을 쓴 살인자'라는 아질산나트륨이 들어 있습니다. 따라서 과자류 등 간식 선택 시 꼼꼼히 성분을 확인해야 합니다.

과자류에는 영양성분이 표시되어 있습니다. 영양성분은 과자류에 들어있는 트랜스 지방, 당류, 나트륨 함량 등을 표시한 것입니다. **세계보건기구(WHO)에서는 트랜스 지방 섭취 기준을 하루 필요 열량의 1% 미만으로 권고하지만, 아이들 기준으로 계산해 보면 되도록 0%인 제품을 선택**하는 것이 좋습니다. 또한 팜유가 아닌 포도씨유나 해바라기씨유 등으로 만든 과자를 선택해야 합니다. 팜유는 장기 섭취 시 혈관을 막고 콜레스테롤을 높일 수 있습니다. 또 '~맛 분말'이라고 쓰인 재료는 조리첨가물입니다. 조리첨가물은 더 강한 감칠맛을 내기 때문에 피하는 것이 좋습니다.

❀ 음료수를 고를 때는?

아이들이 과자만큼 많이 섭취하는 것은 바로 음료입니다. 그냥 물을 마시는 것이 가장 좋지만 아이들이 원하기 때문에 어쩔 수 없이 음료수를 선택하는 경우가 많습니다. 귀여운 캐릭터 등에 담긴 음료는 '어린이용'이라 해서 비교적 안전하다고 생각하기 쉽습니다. 하지만 어린이용도 산도나 당류 함량이 일반적인 탄산음료와 비슷한 수준일 때가 많습니다. 과일주스 역시 '과일 향을 넣은 설탕 주스'에 불과한 경우도 많아 설탕과 마찬가지인 '액상과당' 함량을 꼭 확인해 주시기 바랍니다.
혼합음료 과즙 함량 10% 미만/과채음료 과즙 함량 10~95% 사이/과채주스 과즙 함량 95% 이상
아이들의 **음료수 선택 시 당 함량은 낮고 과즙의 함량 비율이 높은** 것을 선택하여 주세요.

「음식물쓰레기 줄이기와 올바른 식품 보관법」

음식물쓰레기는 음식물의 생산·유통·가공·조리·보관·소비과정 등에서 발생하며 환경오염의 주범입니다. 음식물쓰레기 줄이기 실천 방안과 올바른 식품 보관법을 안내하오니 각 가정에서도 실천해 주시기 바랍니다.

🌸 가정에서의 음식물쓰레기 줄이기 생활 실천
- 식단 계획을 세워 필요한 식품만 구입
- 냉장고에 들어있는 식품을 온 가족이 알 수 있도록 규칙이나 소통방법 마련하기
  • 냉장고 문에 포스트잇이나 메모지 활용 등
- 냉장고에 넣을 땐 구입날짜 순서대로, 속이 보이는 그릇 사용하기
- 생식품은 바로 손질해서 조리한 후 보관하기
- 가족의 건강과 식사량에 맞추어 조리하기
- 음식물을 남기지 않고 먹는 습관 형성하기
- 지나치게 짜거나 맵지 않도록 조리하기
- 음식물쓰레기는 분리수거 하기

🌸 음식물쓰레기를 줄이는 올바른 식품 보관법
- 밥과 빵: 남은 밥은 한 번에 먹을 양만큼 1~2㎝ 두께로 랩에 싸서 냉동보관(빵, 떡도 냉동보관)
- 감자류: 껍질 벗긴 감자류는 물에 식초를 몇 방울 섞어 담가두면 3~4일이 지나도 색이 변하지 않고 맛도 그대로 유지
  (식초 물은 감자가 푹 잠길 정도로)
  ※ 껍질을 벗기지 않은 감자는 햇빛이 통하지 않는 봉지에 담아 구멍을 뚫어 서늘한 곳에 보관
- 얇게 썬 고기: 공기를 완전히 뺀 후 비닐 팩에 넣어 냉동보관, 사용하고 남은 고기는 다진 양파, 소금, 후추를 넣고 볶아 냉동실에 보관
- 덩어리 고기: 1회 사용량만큼씩 기름을 바르고 랩에 싸 냉동실에 보관
  (신선도와 맛 유지)
- 햄, 소시지: 필요한 양만큼 잘라 사용하고 남은 햄, 소시지는 랩으로 싸 냉장 보관(자른 부위는 술, 식용유를 발라 보관)
- 생선: 내장을 제거한 후 씻어 물기를 없애고 소금을 뿌려 배 부분에 키친타월을 끼워 보관

(공기와 접촉 후 산화되지 않도록 랩으로 싸 냉장 보관/2일 정도 보관 가능)
- 조개: 바로 조리하지 않으면 종이봉투에 넣어 냉동보관/해감 한 것은 소금물에 담가 냉장실 보관
- 달걀: 신선도를 유지하려면 껍질의 둥근 쪽을 위로해서 보관
  (둥근 쪽은 달걀이 호흡하는 면)
- 두부: 물을 부어 냉장 보관/좀더 오래 보관하려면 살짝 데친 후 물을 부어 냉장 보관
- 파: 잘게 썬 것은 밀폐 용기에 담아 냉동, 많은 양의 파는 종이에 둘둘 말아 냉장실 보관
- 호박: 그늘진 곳에 보관/자른 호박은 랩에 싸 보관/일주일 이상 보관할 경우 씨와 내용물을 제거한 후 랩으로 싸 냉장 보관
- 당근: 씻지 않은 채 종이에 싸 보관(물기가 있으면 썩게 되므로 물기 제거가 중요)/물로 씻은 당근은 키친타월로 싸서 비닐 팩에 담아 보관
- 마늘: 상온에서도 보존성이 높지만 깐 것은 다른 식품에 냄새가 배지 않도록 밀폐 용기에 담아 냉장 보관
  (껍질을 벗기지 않은 마늘은 비닐 팩에 넣어 냉동보관 가능)
- 양파: 습기가 차면 상하기 쉬워 망에 담아 통풍이 잘되는 곳에 두면 비교적 오래 보관
  (초봄에 수확한 햇양파는 수분이 많아 쉽게 상하므로 냉장 보관)
- 무: 잎이 달린 경우는 떼어 낸 후 보관(잎을 그대로 두면 수분이나 양분이 잎의 성장을 위해 올라가기 때문에 신선도 떨어짐)
- 사과: 다른 채소와 닿지 않도록 하나씩 종이에 싸 비닐봉지에 넣은 후 냉장 보관
- 바나나: 종이에 싸 실온(서늘한 곳) 보관/잘 익은 바나나는 껍질을 벗겨 비닐 팩에 넣은 후 냉동보관
- 토마토: ①덜 익어 푸른색을 띠는 토마토는 키친타월로 하나씩 싸서 꼭지가 아래로 향하게 한 후 빨갛게 숙성되도록 상온에 두고 ②숙성된 완숙 토마토는 실온에 장시간 두면 쉽게 상할 수 있어 냉장 보관
  ※ 냉장 보관할 때는 세척 하여 잔류 농약과 먼지를 제거하고 물기를 닦은 다음 꼭지를 떼어낸 후 보관
  ※ 토마토는 에틸렌(Ethylene)에 민감하여 사과·배·오렌지 등(에틸렌 생성 식품)으로부터 분리하면 더 오랫동안 신선하게 보관 가능
- 우유: 5℃ 이하에서 보관, 소비기한 내에 소비
- 통조림: 개봉한 후 반드시 다른 용기에 옮겨 밀봉한 다음 냉장 보관

「가정에서의 음식물쓰레기 감량 방법 안내」

음식물쓰레기는 학교, 가정, 음식점 등에서 버리거나 먹고 남긴 음식물, 조리과정 중에 다듬고 버리는 쓰레기, 소비기한 경과로 그냥 버리는 식품 모두를 말합니다. 음식물쓰레기는 음식의 낭비, 악취와 같은 나쁜 냄새, 동시에 처리 비용이 많이 들기 때문에 이를 줄이기 위한 노력을 해야 합니다. 각 가정에서도 음식물쓰레기 줄이기에 적극 동참해 주시기 바랍니다.

● **식단 계획은?** (가족의 활동량과 건강상태 등을 고려한 식단 계획)
  − 적절한 양과 다양한 종류의 식단 계획
    • 한 끼의 반찬 수는 밥과 국, 김치를 제외하고 3종류 정도
  − 반찬 계획 시
    • 냉장고에 남아있는 식품 재료 확인 및 활용 계획
    • 새로운 재료 구입 시 판매단위를 고려, 여러 번에 나누어 먹을 수 있도록 다양하게 계획
    • 남은 음식은 새로운 조리방법을 이용하여 재활용할 수 있도록 계획

● **식품 구매 시**
  − 식품을 구매하기 전에는 반드시 냉장고에 남아있는 식재료 확인
  − 식품 구매는 계획된 식단에 맞추어 필요한 식재료만 구입
  − 소량 단위로 구입하고 대량 구매 시 다양한 조리법을 활용, 남김없이 먹을 수 있도록 계획
  − 제조 일자 등을 확인하고 신선한 식품을 구입, 보관에 따른 식품의 변질 방지(저장 기간 고려)
  − 구매 직후 재료를 손질하여 1회 분량씩 나누어 저장

● **재료의 구매계획**
식단 계획 → 일주일간 필요한 식품의 종류와 양 계산 → 냉장고에 남아있는 식재료의 종류와 양 확인 → 구매해야 할 식품의 종류와 양 기록 → 필요한 만큼 적합한 단위로 구매

● **음식을 조리하거나 상차림 할 때**
  − 조리는
    • 한 끼에 먹을 수 있는 양만큼만 소량씩 조리
    • 조리 시 적절한 크기의 용기 사용

- 음식의 간은 싱겁게
  (지나친 염분 섭취는 건강에 해로우며 음식물을 남기는 원인)
- 국이나 찌개의 국물은 되도록 적게 잡고, 1인 분량을 생각하면서 조리
- 계량컵 등 계량기기의 사용을 습관화
- 상차림은
  - 알뜰한 식단 계획으로 적정한 양의 상차림 생활화
  - 음식을 푸짐하게 담아야 한다는 관념을 버리고 적절한 용기에 약간 모자란 듯하게 담음
  - 손님 접대 시 불필요한 반찬 수를 줄이고 맛있는 음식 몇 가지만 제공

식사 시
- 가족의 한끼 분량을 준비하고 남김없이 먹을 수 있도록 지도
  - 성별, 나이, 체격조건, 활동량에 따라 필요한 영양소의 종류와 양이 다르므로 가족에게 필요한 양을 먼저 알고 있어야 함
- 외식 시 나에게 알맞은 분량을 주문하여 섭취

음식물쓰레기를 버릴 때는?
- 음식물쓰레기에 불순물이 섞이지 않도록 반드시 선별·분리하기
- 음식물쓰레기의 물기를 충분히 제거한 후 배출하는 습관 기르기
- 배출 봉투는 가급 적 작은 크기로 사용하기
- 찌개류 등 국물이 많은 음식은 국물을 버린 후 봉투에 넣어 배출하기

「나트륨을 줄이는 실천지침과 조리법 알기」

● **나트륨을 줄이는 실천지침**
  - **1단계: 식품을 선택할 때**
    • 가공식품보다는 자연식품 선택(간식은 과자보다는 과일)
    • 가공식품은 영양표시를 확인하고 나트륨 함량이 낮은 식품 선택
    • 장아찌, 젓갈, 염장 미역 등 염장식품의 선택 줄이기
    • 생선은 자반보다 날생선 선택
  - **2단계: 조리할 때**
    • 음식물은 상차림 직전에 간하기
    • 소금은 적게 넣고 향미 채소나 향신료를 첨가하여 맛내기
    • 생선 자반, 염장 미역 등 소금에 절인 식품은 소금기를 충분히 빼고 조리하기
    • 라면 등 즉석식품은 스프의 양을 적게 넣고 햄, 어묵 등은 데쳐 사용하기
  - **3단계: 식사할 때**
    • 국그릇은 작고 국물은 적게 먹기
    • 김치는 작은 그릇에 썰어서, 하루 한끼는 김치 대신 생채소나 초절임 먹기
    • 소금 배출 식재료(감자, 오이, 부추, 버섯 등)와 함께 먹는 습관 형성 하기
    • 외식 시 영양표시 확인, 음식 주문 시 소스나 양념을 따로 제공할 수 있도록 요청 하기

● **나트륨을 줄이는 조리방법**
1. 염도계를 사용합니다.
   (맑은국 0.6% 이하/된장국 0.6% 이하/매운국 0.7% 이하/탕, 찌개류 0.8% 이하)
2. 신선한 채소나 과일을 갈아서 만든 양념장이나 소스를 사용합니다.
3. 멸치, 다시마, 파 뿌리, 양파, 무, 버섯, 조개류 등을 혼합한 육수를 국, 찌개, 조림 등에 사용합니다.
4. 매실청, 양파, 마늘, 생강 등으로 고기를 밑간합니다
5. 대파, 마늘, 생강 등 향이 나는 채소를 볶아 향신 기름으로 사용합니다.
   (소금 사용량 줄임)
6. 소금보다는 간장, 고추장, 된장을 많이 이용하고, 조리 마지막에 간을 합니다.
7. 나트륨과 반대 작용을 하는 칼륨이 많은 쑥갓, 시금치, 마늘, 버섯, 오렌지 등의 섭취를 확대합니다.
8. 어묵, 햄, 두부, 면류 등을 조리할 때는 끓는 물에 데쳐 가공식품의 첨가물을 제거합니다.

자료: 식품안전나라

「자녀 비만 예방을 위한 지침 알아보기!」

보통 비만은 체중이 많이 나가는 것으로 생각하지만 정확하게 비만이란 신체 내에 쌓인 지방이 정상보다 높은 경우를 말합니다. 즉, 신체 활동으로 소비된 칼로리 보다 음식물로 섭취된 칼로리가 많은 경우 칼로리가 지방조직이 되어 몸속에 쌓이는 것입니다. 자녀의 비만 예방을 위한 안내 자료이니 참고해 주시기 바랍니다.

❁ 비만의 문제점은?
- 운동 능력이 저하 됩니다.
- 소아비만은 60~80% 정도가 성인 비만으로 이어집니다.
- 성인 비만은 성인병의 원인이 됩니다.
- 심리적·정서적인 문제가 유발됩니다.
- 소아비만의 경우 지방 세포 수가 증가합니다.

❁ 비만의 원인은?
① 잘못된 식습관
  - 고열량 저영양 식품을 선호합니다.
  - 폭식, 야식 및 식사속도가 빠르고 많이 먹는 경향이 있습니다.
② 운동 부족/섭취 열량과 소비 열량이 불균형적입니다.
③ 유전적 요인/부모가 비만이면 아이도 비만이 될 확률이 높습니다.
④ 스트레스와 욕구불만이 많습니다.

❁ 비만을 만드는 부모의 생활 습관
- 조림보다는 볶음, 튀김 요리를 자주 하며 대부분 짠 음식을 좋아하는 편입니다.
- 식단을 작성할 때 자녀가 좋아하는 음식을 우선으로 생각합니다.
- 생선보다는 육류 위주의 식사를 합니다.
- 식사 시간이 일정하지 않습니다.
- 주기적으로 패스트푸드 등의 음식을 즐기고 일주일에 1회 이상 외식을 합니다.
- 늦은 시간에 야식을 자주 합니다.
- 남기지 말고 빨리 먹으라고 재촉합니다.
- 간식은 항상 충분히 줍니다.

❁ 비만인 자녀를 위해 가족이 지켜야 할 지침
- 식사 시간은 규칙적으로 하고 식사와 식사 사이에 1~2회 과일이나 채소 등 섬유소가 많은 식품 위주로 간식을 줍니다. (과자류 가급 적 피함)
- 자녀와 함께 음식을 준비하고 계획하며 식사를 거르지 않도록 합니다.
- 식사 시 배가 부르면 그만 먹게 하고 최소한 15분 이상 천천히 먹도록 해야 합니다.
- 음식은 물론 간식도 일정한 장소에서 먹게 합니다.
- 자녀의 눈에 보이지 않게 음식을 보관하고, 음식을 요구할 경우 정말로 배가 고픈지 확인합니다.
- 음식을 상벌에 이용하지 않으며 TV 등에서 음식 광고가 나오면 채널을 돌리는 것도 하나의 방법입니다.
- 자녀와 야외 활동 시간을 자주 갖고 운동도 함께 하는 것이 좋습니다.

🌸 요리할 때는 이렇게 해주세요.

- 고기에 붙은 지방은 아깝다고 그냥 사용하지 말고 반드시 제거한 후 요리합니다.
- 닭, 오리 같은 가금류는 껍질을 벗기고 요리하는 것이 좋습니다.
- 볶음 요리를 할 때는 프라이팬에 붙지 않을 정도로만 기름을 사용합니다.
- 육즙이나 고깃국은 식었을 때 기름을 걷어 낸 후 요리합니다.
- 채소의 양념에는 기름을 넣지 않고 담백한 간장·마늘 소스를 사용하는 것이 좋습니다.
- 요리재료는 전지분유, 버터, 일반 치즈보다 탈지분유나 무지방 치즈를 사용합니다.
- 모든 음식은 싱겁게 요리하고 천연 향신료를 사용하여 음식 자체의 맛을 즐기는 것이 좋습니다. 소금과 고추 등의 양념을 과도하게 사용한 음식을 많이 먹게 되면 식욕이 더욱 왕성해져 밥을 더 많이 먹게 됩니다.
- 다이어트를 쉽게 하는 방법은 채소를 자주 먹는 것입니다. 제철 채소를 먹을 수 있도록 항상 준비해 놓습니다.
- 고기 요리 시 항상 고기양의 두 배 이상 채소류를 준비하여 고기로만 배를 채우지 않도록 합니다.

「지방 섭취를 줄여 보세요!」

지방은 체내의 중요한 에너지원이며 체온을 유지하고 장기를 보호하는 등 신체의 적절한 성장·발육·유지에 중요한 역할을 합니다. 하지만 지나치게 많이 섭취하게 되면 비만, 심혈관계질환 등을 유발시킬 수 있으므로 주의해야 합니다.

지방의 종류

포화지방	불포화지방	트랜스지방

• 동물성 지방에 많고 실온에서 고체 형태(생선기름은 불포화지방이 많아 액체 상태) • 삼겹살, 베이컨, 소시지, 팜유, 코코넛유, 유제품, 라면, 냉동식품, 과자 등에 많음	• 주로 식물성 기름에 많고 실온에서 액체 형태(팜유, 야자유 제외) • 혈중 콜레스테롤을 감소시키기도 하나 과다 섭취 시 심혈관계 질환 위험 증가 • 올리브유, 카놀라유, 대두유, 옥수수유, 등푸른생선, 견과류 등에 많음	• 포화지방과 비슷하며 실온에서 고체 형태 • 체내 나쁜 콜레스테롤은 증가시키고 좋은 콜레스테롤은 낮추어 건강에 해로움 • 마가린, 케이크, 팝콘, 감자튀김, 튀긴 식품 등에 함유

지방 섭취 줄이기

1 식품 구입 Tip
- 과자 등 가공식품 구입 시, 영양성분표시의 '**트랜스지방**', '**포화지방**' 함량을 확인
- 빵 구입 시, 마가린이 적게 들어간 **퍽퍽하고 다소 거친 식감**의 제품 선택
- 육류 구입 시, 지방과 껍질이 적은 부위 선택

2 식품 조리 Tip
- 조리 시 **식물성 기름**(대두유, 옥수수유, 올리브유 등) 사용
- 닭고기, 오리고기는 껍질 등 지방을 제거하고 살코기를 사용
- 기름에 튀기는 대신 '**굽고, 조리고, 찌고, 데쳐**' 먹는 조리법 선택
- 튀기는 경우, 키친타올 등을 사용하여 기름기를 제거하여 제공
- 튀김용 식용유는 **재사용하지 않음**
- 식용유는 **밀봉 후 어두운 곳에 보관**하여 산패로 인한 트랜스지방 생성을 막음

2 식품 섭취 Tip
- 가공식품, 패스트푸드 보다는 **자연식품 섭취**
- 트랜스지방 함량이 높은 가공식품(팝콘 등)의 **과다 섭취 자제**

자료: 식품의약품안전처 식품안전나라

「올바른 간식 선택 방법 알기」

안전하고 영양을 고루 갖춘 우리 아이 간식, 어떻게 고르면 좋을까요?

1. 어린이 기호식품 품질인증을 확인해야 합니다.

어린이 기호식품 품질인증 식품이란?

어린이 기호식품 중 안전하고 영양을 고루 갖춘 제품에 대해 심사하여 품질인증

* (기준) ①HACCP 제품, ②당류·포화지방 및 열량이 적고 단백질·비타민·무기질·식이섬유 등의 영양성분을 강화한 식품, ③식용 타르색소 및 보존료를 사용하지 않은 식품

(단위: 개, '23년 6월 기준)
- 과채주스 298
- 과채음료 49
- 혼합음료 41
- 발효유류 18
- 가공유류 17
- 캔디류 15
- 과자 13
- 빙과류 4
- 유산균음료 2
- 어육소시지 2

2. 어린이 기호식품 품질인증 기준

● **안전기준**
 - 축산물 안전기준(HACCP)에 적합한 가공식품
 - 모범업소에서 만든 조리식품

● **영양에 관한 기준(1회 제공량 기준)**
 - 단백질, 식이섬유, 비타민(A, B_1, B_2, C), 무기질(칼슘, 철분)이 강화된 식품
 - 고열량, 저영양 식품 제외
 - 당류 첨가 안 한 과·채주스

● **식품 첨가물 사용기준**
 - 식용타르색소 사용금지
 - 합성보존료 및 기타 화학적 합성품 일부 사용금지

3. 어린이 기호식품

구분	가공식품	조리식품
간식용	○ 과자류 중 과자(한과류 제외)/캔디류 ○ 빵류 ○ 초콜릿류 ○ 어육가공품 중 어육소시지 ○ 유가공품 중 가공유류/발효유류(발효버터유 및 발효유분말 제외) ○ 음료류 중 과·채주스/과·채음료/탄산음료/유산균음료/혼합음료 ○ 빙과류 중 빙과/아이스크림류	제과·제빵류 및 아이스크림류
식사대용	○ 면류(용기면만 해당) ○ 즉석섭취식품 중 김밥/햄버거/샌드위치	햄버거, 피자

자료: 식품안전나라

「식품 속 숨겨진 숫자의 비밀 알아보기」

식품이나 용기 등에는 다양한 숫자가 새겨져 있습니다. 우리는 이러한 숫자에 대해 별 생각 없이 무심코 지나치는 경우가 허다합니다. 하지만 숫자에는 생각보다 많은 다양한 내용이 담겨져 있습니다. 가정에서도 알쏭달쏭한 식품 속 숫자, 꼼꼼하게 살펴보고 구매하여 가족의 건강을 챙겨 주시기 바랍니다.

● **식품 속 숨겨진 숫자는?**

수입 과일	• 3으로 시작하는 네 자리 숫자: 방사선 조사 식품 • 4로 시작하는 네 자리 숫자: 전통 재배 식품 • 8로 시작하는 다섯 자리 숫자: 유전자 변형 식품 • 9로 시작하는 다섯 자리 숫자: 유기농
매일 우유	• 매일유업은 저지방 우유 라인을 세분화하여 이를 알리기 위해 숫자 활용 • 저지방 라인은 무지방(0%), 저지방(1%, 2%), 일반우유(4%) 등 3가지 카테고리로 구성 • '매일우유 무지방&고칼슘 0%' '저지방&고칼슘 1%' '저지방&고칼슘 2%' 이와 같이 제품 이름에 숫자 적용
플라스틱 용기	• 1 페트(PETE)는 음료수병, 생수병, 소스병 등에 사용하고 일상생활에서 가장 많이 접하는 플라스틱(재활용 가능) • 2는 고밀도 폴리에틸렌(HDPE)으로 만들어진 제품, 샴푸 및 세제 용기, 주방용기 등에 활용(재활용 가능) • 3은 폴리비닐클로라이드로 만들어진 제품(인조가죽 신발이나 가방, 비옷 등을 만드는데 사용) • 4는 저밀도 폴리에틸렌으로 만들어진 제품, 단단하지 않고 투명한 것이 특징(비닐봉지·장갑, 식품용기 마개 등에 쓰임) • 5는 질량이 가볍고 내구성이 강한 폴리프로필렌(PP)으로 만들어진 제품(컵, 도시락, 주방 소도구 등에 사용) • 6은 폴리스티렌(PS)으로 만든 제품(요구르트병에 많이 활용) • 7은 다양한 플라스틱을 혼합하여 만든 제품으로 재활용 불가
양조 간장	• '양조간장 501'의 501은 단백질 함량 • 보통 간장의 단백질 함량이 1.5% 이상이면 고급 품질 • 숫자 1과 5를 이용해 단백질 함량이 1.5%라는 것을 알리는 동시에 '501'이라는 고유 브랜드 출시

출처: 식품안전나라

「식품 숫자의 비밀 알아보기」

● 스티커 번호의 비밀(수입과일 PLU코드)

누구나 한 번쯤은 수입 과일에 붙여진 숫자 스티커를 본 적이 있을 겁니다. **4~5자리의 해당 숫자들은 가격**을 인식하고 그 과일의 재배 방법을 알려주는 'PLU(Price-Look Up) 코드'입니다.
스티커 숫자가 3 또는 4로 시작하면 일반적인 재배 방식, 즉 농약이나 화학비료를 사용했을 가능성이 있습니다. **스티커 숫자가 9로** 시작하면 유기농 제품입니다.
예) 같은 오렌지라도 41210이면 일반재배, 941210이면 유기농 오렌지입니다.

● 용기제질의 비밀 의미

 페트(PET)

 고밀도폴리에틸렌(HDPE)

 염화비닐(PVC)

 저밀도 플라스틱(LDPE)

 폴리프로필렌(PP)

 폴리스티렌(PS)

1~6 복합된 재질이거나 그 외 소재

그 외 다른 숫자도 있습니다. 몇번 기계에서 생산됐는지 알려주는 번호입니다. 예컨대 'HTB-12'라는 코드는 HTB12라는 기계에서 찍혀져 나왔다는 뜻입니다.
관리 차원에서 제조사가 찍어 놓은 숫자입니다.

● 계란 껍데기 숫자의 비밀

지역번호

서울	01	부산	02	대구	03	인천	04	광주	05
대전	06	울산	07	경기	08	강원	09	충북	10
충남	11	전북	12	전남	13	경북	14	경남	15
제주	16	세종	17						

자료: 식품안전나라

「달걀 껍데기 표시 정보 알기」

식품의약품안전처는 산란일자가 표시된 달걀만 유통·판매하도록 '달걀 껍데기 산란 일자 표시제'를 시행하고 있습니다. 각 가정에서는 산란 일자가 표시된 달걀을 사용하여 가족의 건강관리에 만전을 기해 주시기 바랍니다.

가. 산란일자 표시방법(「식품 등의 표시기준」제 2018-108호)

표시사항	표시방법
산란일자(4자리)	(예시) 7월 29일 → 0729
생산자 고유번호(5자리)	(예시) M3FDS *'식품안전나라 〉 위해예방 〉 달걀농장정보'에서 검색가능
사육환경번호(1자리)	(예시) 2 * 1 방사, 2 평사, 3 개선케이지, 4 기존케이지
⇒ 산란일자 표시 예시: 0729M3FDS2	

● 달걀껍데기 산란일자 표기 개정 전후 비교

기존 (2018년 8월23일~2019년 2월22일)
M3FDS 2
생산자 고유번호 / 사육환경

변경 후 (2019년 2월23일~)
0223 M3FDS 2
산란일자 / 생산자 고유번호 / 사육환경

● 앞으로 바뀌는 난각코드

2018년 8월23일 사육환경표시제 시행
1228 AB38E 2
- 산란일 12월 28일 산란 (2019년 2월부터 표기)
- 생산농장의 고유번호 어디 소재의 어느 농장인지를 표기 (영문과 숫자 포함)
- 사육환경을 뜻함
  1 - 방사 (축산법 산란계 자유방목 기준 충족 시)
  2 - 축사내 평사
  3 - 개선된 케이지(0.075㎡/마리)
  4 - 기존 케이지(0.05㎡/마리)

나. 산란일자 표시 확인 관련 안내(식품의약품안전처)

○ 기계 작동 오류로 인한 표시 누락, 유통과정 중 결로 등으로 인해 비의도적으로 표시가 지워진 달걀이 최소 포장단위(10~30개/팩) 중 10% 이하*로 존재할 경우는 미표시로 인한 행정처분은 면제합니다.
  (10~30개 팩으로 포장된 달걀의 경우 1~2개 달걀 껍데기 표시가 지워졌어도(또는 누락) 나머지 달걀로 산란 일자 등 확인 가능한 점을 고려)
  * 인정범위: 10개/팩 → 1개, 15개/팩 → 2개, 30개/팩 → 3개

달걀껍질 활용법
- ▲ 표백제로 활용: 표백제 대신 달걀 껍데기를 사용해 빨래를 삶으면 얼룩이 없어지고 하얗게 됨
- ▲ 화분 거름으로 활용: 달걀껍데기를 부수어 거름으로 활용하면 껍데기 속 칼슘이 병충해 방지
- ▲ 병 세척에 활용: 입구가 좁아 세척 하기 힘든 병을 세척 할 때 달걀껍데기를 활용하면 달걀 껍데기가 연마제 역할을 하여 잘 세척됨
- ▲ 싱크대, 욕조 청소에 활용: 싱크대, 욕조, 세면대에 달걀 껍데기를 활용해 물때 제거

자료: 식품안전나라

「푸드 마일리지에 대해 알아보기」
− 푸드 마일리지는 쌓이면 쌓일수록 환경과 우리에게 불이익을 줍니다.−

◆ **푸드 마일리지란?**

산지에서 생산된 식품(농산물, 축산물, 수산물 등)이 최종 소비자에게 도달 할 때까지 이동한 거리를 말합니다.

> 푸드 마일리지 = 거리 (km) x 무게 (t)

소비자가 주문한 먹거리를 제공하기 위해 차량으로 운송하는 과정에서 사용되는 에너지와 이동한 거리만큼 탄소를 배출, 환경 문제가 대두됩니다.

푸드 마일리지 값이 클수록 먼 지역에서 생산된 식품을 더 많이 소비하고 있다는 걸 알 수 있습니다.

우리나라도 푸드 마일리지가 높아지고 있는 추세입니다. 대안으로 로컬푸드가 각광을 받고 제철 채소와 과일을 먹거나 50km 이내의 지역에서 생산된 식품 소비, 텃밭 가꾸기 등 푸드 마일리지를 줄이기 위해 노력을 하고 있습니다. 각 가정에서도 푸드 마일리지를 제대로 알고 실천해 주시기 바랍니다.

자료: 이마트

◆ **푸드 마일리지가 줄어들면?**

1. 환경을 지킬 수 있습니다.
    − 운송 거리가 줄어들기 때문에 탄소 배출량도 줄어듭니다.
2. 신선한 음식을 먹을 수 있습니다. (식품의 안정성과 품질이 좋아집니다.)
    − 수입산 우유 → 국내에 들어오는 시간 한 달 이상
    − 국산 우유 → 2~3일 내 유통
  * 국산 우유가 유통 시간도 짧고 품질도 우수하다.

출처: 농림축산식품부, 식생활교육지원센터, 네이버지식백과 자료 재구성

「'설'음식 조리·섭취·보관 및 칼로리 줄이는 조리방법」

온 가족이 함께하는 명절, 건강하고 즐거운 설 명절을 보내기 위한 안전한 장보기 요령, 조리·섭취·보관 요령, 조리할 때 칼로리를 줄이는 방법 등을 안내하오니 참고해 주시기 바랍니다.

● 설날 음식 장보기 요령

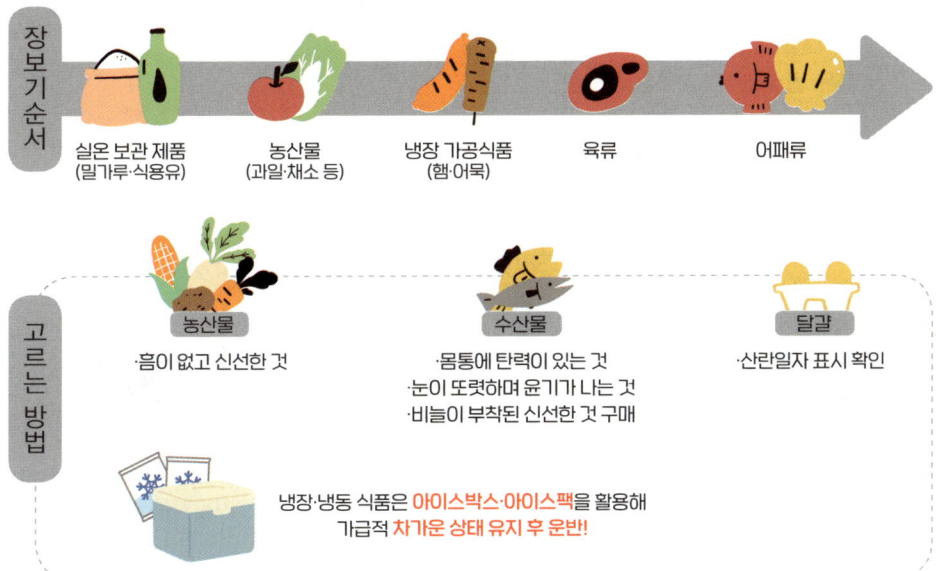

● '설' 명절 음식의 조리·섭취·보관 요령
- 음식을 만들기 전 비누 등 손 세정제를 사용해 30초 이상 흐르는 물에 깨끗하게 손을 씻습니다.
  - 달걀, 생닭을 만진 손으로 날로 먹는 채소를 만지면 식중독균이 묻을 수(교차오염) 있어 반드시 비누 등으로 손 씻기
- 음식물 조리 시 위생장갑 착용, 가열조리 시 음식물의 내부까지 충분히 익힙니다.
  - 고기완자 등 분쇄육 조리 시 반드시 속까지 완전히 익히며, 햄·소시지 등 육가공품도 중심 온도 75℃ 1분 이상 가열 조리하기
- 조리된 음식을 따뜻하게 먹는 경우 60℃ 이상, 차갑게 먹는 경우 빠르게 식혀 5℃ 이하에서 보관합니다.
  - 명절에는 많은 양의 음식을 미리 조리·보관하므로 2시간 내로 식혀 덮개를 사용, 냉장고에 보관

- 베란다에 조리된 음식을 보관하면 낮 동안 햇빛에 의한 온도 상승으로 세균이 증식할 수 있어 주의
- 조리된 음식은 상온에 방치하지 않고 가능한 한 2시간 이내에 섭취하며, 방치된 음식은 반드시 재가열 후 섭취해야 합니다.

※ 차례상 준비 시 유의할 점
⇒ 복숭아와 삼치, 갈치, 꽁치 등 끝에 '치' 자가 든 것은 사용하지 않습니다.
⇒ 고춧가루와 마늘 양념을 사용하지 않습니다.
⇒ 붉은 팥 대신 흰 고물을 씁니다.

● '설' 명절 음식 이렇게 조리하세요
조리방법만 바꿔도 명절 음식을 훨씬 더 건강하게 즐길 수 있습니다.

설날 음식 조리할 때 칼로리 줄이는 법

대체 조리법 및 식품 사용하기
- 양념을 사용하는 조림보다는 구이 위주의 음식 준비하기
- 양념은 설탕 대신 단맛이 나는 파인애플, 배, 키위와 같은 과일 사용하기

마지막 단계에서 음식 간 맞추기
- 국물 음식은 다시마, 멸치 등으로 우려낸 진한 육수 사용하기
- 끓고 있는 조리 중간보다는 상에 올리기 직전에 간 맞추기

기름사용 줄이기
- 나물류는 기름에 볶기보다 데친 후 먹기 직전에 양념에 무치기
- 완성된 전을 다시 데울 때 기름을 두른 프라이팬보다 전자레인지 사용하기

자료: 식품의약품안전처

「'설'명절을 건강하게 보내는 방법 알기」

– 안전하게 장 보는 방법, 건강관리 수칙,
열량을 낮추는 방법만 알면 즐겁고 행복한 설 명절이 됩니다. –

● **안전하게 장 보는 방법**

제조일, 소비기한을 꼭 확인하여
필요한 양만 구입

달걀은 오염되거나 깨진 것은 피하고, 용기에 담겨 있는 것을 구입

캔, 용기는 포장이 파손되었거나 오염된 것은 구입하지 않기

장보기는
1시간 이내로 하기
*실온 보관 식품 ◉ 냉장 식품
◉ 육류, 어패류

● **'설' 음식 건강관리 수칙**

조리 전 비누로
30초 이상 손씻기
* 달걀이나 생닭을 만진 손으로 날로 먹는 채소 등을 만지면 식중독균에 오염될 수 있으므로 반드시 손씻기

익히지 않은 고기, 생선은
다른 음식과 분리하여 보관 (교차오염 방지)

채소, 과일 등은
흐르는 물에 충분히 세척

생선, 고기(완자), 냉동식품 등은 속까지
완전히 익히기
* 햄·소시지 등 육가공품도 중심온도 75℃ 1분 이상 가열

찌개, 국류는 식힌 후
냉장 보관하고
자주 끓여서 부패 방지

명절 음식은 2시간 내로 식혀서 덮개를 덮어
냉장고에 보관
* 베란다에 조리된 음식을 보관하면 낮 동안 햇빛에 의해 온도가 올라가 세균 증식 가능

만두, 잡채 등 조리한 음식은 상온에 방치하지 말고 바로 섭취하거나
냉장·냉동 보관

실온에 오래 방치했거나 맛이나 냄새가 이상한 음식물은 과감하게 버리기

● **'설' 명절 음식을 조리할 때 열량을 낮추는 방법**

1. 전은 조리 후 기름을 충분히 제거하고 다시 데울 때는 기름을 추가하지 않고 전자레인지 등을 이용하면 좋습니다.
2. 부침 반죽, 튀김옷은 되도록 얇게 하여 열량을 최소화합니다.
3. 육류는 튀김, 볶음보다 굽기, 삶기로 조리하고 껍질이나 기름기는 제거하여 살코기 위주로 사용하는 것이 좋습니다.
4. 나물은 소량의 기름과 양념을 사용하여 볶음보다 무침으로 사용합니다.

출처: 식품의약품안전처

「여름철 오이와 더운 계절, 속이 편한 음식 알아보기」

> 오이는 여름철이 제철인 열매채소로 95%가 수분으로 구성되어 시원한 맛이 특징입니다. 우리나라는 오이를 생채나 김치, 장아찌 등으로 많이 섭취하고, 서양에서는 주로 샐러드나 피클로 활용했습니다. 오이 100g의 열량은 11kcal, 단백질 1g, 탄수화물 3g에 불과해 다른 채소에 비해 영양소가 없어 보이지만 실제로는 우리 몸에 좋은 영양소를 많이 함유하고 있습니다.
> 이와 관련, 미국의 여성잡지 '위민스헬스'가 소개한 오이의 좋은 점 5가지를 다음과 같이 소개합니다.

● **오이**

1. 수분을 보충합니다.

    오이의 95%는 수분입니다. 땀을 많이 흘리는 여름에 부족해지기 쉬운 수분을 보충해 줄 수 있는 최적의 식품입니다.

2. 장운동을 돕습니다.

    오이는 장 건강에 도움이 되며 오이지, 피클 형태로 먹으면 더 좋습니다. 발효 과정에서 생긴 유익한 세균이 장운동을 돕고, 면역력을 키워주기 때문입니다.

3. 다이어트에 좋습니다.

    칼로리가 낮아 많이 먹어도 체중이나 혈당에 부담이 없습니다. 특히 간식으로 오이를 먹으면 달고 기름진 음식을 덜 먹게 되므로 체중 관리는 물론, 인슐린 수치를 안정시켜 당뇨를 예방하는 데 도움이 됩니다.

4. 비타민K가 풍부합니다.

    오이 하나(200g)면 비타민K 하루 섭취량을 충족시킵니다. 비타민K는 뼈와 치아를 튼튼하게 하고, 심장의 건강을 지켜줄 뿐 아니라, 혈액 응고에 필수적인 성분입니다. 그 밖에도 오이에는 성장발육에 필요한 비타민C, 마그네슘, 망간 등 다양한 영양소가 들어있습니다.

5. 고혈압 예방에 도움이 됩니다.

    음식을 짜게 먹는 사람이 고혈압에 걸리기 쉬운 이유는 나트륨 성분이 몸속 수분을 붙잡아두기 때문입니다. 오이에 들어있는 칼륨 성분은 나트륨을 배출하는데 효과적입니다.

    (오이 하나에 하루 칼륨 섭취량의 25% 포함)

● **더운 계절 지친 속 편하게 해주는 음식 5가지**

1. 바나나: 잘 익은 바나나는 소화가 잘되고 설사를 막아줍니다. 푸른 기운이 남아있는 싱싱한 바나나는 소화가 어려운 전분이 많아 충분히 숙성시켜야 합니다.
2. 백미: 일반적으로는 섬유질이 풍부한 현미나 잡곡밥이 건강에 좋지만 더운 계절 지친 소화기관에는 백미 밥이 더 효과적입니다. 빵도 통곡물빵보다 흰빵이 소화기관에 좋습니다.
3. 수박: 수박은 탈수 증상이 나타났을 때 수분 보충에 좋고 섬유질도 거의 없어 허약해진 장을 자극하지 않습니다. 다만 씨는 골라내고 먹어야 소화에 좋습니다.
4. 달걀: 사람은 식물성으로만 식사를 할 수는 없습니다. 단백질은 허약해진 몸을 회복하는 데 필수적이기 때문입니다. 단백질을 섭취하기 위해서는 소고기, 돼지고기 등 지방이 많은 육류보다는 달걀이 더 좋습니다. 삶는 것이 가장 좋은 요리법이며 가급 적 기름을 적게 쓰는 것이 좋습니다.
5. 고구마: 칼륨이 풍부하여 찌거나 구운 뒤 껍질은 벗겨내고 먹는 것이 좋습니다. 껍질에 풍부한 섬유질은 기분이 좋을 땐 도움이 되지만 더위에 힘든 경우 소화기에 부담을 줄 수 있습니다.

「과일, 채소에 묻은 농약을 제거하는 방법 알기」

흔히 먹는 과일과 채소에는 여러 가지 농약이나 식품첨가물이 묻어 있는 경우가 많습니다. 이 같은 독성물질이 체내에 쌓이게 되면 각종 질병의 원인이 되기도 합니다. 각 가정에서도 농약과 각종 식품첨가물을 제거할 수 있는 방법을 알아 두면 아이들 건강에 큰 도움이 될 것입니다.

과일, 채소에 묻은 농약 제거 방법

식품명	제거 방법
딸기	딸기는 잘 무르기 쉽고 잿빛 곰팡이가 끼는 경우가 많아 곰팡이 방지제를 뿌리게 되므로 소쿠리에 딸기를 담아 흐르는 물에 5분 정도 씻어 주고, 특히 꼭지 부분은 더 신경 써서 씻는 것이 좋습니다.
오렌지	손으로 만져 보아 반짝거리는 것이 묻어 있는지 확인한 후 구입 하고, 왁스가 묻은 경우 소주를 묻혀 왁스를 닦아내야 합니다. 먹기 직전에 흐르는 물에 껍질을 깨끗이 씻습니다.
바나나	바나나는 유통과정에서 살균제나 보존제를 사용하게 됩니다. 특히 수확 후 줄기 부분을 방부제에 담그는 경우가 많아 줄기 쪽부터 1cm 지점까지 잘라내고 먹는 것이 좋습니다.
오이	오이는 흐르는 물에서 표면을 스펀지 등으로 문질러 씻은 다음 굵은 소금을 뿌려 도마 위에서 문지르면 표면에 작은 흠집이 생겨, 껍질과 속 사이의 농약이 흘러나오게 됩니다.
양배추	양배추는 농약이 직접 뿌려지는 바깥쪽의 잎을 벗긴 다음 썰어 찬물에 3분 정도 담가두면 남아있던 농약이 녹아 나오므로 다시 차가운 물에 헹구어 내는 것이 좋습니다.
나물류	나물이나 채소들은 흐르는 물에 씻어낸 다음 연한 소금물에 잠시 담가두면 남아있을 수 있는 유해 물질이 녹아 나오므로 안심하고 먹을 수 있습니다.
파	파의 잎 부분은 흐르는 물에서 씻어내면 되지만 뿌리 쪽은 화학 비료 성분이 남아있을 수 있어 껍질을 한두 겹 벗겨 낸 뒤 뿌리 부분을 잘라내고 사용합니다.
토마토	흐르는 물에 30초 정도 씻거나 껍질을 벗겨 먹는 것이 좋습니다. 확실하게 제거하려면 10초 이상 불에 굽거나, 끓는 물에 데친 후 껍질을 벗겨 먹습니다.
채소 씻을 때 주의점	처음부터 소금물에 씻으면 농약이 채소 속으로 침투할 수 있어, 먼저 흐르는 물에 씻은 후 소금물에 씻는 것이 요령입니다.

- **포도처럼 속까지 제대로 씻어야 하는 과일 세척 방법**
  포도처럼 속까지 제대로 씻어야 하는 과일은 흐르는 물에 아무리 흔들어 씻어도 포도알 사이사이에 낀 유해 물질까지 제거하기 어려워 밀가루나 베이킹소다를 포도에 뿌려 흐르는 물로 씻어내는 게 효과적입니다. 이유는 가루 성분은 흡착력이 강해 과일에 묻었다가 떨어지면서 농약 등 오염물질까지 함께 떨어져 나가기 때문입니다.

- **식품첨가물을 없애는 방법**
  - 두부는 먹기 전에 10분 정도 물에 담가 놓습니다.
  - 덩어리 고기는 20~30분간 삶아 냅니다.
  - 닭고기는 껍질을 벗겨서 사용합니다.
  - 소고기는 지방을 떼어낸 후 사용합니다.
  - 어묵 등은 뜨거운 물에 살짝 데친 후 사용합니다.

「조리단계별 식품 관리방법 알기」

음식은 조리과정에서 취급 부주의로 오염되거나 부적절한 온도에 방치될 경우 부패할 수 있으므로 식품의 위생적인 관리방법을 숙지하는 것이 매우 중요합니다. 각 가정에서도 음식물의 오염 등을 막기 위해 조금만 노력하면 가족의 건강을 지킬 수 있습니다.

◆ **식재료 구입·운반·보관 시**
- 식재료는 상온보관 식품부터 냉장·냉동식품 순으로 신선도, 건조도, 색깔, 냄새 등 관능적 검사와 청결, 포장의 파손, 용기의 위생상태, 소비기한 등 식품의 선도를 확인하고 구매합니다.
- ※ 식재료 구매 순서
  - ☞ 밀가루, 식용유 등 냉장이 필요 없는 식품 → 과일·채소
  - ☞ 햄, 어묵 등 냉장이 필요한 가공식품 → 육류 → 어패류
- 식품의 운반·보관은 아이스박스, 아이스백 등을 이용, 10℃ 이하 냉장 상태로 운반합니다.
- ※ 음식물은 자동차 등에 오랫동안 보관하지 않도록 합니다.

◆ **전처리**
전처리는 식재료를 다듬고, 씻고, 소독하여 용도에 맞게 자르는 작업으로 작업 간 교차오염이 일어나지 않도록 하며 손 씻기를 철저히 해야 합니다.
- 손을 씻은 후 반드시 위생장갑을 착용합니다.
- 육류, 생선류는 다른 생식재료와 구분하여 처리합니다.
- 가열 조리하지 않는 식품은 반드시 소독 후 흐르는 물에 여러 번 세척 합니다.
- 해동한 식품은 조리 전까지 냉장 보관한 후 조리합니다.
- 식품 간 교차오염이 일어나지 않도록 전처리에 사용한 기구(칼, 도마 등)는 열탕 소독을 한 후 사용합니다.

○ **손을 씻어야 하는 경우**
- 음식 준비 전·후 또는 먹기 전
- 화장실 이용 후
- 기저귀를 갈거나 용변 마친 아이를 닦아준 후
- 재채기 후 또는 코를 풀고 난 후

- 쓰레기 등 오물을 만진 후
- 애완동물을 만지거나 배설물을 치우고 난 후
- 상처 치료 전·후
- 외출에서 돌아온 후
- 귀, 입, 코, 머리와 같은 신체 부위를 만지거나 긁은 경우
- 기타 손을 오염시킬 수 있는 것을 만진 경우

◆ **조리**
- 조리에 사용할 기구 및 용기를 깨끗이 세척, 소독합니다.
- 가열 시 자주 저어서 음식 온도를 균일하게 해야 합니다.
  (식품중심 온도 75℃ (패류 85℃) 1분 이상)
- 뜨거운 음식과 찬 음식을 함께 섞지 않습니다.
- 음식의 간을 볼 때는 별도의 용기를 사용합니다.
- ※ 음식을 용기에 담을 때는 반드시 위생장갑을 사용하고 조리된 음식은 2시간 이상 실온에 방치하지 않도록 합니다.

◆ **후처리**
- 남은 음식은 위생적인 그릇에 뚜껑을 덮어 냉장보관(0~10℃) 합니다.

「생활 속 중금속 노출을 줄이는 방법 알아보기」

중금속은 납, 카드뮴, 비소 등이 대표적이며 일반적으로 물에 잘 녹는 성질을 가지고 있습니다. 가정에서 식품 조리 시 조금만 주의하면 중금속 노출을 최소화하여 가족의 건강을 지킬 수 있습니다.

식품 조리·섭취 시 중금속을 줄이는 방법

톳	■ 생톳: 끓는 물에 5분간 데쳐 사용 ■ 건톳: 30분간 물에 불린 후 30분간 삶아서 사용 ※ 톳 불린 물 등은 반드시 버리기 ■ 물에 불리고 데치는 과정으로 톳에 있는 무기비소 80% 이상 제거
면류	■ 물은 많이 넣어 삶고, 남은 면수는 가급 적 사용하지 않고 버리는 것이 좋음 ■ 국수는 끓는 물에 5분간 삶으면 카드뮴 85.7%, 알루미늄 71.7% 제거 ■ 당면은 10분 이상 삶으면 납 69.2%, 알루미늄 64.6% 제거
티백	■ 티백은 오래 담가놓을수록 중금 속 양이 증가하므로 2~3분간 우려내고 건져내는 것이 좋음 ■ 녹차, 홍차 티백은 98℃에서 2분간 침출했을 때보다 10분 침출 시 카드뮴, 비소 훨씬 증가

중금속이 많은 생선 섭취 방법

중금속 농도가 높은 생선 내장은 가급 적 섭취하지 않아야 하고 메틸수은에 민감한 어린이는 생선의 종류와 섭취량을 조절하는 것이 안전합니다.
(일주일 섭취 권고량 이하로 섭취, 만 7~10세, g/주)
- 참치통조림 등 섭취 권고량은 주 250g이며 일주일에 5~6회로 나누어 섭취
 (참치캔 1통 약 150g)
- 참치, 새치, 상어 등의 섭취 권고량은 65g(참치회 1조각 약 15g)

금속제 기구 사용 시 중금속 줄이는 방법

- **사용 전**: 새로 구입한 금속제 기구·용기는 물과 식초를 1:1로 섞어 10분 정도 끓인 후 깨끗하게 세척 하여 사용합니다.
 (금속 성분은 산성 용액에서 잘 용출됨)
- **보관 시**: 금속제 프라이팬이나 냄비에 조리한 음식은 다른 그릇에 옮겨 담거나, 전용 용기에 담아 보관하는 것이 좋습니다.(산도가 강한 식초·토마토소스나 염분이 많은 절임·젓갈류 등은 중금속 용출을 증가시킴)

- **세척 시**: 사용 후 세척 할 때는 금속 수세미 등 날카로운 재질을 사용하지 않습니다.
- **세척 후**: 금속제 프라이팬은 세척 후 물기를 닦은 다음 식용유를 두르고 달구기를 3~4회 반복한 후 사용하는 것이 좋습니다.
(녹스는 것 방지 및 금속 성분 용출을 줄임)

중금속 배출에 도움이 되는 음식

미역 등 해조류	■ 해조류에 많이 포함된 알긴산 성분은 중금속 해독에 탁월한 효과가 있습니다. ■ 알긴산은 수용성 섬유질로 스펀지가 물을 흡수하듯 중금속, 농약, 환경호르몬, 발암물질 등을 흡착해 배출합니다.
마늘	■ 중금속인 수은은 공기, 물, 생선 등의 경로를 거쳐 사람 몸에 축적됩니다. 유황성분이 있는 음식은 수은이 과다하게 몸속에 누적되는 것을 막아줍니다. 유황성분은 양파, 양배추, 대파에도 있지만 마늘에 특히 많이 포함되어 있습니다. ■ 마늘 속 유황성분은 몸속에 들어오는 수은과 결합하여 담즙을 거쳐 배출됩니다.
붉은 살코기, 조개	■ 중금속인 납은 연료, 페인트 등에서 분출되어 장과 폐를 통하여 몸속으로 흡수됩니다. 혈액 속에 있는 납 성분은 1~2개월이 지나면 없어지지만 축적된 납 성분은 그렇지 않습니다. 아연은 몸속에 쌓여 있는 납을 배출하며 붉은 살코기, 조개 등에 많이 함유되어 있습니다.
녹차	■ 녹차에는 암을 유발하는 다이옥신을 배출하고 그 흡수를 억제하는 효과가 있습니다. 녹차에 함유된 식이섬유가 다이옥신을 흡착하여 배출하고 엽록소가 다이옥신과 결합해 다이옥신이 몸속에 흡수되는 것을 막아줍니다.

「음식 궁합 알기」

음식에도 궁합이 있습니다. 음식을 섭취했을 때 상호 도움이 되기도 하고 서로 해가 되기도 합니다. 음식궁합을 익혀두면 가족의 건강관리에 도움이 될 것입니다.

함께하면 좋은 궁합

고구마와 사과	시금치와 참깨	새우와 표고버섯, 완두	된장과 부추	돼지고기와 부추
조개와 쑥갓	돼지고기와 새우젓	돼지고기와 표고버섯	두부와 미역 (해조류)	소고기와 들깨잎
딸기와 우유	약식과 대추	팥죽과 새알심	묵과 미나리, 김	적포도주와 고기요리
소주와 오이	레몬과 홍차	연근과 식초	밥과 무말랭이	쌀과 쑥
당근과 식용유	시금치와 참깨	청국장과 신김치	고등어와 무	김치와 고구마
토마토와 튀김	수정과와 잣	바나나와 파인애플	인삼과 꿀	굴과 레몬

함께하면 나쁜 궁합

홍차와 꿀	소고기와 버터	라면과 콜라, 햄버거	게와 감	간과 감
도토리묵과 감	문어와 고사리	선지와 홍차	시금치와 근대	우유와 설탕
오이와 무	장어와 복숭아	조개류와 옥수수	치즈와 콩	토마토와 설탕
시금치와 두부	카레와 와인	녹차 혹은 홍차와 약	우유와 초콜릿	도라지와 돼지고기
고구마와 소고기	맥주와 땅콩	김과 참기름	커피와 크림	미역과 파

구분	식품조합	효과
함께 하면 좋은 궁합	시금치와 참깨	시금치는 "채소의 왕"이라 불릴 만큼 비타민C와 카로틴이 풍부하나 옥살산이 들어있어 너무 많이 섭취하면 신장이나 방광에 결석이 생길 수 있습니다. 그런 수산 작용을 무력화시키는 것이 칼슘입니다. 칼슘이 풍부한 깨를 넣으면 고소한 맛과 영양적으로 효과를 얻을 수 있습니다.
	돼지고기와 부추	부추는 단백질, 당류, 칼슘, 칼륨, 비타민(A, C, B_1, B_2 등)이 많고, 강장 효과, 활성산소 억제 효과가 뛰어나 노화 방지와 암을 예방하는 효과가 있습니다. 특히 부추는 살균과 육류의 냄새 제거, 소화효소의 분비를 촉진하며 따뜻한 성질이 있어 차가운 성질의 돼지고기와 찰떡궁합입니다.
	조개와 쑥갓	조개류는 양질의 단백질과 비타민B, 칼슘, 철분, 타우린 등이 풍부하여 피로회복에 좋습니다. 조개탕에 쑥갓을 넣으면 향긋함이 시원한 맛과 어우러져 환상의 맛을 냅니다. 또한, 쑥갓에는 조개에 없는 비타민A와 C, 엽록소가 풍부해 영양적으로도 좋습니다.
	된장과 부추	된장국은 식욕 증진과 단백질, 항암효과가 있으나 나트륨을 다량함유하고 비타민A, C가 부족합니다. 이를 보완해주는 좋은 식품이 바로 부추입니다. 부추에 많이 들어있는 칼슘이 나트륨의 피해를 경감시켜주기 때문입니다. 또 부추는 된장에 없는 비타민A와 C를 보완해줍니다.
함께 하면 나쁜 궁합	라면과 콜라	라면은 화학적으로 칼슘의 흡수를 방해하고 몸 안의 칼슘을 밖으로 배출하는 성질이 있습니다. 문제는 콜라도 같은 성질이라는 것입니다. 라면과 콜라를 함께 섭취할 경우 몸속 칼슘이 다량 빠져나가 충치가 생기기 쉽고, 심하면 골밀도를 낮춰 골다공증의 원인이 될 수 있습니다.
	게와 감	게는 식중독균의 번식이 잘 되는 고단백 식품이고 감은 수렴작용을 하는 탄닌 성분이 있어 둘을 같이 먹으면 소화불량과 식중독을 일으키기 쉽습니다.
	시금치와 근대	시금치는 각종 비타민이 골고루 들어있고 칼슘, 철분 등이 풍부하지만 옥살산도 매우 많이 들어있습니다. 옥살산은 인체 내에서 수산석회가 되어 결석이 됩니다. 근대에도 수산이 많이 들어있어 시금치와 근대를 함께 먹으면 신석증이나 담석증이 걸릴 확률이 높아집니다.
	우유와 설탕	우유에 설탕을 넣으면 단맛 때문에 마시기는 쉽지만 비타민B의 손실이 매우 큽니다.
	토마토와 설탕	설탕이 인체 내에서 분해되려면 비타민B_1의 도움을 받아야 합니다. 때문에 토마토가 가지고 있는 비타민B_1이 설탕의 대사에 쓰이게 되면 비타민B_1 손실이 뒤따르게 됩니다.

출처: 네이버 나무위키

「영양소 파괴를 줄이는 건강한 조리방법 알기」

식품 속에는 다양한 영양소가 들어 있지만 보관 및 조리과정에서 쉽게 파괴될 수 있어 이를 줄이는 조리법과 육류, 생선류 등 단백질 식품의 건강한 조리방법을 안내합니다. 올바른 조리법을 알고 조리하면 가족의 건강을 지킬 수 있습니다.

영양소 파괴를 줄이는 조리법

- 채소를 데칠 때는 약간의 소금을 넣습니다.
  (비타민이 빠져나가는 것은 줄이고 채소의 선명함 유지)
- 녹황색 채소는 날것으로 먹는 것보다 기름에 볶으면 효과적으로 영양소를 섭취할 수 있습니다.
  - 당근, 시금치, 호박 등은 기름으로 조리하면 비타민A 등 지용성 비타민의 체내 흡수율이 높습니다.
- 당근은 오이, 무와 함께 조리하지 않는 것이 좋습니다.
  - 당근에는 비타민C 산화효소가 함유되어 오이나 무에 있는 비타민 성분을 파괴하므로 함께 먹으려면 식초나 기름을 약간 넣고 가열하여, 효소의 작용을 억제한 뒤 조리하는 것이 좋습니다.
- 생채나 냉채는 먹기 직전에 무쳐야 합니다.
  - 생채나 냉채 등은 미리 무치면 양념 속 간장이나 설탕이 삼투압 작용을 하여 물기가 많아지고 재료의 독특한 맛이 없어집니다. 따라서 먹기 직전에 무치면 비타민과 무기질의 섭취를 높일 수 있습니다.
- 통째로 조리한 후 적당한 크기로 자르는 것이 좋습니다.
  - 수용성 영양소는 절단면을 통해서도 용출되므로 통째로 조리한 후 자르는 것이 좋습니다. 채소는 표면적이 넓을수록, 조리시간이 길수록, 조리온도가 높을수록, 조리 양이 많을수록 비타민 손실이 증가합니다.
- 마늘의 효과를 최대화하려면 다진 후 약간의 시간을 두고 사용하는 것이 좋습니다.
  - 항균 및 항암효과가 있는 알리신을 만들어내는 효소는 마늘의 세포벽이 터져야 활성화되는데 열이 바로 가해지면 비활성화되므로 효소가 작용할 수 있는 약간의 시간을 두고 조리에 사용하는 것이 좋습니다.
  - 너무 오래 가열하면 알리신이 파괴되므로, 마늘 조리는 마지막 단계에 넣거나 중약불에서 천천히 익혀야 합니다.
- 채소는 조리 후 바로 섭취합니다.
  (냉장 보관 중에도 비타민C의 손실이 크고 재가열 중에도 손실)
- 조리시간은 단축하는 것이 좋습니다.(전자레인지 이용 권장)
- 비타민을 제대로 섭취하기 위해서는 생으로 먹는 것이 가장 좋습니다.

육류, 생선류 등 단백질 식품을 건강하게 조리하는 법

- 육류는 **기름기를 제거합니다.**
- 등 푸른 생선은 **참기름을 넣어 조리합니다.**
  (참기름을 넣으면 DHA와 EPA 등 필수지방산의 파괴 막음)
- **생선은 깨끗하게 손질해야 합니다.**
  – 생선 비늘과 지느러미는 잘라내야 각종 오염물질과 기생충으로부터 안전하고, 점액이나 피를 제거해야 오염물질을 완전히 없앨 수 있습니다. 구이나 조림용 생선은 2배 정도로 희석한 식초 물에 5분 정도 담갔다 사용하면 독성 물질이 없어집니다.
  생선요리 시 끓어오를 때 떠오르는 거품은 반드시 제거해야 합니다.
- **굴이나 조갯살은 무즙을 뿌려 씻습니다.**
  – 굴이나 조갯살은 무즙을 뿌려 살살 버무리면 무즙에 오염물질이 흡착되어 나오고 오징어나 낙지, 주꾸미 등은 흡판에 오염물질이 많아 굵은 소금, 밀가루 등을 뿌려 문질러 씻은 다음 사용합니다.

「먹는 방법에 따라 달라지는 영양소 알기」

같은 음식이라도 먹는 방법, 시간대, 먹는 양에 따라 체내 흡수율, 음식을 먹었을 때 효과가 각기 다릅니다. 맛있게 먹고 영양소도 최대로 섭취할 수 있는 방법을 알려드리니 참고하시기 바랍니다.

- **당근은 식사 중에 함께 먹는 것이 가장 좋습니다.**
  - 몸을 따뜻하게 하고 비타민이 다량 함유된 당근은 다른 채소에 비해 섬유질이 풍부하여 우유와 함께 먹으면 장 속에 비피더스균을 늘릴 수 있습니다.
  - 당근을 1cm 두께로 잘라 석쇠에 구워 뜨거울 때 먹거나 얇게 자른 당근을 버터나 기름에 볶아 먹으면 몸이 따뜻해지고 카로틴의 흡수율도 높아집니다.
  - 갈아 마시는 경우 몸을 차게 하므로 몸을 따뜻하게 하려면 피하는 것이 좋습니다.
  - 하루 중 어느 때 섭취해도 좋지만 조리한 당근은 저녁 시간, 생즙으로 만든 당근은 아침 공복에 마시는 것이 효과적입니다.

- **감자의 생즙은 공복에 마시면 보약보다 좋습니다.**
  - 생감자는 세균과 발암물질을 중화시키는 물질이 풍부하고 감자녹말은 위벽에 막을 만들어 위를 보호하며 생즙으로 마시면 위궤양 같은 위장질환 치료나 예방효과에 탁월합니다.
  - 치료가 목적일 경우 아침 식사 전, 위가 비어있을 때 생으로 먹는 것이 좋습니다.

- **요구르트는 잠들기 전에는 피해야 합니다.**
  - 우유를 발효시켜 만든 요구르트는 심장병, 노화 현상, 기력강화 등에 탁월한 효과가 있습니다.
  - 요구르트에 많이 들어있는 프로스타글란딘 e-2는 궤양을 치료하고 흡연, 음주 시 인체로 흡수되는 유해한 물질로부터 위 내벽을 보호해 줍니다.
  - 요구르트에는 뇌를 활성화시키는 물질이 들어있어 공부하기 전이나 두뇌를 많이 쓰는 일을 하기 전에 먹으면 좋습니다.(잠들기 전에는 피함)

- **양파는 식사 중에 먹으면 더 좋습니다.**
  - 양파는 하루 반개 이상을 먹으면 보약으로 불릴 만큼 좋은 음식입니다.
  - 특히 양파의 설파이드류의 성분은 인슐린 분비를 촉진 시키는 작용을 하여 당뇨병에 좋습니다.
  - 양파는 자연 상태로 먹건 삶아 먹건 양파 자체의 기본적인 효능은 변하지 않아 어느 때 먹어도 좋지만 식사 중 육류를 섭취할 때 함께 먹으면 더욱더 좋습니다.

- **식전 사과 하나는 우리의 건강을 살리는 데 매우 중요한 역할을 합니다.**
  - 사과에 풍부한 식이섬유는 포만감을 높여 식사량 조절에 도움을 줄 뿐만 아니라 면역력 강화, 혈당 조절에도 효과적입니다.
  - 사과에 들어있는 유기산이 위액 분비를 촉진하여 소화를 돕습니다.

- **꿀은 밤에는 수면제 역할, 아침엔 변비 치료 역할을 합니다.**
  - 고대 이집트인은 몸이 좋지 않을 때 꿀을 먹었다는 기록이 있고 히포크라테스는 열이 날 때 꿀을 처방했다 할 정도로 효능이 뛰어납니다.
  - 꿀은 밤에 먹으면 마음이 차분해져 숙면에 도움을 주고 아침 공복에 꾸준히 마시면 변비에 좋습니다.

- **아침 식사 전에 마시는 커피는 일의 능률을 높여줍니다.**
  - 일반적으로 커피는 유해 식품으로 생각하지만 마시는 시간과 양을 잘 조절하면 좋은 음료입니다.
  따라서 카페인이 풍부한 커피는 식사 전에 마시는 것이 좋습니다.
  - 커피는 뇌 활동을 왕성하게 하고 기관지 근육을 이완시켜 지구력을 높여주는 효과가 있습니다.
  (커피 속 카페인은 섭취 5분 안에 체액으로 흡수, 신속하게 효과 발휘)
  - 카페인에 약한 사람은 커피를 마시면 혈압이 높아지고 특히 담배와 같이 마시면 혈압이 현저히 올라가며, 또 위를 자극해 위산 분비를 촉진 시키므로 위궤양 환자는 피하는 것이 바람직합니다.

- **식후에 먹는 토마토는 소화를 촉진 시킵니다.**
  - 토마토는 혈압(오전 중 가장 높음)을 낮춰 주는 효과가 있어 매일 아침 공복에 먹어도 좋고, 소화에도 탁월하여 식후에 먹어도 좋습니다.
  - 토마토는 몸을 차게 하여 냉한 체질, 허약한 체질, 노약자는 생으로 먹지 않는 것이 좋습니다.

- **우유는 공복에 마시면 고스란히 흡수됩니다.**
  - 우유는 완전식품으로 모든 영양분을 충분히 섭취하려면 아침 공복에 마시는 것이 좋습니다.
  - 우유에 들어있는 칼슘을 충분히 섭취하기 위해선 우유에 식초를 섞어 마시면 됩니다.(만든 즉시 섭취)

「나트륨 섭취를 줄이는 방법」

현대인의 식습관 중 가장 큰 문제는 나트륨 과다섭취입니다. 평소 짜고 맵고 자극적인 음식에 익숙해져 조금만 싱거우면 맛이 없다고 생각합니다. 우리나라 나트륨 섭취량은 세계보건기구가 정해놓은 섭취량보다 2.4배 이상 높습니다. 따라서 가정에서부터 나트륨 섭취를 줄이는 방법을 알고 실천해야 합니다.

- **김치**
  김치는 나트륨 함유량이 높은 대표적인 음식입니다. 그러나 우리 식탁에서 빼놓을 수 없기 때문에 묵은지보다는 겉절이를 이용하고 식초, 고춧가루 등으로 버무리면 나트륨 함유량을 줄일 수 있습니다.
- **조미료**
  국물, 반찬 등에 넣는 조미료에는 나트륨 함량이 높아 소금 대신 멸치와 다시마를 충분히 넣고 국물을 우려내면 좋습니다.
  (멸치, 다시마에는 칼륨, 무기질을 함유하고 있어 나트륨 배출에 효과적)
- **채소**
  채소는 나트륨 섭취를 줄여주고 배출하는데 큰 역할을 하므로 나트륨 함량이 많은 음식을 먹을 때는 신선한 채소와 과일을 충분히 섭취해 주세요.
  (채소, 과일에 풍부한 칼륨은 나트륨 배출 촉진)
- **찌개**
  음식을 뜨거울 때 먹게 되면 짠 음식도 짜다고 느껴지지 않아 먹기 직전에 간을 하는 것이 좋습니다. 음식이 끓기 시작하면서부터 간을 하면 찌개에 들어있는 재료(채소 등)에 짠맛이 배어 나트륨을 더 많이 섭취하게 됩니다. 찌개나 국은 건더기 위주로 먹고, 국물에 밥을 말아 먹는 습관은 고치는 것이 좋습니다.
- **무침**
  한국인이 좋아하는 반찬 중에는 무쳐 먹는 음식이 많습니다. 간장이나 소금에 무친 나물 대신 살짝 데쳐 고추장에 찍어 먹거나 생으로 섭취하는 것도 나트륨을 줄일 수 있는 좋은 방법입니다.
- **요리단계**
  볶음 요리보다는 담백하게 구워내고, 간장, 소금보다는 고춧가루, 후추 등 짠맛을 대신할 향신료를 이용하는 것도 좋은 방법입니다. 나트륨 함량이 많은 조미료는 간장, 고추장, 된장, 마요네즈, 소금 등이 있고 나트륨이 함량이 적은 조미료는 겨자, 고춧가루, 식초, 후추입니다.

📌 **나트륨에 대한 잘못된 진실은?**
- 음식에 따로 소금을 넣지 않으면 나트륨 섭취량이 줄어드나요?
  - ☞ 짜게 조리된 음식뿐 아니라 가공식품 및 간장, 된장, 고추장, 화학조미료 등에도 나트륨이 들어있어 우리도 모르는 사이 나트륨을 많이 섭취할 수 있습니다.
- 나트륨은 짠 음식에만 들어있나요?
  - ☞ 면류, 빵 등은 짜지 않은데도 나트륨이 상당이 들어있습니다.
- 나트륨 과잉섭취는 나이 드신 분만 걱정할 문제인가요?
  - ☞ 짠 음식을 많이 먹게 되면 나이와 관계없이 혈압이 올라갈 수 있습니다.

「가을철 영양관리 요령!」

신선한 바람과 청명한 햇살, 풍요로운 가을은 예로부터 천고마비의 계절이라 하여 무더위에 지쳐있던 몸이 회복되면서 다시 생기를 얻고 소화액의 분비로 식욕이 왕성해 지는 시기입니다. 따라서 왕성한 식욕으로 체중이 증가 될 수 있어 주의해야 합니다.

● 가을철 영양관리

1. **체중조절을 해야 합니다.**
   햇곡식과 햇과일이 많이 공급되면서 다양한 영양소를 섭취할 수 있는 기회 또한 늘어납니다. 하지만 지나치게 많은 영양소를 섭취할 수 있어 주의해야 합니다.
2. **자연식품을 활용합니다.**
   가을철에는 해조류(바지락 등)를 많이 섭취하여 필수아미노산이나 기타 조혈성분을 공급해 줍니다.
3. **단백질식품을 균형 있게 섭취합니다.**
   가을은 채소가 많이 나오면서 식탁이 채소 중심으로 구성될 수 있어 동물성 단백질이 부족하지 않도록 육류, 어류 등도 함께 섭취하는 것이 좋습니다.

● 가을철 몸을 보하는 식품

1. **어패류**
   - 장어, 뱅어, 연어, 가자미, 방어, 병어, 전어, 멸치, 갈치, 고등어, 삼치, 정어리, 소라, 전복, 홍합, 대합, 바지락, 굴, 꽃게, 오징어, 새우, 문어, 꽁치 등
   - 바지락은 조개의 일종으로 필수아미노산이 골고루 들어있으며 비타민B 복합체, 철분, 코발트 등 조혈 성분이 많은 스테미너 식품
   - 미역, 다시마에는 섬유질, 비타민, 무기질 등의 영양소가 풍부하게 들어있고 열량이 적어 비만 예방에 좋음
2. **야채류**
   - 호박잎, 시금치, 송이버섯, 싸리버섯, 느타리버섯, 피망, 샐러리, 양배추, 고추, 토란, 생강, 풋콩, 파, 오이, 양파, 고구마, 생강, 무 등
3. **과일류**
   - 포도, 사과, 감, 배, 밤, 무화과, 석류, 밀감 등

● 알아 두면 좋은 상식(천연 조미료 만들기)

1. **멸치가루**: 멸치의 내장과 머리를 떼어 햇볕에 바짝 말린 후 분쇄(나물을 무칠 때나 김밥 속에 넣어 사용)
2. **다시마가루**: 다시마 겉면에 묻어 있는 흰 가루를 닦아내고 은은한 불에서 타지 않게 고루 구운 뒤 분쇄(찜, 탕, 볶음류 등의 요리에 사용)
3. **새우가루**: 마른 새우를 바짝 말려 분쇄(찌개, 된장국, 나물 무칠 때 사용).

「겨울철 노로바이러스 이렇게 예방하세요!」

> 노로바이러스는 **주로 겨울철**에 발생하는 것으로 알려져 있습니다. 그러나 최근에는 **특정 계절과 관계없이 발생**하며, 매년 증가하는 추세입니다. 특히 면역력이 약한 어린이는 구토와 설사로 인해 위험할 수 있어 주의해야 합니다. 노로바이러스는 **오염된 채소, 과일, 패류(굴 등)** 등을 살균·세척 또는 가열 조리하지 않고 그대로 섭취할 경우 감염 우려가 매우 높습니다.
> 각 가정에서도 노로바이러스를 예방하기 위해 굴 등 패류의 생식을 자제하고 충분한 가열과 철저한 세척·소독, 손 씻기의 생활화 등이 우선되어야 합니다.

◉ 노로바이러스 감염경로

1	경로 (식품)	사람의 분변에 있는 노로바이러스가 하수를 거쳐 강, 바다로 옮겨지면서 어패류 내장에 축적 → 충분히 가열하지 않은 상태로 섭취할 경우
2	경로 (사람)	노로바이러스 감염자가 올바른 방법으로 손을 씻지 않고 음식물을 조리 → 식품이 오염된 경우
3	경로 (환경)	노로바이러스 감염자의 분변이나 토사물을 비위생적인 방법으로 처리하여 공기 중에 남거나 손에 묻은 바이러스가 입을 통해 감염된 경우

◉ 노로바이러스 특징

- 노로바이러스에 오염된 음식물이나 물을 통해 사람에게 감염
- 영유아부터 성인까지 폭넓은 연령층에서 발생하나 특히, 어린이, 노약자 등 면역력이 약한 사람에게는 위험
  - **낮은 온도**에서도 **오래 생존**(-20℃)
  - 구토물, 분변 1g당 1억개의 노로바이러스 존재
  - 소량으로도 발병 가능
  - 환자의 침, 오염된 손으로 만진 문의 손잡이 등을 통해 감염 가능
- 최근 계절과 관계없이 연중 지속적으로 발생

◉ 증상

- 감염 후 24~48시간 내에 설사, 구토, 발열, 복통을 일으킴
- 통상 3일 이내에 회복되지만 1주간 분변으로 바이러스 계속 배출

- 노로바이러스는 이렇게 예방하세요?
  - 어패류는 수돗물로 세척하고, 중심온도 85℃에서 1분 이상 가열하기
  - 물은 끓여 먹고 손은 흐르는 물에 비누로 30초 이상 씻기
  - 채소·과일은 흐르는 물에 깨끗이 씻고 소독한 후 섭취하기
  - 구토물이 묻은 옷은 단독 고온세탁(50℃ 이상) 하기
  - 구토물 주변은 반드시 소독하기
  - 화장실에서 용변 또는 구토 후 변기 뚜껑은 꼭 닫고 물 내리기
  - 화장실 문고리, 수도꼭지, 손잡이 등 표면 소독하기
  - 구토, 설사 증상 시 조리하지 않기
  - 노로바이러스 감염자와 접촉을 금하고 마스크 착용하기
  - 구토 또는 설사 증상이 멈춘 후 최소 2일은 휴식하기
  - 조리도구는 열탕 또는 염소소독 하기

출처: 식품의약품안전처, 식품안전나라

「겨울철 영양관리」

■ **겨울철 대표적인 질병, 감기!**
- 겨울에는 기온이 내려가고 건조해져 감기에 걸리기 쉽습니다.
- 또한, 바이러스나 세균을 자연적으로 이겨낼 수 있는 신체 저항능력이 감소해 어린이들의 건강관리를 위해 균형 잡힌 영양섭취가 필요합니다.
- 만일, 감기에 걸렸다면 우리 몸속에서 병균과 싸울 수 있는 세포를 많이 만들도록 영양분이 충분한 음식을 먹어야 합니다.

■ **생활습관과 영양관리**

영양 관리와 생활 습관은 서로 밀접하게 연결되어 있습니다. 적절한 식사는 신체에 필요한 영양분을 공급하며 체력과 면역력을 동시에 향상 시킬 수 있습니다. 그러나 생활 습관이 뒷받침 되지 않으면, 아무리 좋은 영양소를 섭취해도 효과가 떨어질 수 있습니다. 충분한 수면, 규칙적인 운동, 스트레스 관리 등 올바른 생활 습관과 조화를 이룰 때 건강한 겨울을 보낼 수 있습니다. 겨울철 면역력 강화방법은 비타민과 영양소를 충분히 섭취하는 것입니다.

비타민과 영양소 섭취

비타민/영양소	효과	섭취음식
비타민 C	감기예방	귤, 레몬, 키위, 파프리카
비타민 D	면역세포강화	연어, 달걀, 우유
단백질	면역세포강화	닭고기, 두부, 콩류
물 섭취	수분 보충	하루 8잔 이상 권장

■ **겨울철 제철 식품은?**
- 굴은 11월부터 시작하여 4월까지 맛이 가장 좋습니다. 지방이 적고 비타민과 철 등이 풍부하며 소화가 잘되어 식사 전에 식욕을 돋우는 전채 요리로도 많이 사용됩니다.
- 대구는 11월과 2월 사이에 맛이 가장 좋습니다.
- 명태는 겨울에 맛이 증가하지만, 선도가 떨어지기 쉬워 주의해야 합니다.
- 이밖에도 갈치, 삼치, 게, 가자미, 도미, 정어리, 다랑어, 홍어, 꼬막, 넙치, 방어, 도루묵, 조기, 서대, 홍합, 소라, 대하, 오징어, 낙지, 문어 등을 겨울철에 먹으면 좋습니다.
- 귤은 비타민과 무기질을 가장 쉽게 공급받을 수 있는 대표적인 과일로 하얀 부분에는 식이섬유가 풍부하여 독성물질을 몸 밖으로 배출해 줍니다.
- 겨울에 나는 채소는 시금치, 무, 배추, 샐러리, 당근, 우엉, 브로콜리 등이 있습니다. 무

는 겨울철에 맛이 가장 증가하고, 소화가 잘 됩니다.

■ **겨울철 면역기능을 강화하기 위한 식사 및 생활지침**
- 생선, 고기류, 콩류 등의 단백질 섭취
- 사과, 귤, 배, 감 등 과일과 신선한 채소를 섭취하여 비타민과 무기질 공급
- 바이러스 감염을 줄이기 위해 외출 후 손을 닦고 양치질하기
  (아침과 저녁에는 따뜻한 소금물로 가글)
- 적당한 난방온도(18~20도) 유지
- 규칙적인 생활과 적당한 운동

「면역력 향상 방안 알아보기」
– 면역력 향상을 위해선 먹는 방법도 중요 –

● **과식은 먹지 않는 것보다 못합니다.**

과식은 지방, 단백질이 필요 이상으로 섭취되기 때문에 비만이 되기 쉽습니다. 또 많은 음식이 한꺼번에 몸속으로 들어가면 유해 산소를 만들고, 이 유해 산소와 불포화지방산이 결합, '과산화 지질'이 만들어집니다. 과산화 지질은 몸속의 녹으로, 세포를 상하게 하여 병을 일으키고 노화를 가속화 시킵니다. 또 세포에 상처를 입히고, 아토피성 피부염이나 천식 등의 알레르기를 일으키기도 합니다.

● **음식을 먹을 때는 잔소리를 하지 않아야 합니다.**

음식을 먹으면서 맛있다고 느끼는 것 자체가 면역력을 상승시킨다는 연구 결과가 있습니다. 실제로 음식을 먹지 않고도 기분만으로 면역력이 증가합니다. 하지만 기분이 안 좋은 상태에서 음식을 먹으면 소화가 제대로 되지 않고 면역력도 떨어집니다.

● **식사를 할 때 TV를 보는 것은 금물입니다.**

TV를 보면서 식사를 하면, 신경이 TV 쪽으로 쏠려 음식을 씹는 횟수가 줄게 되고 이로 인해 제대로 씹히지 않은 상태의 음식이 위에 보내지면서 장 속에 살고 있는 부패균을 증가시켜, 면역력이 떨어지는 결과를 초래합니다.

● **아침 식사를 거르면 생체 리듬이 깨집니다.**

식사는 생체 리듬을 조절하는 역할을 합니다. 아침 식사는 밤새 쉬고 있던 인체의 눈을 뜨도록 만들기 때문에 매우 중요합니다. 아침 식사를 하지 않아 리듬이 깨지면 각종 질병에 걸리기 쉽습니다.

● **꼭꼭 씹어 먹어야 과식을 막을 수 있습니다.**

음식을 잘게 부수어 침과 잘 섞이게 하는 등 씹는 행동은 뇌를 활성화 시키는데 도움을 줍니다. 음식물을 꼭꼭 오래 씹어 먹으면 뇌의 시상하부에 있는 만복(포만)중추에 신호가 보내져 포만감을 느끼도록 하여 과식을 막습니다.

● **아침에 마시는 물 한 잔은 매우 중요합니다.**

아침에 일어나서 마시는 한 잔의 물은 하루에 마시는 10잔의 물보다 훨씬 중요한 역할을 합니다. 아침에 일어나 물을 마시면 위가 자극을 받아 식욕을 증진 시키고, 대장의 활동을 도와 기분까지 상쾌하게 만들기 때문입니다.

면역력을 높여주는 음식 ....

표고버섯	항바이러스효과물질인 레티닌 함유, 면역력을 높이며 위장을 튼튼하게!	마늘	알리신이 비타민B의 흡수를 도와 에너지대사 활성화, 항균 작용, 아연 함유
당근	베타카로틴이풍부, 유해산소제거 및 노화억제, 면역력 증강	사과	유기산과 펙틴이 풍부, 면역력 증가, 혈중콜레스테롤 감소
발효식품	된장, 청국장, 김치, 발효식초, 요구르트, 매실효소액 등 → 면역력 증진	고등어	단백질과 오메가3 풍부, 면역력 강화 및 뇌세포성장에 탁월 ※ 면역물질의 주성분인 단백질
귤	비타민A, C가 풍부하여 감기예방, 식욕증진, 혈관질환 개선 등의 효과		

「감기 예방을 위한 겨울철 건강관리 알아보기」

차가운 겨울 날씨는 몸을 움츠리게 하고 혈압을 올라가게 만들기 때문에, 고혈압, 심장병 등 성인병 환자나 노인, 어린이, 허약한 사람들에게는 괴로운 계절이기도 합니다. 왕성했던 활동이 줄어들면서 체력관리가 소홀해지고 식욕도 떨어집니다. 특히, 우리 몸이 온도 변화에 잘 적응하지 못하여 면역력이 떨어지고 감기 등 호흡기 질환에 걸리기 쉽습니다. 감기는 콧물과 재채기, 기침, 목에 건조감 등의 증상을 동반합니다. 이에 감기를 이기는 식품과 생활 습관을 안내하니 참고하여 건강관리에 만전을 기해 주시기 바랍니다.

● 겨울철 건강관리 10계명

1. 적당한 실내 온도 유지: 실내 온도는 18~22℃
2. 실내 습도 높이기: 방안에 젖은 수건 걸어두기
3. 창문 열어 환기하기
4. '손' 자주 씻기: 대부분의 바이러스는 손을 통해 감염
5. 물은 충분히 마시기: 호흡기를 편안하게 하고, 촉촉한 피부 유지
6. 피부 보호하기: 미지근한 물로 씻고 보습제 충분히 바르기
7. 규칙적인 생활하기
8. 내몸에 맞는 운동하기
9. 다양한 식품으로 고른 영양 충분히 섭취하기
10. 족욕(각탕) 또는 반신욕 하기: 피로회복 및 혈액순환

● 감기를 이기는 6가지 식품 속 영양

식품명	식품 속 영양
콩	**콩은** 밭에서 나는 소고기라 불릴 정도로 양질의 식물성 단백질을어 풍부하게 함유하고 있습니다. 이 단백질은 체내 면역세포의 구성 성분이 되며 면역기능을 상승시켜줍니다.
당근	**당근에** 풍부한 베타카로틴은 호흡기 점막을 강화하고, 바이러스 흡입을 막아 감기를 예방합니다. 생것으로 섭취하는 것보다는 주스나 기름과 함께 조리하면 흡수율이 더욱 좋아집니다.
귤	**비타민C가 풍부한 귤은** 우리 몸의 면역력을 높여주고 피부 점막을 튼튼하게 해주므로 피로회복, 감기예방에 좋고 식욕을 돋우는 '구연산'이 들어있어 비타민C와 수분을 동시에 보충할 수 있습니다. 입맛이 없을때 섭취하면 식욕증진에 효과가 있습니다. 귤은 비타민, 칼륨 성분이 들어있어 피부노화를 막아주고 기미, 주근깨 등을 예방하며 미백 효과도 있습니다. 하지만 콜레스테롤이 높은 사람의 경우 과다 섭취하는 것은 주의해야 합니다.

바나나	**바나나에** 풍부한 비타민B₆는 면역기능에 중요한 백혈구를 생성합니다. 단, 바나나는 100g당 93㎉로 열량이 다소 높아 체중 증가의 위험이 있어 하루에 1개 정도 섭취가 바람직합니다.
브로콜리	**브로콜리는** 100g당 98㎎의 비타민C를 함유하고 있습니다. (하루 비타민C 권장량의 98%) 비타민C는 백혈구의 기능을 강화하고, 체내 침입한 바이러스를 공격하여 면역력을 높여줍니다.
표고버섯	**표고버섯에** 함유된 비타민D는 체내방어 시스템을 조절함으로 면역기능을 강화시켜 줍니다. 햇빛에 말린 표고버섯은 비타민D 함량이 더욱 높습니다.

● 감기에 걸리기 쉬운 생활 습관과 감기 예방을 위한 생활 습관

감기에 걸리기 쉬운 생활 습관	감기 예방을 위한 생활 습관
● 물을 충분히 마시지 않습니다. ● 스트레스를 항상 받습니다. ● 손을 제대로 씻지 않습니다. ● 규칙적인 식사와 영양분을 골고루 섭취하지 않습니다. ● 편식이 심합니다. ● 콧속이 지나치게 건조합니다.	● 규칙적인 식사와 영양분이 충분한 균형 있는 식사를 합니다. ● 충분한 수면을 취합니다. ● 규칙적으로 운동을 합니다. ● 외출 후에는 반드시 손을 깨끗하게 씻습니다. ● 환기를 자주 시켜 줍니다. ● 수분을 충분히 섭취합니다.

참고문헌

1. 행정안전부(정보공개정책과) 공문서 작성법
2. 인사혁신처 예규 제166호(2023. 10. 25.) 국가공무원 복무·징계 관련 예규
3. 친환경 전통음식 조리서
4. 네이버 지식iN, 네이버 지식백과
5. 네이버 나무위키
6. 학교급식법, 식품위생법, 초·중등교육법, 산업안전보건법, 중대재해법 등
7. 산업안전보건관리체제 구축 및 산업재해 예방을 위한 학교 관리감독자 지정 안내 (2021.03) 서울특별시교육청 학교보건진흥원
8. 서울특별시교육청(정책·안전기획관) 중대산업재해 대응 매뉴얼
9. 식품의약품안전처
10. 식품안전나라
11. 질병관리청
12. 환경부
13. 보건복지부
14. 농림축산식품부, 식생활교육지원센터
15. 공립학교 산업안전보건업무 안내자료(서울특별시교육청 학교보건진흥원 산업안전·보건과)
16. 중대재해처벌법 중대산업재해(해설) 고용노동부
17. 안전한 근로환경 조성을 위한 2024년도 중대산업재해 예방 기본계획 전북특별자치도교육청 학교안전과
18. 교육시설 안전점검 안내서, 교육부 한국교육시설안전원
19. 국립농수산물유통공사, 외식업체 식재료 규격

부록 1

공문서 작성 방법(행정안전부)

○ 문서작성은 왼쪽 처음부터 시작(행정업무운영편람 개정·시행)

현 행	개 선
수신 행정안전부장관 제목vv○○○○○○ vvvvv1.v○○○○○○○○○○○○○ ○○○○○○○○○○○○○○○○○ vvvvvvv가.v○○○○○○○○○○○ ○○○○○○○○○○○○○○○○○ vvvvvvvvv1)v○○○○○○○○○ vvvvvv2.v○○○○○○○○○○○○ ○○○○○○○○○○○○○○○○○	수신 행정안전부장관 제목vv○○○○○○ 1.v○○○○○○○○○○○○○○○○○ ○○○○○○○○○○○○○○○○○ vv가.v○○○○○○○○○○○○○○○ ○○○○○○○○○○○○○○○○○ vvvv1)v○○○○○○○○○○○○○ 2.v○○○○○○○○○○○○○○○○○ ○○○○○○○○○○○○○○○○○

○ 항목의 구분

---

1) 항목의 표시

문서의 내용을 둘 이상의 항목으로 구분할 필요가 있으면 다음 구분에 따라 그 항목을 순서대로 표시하되, 필요한 경우에는 ㅁ, ○, -, · 등과 같은 특수한 기호로 표시할 수 있다

(규칙 제2조제1항).

구 분	항 목 기 호	비 고
첫째 항목	1., 2., 3., 4., …	둘째, 넷째, 여섯째, 여덟째 항목의 경우, 하., 하), (하), ㉻ 이상 계속되는 때에는 거., 거), (거), ㉮ 너., 너), (너), ㉯ … 로 표시
둘째 항목	가., 나., 다., 라., …	
셋째 항목	1), 2), 3), 4), …	
넷째 항목	가), 나), 다), 라), …	
다섯째 항목	(1), (2), (3), (4), …	
여섯째 항목	(가), (나), (다), (라), …	
일곱째 항목	①, ②, ③, ④, …	
여덟째 항목	㉮, ㉯, ㉰, ㉱, …	

2) 표시위치 및 띄우기

가) 첫째 항목기호는 왼쪽 처음부터 띄어쓰기 없이 바로 시작한다.

나) 둘째 항목부터는 상위 항목 위치에서 오른쪽으로 2타씩 옮겨 시작한다.

다) 항목이 한줄 이상인 경우에는 항목 내용의 첫 글자에 맞추어 정렬한다.
   (예시: Shift+Tab 키 사용)

라) 항목기호와 그 항목의 내용 사이에는 1타를 띄운다.

마) 하나의 항목만 있는 경우에는 항목기호를 부여하지 아니한다.

```
수신∨∨○○○장관(○○○과장)
 (경유)
 제목∨∨○○○○○
 1.∨○○○○○○○○○
  ∨∨가.∨○○○○○○○○
   ∨∨∨∨1)∨○○○○○○○
    ∨∨∨∨∨∨가)∨○○○○○○
     ∨∨∨∨∨∨∨∨(1)∨○○○○○
      ∨∨∨∨∨∨∨∨∨∨(가)∨○○○○○○○○
 2.∨○○○○○○○○○○○○○○○○○○○○○○○○
    ○○○○○○○○○○○○○
```

※ 2타(∨∨ 표시)는 한글 1자, 영문·숫자 2자에 해당함

○ 행정 효율과 협업 촉진에 관한 규정(대통령령)

제7조(문서 작성의 일반원칙) ① 문서는 「국어기본법」 제3조제3호에 따른 어문규범에 맞게 한글로 작성하되, 뜻을 정확하게 전달하기 위하여 필요한 경우에는 괄호 안에 한자나 그 밖의 외국어를 함께 적을 수 있으며, 특별한 사유가 없으면 가로로 쓴다.
② 문서의 내용은 간결하고 명확하게 표현하고 일반화되지 않은 약어와 전문용어 등의 사용을 피하여 이해하기 쉽게 작성하여야 한다.
③ 문서에는 음성정보나 영상정보 등이 수록되거나 연계된 바코드 등을 표기할 수 있다.
④ 문서에 쓰는 숫자는 특별한 사유가 없으면 아라비아 숫자를 쓴다.
⑤ 문서에 쓰는 날짜는 숫자로 표기하되, 연·월·일의 글자는 생략하고 그 자리에 마침표를 찍어 표시하며, 시·분은 24시각제에 따라 숫자로 표기하되, 시·분의 글자는 생략하고 그 사이에 쌍점을 찍어 구분한다. 다만, 특별한 사유가 있으면 다른 방법으로 표시할 수 있다.
⑥ 문서 작성에 사용하는 용지는 특별한 사유가 없으면 가로 210밀리미터, 세로 297밀리미터의 직사각형 용지로 한다.
⑦ 제1항부터 제6항까지에서 규정한 사항 외에 문서 작성에 필요한 사항은 행정안전부령으로 정한다.

○ 행정 효율과 협업 촉진에 관한 규정 시행규칙(행정안전부령)

제2조(공문서 작성의 일반원칙) ① 공문서(이하 "문서"라 한다)의 내용을 둘 이상의 항목으로 구분할 필요가 있으면 그 항목을 순서(항목 구분이 숫자인 경우에는 오름차순, 한글인 경우에는 가나다순을 말한다)대로 표시하되, 상위 항목부터 하위 항목까지 1., 가., 1), 가), (1), (가), ①, ㉮의 형태로 표시한다. 다만, 필요한 경우에는 ㅁ, ㅇ, -, · 등과 같은 특수한 기호로 표시할 수 있다.

② 문서에 금액을 표시할 때에는 「행정 효율과 협업 촉진에 관한 규정」(이하 "영"이라 한다) 제7조제4항에 따라 아라비아 숫자로 쓰되, 숫자 다음에 괄호를 하고 다음과 같이 한글로 적어야 한다.

(예시) 금113,560원(금일십일만삼천오백육십원)

부록 2

수익자 부담경비 사용품목 현황(예시-2025. 서울 기준)

◨ 관리비 사용

관리비 사용 가능 항목

▫ 급식에 이용하는 소모품
 • 급식 관련 일회용품류
   - 위생장갑, 각종 측정용 페이퍼, 휴지류, 건전지류, 쓰레기 종량제봉투, 포충기 끈끈이, 배식용 물품, 랩, 호일, 비닐류
 • 내용연수 1년 미만으로 파손되기 쉬운 물품
   - 스텐멸치망, 장갑류, 행주류, 마스크, 기능성 조리용위생복, 앞치마, 위생장화, 검수용가운, 수세미류, 분무기, 고무호스, 위생모자, 팔토시, 건지개, 소독기 전구 및 포충기 전구
 • 내용연수 1년 이상이지만 취득단가 20만원 미만으로 파손되기 쉬운 물품
   - 바구니, 스텐컵, 가스점화기 및 충전 가스, 국그릇, 보존식 용기, 도마 및 칼류, 각종 청소도구, 조리도구, 수저, 젓가락, 페달식 휴지통, 빨래건조대, 배식도구, 온도계(탐침 냉장고용, 적외선), 습도계, 소독 발판매트, 타이머, 대야, 다목적통, 칼갈이용 제품, 운반카 바퀴, 기타 소모성물품으로 취득단가 20만원 미만 소형 조리기구
 ▫ 급식시설·설비(장비)의 소모성 부속품 구매 제외: 수리에 해당
 ▫ 조리·세척소독제 및 세제, 위생 관련 용품
 • 각종 소독액, 급식실용 손소독제, 유인살충제, 각종 세제류 기타 위생 관련 용품
 • 조리(실무)사 위생용품으로 샴푸, 린스, 비누 구매 가능
 ▫ 급식실 운영 관련 연료비 등 공공요금
 • 초·특수학교: 학교기본운영비 사용
 • 중·고, 각종중·고: 전기요금, 가스비, 상하수도 요금 중 별도 계량기 등의 설치를 통해 구분 가능한 경우 일부 금액에 대해 사용하되 최소화하여 사용

○ 수익자부담을 포함한 학교급식비에서 아래 사항이 집행되지 않도록 유의
 • 보일러 유지 보수비, 보일러 관리 물품비(청관제 등)
 • 가스 검사비, 가스설비 수리비, 가스보험료
 • 조리기구 구입 및 수리
 • 소모품비(세제류, 위생장갑 등) 외의 경비: 급식실 방역·소독비, 덤웨이터 보수·유지비 정수기 유지 관리비(급식실 및 식당 내), 음식물쓰레기 처리비, 조리(실무)사 연수 및 협의회비 등

부록 3

식재료의 절단모양과 방법

순	구분	절단 모양	절단 방법
1	편썰기		− 마늘, 생강 등의 재료를 다지지 않고 향을 내면서 깔끔하게 사용 − 생밤이나 삶은 고기를 모양 그대로 얇게 썰 때 사용하는 방법 − 0.2편
2	채썰기		− 재료를 원하는 길이로 잘라서 얇게 편 썰어 겹쳐 놓고 일정한 두께로 가늘게 써는 방법 − 생채나 생선회에 곁들이는 채소를 썰 때 이용 − 0.2*0.2*2.5채/0.5*0.5*5채
3	다지기		− 채 썬 것을 가지런히 모아서 잡은 다음 직각으로 잘게 써는 방법 − 파, 마늘, 생강, 양파 등 양념을 만들 때 사용
4	막대썰기		− 재료를 원하는 길이로 토막 낸 후 1~1.5cm 두께의 막대 모양으로 써는 방법 − 무, 우엉, 당근 등을 썰 때 사용 − 4막대/5막대
5	골패썰기		− 골패썰기는 식재료의 가장자리를 잘라내고 직사각형으로 만들어 얇게 써는 방법 − 0.5*1*5골패

순	구분	절단 모양	절단 방법
6	나박썰기		– 나박썰기는 정사각형으로 얇게 써는 방법 – 국, 찌개 등에 사용 – 2*2*0.2나박/3.5*3.5*0.8나박
7	깍둑썰기		– 무, 감자, 두부 등을 가로, 세로, 높이가 같도록 정육면체로 써는 방법 – 깍두기, 조림, 찌개 등에 사용 – 1*1깍둑/2.5*2.5깍둑
8	둥글려 깎기		– 감자, 당근, 무 등 각이 있게 썰어진 재료의 모서리를 도려내어 둥글게 만드는 방법 – 재료를 오랫동안 끓이거나 조려도 재료가 뭉그러지지 않아 조리 후에도 보기 좋으며 국물이 깔끔
9	반달썰기		– 무, 고구마, 감자, 호박 등 통으로 썰기에 너무 큰 재료들은 길이로 반을 가른 후 반달모양으로 써는 방법 – 찜음식에 많이 사용 – 0.3반달/0.5반달
10	은행잎 썰기		– 재료를 길게 십자로 4등분한 다음 고르게 은행잎모양으로 써는 방법 – 감자, 무, 당근 등을 조림이나 찌개에 이용할 때 사용 – 0.5은행잎/1은행잎
11	둥글썰기		– 모양이 둥근 오이, 당근, 연근을 통째로 써는 방법 – 두께는 재료와 음식에 따라 다르게 조절하며, 보통 조림, 국, 절임 등에 이용 – 0.1둥글/1둥글

순	구분	절단 모양	절단 방법
12	어슷썰기		- 오이, 당근, 파, 우엉 등 가늘고 길쭉한 재료를 적당한 두께로 어슷하게 써는 방법 - 썰어진 단면이 넓어 맛이 배기 쉬우므로 조림에 사용. - 0.2어슷/0.5어슷
13	깎아썰기		- 우엉 등의 재료를 돌려가며 연필 깎듯이 칼날의 끝부분으로 얇게 써는 방법 - 무 등 굵은 것은 칼질을 여러 번 넣은 다음 썰어야 함
14	저며썰기		- 야채를 돌려가며 비스듬히 써는 방법 - 찜이나 우엉조림 요리 등에 사용 - 표고버섯이나 고기, 생선 등을 포 뜰 때 사용
15	마구썰기		- 무, 오이, 당근 등 가늘면서 길이가 긴 재료를 한 손으로 빙빙 돌려가며 한입 크기로 각이 지게 써는 방법 - 단단한 채소 등을 썰 때 주로 사용
16	돌려깎기		- 호박, 오이, 대추 등의 껍질 부분만 이용할 때 주로 사용 - 껍질에 칼집을 넣어 돌려가며 깎아내는 방법
17	솔방울 썰기		- 오징어나 갑오징어 등을 볶거나 데쳐서 회로 낼 때 큼직하게 모양내어 써는 방법 - 오징어 안쪽에 사선으로 칼집을 넣고 다시 엇갈려 비스듬히 칼집을 넣어 끓는 물에 살짝 데쳐 사용.

순	구분	절단 모양	절단 방법
18	송송썰기		– 쪽파, 고추, 대파, 부추 등 가늘고 긴 채소를 동그란 모양이 살도록 일정한 간격으로 써는 방법 – 0.2송송/0.5송송
19	분쇄하기		– 입자를 잘게 부수는 방법 – 생강, 마늘, 양파 등에 사용

출처: 국립농수산유통공사, 외식업체 식재료 규격 GUDE, 2009

부록 4

음식궁합

◆ 음식궁합이 중요한 이유

 음식을 생각 없이 혼합하여 먹다 보면 서로 맞지 않는 음식으로 인해 소화액의 효소가 낮아져 소화를 급격히 떨어뜨리고 소화되지 못한 영양소는 인체에 유해한 세균의 영양분이 되는 등 부작용이 발생하기도 합니다. 따라서 함께 먹어서 좋은 음식인가, 나쁜 음식인가를 판단하는 것이 중요합니다.

 음식을 준비할 때 조금만 신경 쓴다면 소화기관의 부담도 덜어주고 건강증진, 소화촉진, 영양섭취에 도움이 될 것입니다.

◆ 효소의 작용조건

 침샘에서 분비되는 아밀라아제는 탄수화물을 분해하는 효소로 pH4 이하에선 활동을 거의 하지 않지만 pH5.0 이상일 때부터는 약간의 작용이 시작됩니다.

 인체의 소화기관에서 분비되는 소화효소는 모두 다르며, 그 소화효소가 작용하기 적합한 pH 역시 각기 다릅니다. 따라서 음식을 어떻게 혼합하고 어떠한 순서와 방법으로 먹어야 하는지는 건강한 소화를 위해 필수적으로 알아야 할 사항입니다.

◆ 함께 먹으면 좋은 음식

순	식품조합	좋은궁합
1	감자와 버터	- 감자는 탄수화물이 풍부하지만 지방이 거의 없어 지방을 보충해 주는 버터로 요리하면 효과적입니다. - 감자의 칼륨은 버터의 나트륨을 배출하는 데 도움이 됩니다.
2	감자와 토마토, 감자와 치즈	- 버터와 같이 서로가 부족한 점을 보완해 주는 관계입니다.
3	돼지고기와 새우젓	- 새우젓에는 단백질과 지방의 소화를 돕는 프로테아제와 리파아제 성분이 있어, 돼지고기의 소화를 돕습니다.
4	딸기와 우유	- 딸기에는 비타민이 풍부하지만 단백질과 지방은 매우 부족합니다. - 따라서 우유가 이를 보충해 주고 딸기의 신맛도 줄여 줍니다.
5	멸치와 우유	- 같이 먹으면 칼슘 흡수율이 높아집니다.

순	식품조합	좋은궁합
6	고구마와 김치	- 고구마의 칼륨이 김치에 들어있는 나트륨을 배출시키고, 동치미는 고구마의 소화를 돕는 최고의 궁합입니다.
7	새우와 아욱	- 아욱은 비타민과 칼슘이 많지만 필수아미노산이 부족하여 새우가 이를 보충해 줍니다.
8	새우와 완두콩	- 새우에 많이 포함된 콜레스테롤을 완두콩이 중화시켜줍니다.
9	치즈와 달걀	- 달걀에 들어있는 비타민D가 치즈의 칼슘흡수를 도와줍니다.
10	토마토와 달걀	- 서로 부족한 영양소를 보충해 줍니다. - 토마토달걀볶음, 샥슈카 등 토마토와 달걀을 같이 사용하는 요리는 영양도 외적인 궁합도 좋습니다.
11	된장과 부추	- 된장은 건강식품이지만 나트륨 함량이 높다는 단점이 있습니다. - 된장과 부추를 같이 섭취하면 부추의 칼륨이 나트륨을 배출시켜주고 된장에 없는 비타민A, C까지 보충해 주는 최고의 궁합입니다.
12	맥주와 오징어 또는 육포	- 오징어에는 간 해독 성분인 타우린이 함유되어 있어 음주 시간의 부담을 덜어줍니다. - 저열량 고단백 음식 육포는 알코올의 흡수를 지연시켜 맥주와 궁합이 잘 맞습니다.
13	조개와 쑥갓	- 조개는 아미노산 등 우수한 단백질과 철분은 풍부하나 적혈구를 만들 때 필요한 엽록소나 비타민A, C는 거의 없습니다. - 쑥갓은 엽록소가 풍부하고 비타민A, C가 많아 적혈구 생성에 도움을 주고, 핏속의 콜레스테롤치를 낮추는 작용을 합니다.
14	재첩국에 부추	- 재첩은 여러 가지 미네랄과 소화를 돕는 각종 효소도 들어있어 간 기능을 향상시키며 특히 비타민 등 각종 무기질이 풍부하게 함유되어 있습니다. - 하지만 비타민A의 함량이 적어 재첩을 끓일 때 비타민A의 모체인 베타카로틴이 풍부한 부추를 넣으면 결점을 보완할 수 있습니다. - 부추의 알릴 성분은 소화를 돕고, 장을 튼튼하게 하며 강장효과가 뛰어납니다.
15	새우와 표고버섯	- 새우는 단백질을 비롯한 영양소가 풍부하고 독특한 풍미와 단맛을 내기 때문에 고급요리에 많이 이용됩니다. - 새우는 콜레스테롤 수치가 높은 편이지만 표고버섯의 타우린은 체내에서 콜레스테롤 수치를 떨어뜨리는 기능을 합니다. - 표고버섯은 체내의 칼슘흡수를 돕고 콜레스테롤 수치를 떨어뜨리므로 새우와 표고버섯을 함께 먹으면 성인병을 예방할 수 있습니다. - 표고버섯은 칼로리가 거의 없는 식품이므로 해조류와 마찬가지로 많이 먹어도 비만해지지 않습니다.
16	북어에 달걀	- 북어국은 아스파라긴산과 메티오닌이라는 아미노산이 풍부하여 간의 피로를 덜어주고 간 기능을 향상 시켜줍니다. - 또한 지질이 적고 고단백 식품이지만 칼로리가 적어 피로를 풀어주고 혈압을 조절하는 효능이 있습니다. - 북어국에 달걀을 넣으면 시각적으로도 보기 좋지만 북어에 있는 단백질의 영양 효율을 높여주어 일석이조의 효과가 있습니다.

순	식품조합	좋은궁합
17	멸치와 풋고추	- 멸치는 뼈째 먹는 생선으로 단백질과 칼슘이 풍부하여 성장기의 어린이나 임산부에게는 많이 권장되는 식품입니다. - 멸치에 함유된 지방성분이 풋고추에 함유된 베타카로틴의 흡수를 높여줍니다.(베타카로틴은 피부와 점막을 건강하게 유지하는 역할) - 또한 풋고추에는 멸치에 없는 비타민C가 귤의 2배 이상 많으며 모세혈관과 연골을 튼튼하게 하는 생리작용을 합니다. - 풋고추 멸치볶음은 부족한 성분을 보충해주며, 좋은 영양분을 극대화해주어 서로 상부상조하는 식재료입니다.
18	김구이는 참기름과 들기름	- 신선한 들기름, 참기름으로 구운 김의 맛과 향은 식욕을 돋웁니다. - 김은 지방이 거의 없고 단백질 함량이 높으며 비타민. 칼륨, 인 등의 무기질과 카로틴을 많이 함유하여 비타민A의 좋은 급원입니다. - 김을 들기름으로 구우면 김에 많은 지용성의 카로티노이드 색소 흡수를 좋게 합니다.
19	고등어와 무	- 고등어는 철분이 많고 흡수율이 높아 식욕부진, 월경불순, 두통, 피로, 빈혈 등에 좋고 비타민A가 많아 감기예방에 좋습니다. - 또한 DHA가 들어 있어 뇌기능을 향상시키고 콜레스테롤 수치를 감소시키며 심장을 보호하고 간의 해독작용을 돕는 타우린이 들어있어 당뇨병에도 좋은 식품입니다. - 생선조림을 할 때 무가 들어가는 것은 무에 소화효소가 많아 소화를 촉진시키고 매운 성분인 이소시아네이트 등이 생선의 비린내를 없애주기 때문입니다.
20	기타 식품	- 두부와 미역/시금치와 참깨/불고기와 깻잎/초콜릿과 아몬드/냉면과 식초/수정과와 잣/복어와 미나리/돼지고기와 표고버섯/굴과 레몬/ 된장과 두부/닭고기와 홍삼/스테이크와 파인애플/소고기와 배/닭고기와 전복/돼지고기와 사과 등이 있습니다.

◆ 함께 먹으면 나쁜 음식

순	식품조합	나쁜궁합
1	술과 삼겹살	- 에탄올의 지방세포 형성 작용과 지방질(특히 포화지방)이 대부분인 삼겹살이 만나면 비만이 될 확률이 높습니다. - 지방질은 에탄올의 분해를 방해하여 숙취의 고통이 더 길어집니다.
2	장어와 복숭아	- 복숭아는 유기산이 풍부한데 이성분은 지방의 소화를 방해합니다. - 따라서 장어를 먹은 후 후식으로 복숭아를 먹으면 장에 자극을 주어 복통과 설사를 유발합니다. - 장어에는 지방이 약 21%가 함유되어 있어 소장에서 지방산이 분해되는 과정을 거쳐야 하는데 복숭아가 방해를 합니다. - 복숭아 이외도 포도, 사과 등 유기산이 많이 들어있는 과일과는 궁합이 맞지 않으므로 주의해야 합니다.
3	초콜릿, 초코칩 쿠키와 우유	- 초콜릿과 우유는 지방과 포화지방이 많으므로 콜레스테롤 수치를 높여 성인병과 비만을 일으키기 쉽습니다.

순	식품조합	나쁜궁합
4	콩과 치즈, 콜라와 치즈	- 치즈에 있는 칼슘이 콩이나 콜라에 들어있는 인산과 결합, 인산칼슘이 만들어지는데, 이 인과 칼슘은 체내에 흡수되지 않고 배출되어 결과적으로 칼슘 섭취를 방해하게 됩니다.
5	도라지와 돼지고기	- 도라지의 쓴맛이 고기의 느끼한 맛과 상쇄되어 좋은 궁합 같지만 돼지고기의 지방성분이 도라지의 유익한 성분 흡수를 방해합니다. - 한약 복용 시 돼지고기 섭취가 제한될 경우 돼지고기에 의해 흡수가 방해되는 한약 성분이 있다고 보면 됩니다.
6	도토리묵과 감	- 변비, 빈혈을 일으키고, 소화흡수를 방해합니다.
7	빵과 오렌지주스	- 빵의 전분은 아밀라아제 중 하나인 프티알린을 통해 분해되는데 오렌지주스의 산 성분이 전분의 분해를 방해하여 소화불량을 유발시킬 수 있습니다.
8	우유와 탄산음료	- 우유의 칼슘 이온과 탄산이 합쳐져서 탄산칼슘 앙금을 생성합니다. - 탄산칼슘은 식감도 나쁘고 물에 녹지 않는 만큼 체내 흡수력도 매우 낮아 칼슘 섭취를 방해합니다.
9	미역과 파	- 미역과 파는 미끈거리는 성질이 강해서 식감을 떨어뜨립니다. - 파에 있는 인과 황 성분은 미역에 있는 칼슘흡수를 방해합니다.
10	게와 감	- 게는 신선도가 빨리 떨어지고 세균의 번식도 빨라 세균성 식중독을 일으키기 쉽고, 감의 탄닌 성분은 비브리오균의 번식을 촉진 시킵니다. - 특히 경종 독살설 때문에 "게와 감을 같이 먹으면 죽는다"라는 말이 생기기도 했습니다
11	달걀과 설탕	- 달걀과 설탕이 만나면 당체리신이라는 물질이 생깁니다. - 당체리신은 우리 몸에 좋은 아미노산을 파괴시키며, 많은 양을 섭취할 경우 사망에까지 이를 수 있는 위험한 물질입니다.
12	팥과 설탕	- 팥의 사포닌 성분은 설탕에 잘 파괴됩니다. 따라서 팥소나 팥죽을 만들 때 설탕은 최대한 적게 넣는 것이 좋습니다.
13	땅콩과 맥주	- 위와 장의 소화흡수 능력을 떨어뜨리며 설사와 긴 숙취 그리고 많은 양의 가스를 유발할 수 있습니다. - 땅콩과 맥주는 옥살산이 풍부한 음식으로 요로결석을 유발 시킬 수 있습니다.
14	시금치와 두부, 멸치, 우유 등 칼슘이 풍부한 식품	- 시금치의 수산(옥살산)이 칼슘과 결합하면 수산화칼슘이 생깁니다. - 수산화칼슘은 신장에서 배출되므로 고농도의 수산화칼슘이 섞이게 되면 요로결석을 만들게 됩니다. - 시금치를 데쳐서 사용하면 수산이 80%가량 제거됩니다.
15	우유와 레몬, 자몽, 오렌지 등 시트러스 계열 과일	- 시트러스 계열 과일들은 시트르산, 구연산 등 산이 매우 많습니다. - 이 산 성분은 우유를 응고시켜 소화불량을 유발합니다.
16	우유와 매운 음식	- 우유의 단백질 성분은 캡사이신 분해에 도움을 주고 혀의 매움을 진정시키는 효과가 있지만 위로 넘어가는 순간 단백질, 칼슘 등이 풍부해 위산 배출을 더 자극 시킬 수 있습니다. - 매운 음식이 위를 자극하는데 우유를 마시면 불타는 위에다 기름을 붓는 것과 같습니다.

순	식품조합	좋은궁합
16	우유와 매운 음식	- 위염, 위궤양 등 관련 질환이 있는 경우 문제가 더욱 심각합니다. - 매운 것을 먹었을 때는 매운맛을 중화시키면서 위를 자극시키지 않는 꿀 같은 음식을 먹는 것이 좋습니다.
17	김과 기름	- 김에 발린 기름이 산패되면 유해성분이 생성되기 때문에 기름 발린 김은 최대한 빨리 먹는 게 좋습니다. - 김은 기름을 바르지 않고 굽는 것이 좋습니다.
18	문어와 고사리	- 문어는 단백질 함량이 높아 성질이 단단한 편에 속하고, 고사리는 섬유질이 풍부한 대신 소화가 잘되지 않는 식품입니다. - 위장이 약한 경우 같이 먹으면 소화불량을 유발시킬 수 있습니다.
19	오징어와 마른나물	- 오징어나 마른나물은 소화가 어려운 식품으로 같이 먹으면 소화불량이 유발될 수 있습니다.
20	스테이크와 버터	- 맛은 매우 좋으나 콜레스테롤을 많이 섭취하게 됩니다.
21	바지락과 우엉	- 우엉의 섬유질은 바지락에 있는 철분 흡수를 방해합니다.
22	브로콜리와 초장	- 초장에 들어가는 식초의 산이 브로콜리의 베타카로틴을 파괴합니다. - 따라서 브로콜리는 고추장에 찍어 먹거나, 그냥 먹거나, 산이 들어가지 않은 소스와 같이 먹는 것이 좋습니다.
23	라면과 콜라	- 라면과 콜라는 인이 많은 음식으로 체내에 있는 칼슘을 두배로 배출시킵니다.
24	햄버거+프렌치 프라이+탄산음료	- 지방이 많은 햄버거와 감자튀김, 인이 많은 콜라 등의 탄산음료는 체내 칼슘 흡수를 방해하며 칼슘도 배출시킵니다.
25	로열 젤리와 매실	- 매실의 높은 산도는 예민한 로얄젤리의 유익한 성분을 파괴하며 매실의 성분 또한 같이 파괴됩니다.
26	산채와 고춧가루	- 고춧가루의 강렬한 맛은 산채의 맛과 향을 떨어뜨립니다.
27	쇠고기와 고구마	- 소화작용과 성질이 서로 달라 위에서 체류하는 시간이 지나치게 길어지므로 소화불량을 유발하고 영양소 흡수도 떨어집니다.
28	오이, 당근, 무	- 당근과 오이는 함께 먹으면 좋은 음식 조합처럼 보이지만 영양학적인 면에서는 그렇지 않습니다. 당근에 함유된 아스코르비나아제 성분이 오이에 함유된 비타민C를 파괴하기 때문입니다. - 단, 아스코르비나아제는 산에 약해 오이에 식초를 넣으면 손실을 어느 정도 막을 수 있습니다. - 무생채나 물김치를 담글 때 오이를 곁들이는 경우 비타민C의 파괴가 많습니다. 비타민C는 구조적으로 쉽게 산화하여 조리가공 중 파괴율이 아주 높은 편입니다.
29	꿀과 홍차	- 홍차의 떫은맛인 타닌 성분은 콜레스테롤을 낮추며 항균 작용을 하지만 꿀 속의 철분과 결합하면 타닌철산으로 바뀌게 됩니다. - 이 성분은 체내에서 흡수되지 못하고 배설되어 영양 손실이 크며 홍차 맛도 떨어집니다.
30	수박과 튀김	- 수박은 위산을 중화시키는데 기름기가 많은 튀김을 먹게 되면 소화불량을 유발시킵니다.

순	식품조합	좋은궁합
31	우유와 설탕(시럽)	– 우유에는 신진대사를 활성화하는 비타민B_1이 풍부합니다. – 하지만 설탕과 함께 먹으면 설탕을 소화하기 위해 다량의 비타민 B_1이 소모됩니다. – 따라서 몸에 흡수되는 비타민B_1이 줄어들기 때문에 함께 먹지 않는 것이 좋습니다.
32	기타	– 홍차, 곶감, 커피, 수정과 등 탄닌 성분이 많이 든 식품과 고기, 선짓국, 시금치, 멸치, 꿀, 간 등 철분이 많이 든 식품은 궁합이 좋지 않습니다. – 탄닌은 철분과 결합해 탄닌산철로 바뀌게 됩니다. – 탄닌산철은 소화가 되지 않고 그대로 배설되기 때문에 철분 흡수를 방해합니다. – 철분 보충제를 먹을 때 커피, 홍차와 먹지 말라는 것도 철분 흡수가 안 되는 사태를 막기 위해서입니다. – 무와 귤/홍차와 우유/간과 수정과/조개와 옥수수/근대와 시금치 등도 함께 먹으면 독이 되는 상극인 것으로 알려져 있습니다.

부록 5

과태료

◆ 학교급식법

■ 학교급식법 시행령 [별표] 〈개정 2023. 4. 25.〉
과태료의 부과기준(제18조 관련)

1. 일반기준
   가. 위반행위의 횟수에 따른 과태료의 기준은 최근 3년간 같은 위반행위로 과태료를 부과받은 경우에 적용한다. 이 경우 위반행위에 대하여 과태료 부과처분을 한 날과 다시 같은 위반행위를 적발한 날을 각각 기준으로 하여 위반횟수를 계산한다.
   나. 부과권자는 다음의 어느 하나에 해당하는 경우에는 제2호에 따른 과태료 금액의 2분의 1의 범위에서 그 금액을 감경할 수 있다. 다만, 과태료를 체납하고 있는 위반행위자의 경우에는 그러하지 아니하다.
      1) 위반행위자가 「질서위반행위규제법 시행령」 제2조의2제1항 각 호의 어느 하나에 해당하는 경우
      2) 위반행위자가 위법행위로 인한 결과를 시정하거나 해소한 경우
      3) 위반행위가 사소한 부주의나 오류 등 과실로 인한 것으로 인정되는 경우
      4) 위반행위의 결과가 경미한 경우
      5) 그 밖에 위반행위의 정도, 위반행위의 동기와 그 결과 등을 고려하여 감경할 필요가 있다고 인정되는 경우
   다. 부과권자는 고의 또는 중과실이 없는 위반행위자가 「소상공인기본법」 제2조에 따른 소상공인에 해당하고, 과태료를 체납하고 있지 않은 경우에는 다음의 사항을 고려하여 제2호의 개별기준에 따른 과태료의 100분의 70 범위에서 그 금액을 줄여 부과할 수 있다. 다만, 나목에 따른 감경과 중복하여 적용하지 않는다.
      1) 위반행위자의 현실적인 부담능력
      2) 경제위기 등으로 위반행위자가 속한 시장·산업 여건이 현저하게 변동되거나 지속적으로 악화된 상태인지 여부

2. 개별기준

위반행위	근거 법조문	과태료 금액(만원)		
		1회 위반	2회 위반	3회 이상 위반
가. 학교급식공급업자가 법 제16조제2항제1호를 위반하여 법 제19조제3항에 따른 시정명령을 받았음에도 불구하고 정당한 사유 없이 이를 이행하지 않은 경우	법 제25조제1항	100	300	500
나. 학교급식공급업자가 법 제16조제2항제2호를 위반하여 법 제19조제3항에 따른 시정명령을 받았음에도 불구하고 정당한 사유 없이 이를 이행하지 않은 경우	법 제25조제2항	100	200	300
다. 학교급식공급업자가 법 제16조제3항을 위반하여 법 제19조제3항에 따른 시정명령을 받았음에도 불구하고 정당한 사유 없이 이를 이행하지 않은 경우	법 제25조제2항	100	200	300

◆ 식품위생법

■ 식품위생법 시행령 [별표 2] 〈개정 2023. 7. 25.〉

과태료의 부과기준(제67조 관련)

1. 일반기준

   가. 위반행위의 횟수에 따른 과태료의 가중된 부과기준은 최근 2년간 같은 위반행위로 과태료 부과처분을 받은 경우에 적용한다. 이 경우 기간의 계산은 위반행위에 대하여 과태료 부과처분을 받은 날과 그 처분 후에 다시 같은 위반행위를 하여 적발한 날을 기준으로 한다.

   나. 가목에 따라 가중된 부과처분을 하는 경우 가중처분의 적용 차수는 그 위반행위 전 부과처분 차수(가목에 따른 기간 내에 과태료 부과처분이 둘 이상 있었던 경우에는 높은 차수를 말한다)의 다음 차수로 한다.

   다. 식품의약품안전처장, 시·도지사 또는 시장·군수·구청장은 다음의 어느 하나에 해당하는 경우에는 제2호의 개별기준에 따른 과태료 금액의 2분의 1 범위에서 그 금액을 줄일 수 있다. 다만, 과태료를 체납하고 있는 위반행위자의 경우에는 그 금액을 줄일 수 없다.

1) 위반행위자가 「질서위반행위규제법 시행령」 제2조의 2제1항 각 호의 어느 하나에 해당하는 경우
2) 위반행위자가 위반행위를 바로 정정하거나 시정하여 위반상태를 해소한 경우
3) 고의 또는 중과실이 없는 위반행위자가 「소상공인기본법」 제2조에 따른 소상공인인 경우로서 위반행위자의 현실적인 부담능력, 경제위기 등으로 위반행위자가 속한 시장·산업 여건이 현저하게 변동되거나 지속적으로 악화된 상태인지 여부를 고려할 때 과태료를 감경할 필요가 있다고 인정되는 경우

라. 식품의약품안전처장, 시·도지사 또는 시장·군수·구청장은 다음의 어느 하나에 해당하는 경우에는 제2호의 개별기준에 따른 과태료 금액의 2분의 1 범위에서 그 금액을 늘릴 수 있다. 다만, 금액을 늘리는 경우에도 법 제101조 제1항부터 제3항까지의 규정에 따른 과태료 금액의 상한을 넘을 수 없다.
1) 위반의 내용 및 정도가 중대하여 이로 인한 피해가 크다고 인정되는 경우
2) 법 위반상태의 기간이 6개월 이상인 경우
3) 그 밖에 위반행위의 정도, 동기 및 그 결과 등을 고려하여 과태료를 늘릴 필요가 있다고 인정되는 경우

2. 개별기준

위반행위	근거 법조문	과태료 금액(만원)		
		1회 위반	2회 위반	3회 이상 위반
가. 법 제3조(법 제88조에서 준용하는 경우를 포함한다)를 위반한 경우	법 제101조 제2항제1호	20만원 이상 200만원 이하의 범위에서 총리령으로 정하는 금액		
라. 영업자가 법 제19조의4제2항을 위반하여 검사기한 내에 검사를 받지 않거나 자료 등을 제출하지 않은 경우	법 제101조 제2항제1호의3	300	400	500
바. 법 제37조제6항을 위반하여 보고를 하지 않거나 허위의 보고를 한 경우	법 제101조 제2항제3호	200	300	400
사. 법 제40조제1항(법 제88조에서 준용하는 경우를 포함한다)을 위반한 경우 1) 건강진단을 받지 않은 영업자 또는 집단급식소의 설치·운영자(위탁급식영업자에게 위탁한 집단급식소의 경우는 제외한다)	법 제101조 제3항제1호	20	40	60
2) 건강진단을 받지 않은 종업원		10	20	30

위반행위	근거 법조문	과태료 금액(만원)		
		1회 위반	2회 위반	3회 이상 위반

아. 법 제40조제3항(법 제88조에서 준용하는 경우를 포함한다)을 위반한 경우
1) 건강진단을 받지 않은 자를 영업에 종사시킨 영업자
  가) 종업원 수가 5명 이상인 경우
    (1) 건강진단 대상자의 100분의 50 이상 위반
    (2) 건강진단 대상자의 100분의 50 미만 위반
  나) 종업원 수가 4명 이하인 경우
    (1) 건강진단 대상자의 100분의 50 이상 위반
    (2) 건강진단 대상자의 100분의 50 미만 위반
2) 건강진단 결과 다른 사람에게 위해를 끼칠 우려가 있는 질병이 있다고 인정된 자를 영업에 종사시킨 영업자
	법 제101조 제3항제1호	
		
		50
		
		30
		
		30
		
		20
		
		100
			
			100
			
			60
			
			60
			
			40
			
			200
				
				150
				
				90
				
				90
				
				60
				
				300

자. 법 제41조제1항(법 제88조에서 준용하는 경우를 포함한다)을 위반한 경우 1) 위생교육을 받지 않은 영업자 또는 집단급식소의 설치·운영자(위탁급식영업자에게 위탁한 집단급식소의 경우는 제외한다) 2) 위생교육을 받지 않은 종업원	법 제101조 제4항제1호	20 10	40 20	60 30
차. 법 제41조제5항(법 제88조에서 준용하는 경우를 포함한다)을 위반하여 위생교육을 받지 않은 종업원을 영업에 종사시킨 영업자 또는 집단급식소의 설치·운영자(위탁급식영업자에게 위탁한 집단급식소의 경우는 제외한다)	법 제101조 제4항제1호	20	40	60
카. 법 제41조의2제3항을 위반하여 위생관리책임자의 업무를 방해한 경우	법 제101조 제3항제1호의2	100	200	300
타. 법 제41조의2제4항에 따른 위생관리책임자의 선임·해임신고를 하지 않은 경우	법 제101조 제3항제1호의3	100	200	300

위반행위	근거 법조문	과태료 금액(만원)		
		1회 위반	2회 위반	3회 이상 위반
파. 법 제41조의2제7항을 위반하여 직무 수행내역 등을 기록·보관하지 않거나 거짓으로 기록·보관하는 경우	법 제101조 제3항제1호의4	100	200	300
하. 법 제41조의2제8항에 따른 교육을 받지 않은 경우	법 제101조 제3항제1호의5	100	200	300
거. 법 제42조제2항을 위반하여 보고를 하지 않거나 허위의 보고를 한 경우	법 제101조 제4항제2호	30	60	90
너. 법 제44조제1항에 따라 영업자가 지켜야 할 사항 중 총리령으로 정하는 경미한 사항을 지키지 않은 경우	법 제101조 제4항제3호	10	20	30
더. 법 제44조의2제1항을 위반하여 책임보험에 가입하지 않은 경우	법 제101조 제3항제2호의2			
1) 가입하지 않은 기간이 1개월 미만인 경우		35		
2) 가입하지 않은 기간이 1개월 이상 3개월 미만인 경우		70		
3) 가입하지 않은 기간이 3개월 이상인 경우		100		
러. 법 제46조제1항을 위반하여 소비자로부터 이물 발견신고를 받고 보고하지 않은 경우	법 제101조 제2항제5호의2			
1) 이물 발견신고를 보고하지 않은 경우		300	400	500
2) 이물 발견신고의 보고를 지체한 경우		100	200	300
머. 법 제48조제9항(법 제88조에서 준용하는 경우를 포함한다)을 위반한 경우	법 제101조 제2항제6호	300	400	500
버. 법 제49조제3항을 위반하여 식품이력추적관리 등록사항이 변경된 경우 변경사유가 발생한 날부터 1개월 이내에 신고하지 않은 경우	법 제101조 제3항제4호	30	60	90
서. 법 제49조의3제4항을 위반하여 식품이력추적관리정보를 목적 외에 사용한 경우	법 제101조 제3항제5호	100	200	300

위반행위	근거 법조문	과태료 금액(만원)		
		1회 위반	2회 위반	3회 이상 위반
어. 법 제56조제1항을 위반하여 교육을 받지 않은 경우	법 제101조 제4항제4호	20	40	60
저. 법 제74조제1항(법 제88조에서 준용하는 경우를 포함한다)에 따른 명령을 위반한 경우	법 제101조 제2항제8호	200	300	400
처. 법 제86조제1항을 위반한 경우	법 제101조 제1항제1호			
1) 식중독 환자나 식중독이 의심되는 자를 진단하였거나 그 사체를 검안한 의사 또는 한의사		100	200	300
2) 집단급식소에서 제공한 식품 등으로 인하여 식중독 환자나 식중독으로 의심되는 증세를 보이는 자를 발견한 집단급식소의 설치·운영자		500	750	1000
커. 법 제88조제1항 전단을 위반하여 신고를 하지 않거나 허위의 신고를 한 경우	법 제101조 제1항제2호	300	400	500
터. 법 제88조제2항을 위반한 경우(위탁급식영업자에게 위탁한 집단급식소의 경우는 제외한다)	법 제101조 제1항제3호			
1) 집단급식소(법 제86조제2항 및 이 영 제59조제2항에 따른 식중독 원인의 조사 결과 해당 집단급식소에서 조리·제공한 식품이 식중독의 발생 원인으로 확정된 집단급식소를 말한다)에서 식중독 환자가 발생한 경우		500	750	1000
2) 조리·제공한 식품의 매회 1인분 분량을 총리령으로 정하는 바에 따라 144시간 이상 보관하지 않은 경우		400	600	800
3) 영양사의 업무를 방해한 경우		300	400	500
4) 영양사가 집단급식소의 위생관리를 위해 요청하는 사항에 대해 정당한 사유 없이 따르지 않은 경우		300	400	500
5) 「축산물 위생관리법」 제12조에 따른 검사를 받지 않은 축산물 또는 실험 등의 용도로 사용한 동물을 음식물의 조리에 사용한 경우		300	400	500

위반행위	근거 법조문	과태료 금액(만원)		
		1회 위반	2회 위반	3회 이상 위반
6) 「야생생물 보호 및 관리에 관한 법률」을 위반하여 포획·채취한 야생생물을 음식물의 조리에 사용한 경우		300	400	500
7) 소비기한이 경과한 원재료 또는 완제품을 조리할 목적으로 보관하거나 이를 음식물의 조리에 사용한 경우		300	400	500
8) 「먹는물관리법」 제43조에 따른 먹는물 수질검사기관에서 수질검사를 실시한 결과 부적합 판정된 지하수 등을 먹는 물 또는 식품의 조리·세척 등에 사용한 경우		400	600	800
9) 법 제15조제2항에 따라 일시적으로 금지된 식품 등을 위해 평가가 완료되기 전에 사용·조리한 경우		300	400	500
10) 식중독 발생 시 역학조사가 완료되기 전에 보관 또는 사용 중인 식품의 폐기·소독 등으로 현장을 훼손하여 원 상태로 보존하지 않는 등 식중독 원인규명을 위한 행위를 방해한 경우		500	750	1000
11) 그 밖에 총리령으로 정하는 준수사항을 지키지 않은 경우	법 제101조 제3항제6호	50만원 이상 300만원 이하의 범위에서 총리령으로 정하는 금액		

학교급식 관련 법령과 실무

초판 1쇄 인쇄 2025년 09월 23일
초판 1쇄 발행 2025년 10월 01일
지은이 조은주

펴낸이 김양수
펴낸곳 도서출판 맑은샘
출판등록 제2012-000035
주소 경기도 고양시 일산서구 중앙로 1456 서현프라자 604호
전화 031) 906-5006
팩스 031) 906-5079
홈페이지 www.booksam.kr
블로그 http://blog.naver.com/okbook1234
페이스북 facebook.com/booksam.kr
이메일 okbook1234@naver.com
ISBN 979-11-5778-719-7 (13370)

* 이 책은 저작권법에 의해 보호를 받는 저작물이므로 무단전재와 무단복제를 금지하며, 이 책 내용의 전부 또는 일부를 이용하려면 반드시 저작권자와 도서출판 맑은샘의 서면동의를 받아야 합니다.
* 책값은 뒤표지에 있습니다.
* 파손된 책은 구입처에서 교환해 드립니다.
* 이 도서의 판매 수익금 일부를 한국심장재단에 기부합니다.

맑은샘, 휴앤스토리 브랜드와 함께하는 출판사입니다.